数学·统计学系列

U0181021

Algebra Course(Volume Ⅲ.Principle of Number Theory)

代数学教程（第三卷·数论原理）

● 王鸿飞 编

哈尔滨工业大学出版社
HARBIN INSTITUTE OF TECHNOLOGY PRESS

内 容 简 介

本书为《代数学教程》第三卷,主要讨论我们熟悉的那些数系:自然数集、整数环、有理数域、实数域、复数域,以及超复数等.编者从数学结构的角度出发,以新颖的论述方式讲述了每一种数系的构造(运算)及其性质,建立起了严格、系统的科学数系的逻辑过程.

本书适合高等院校理工科师生及数学爱好者阅读.

图书在版编目(CIP)数据

代数学教程.第三卷,数论原理/王鸿飞编.—哈尔滨:哈尔滨工业大学出版社,2024.1(2024.9重印)
ISBN 978-7-5603-8297-5

Ⅰ.①代… Ⅱ.①王… Ⅲ.①代数-教材②数论-教材 Ⅳ.①O15

中国国家版本馆 CIP 数据核字(2023)第 114985 号

DAISHUXUE JIAOCHENG.DISANJUAN,SHULUN YUANLI

策划编辑　刘培杰　张永芹
责任编辑　宋　淼
封面设计　孙茵艾
出版发行　哈尔滨工业大学出版社
社　　址　哈尔滨市南岗区复华四道街 10 号　邮编 150006
传　　真　0451-86414749
网　　址　http://hitpress.hit.edu.cn
印　　刷　黑龙江艺德印刷有限责任公司
开　　本　787 mm×1 092 mm　1/16　印张 21.5　字数 395 千字
版　　次　2024 年 1 月第 1 版　2024 年 9 月第 2 次印刷
书　　号　ISBN 978-7-5603-8297-5
定　　价　58.00 元

数学名家

欧几里得(公元前 325 年—265 年)

斯蒂文(1548—1620)

邦贝利(1848—1925)

魏尔斯特拉斯(1815—1897)

乔治·康托(1845—1918)

戴德金(1831—1916)

皮亚诺(1858—1932)

弗罗贝尼乌斯(1849—1917)

冯·诺依曼(1903—1957)

编者的话

◎

本书是《代数学教程》的第三卷：数论原理，正如标题所表明的那样，这本教程主要讨论我们所熟悉的那些数系：自然数集、整数环、有理数域、实数域、复数域，以及超复数等。对于每一种数系，我们主要从事这样的工作：定义它们以及运用怎样的方式将它们构造出来，并且定义它们的代数运算，最后验证所有我们熟知的那些运算的性质．这些工作常常被一些实利主义者认为是不必要的，因为在很多人看来，只要会用那些数就行了．然而，在历史上正是由于对实数概念的模糊才最终导致了第二次数学危机，只是维尔斯特拉斯、戴德金、康托等人建立了严格的实数理论之后，这场危机才得以结束．正如美国数学史家 M. 克莱因所说："数学史上最使人惊奇的事实之一是实数系的逻辑基础竟迟至 19 世纪后叶才建立起来."

在这一卷中，我们的概念是如此的基础，即便是数的最简单性质，例如加法的交换律或结合律，我们都要一一论证，因此，数的性质的证明就会遇到不少困难．

由于编者只学过现代的数系理论，并没有从事过这方面的教学，因此编者在编辑整理这部分内容时，除了理论上的困难，还存在叙述上的困难．И. В. 勃罗斯库列亚柯夫(苏联)的《数与多项式》(吴品三译)可以说是这方面的名著，本卷就是在这本著作的基础上补充编辑而成的.原书著者对代数学的深刻理解以及对一些问题的处理方式令编者甚为佩服.编者所做的工作不是很多,主要是:在自然数方面,增加了自然数的基数理论(自然数作为有限集合的基数)以及记数制度;对于实数,增加了实数的戴德金构造理论以及实数的连分数表示;修改了复数域的部分内容,并且增加了超复数以及复数的历史发展;最后,增加了原书没有的一章内容——代数数域.

要指出的是,本书的主要任务是按照现代数学的观点,从数学结构的角度出发,建立起严格、系统的科学数系的逻辑过程.因此,本书的内容与通常的初等数论是有较大区别的,虽然也不乏重叠部分.一些属于整数论的比较专门的内容,我们放弃了,如同余方程理论、不定方程理论、数论中的函数,等等.从某种意义上讲,本书内容承担了研究数理论的基础,因此,书名也就取成了《数论原理》.本教程在写法上,思路清晰、语言流畅,概念及定理解释得合理、自然,非常便于自学,适合大学师生以及数学爱好者阅读.

在本书的排版编辑过程中,稿件经历多次修改.感谢出版社张永芹、杜莹雪、陈雅君等老师的辛苦付出,她们为本书的出版给予了宝贵的支持、促进和帮助.

由于个人数学和文字水平有限,错误和疏漏恐难避免,请读者不吝指正.

王鸿飞

2023 年 10 月 13 日

于浙江绍兴

1

自然数理论

§1 自 然 数

1.1 数和数数

数是什么? [1]

许多数学家宁愿完全不回答这个问题,而另一些数学家则用唯心论的观点来回答这个问题,他们说,数是用我们的精神自由创造的符号. 例如,最伟大的现代法国数学家之一的勒贝格[2](Lebesgue)写道:"…… 数是符号,对于它们建立了两种运算 —— 加法和乘法."

这种见解,除了脱离数和人类实际活动的密切联系,还有更大的缺点是,具有纯粹形式主义的特质. 本来,对于数的表示法,我们可以采用各种各样的符号,首先,除了通常的阿拉伯数码,还有罗马数码和其他一些数码;其次,除了十进位制,还有其他的进位制,例如,同样的符号 101,在二进位制中表示与十进位制完全不同的数(即 5). 诚然,勒贝格指出各种不同的进位制是等价的,就如从一种语言翻译成另一种语言一样,但是,这已经指出了以符号来定义数的不恰当性.

数发生于数数和测量的需要,并且在历史发展的长久过程中发生变化. 在发展的过程中, 数的学识以及它们的名称和表

---

[1] 本节中,所谓数,总是指自然数.
[2] 亨利·勒贝格(Henri Léon Lebesgue,1875—1941),法国数学家.

1

示法都改变了. 只是在 19 世纪初,人类才得到近代的关于数的概念,把它当作无限延续的集合,以及按十进位制表示数的近代系统. 我们不打算叙述数的概念的发展历史过程.

我们仅指出,正如研究未开化民族对于数的概念所指出的那样,数首先是为了数数,而且是由于数数的任务复杂化而发展着. 例如,未开化民族之一(凯尼尼)仅能按照一双手的指头计算,即仅能从 1 数到 5;柏拉几尼的某些部落仅能按照手指的关节计算,仅知道 1,2,3 这三个数. 所有大于 3 的数,他们都用"许多"这两个字来表示. 在第一种情形中,手的指头起了数的作用,而在第二种情形中,一个手指的关节起了数的作用. 在这两种情形中,数数永远是在于将被计算的对象的集合与已选择好了的数(手指或手指的关节)的标准集合相比较.

现在来更详细地研究数数的本质. 当儿童计算自己的小石子的时候,他从其中移动一个石子的位置并且说"一个",再从余下的石子中选择一个移动位置并且说"两个",这样下去,一直将全体石子都移动完为止. 最后一个叫到的数就是数数的结果. 移动的本身并不能算作数数的本质,而是为了便于数数. 计算的对象可以简单地指出,或者用其他的方式记出. 然而,重要的是,在数数时应遵守下面的要求:(1)对于第一个指出的对象,使数 1 与它对应;(2)每一次指出一个以前未被指出的对象,对于它,使一个数与它对应,这个数紧挨着已经叫过的数. 显然,数数结束以后,每一个对象都与一个与它对应的数相结合,两个不同的对象对应于两个不同的数,而且,在数数时利用的数应该是一个接着一个的,没有间隔,即形成自然数的某个片断. 因此,数数的本质在于建立起应该计算的集合与自然数列的某个片段之间的一一对应关系. 当且仅当被计算的集合是有穷时,数数的过程才能完结. 数数的结果不依列举的顺序而改变,因为我们知道,给出的有穷集合总是与自然数列的一个片断等价(见《集合论》卷).

这样一来,为了数数,必须预先有数的足够内容. 数(如手指、关节或者其他的系统)应该具有已知的性质,以便作为数数的工具. 它们应该分配于一个确定的、经常被建立起来的顺序上,而且应该存在第一个数,等等. 这些性质将要在下面以自然数列的公理形式完备地列举出来.

因此,数是对于一定的地方和时间已确定的,用来数数的标准集合的元素(利用将计算的集合与已确定的已知标准集合的子集之间建立起一一对应关系的方法).

自然数的近代概念将在下面给出,它是整个数学的基本概念之一,而且是我们在实践活动中不可缺少的工具.

1.2　自然数及其运算

自然数的概念,我们已经在《集合论》卷中定义了,即作为有限集合的基数①.现在我们列举自然数集合的一些基本性质,同时我们将用一些例子来证明它们的另一些众所周知的性质是怎样从基本性质推导出来的.我们这里所说的"数",总是指自然数.

首先指出自然数集的序.作为有限集合的基数的自然数,我们已经知道,自然数集的序得自"小于"($<$)的概念,与之有关的是第一组性质(自然数集在"小于"关系下是一个良序集,详见《集合论》卷).

Ⅰ(1) 由 $a<b$ 及 $b<c$ 推得 $a<c$("$<$"的传递性).

"大于"($>$) 作为派生的概念而引入.说 $a>b$,当且仅当 $b<a$ 时.显而易见,由 $a>b$ 及 $b>c$,即得 $a>c$("$>$"的传递性).实际上,由假设,不等式 $a>b$ 及 $b>c$ 相当于不等式 $b<a$ 及 $c<b$,由此推得 $c<a$(Ⅰ(1)),或 $a>c$.

Ⅰ(2) 每一对数 a 与 b 之间有且仅有下列关系之一("$<$"的三歧性)

$$a=b,a<b,a>b$$

在对自然数施行算术运算时所要牵涉的"小于"这一概念的其他性质,将在之后随时指出.

自然数的第二组性质是关于加法的,即关于求两数之和的运算.对于每一对数 a 及 b,存在一个(唯一的)数,被称为 a 及 b 的和(记作 $a+b$).这个概念具有下列性质:

Ⅱ(1)$a+b=b+a$(加法的交换性).

Ⅱ(2)$(a+b)+c=b+(a+c)$(加法的交换性、结合性).

在扩大的自然数集中,"0"这个数比较特殊,它具有下列特性:

Ⅱ(3)$a+0=a$.

根据加法的定义,还可以推得下面"$<$"与"$+$"的一个性质.

Ⅱ(4)$b<a$ 当且仅当存在数 $c\neq0$,使得 $a=b+c$.

证明　设 A,B 是两个有限集合,并且 $a=\overline{\overline{A}},b=\overline{\overline{B}}$.既然 $a>b$,于是存在 A 的真子集 C,使得 C 对等于 B,这就是说,$\overline{\overline{C}}=b$.另外,我们可以写

$$A=C\bigcup(A-C)$$

这里差集 $A-C$ 是非空有限集合,并且 $C\bigcap(A-C)=\varnothing$.于是按照基数加法的

---

① 　按照这个定义,0 是自然数.但在本章中,为叙述方便,我们把 0 排除在自然数集之外,在这样的意义下,把 0 和自然数集统称为扩大的自然数集.

定义,有
$$a = \overline{\overline{C}} + \overline{\overline{(A-C)}} = b + \overline{\overline{(A-C)}}$$
于是集合 $A-C$ 的基数 $\overline{\overline{(A-C)}}$ 就是我们要求的自然数 $c(c \neq 0)$.

反过来,如果
$$a = b + c$$
那么依照和的定义,存在有限集合 B, C,满足
$$a = \overline{\overline{(B \cup C)}} = \overline{\overline{B}} + \overline{\overline{C}}, \text{且 } B \cap C = \varnothing$$

根据有限集合的性质,B 是并集 $B \cup C$ 的真子集,这就是说,$b = \overline{\overline{B}} < \overline{\overline{(B \cup C)}} = a$.

最后,根据上面的一些性质,我们证明下面这个经常用到的定理:

定理 1.2.1 (1) $a = b$,当且仅当 $a + c = b + c$;

(2) $a < b$,当且仅当 $a + c < b + c$;

(3) $a > b$,当且仅当 $a + c > b + c$.

证明 (1) 必要性. 由 I(2)知,a 与 b 两数只能有下列关系之一
$$a = b, a < b, a > b$$

我们来证明,当 $a + c = b + c$ 时,$a = b$. 这只要证明其他两种情况不可能即可. 例如,我们来证明不能有 $a < b$. 反证法,如果 $a < b$,那么 $b = a + k$(II(4)),因此,$b + c = (a + k) + c = (a + c) + k$,这就是说
$$a + c < b + c$$
产生矛盾. 类似的,$a > b$ 亦不可能.

充分性. 我们来证明,当 $a = b$ 时,$a + c = b + c$. 这只要证明 $a + c < b + c$,$a + c > b + c$ 均不可能即可. 这时不能有 $a + c < b + c$. 如若不然,则 $b + c = (a + c) + k = (a + k) + c$,按前面的必要性,我们得到
$$b = a + k$$
这与 $a = b$ 矛盾. 同样 $a > b$ 也是不可能的.

(2) 与(3)可以与(1)类似证明.

这个定理表明,可以在(不)等式两端同消去一个数而不改变(不)等号.

根据定理 1.2.1,可以逐项地合并不等式:由 $a < b, c < d$ 推得 $a + c < b + d$. 首先,由 $a < b$,推得 $a + c < b + c$;仿此,由 $c < d$,推得 $c + b < d + b$;或(II(1)) $b + c < b + d$,然后由 II(2),最后得到 $a + c < b + d$.

在这些性质的基础上,首先解决加法的逆运算,即减法的问题. 通常称满足 $c + b = a$ 的数 c 为数 a 及 b 的差. 假若如此,便发生这样的数的存在及唯一性的问题.

4

由 Ⅱ(4) 可知,当且仅当 $a > b$ 时,a 及 b 的差才是存在的. 现在来证明这个差还是唯一的. 为此假定还存在另一个数 c',使得

$$c' + b = a$$

于是成立等式

$$c' + b = c + b$$

如果 $c' < c(c' > c)$,那么(定理 1.2.1)$c' + b < c + b(c' + b > c + b)$ 与上面那个等式矛盾,于是 $c' = c$.

这样,就证明了数 a 及 b 的差的存在性及唯一性,把它记成 $a - b$.

由定理 1.2.1,对于减法,我们有:

定理 1.2.2　(1)$a = b$,当且仅当 $a - c = b - c$;

(2)$a < b$,当且仅当 $a - c < b - c$;

(3)$a > b$,当且仅当 $a - c > b - c$.

这里假定所有的差是存在的.

自然数的第三组性质是关于乘法的,即关于求两数之积的运算. 对于每一对数 a 及 b,存在一个(唯一的) 数,被称为 a 及 b 的乘积(记作 $a \cdot b$ 或 ab). 这个概念具有下列性质:

Ⅲ(1)$ab = ba$(乘法的交换性).

Ⅲ(2)$(ab)c = a(bc)$(乘法的结合性).

与"0" 类似,"1" 这个数对乘法来说比较特殊,它具有下列特性:

Ⅲ(3)$a \cdot 1 = a$.

下列性质与算术的基本运算 —— 加法及乘法双方都有关系:

Ⅲ(4)$(a + b)c = ac + bc$(乘法关于和的分配性).

由此容易导出乘法关于差的分配性

$$(a - b)c = ac - bc$$

依照差的定义,这可以直接由下式推出

$$(a - b)c + bc = [(a - b) + b]c = ac$$

再应用性质 Ⅲ(4),可以证明

$$b \cdot 0 = 0 \cdot b = 0$$

实际上(Ⅱ(3))

$$a + 0 = a, (a + 0)b = ab + 0 \cdot b = ab$$

由此推得 $0 \cdot b = 0$,再由 Ⅲ(1) 得出 $b \cdot 0 = 0$.

最后,可以证明乘法中与定理 1.2.1 平行的一个定理(这里假定 $c \neq 0$):

定理 1.2.3　(1)$a = b$,当且仅当 $a \cdot c = b \cdot c$;

(2)$a < b$,当且仅当 $a \cdot c < b \cdot c$;

(3)$a > b$,当且仅当 $a \cdot c > b \cdot c$.

证明 我们先来证明第二个性质.

必要性.既然 $a < b$,可令 $b = a + k$(Ⅱ(4)),于是 $b \cdot c = (a + k) \cdot c = a \cdot c + k \cdot c = a \cdot c + d(d = k \cdot c)$(第二个等号根据 Ⅲ(4)),再由 Ⅱ(4) 知,$a \cdot c < b \cdot c$.第三个性质类似证明.至于第一个性质,则由第二个和第三个性质以及 Ⅰ(2) 即得.

关于除法的问题,作为乘法的逆运算,亦可根据乘法的性质来解决,正如前面根据加法的性质来解决关于减法的问题一样.

如果一个数 c 满足关系

$$c \cdot b = a \tag{1}$$

(其中 b 预先假定异于 0),那么 c 称为 a 与 b 的商.

由 $1 \leqslant b$ 应有

$$a \leqslant ab \tag{2}$$

并且等号仅当 $b = 1$ 时成立.

由(1)(2) 可得

$$c \leqslant a \tag{3}$$

等号仅当 $b = 1$ 时成立.

由(3) 和定理 1.2.3,我们可以得到如下的定理:

数 a 与 b 的商存在的必要条件(然而,正如我们将要看到的,这不是充分条件)是 $a \geqslant b$.如果商存在,那么它是唯一的.

我们来证明商的唯一性.设

$$c \cdot b = a, c' \cdot b = a$$

若 $c \neq c'$,例如 $c < c'$,则依照定理 1.2.3 可得 $c \cdot b < c' \cdot b$,产生矛盾.

数 a 与 b 的唯一的商,我们用记号 $\dfrac{a}{b}$ 或 $a : b$ 表示.

要说明的是,由 $a \geqslant b$ 还不能导出 $\dfrac{a}{b}$ 是存在的.例如,我们确信不存在这样的数 a,能使 $2a = 3$ 成立.由条件 $a < 3$,即或 $a = 1$,或 $a = 2$,但 $2 \cdot 1 = 2, 2 \cdot 2 = 4$.

这种情况的出现,使得除法和减法的性质有了根本的差异,因而导出叫作整除性理论的数的一些性质,这将在后面讲到.

这里以及下面,假定所写出的商都是存在的.

定理 1.2.4 (1)$a = b$,当且仅当 $\dfrac{c}{a} = \dfrac{c}{b}$;

6

(2)$a < b$,当且仅当 $\dfrac{c}{a} > \dfrac{c}{b}$;

(3)$a > b$,当且仅当 $\dfrac{c}{a} < \dfrac{c}{b}$.

这个定理由定理 1.2.3 和除法的定义很容易导出.

最后,可以证明下面这些关于商的相等和运算的规则是成立的(预先假定 $\dfrac{a}{b}$ 和 $\dfrac{c}{d}$ 是存在的):

(1) 当且仅当 $ad = bc$ 时,$\dfrac{a}{b} = \dfrac{c}{d}$;

(2) $\dfrac{a}{b} \pm \dfrac{c}{d} = \dfrac{ad \pm bc}{bd}$;

(3) $\dfrac{a}{b} \cdot \dfrac{c}{d} = \dfrac{ac}{bd}$;

(4) $\dfrac{a}{b} : \dfrac{c}{d} = \dfrac{ad}{bc}$.

这些规则的证明是以定理 1.2.3 为基础的. 首先指出,在(2)(3)及(4)三条中,由左端商的存在导出右端商的存在.事实上,既然商 $\dfrac{a}{b}$ 和 $\dfrac{c}{d}$ 存在,故 b 和 d 均不能等于零:$b > 0, d > 0$,于是 $b \cdot d > b \cdot 0 = 0$(定理 1.2.3).令 $\dfrac{a}{b} = x, \dfrac{c}{d} = y$,于是

$$bdx = ad, bdy = bc \qquad (4)$$

这两个等式左右两端分别相加(减),并利用乘法对加(减)法的分配律,得到

$$(x \pm y) \cdot (bd) = ad \pm bc$$

按定义,商 $\dfrac{ad \pm bc}{bd}$ 存在.

(4) 中两个等式左右两端分别相乘,并利用乘法的交换性,得到

$$(x \cdot y) \cdot (b^2 d^2) = abcd$$

由定理 1.2.3 的结论(1),我们得到

$$(x \cdot y) \cdot (bd) = ac$$

这就得到了商 $\dfrac{ac}{bd}$ 的存在性.

最后,设 $x : y = k$,则等式(4)表明

$$bdky = ad, bdy = bc$$

由此
$$k \cdot bc = ad$$
这就是说，商 $\dfrac{ad}{bc}$ 是存在的.

现在证明所说的四个规则：

(1) 在等式 $\dfrac{a}{b} = \dfrac{c}{d}$ 的两端同乘以 bd，则得 $ad = bc$. 反之，如果已知等式 $ad = bc$，那么由(4) 得到

$$bdx = bdy \qquad\qquad (5)$$

我们来证明 $x = y$. 反证法，若不然，例如 $x < y (x > y$ 也一样)，则 $bdx < bdy$，与式(5) 矛盾. 于是 $\dfrac{a}{b} = \dfrac{c}{d}$.

(2) 和(3) 的证明与(1) 的第二部分的证明类似. 最后，为了证明(4)，只要证明等式

$$\frac{a}{b} = \frac{c}{d} \cdot \frac{ad}{bc}$$

即可. 但由(3) 和(1)，显然这个等式是成立的，因此证明了所有的结论.

§2　自然数的序

2.1　最小数原理与数学归纳法

在这一小节中，我们将进一步讨论自然数的序，并得出与之相关的一些推论.

定理 2.1.1　1 是自然数中最小的数，即对于任何 a，都有 $a \geqslant 1$.

证明　如果 $a \neq 1$，那么按照自然数的构造(参看《集合论》卷)，a 将是某个自然数 b 的后续，即

$$a = b^+ = b + 1 > 1$$

(后面这个不等式用到定理 1.2.1).

定理 2.1.2　在自然数集合中，阿基米德(Archimedes) 公理(关于阿基米德公理的内容，参见《抽象代数基础》卷，第二章，定义 5.1.3) 是成立的，即对于任意两个数 a, b，存在一个数 c，满足 $bc > a$.

证明　只要取 $c > a$ 即可，因为由 $b \geqslant 1$，以及定理 1.2.1，所以有

8

$$bc = cb > ba = ab \geqslant a \cdot 1 = a$$

定理 2.1.3 当建立了自然数的顺序时,数 a 和 $a+1$ 是邻接的,即不存在自然数 b,满足 $a+1 > b > a$,亦即由 $b > a$,应有 $b \geqslant a+1$,由 $b < a+1$,应有 $b \leqslant a$.

证明 如果 $b > a$,那么 $b = a+k$.按照定理 2.1.1,有 $k \geqslant 1$.按照定理 1.2.1,有 $a+k \geqslant a+1$,即 $b \geqslant a+1$.按照自然数的基本性质 Ⅰ(2),不能有 $b < a+1$.因此定理得证.

下面一个定理是经常用到的.

定理 2.1.4(最小数原理) 自然数的任何非空集合 A 含有一个最小数,即小于这个集合中所有其他元素的数.

证明 既然 A 是非空的,那么一定存在一个自然数 $m(m \in A)$,于是可按 m 将 A 分成两个子集

$$B_1 = \{a \mid a \leqslant m, \text{对一切 } a \in A\}$$
$$B_2 = \{a \mid a > m, \text{对一切 } a \in A\}$$

显然,$A = B_1 \bigcup B_2$,$B_1 \bigcap B_2 = \varnothing$,且对任意 $b_1 \in B_1$,$b_2 \in B_2$,有

$$b_1 < b_2 \tag{1}$$

考虑到 B_1 一定是非空的($m \in B_1$),另外,由于 $\{1, 2, \cdots, m\}$ 是有限集,而 B_1 是它的子集,因此 B_1 也是有限集.于是 B_1 中存在一个最小数 a_1,由式(1)可知,a_1 也是 A 中的最小数.

以这个定理为基础,我们可以证明归纳法的各种形式.为此,我们首先来证明所谓的归纳法公理(参看 §4).

归纳法公理 具有下面性质的自然数的任何集合 M:

(1)1 属于 M;

(2) 如果数 m 属于 M,那么它的后续 m^+ 也属于 M,

含有所有自然数,即与 **N** 一致.

证明 反证法.假设 M 与 **N** 不能重合,则 M 将是 **N** 的一个真子集.设由 **N** 中不属于 M 的那些自然数构成的集合为 A,则 A 是非空的,依最小数原理知,A 中存在一个最小数,设为 a,但按照条件(1),有 $a \neq 1$,如此存在自然数 b 是它的前驱,即 $b^+ = a$ 且 b 不在 A 中(因 A 中的最小数为 a),从而 b 不在 M 中,但是这产生了矛盾:根据对 M 的假设(2),有 $a = b^+$ 属于 M.

我们来解释归纳法公理的意义.应用归纳法证明问题的一般方式如下:设需要证明某个定理,在它的描述中,自然数 n 参与其中(例如,在牛顿(Newton)二项式公式中),于是首先证明这个定理当 $n=1$ 时成立,其次假定这个定理对

自然数 n 成立而来证明它对 $n+1$ 也成立. 这样以后, 就认为对于任何自然数 n, 定理被证明了. 实际上, 定理对于任意 n 已被证明, 通常的根据是这样的: 定理对于 1 正确, 因而对于 2 正确; 既然对于 2 正确, 因而对于 3 正确; 既然对于 3 正确, 因而对于 4 正确, 依此类推. 但是"依此类推"是什么意义呢? 我们是否可能达到任意自然数那样的结论? 无疑的, 这是不行的, 因为, 我们仅有有限的时间, 而自然数是无穷多的. 这就是为何上面引入的根据(这对于中学教育永远是完全适当的)是不严格的. 归纳法公理刚好就是这个议论形式上的表示. 采取这个公理以后, 我们就可以严格地证明, 上面提到的定理对于任何 n 都是正确的(而且不必采取上面引入的关于数 2, 3 等正确性的议论), 就是说这样的定理是正确的.

定理 2.1.5(关于归纳法的合理性定理)   如果某个定理 T, 它的描述含有自然数 n, 对于数 1, 定理被证明了, 而且假定对于数 n, 定理 T 正确, 对于 n 的后面一个数 n^+①, 定理 T 也被证明了, 那么定理对于任何数都正确.

证明   设 M 是使所讨论的定理 T 正确的所有自然数的集合, 于是:

(1) 数 1 含于 M 内, 因为对于 1, 定理 T 是正确的;

(2) 设数 n 属于 M, 这就是说, 对于数 n, 定理是正确的. 但在这种情形下, 对于 n 的后面一个数 n^+, 定理 T 也被证明了, 这就是说, n^+ 也属于 M. 因此, 集合 M 具有归纳公理的两个性质. 由归纳公理可知, 集合 M 应该含有所有自然数, 这就是说(按照 M 的定义), 定理 T 对于任何自然数 n 都是正确的. 于是定理 2.1.5 得证.

由最小数原理, 还可以得到归纳法的第二种形式.

定理 2.1.6   如果某个定理 T 对于数 1 已经被证明, 而且在它对于小于 n 的所有数都成立这个假定之下, 此处 $n > 1$, 对于 n 也已被证明, 那么这个定理对于任何自然数都成立.

证明   如果定理 T 不是对于所有自然数都成立, 那么使定理不成立的数的集合 M 不是空集. 按照定理 2.1.4, M 含有一个最小数 n, 因为 n 属于 M, 所以定理 T 对于 n 不成立, 因而 $n > 1$. 但 n 是集合 M 的最小数, 即定理 T 对小于 n 的所有数都成立, 因而对于 n 也应成立, 这是不可能的.

第一数学归纳法和第二数学归纳法的区别在于后者的归纳假定加强了.

当对于自然数引进顺序以后, 归纳法证明的第一种形式(定理 2.1.5)可以

---

① 认为 $n^+ = n+1$.

有下面的变形.

定理 2.1.7 如果某个定理 T 对某个自然数 k 成立已经被证明,而且在它对于 $n \geqslant k$ 成立这个假设之下,对于 $n+1$ 成立也已被证明,那么这个定理 T 对任何自然数 $n(n \geqslant k)$ 都成立.

证明 假定定理 T 不是对所有 $n(n \geqslant k)$ 都成立,那么使定理 T 不成立的那些数 $n(n \geqslant k)$ 的集合 A 就是非空的,因此,按照定理 2.1.4 集合 A 有最小数 h,并且 $h \geqslant k$,因为定理 T 对于 h 是不成立的,所以 $h > k$(注意到定理 2.1.7 的条件).又按照定理 2.1.1,有 $h \neq 1$,因此在 h 前面便有一个数 m(h 的前驱),即这样的数 $m:m^+ = m+1 = h$. 数 m 是不小于 k 的,因为,若 $m < k$,则按照定理 2.1.3,有 $h = m+1 \leqslant k$(与前面 $h > k$ 矛盾).

从 $h = m+1$,推得 $m < h$,故 m 不属于集合 A,即定理 T 对于 m 是正确的,但这样一来(按照定理 2.1.7 的条件),定理 T 对于 $m+1 = h$ 也是正确的,得到的这个矛盾证明了我们的定理.

归纳法证明的第二种形式(定理 2.1.6)也有下面的变形,即:

定理 2.1.8 如果涉及自然数的某个定理 T 对于 k 已被证明,而且在假定它对于满足条件 $k \leqslant a \leqslant n$ 的所有 a 都成立时,证明了它对于数 n 也成立,那么这个定理对于任何自然数 $n(n \geqslant k)$ 都成立.

证明 与定理 2.1.7 类似,留给读者作为练习.

补充定理 2.1.4 的如下定理也是正确的.

定理 2.1.9 任何非空的且界于上的自然数集 A 含有一个最大数(所谓界于上的集合,我们理解为,其中所有数都小于同一个自然数).

证明 设 B 是大于或等于 A 中所有数的那些数构成的集合,因为 A 是界于上的,所以 B 是非空集.按照定理 2.1.4,B 含有一个最小数 b.按照 B 的定义,有 $b \geqslant a,a$ 是 A 中的任何数.让我们来证明:b 属于 A,并且是 A 中的最大数.如果 b 不属于 A,那么对于 A 中的任意 a,均有 $b > a$,于是由定理 2.1.3,得到 $b-1 \geqslant a,a$ 是 A 中的任何数.这就是说,$b-1$ 属于 B. 但是,因为 $b-1 < b$,所以与 b 的选择矛盾.因此 $b-1$ 属于 A,而且是 A 中的最大数.

2.2 归纳定义·若干个数的和与积

定义 2.2.1 按照下面两个性质,在所有自然数集上定义函数 $f(a)$ 的方式叫作 $f(a)$ 的归纳定义(或构成):

（1）对于数 1，给出函数值 $f(1) = x_1$；

（2）对于自然数 $a(a > 1)$，函数值 $f(a)$ 由小于 a 的 b 的函数值 $f(b)$ 借助于递推关系组 S 唯一地确定.

我们指出，被归纳定义的函数值 $f(a)$ 完全不必是自然数. 它们可以是某个环的元素，或者是一般的集合 A 的元素，只要元素之间已定义了关系，递推关系组 S 对于它们是有意义的即可.

下面的定理指出，归纳定义实际地（而且是唯一地）确定了函数 $f(a)$.

定理 2.2.1（关于归纳定义合理性的定理） 当给出一个递推的关系组 S 时，定义在所有自然数上的且具有定义 2.2.1 中性质（1）（2）的函数 $f(a)$ 是存在的，而且是唯一的.

证明 小于或等于 n 的所有自然数的集合 $\{1, 2, \cdots, n\}$ 叫作自然数列的一个断片. 让我们先证明下面的预备定理.

预备定理 设给出：

（a）一个自然数 n；

（b）某个集合 A 的一个元素 x_1；

（c）一个递推关系组 S，当 $n > 1$ 时，这个关系组对于任何自然数 a（此处 $1 < a \leqslant n$），由集合 A 的诸元素 x_b（此处 $b < a$）唯一地确定同一集合 A 的一个元素 x_a[①].

于是存在且仅存在一个函数 $f_n(a)$，这个函数定义于断片 $\{1, 2, \cdots, n\}$ 上，它的值属于集合 A，而且具有性质：

（1）$f_n(a) = x_1$；

（2$_n$）当 $n > 1$，且 $1 < a \leqslant n$ 时，$f_n(a)$ 的值借助于给出的关系组 S 的递推关系与 $f_n(b)$ 的值（此外 $b < a$）联系起来.

预备定理的证明 设 M 是使预备定理能够成立的这些 n 的集合.

（A）当 $n = 1$ 时，条件（b）与性质（2$_n$）符合一致. 显然，$f(1) = x_1$ 就是定义在 $\{1\}$ 上的唯一函数，而且具有性质（1），因此，1 属于集合 M.

（B）如果 n 属于 M，那么预备定理对于 n 是正确的. 设预备定理的条件（a）（b）（c）对于 $n+1$ 是满足的，则这些条件对于 n 也被满足（与在（c）中有同样的递推关系组 S，而且与在（b）中有同样的 x_1），即存在且仅存在一个函数

[①] 当 $a > n$ 时，递推关系一般可以不给出.

$f_n(a)$ 定义在断片 $\{1,2,\cdots,n\}$ 上且具有性质(1)和(2_n).于是我们用下面的方法做函数 $f_{n+1}(a)$:对于任何 $a \leqslant n$,令 $f_{n+1}(a)=f_n(a)$,并且按照 $a(a < n+1)$ 的函数值 $f_{n+1}(a)$,由给出的递推关系组 S 确定 $f_{n+1}(n+1)$ 的值,这是可能的,因为条件(c)对于 $n+1$ 来说是满足的.于是函数 $f_{n+1}(a)$ 定义在断片 $\{1,2,\cdots,$ $n+1\}$ 上且具有性质(1)和(2_{n+1}).如果 $g(a)$ 是定义在断片 $\{1,2,\cdots,n+1\}$ 上且具有性质(1)和(2_{n+1})的任意函数,那么这个函数 $g(a)$ 也定义在断片 $\{1,$ $2,\cdots,n+1\}$ 上且具有性质(1)和(2_n).由这个函数的唯一性(对于 n 来说,预备定理是正确的)知,当 $a \leqslant n$ 时,应有 $g(a)=f_n(a)$.但 $g(a)$ 具有性质(2_{n+1}),即 $g(n+1)$ 的值在 $a < n+1$ 时由 $g(a)$ 的值唯一地确定.但对于 $a < n+1$,即 $a \leqslant n$ 来说

$$g(a)=f_n(a)=f_{n+1}(a)$$

所以也有

$$g(n+1)=f_{n+1}(n+1)$$

因此,在整个断片 $\{1,2,\cdots,n+1\}$ 上,函数 $g(a)$ 与 $f_{n+1}(a)$ 完全符合一致,故证明了函数 $f_{n+1}(a)$ 的唯一性.

预备定理对于数 $n+1$ 已被证明,因此 $n+1$ 属于集合 M.按照归纳法公理,集合 M 含有所有自然数,即预备定理对于任何自然数 n 都是正确的.

现在来证明定理 2.2.1.在定义 2.2.1 中的条件(1)是与预备定理的条件(b)符合一致的.由定义 2.2.1 的条件(2)应有:对于任何 $n > 1$,预备定理的条件(c)成立.根据预备定理,对于任何 n,存在且仅存在一个函数 $f_n(a)$,这个函数定义在断片 $\{1,2,\cdots,n\}$ 上且具有性质(1)和(2_n).如果 $m < n$,那么函数 $f_m(a)$ 定义在作为断片 $\{1,2,\cdots,n\}$ 的一部分的断片 $\{1,2,\cdots,m\}$ 上且具有性质(1)和(2_m).根据这种函数的唯一性,对于 $a \leqslant m$,有 $f_n(a)=f_m(a)$.因此,对于数 a(即当 $n \geqslant a$ 时)已被定义的所有函数 $f_n(a)$,对于这些 a 有同一的函数值.对于 $n \geqslant a$ 的所有 $f_n(a)$ 的值,也就采取作为所求函数 $f(a)$ 对于 a 的值.

$f(1)$ 与 $f_n(1)$ 是符合一致的,因为 $f_n(a)$ 具有性质(1),所以 $f(a)$ 也具有性质(1).如果 $a > 1$ 且 $n \geqslant a$,那么 $f(a)=f_n(a)$,即 $f(a)$ 也满足递推关系,即函数 $f(a)$ 具有性质(2).如果 $g(a)$ 是定义在自然数集上且具有性质(1)和(2)的任意函数,那么它也定义在任何断片 $\{1,2,\cdots,n\}$ 上且具有同样的性质,按照这种函数的唯一性,当 $n \geqslant a$ 时,应有 $g(a)=f_n(a)=f(a)$,即对于任何 a,有 $g(a)=f(a)$,因而函数 $f(a)$ 具有所要求的唯一性,即定理被证明.

以证明定理 2.2.1 的预备定理为基础,我们引进若干个自然数的和与积.

13

定义 2.2.2 设给出自然数[①]$a_1, a_2, \cdots, a_n$,此处 n 也是自然数[②]. 将表示成

$$a_1 + a_2 + \cdots + a_n = \sum_{i=1}^{n} a_i$$

且被下面两个条件

$$\sum_{i=1}^{1} a_i = a_1 \tag{1}$$

$$\sum_{i=1}^{k+1} a_i = \sum_{i=1}^{k} a_i + a_{k+1} \quad (\text{对于任意} \, k < n) \tag{2}$$

所确定的数叫作这些自然数的和.

将表示成

$$a_1 a_2 \cdots a_n = \prod_{i=1}^{n} a_i$$

且被下面两个条件

$$\prod_{i=1}^{1} a_i = a_1 \tag{3}$$

$$\prod_{i=1}^{k+1} a_i = \left(\prod_{i=1}^{k} a_i\right) a_{k+1} \quad (\text{对于任意} \, k < n) \tag{4}$$

所确定的数叫作这些数的积.

在这个定义中,条件式(1)和(3)确定数 k 的已知函数当 $k=1$ 时的函数值,而条件式(2)和(4)起着预备定理中条件(c)递推关系的作用. 按照预备定理,定义在 $\{1, 2, \cdots, n\}$ 上且分别具有性质 (1)(2) 和 (3)(4) 的函数 $\sum_{i=1}^{k} a_i$ 及 $\prod_{i=1}^{k} a_i$ 存在,而且是唯一的. 因此,定义 2.2.2 有精确的意义.

可以给出若干个元素的任意加括号的和与积的定义的类似论证(参见《抽象代数基础》卷,第二章,§1,1.2). 然而,从一般的预备定理引出它来,就像对于定义 2.2.2 所做过的那样是不合适的,因为与它相应的预备定理的描述和证明都太麻烦. 因此,我们仅限于论证任意加括号的有限多个元素乘积的归纳定义. 当然,所说过的对于和以及对于任意代数的运算都是正确的.

定义 2.2.3 设在集合 R 内定义了乘法(不必是交换的或者结合的),即对于 R 中的任意一对有次序的元素 a, b,在 R 中有唯一的一个元素 $c(ab = c)$ 与之对应. 设给定自然数 n. 令 $A_k(k \leqslant n)$ 表示 R 中任意加括号的 k 个元素的有序集,

---

① 这个定义以及本节的所有结果,都可以逐字逐句地移至任何环上,或者一般的任何集合上,只要在这个集合上已经定义了服从结合律和交换律的加法和乘法的运算.

② 严格地说,在断片 $\{1, 2, \cdots, n\}$ 上给出函数 $f(b) = a_b$.

此处限定加括号的方法满足一般的要求,即任意两对括号,或者互相在外(两对括号内无公共元素),或者一对括号被包括在一堆括号的内部(一对括号内的所有元素都在另一对括号内). 我们称定义在所有集合 $A_k(k \leqslant n)$ 上且满足下面两个条件的函数 $f(A_k)$ 为广义的乘积,或者叫作任意加括号的乘积:

(1) 对于 R 中任意一个元素所组成的集合 $A_1 = \{a_1\}$,$f(A_1) = a_1$(仅包括一个元素的括号可以省略);

(2_n) 如果 $1 < k \leqslant n$,A_h 是 A_k 中的若干个元素的集合(保持 A_k 中的顺序和括号),这些元素与 A_k 的最后一个元素 a_k 不在同一括号内(除了包括 A_k 的全部元素的括号以外),A_{k-h} 是 A_k 中其余元素的集合(保持 A_k 原来的顺序和括号),那么

$$f(A_k) = f(A_h) \cdot f(A_{k-h})$$

定理 2.2.2 对于任意自然数 n,满足定义 2.2.3 的函数 $f(A_k)$ 是存在的,并且是唯一的.

证明 设 M 是定理成立的所有自然数的集合. (A) 当 $n = 1$ 时,条件 (2_n) 不存在,按照条件(1)知,$f(A_1) = a_1$ 是唯一存在的. 故当 $n = 1$ 时,定理成立,即 1 属于 M.

(B) 设 n 属于 M,则存在唯一的函数 $f(A_k)(k \leqslant n)$ 满足定义 2.2.3 的条件 (1) 和 (2_n). 让我们来定义在所有任意加括号的集合 A_{n+1} 上的函数. 如果集合 A_{n+1} 按照定义 2.2.3 中所指出的括号被分成 A_h 和 A_{n+1-h},那么 $h \leqslant n,n+1-h \leqslant n$. 这意味着函数 $f(A_h)$ 和 $f(A_{n+1-h})$ 的值已经给出. 我们令

$$f(A_{n+1}) = f(A_h) \cdot f(A_{n+1-h})$$

得到的函数 $f(A_k)(k \leqslant n+1)$ 具有性质(1)和 (2_{n+1}). 下面让我们来证明这个函数的唯一性. 设 $g(A_k)(k \leqslant n+1)$ 是具有性质(1)和 (2_{n+1}) 的任意函数,则这个函数也具有性质 (2_n),根据函数 $f(A_k)(k \leqslant n)$ 的唯一性,应有

$$g(A_k) = f(A_k),k \leqslant n$$

但是,由于函数 $g(A_k)$ 具有性质 (2_{n+1}),而且 R 中的任意两个元素的乘积是唯一确定的,因此应该有

$$g(A_{n+1}) = g(A_h) \cdot g(A_{n+1-h}) = f(A_h) \cdot f(A_{n+1-h}) = f(A_{n+1})$$

由于 $k \leqslant n+1$ 时函数 $f(A_k)$ 的唯一性,即定理 2.2.2 对于 $n+1$ 已被证明,因此 $n+1$ 属于 M. 根据归纳法公理,集合 M 含有所有自然数,即定理 2.2.2 对于任何 n 都成立.

我们指出,由这个定理可以得到具有下述性质的函数 $f(A_n)$ 的存在和唯一性的证明,即 $f(A_n)$ 定义在由任意加括号的 R 中取出的元素的所有有穷有序集

上,而且具有性质(1)和性质 $f(A_n)=f(A_h) \cdot f(A_{n-h})$. 证明完全类似于前面对于定理 2.2.1 所做过的证明,这里,定理 2.2.2 起着定理 2.2.1 的证明中预备定理的作用,这个证明留给读者作为练习.

注 到现在为止,在建立自然数的算术时(从 §1 起),我们丝毫未利用《抽象代数基础》卷的定理,另外,《抽象代数基础》卷仅利用了自然数理论的这样一些概念和事实,即自然数列断片、归纳证明和归纳定义,这是我们已经叙述过的.因此,我们可以在下面利用《抽象代数基础》卷的事实进一步来建立自然数理论,而没有犯循环论证的毛病.特别的,对于自然数来说,任意加括号的乘法与和的定义(参看《抽象代数基础》卷,第二章,§1 广义乘积的定义,这是以交换律和结合律为依据的)以及关于乘积不依加括号和调换因数的顺序而改变的定理,都仍然保持有效.由此,我们引出和与积的基本性质[①]

$$\sum_{i=1}^{m} a_i + \sum_{i=1}^{n} a_{m+i} = \sum_{i=1}^{m+n} a_i, \quad \prod_{i=1}^{m} a_i \cdot \prod_{i=1}^{n} a_{m+i} = \prod_{i=1}^{m+n} a_i \tag{5}$$

$$\sum_{i=1}^{n} (a_i + b_i) = \sum_{i=1}^{n} a_i + \sum_{i=1}^{n} b_i, \quad \prod_{i=1}^{n} (a_i \cdot b_i) = \prod_{i=1}^{n} a_i \cdot \prod_{i=1}^{n} b_i \tag{6}$$

当被加数或者乘数都相同时,分别得到自然数倍数和方幂的定义.因此,a 的倍数和方幂定义为

$$a \cdot n = \sum_{i=1}^{n} a \tag{7}$$

$$a^n = \prod_{i=1}^{n} a \tag{8}$$

由于式(7)中 $a \cdot n$ 的表示法,以前已经有过另外的意义,用它来表示自然数 a 与 n 的乘积,因此,必须证明表示法 $a \cdot n$ 的两种意义是一致的.这个事实证明以后,我们就得到了中小学所学过的乘积 $a \cdot n$ 为 n 个都等于 a 的被加数的和的意义,而且方幂 a^n 为 n 个都等于 a 的因数的乘积.于是,我们证明下面的定理.

定理 2.2.3 对于任意自然数 a 与 n,都有等式

$$a \cdot n = \sum_{i=1}^{n} a \tag{9}$$

这里,$a \cdot n$ 表示自然数 a 与 n 的乘积,其中

$$n = 1 \cdot n = \sum_{i=1}^{n} 1$$

[①] 这个性质可以不利用任何加括号的和与积的概念而得到.

即任意自然数 n 都等于 n 个单位的和①.

证明 当 $n=1$ 时,按照乘法的性质 Ⅲ(3),有

$$a \cdot 1 = a = \sum_{i=1}^{1} a$$

如果 $a \cdot n = \sum_{i=1}^{n} a$,那么按照乘法关于和的分配性质 Ⅲ(4),有

$$a(n+1) = a \cdot n + a \cdot 1 = \sum_{i=1}^{n} a + a = \sum_{i=1}^{n+1} a$$

按照归纳法公理,定理即被证明.

§3 自然数的整除性理论

3.1 自然数的整除性

一个自然数可以被另一个自然数整除的概念在数论中处于中心地位.

定义 3.1.1 对于自然数 a,b,如果存在自然数 q,使得 $a=bq$(即 $\frac{a}{b}$ 是存在的),那么就说 a 被 b 除得尽,也可以说 b 除尽 a,记为 $b \mid a$. a 叫作 b 的倍数,b 叫作 a 的因数(或者约数). 如果这样的 q 不存在,那么就说 a 被 b 除不尽,也可以说 b 除不尽 a,记为 $b \nmid a$.

定理 3.1.1 由条件 $b \mid a$ 应有 $a \geqslant b$,即任何数被大于它的数除不尽. 特殊情形是,1 被异于本身的任何数除不尽.

其次,很容易验证下面的定理:

定理 3.1.2 (1)对于任意 a,$1 \mid a$,$a \mid a$;

(2)由 $a \mid b$,$b \mid c$ 应有 $a \mid c$;

(3)对于任意 c,由 $a \mid b$ 应有 $a \mid bc$;

(4)对于任意 c,由 $a \mid b$ 应有 $ac \mid bc$,而且逆命题也成立;

(5)由 $a \mid b$,$c \mid d$,应有 $ac \mid bd$;

(6)由 $a \mid b$,$a \mid c$,应有 $a \mid b+c$,而且一般地,对于任意 b_1,c_1,有 $a \mid bb_1+cc_1$,

---

① 这个定理对于任意环并不成立,因为在任意环中,元素 a 与自然数 n 的乘积未曾定义过. 然而,它对于所有数环都成立,更一般地,对于任意集合也成立,只要在这个集合中定义过元素 a 与自然数 n 的乘积,而且乘积的定义具有 §1 中乘法的性质 Ⅲ(3) 和 Ⅲ(4).

也有 $a \mid b-c$，以及对于任意 b_1, c_1，有 $a \mid bb_1 - cc_1$，只要差是存在的.

对于整除性理论的进一步研究，下面的定理有重要意义.

定理 3.1.3（带余数的除法式）　如果 $a > b$ 且 a 被 b 除不尽，那么存在一对且仅一对数 q 及 r，使得

$$a = bq + r \tag{1}$$
$$r < b \tag{2}$$

数 q 叫作商，而 r 叫作 a 被 b 除的余数.

证明　我们先来证明具有性质(1)(2)的数是存在的. 按照 1.2 节中自然数差运算的性质，由 $a > b$ 可知，差 $a - b$ 是存在的. 由等式

$$a = b \cdot 1 + (a - b)$$

可知 $q = 1, r = a - b$ 满足条件(1). 因此，满足条件(1)的数对 q, r 是存在的. 按照自然数的最小数原理，在满足条件(1)的所有 r 的集合中，存在最小的一个数. 如果 $r > b$，那么 $r = b + r_1$ 且 $r_1 < r$，但

$$a = bq + r = bq + (b + r_1) = b(q + 1) + r_1$$

这是不可能的，因为 r 是满足条件(1)的最小者. 如果 $r = b$，那么

$$a = bq + r = b(q + 1)$$

即 $b \mid a$，这与 b 除不尽 a 的条件矛盾. 故 $r < b$，即条件(2)成立①.

现在再来证明数对 q 与 r 的唯一性. 如果 q_1, r_1 是满足条件(1)(2)的另一对数，那么，或者 $q_1 \neq q$，或者 $r_1 \neq r$. 但按照等式(1)有

$$bq_1 + r_1 = bq + r \tag{3}$$

由 $r_1 > r$ 应有 $bq_1 < bq, q_1 < q$（由定理 1.2.3 以及定理 1.2.4）；反过来说，由 $q_1 < q$ 应有 $bq_1 < bq, r_1 > r$. 于是下面写出的差是存在的，即由等式(3)的两端同时减去 $bq_1 + r$，我们得到

$$r_1 - r = bq - bq_1 = b(q - q_1)$$

因此数 $r_1 - r$ 应该被 b 除得尽. 但按照定理 1.2.3，有 $r_1 - r < r_1 < b$，这与定理 1.4.1 矛盾. 在 $r_1 < r, q_1 > q$ 的情形中，可进行与此类似的讨论.

定义 3.1.2　数 a, b 都除得尽的这些数中的最小者叫作 a, b 的最小公倍数，用符号 $[a, b]$ 表示. 除得尽 a 和 b 的这些数中的最大者叫作 a, b 的最大公约数，用符号 (a, b) 表示.

---

① 常常采取另一种讨论：从 a 中减去 b，直到剩下的余数小于 b 为止. 因为 $a - b, a - 2b, \cdots$ 是递减的，所以按照自然数的最小数原理知，它们中必有最小者 $a - qb$. 与上面的证明类似，可得 $a - qb = r < b$. 因为减的过程在第 q 次结束，所以这种方法可以实际地求出 q 与 r.

定理 3.1.4 对于任意自然数 a,b,存在唯一的最小公倍数 k 和唯一的最大公约数 d,而且

$$dk = ab \tag{4}$$

a,b 的任意公倍数都被 k 除得尽,a,b 的任意公约数都除得尽 d.

证明 设给定 a,b. a,b 的公倍数是存在的,例如,乘积 ab 就是一个公倍数,即最小公倍数是存在的(最小数原理). 如果 k_1 也是 a,b 的最小公倍数,那么依定义有

$$k \leqslant k_1 \text{ 且 } k_1 \leqslant k$$

即

$$k = k_1$$

即最小公倍数 k 是唯一的. 设 k_1 是 a,b 的任一公倍数,且不同于 k,于是有 $k_1 > k$. 设 k_1 被 k 除不尽,那么,按照定理 3.1.3,$k_1 = kq + r, r < k$. 然而,这样一来就有 $r = k_1 - kq$ 既被 a 除得尽,又被 b 除得尽(定理 3.1.2(4)),即 r 也是 a,b 的公倍数,但这与 $r < k$ 的条件相矛盾,故有 k 除尽 k_1. 特殊情形是,k 除尽 ab. 令 $\dfrac{ab}{k} = d$,则 d 满足等式(4). 让我们来证明 d 是 a,b 的最大公约数. 因为(参看定理 1.2.4)

$$a = \frac{ab}{k} \cdot \frac{k}{b} = d \cdot \frac{k}{b}$$

且

$$b = \frac{ab}{k} \cdot \frac{k}{a} = d \cdot \frac{k}{a}$$

所以 d 是 a,b 的公约数.

设 d_1 是 a,b 的任一公约数,那么 $k_1 = \dfrac{ab}{d_1}$ 显然是 a,b 的公倍数,即 k_1 被 k 除得尽. 因(参看定理 1.2.4)

$$\frac{k_1}{k} = \frac{ab}{d_1} : \frac{ab}{d} = \frac{d}{d_1}$$

故 d 被 d_1 除得尽,且 $d \geqslant d_1$,即 d 是 a,b 的最大公约数.

最大公约数的唯一性可按最小公倍数的情形一样地证明.

3.2 辗转相除法

前面的定理指出了最小公倍数和最大公约数的存在,但并没有给出适当的求法(当然,可以从 1 试验到 a,b 中的较小者以求得最大公约数,然后由等式(4)求最小公倍数,但这是很不方便的). 求最大公约数的方法还是在古希腊时代由

欧几里得（Euclid）（欧几里得《几何原本》卷 Ⅰ, Ⅱ）发现的（他也给出了最大公约数存在性的证明，但不是定理 3.1.4 的方法），大家都知道这种方法叫作辗转相除法，或者叫作欧几里得算法。设给出 a, b，且 $a \geqslant b$。如果 $b \nmid a$，那么，按照定理 3.1.3，$a = bq_1 + r_1$，$r_1 < b$。如果 $r_1 \nmid b$，那么 $b = r_1 q_2 + r_2$，$r_2 < r_1$。如果已经求出了 r_k，$r_k \nmid r_{k-1}$，那么 $r_{k-1} = r_k q_{k+1} + r_{k+1}$，且 $r_{k+1} < r_k$。假使对于任意 k，r_{k-1} 被数 r_k 除不尽，那么，按照定理 2.2.1，将对所有 k 都给出 r_k，且 $b > r_1 > r_2 > \cdots$，这是不可能的。因为，这样一来，在数 r_k 的集合中将没有最小的数（最小数原理），因而存在一个数 n，使得 $r_n \mid r_{n-1}$。于是，上述的求法将终止于第 n 步，我们得到一系列等式

$$\begin{cases} a = bq_1 + r_1 \\ b = r_1 q_2 + r_2 \\ r_1 = r_2 q_3 + r_3 \\ \quad\vdots \\ r_{n-1} = r_n q_{n+1} \end{cases} \tag{5}$$

我们将证明：最后的除数 r_n 就是 a, b 的最大公约数。事实上，最后一个等式表明 $r_n \mid r_{n-1}$，于是倒数第二个等式给出 $r_n \mid r_{n-2}$，倒数第三个等式给出 $r_n \mid r_{n-3}$，……，第二个等式给出 $r_n \mid b$。最后，第一个等式给出 $r_n \mid a$，即 r_n 是 a, b 的公约数。如果 d_1 是 a, b 的任一公约数，那么把 (5) 的第一个等式写成

$$r_1 = a - bq_1$$

的形式，得出 $d_1 \mid r_1$，由第二个等式得出 $d_1 \mid r_2$，……，由最后一个等式得出 $d_1 \mid r_n$。按照商存在的必要条件，有 $r_n \geqslant d_1$，即 $r_n = d$ 是 a, b 的最大公约数。

还需要证明：最大公约数的唯一性。如果 d_1 是 a, b 的最大公约数，那么由 $d \geqslant d_1, d_1 \geqslant d$ 应该有 $d = d_1$。

这就证明了如下的算法：

定理 3.2.1（欧几里得算法） 设给定两个不相等的数 a 与 $b(a > b)$，那么用第二个数除第一个数，第一个余数除第二个数，第二个余数除第一个余数，等等，如此所得到的最后的不等于零的余数，就是这两个数的最大公因数，即若令 $r_0 = a, r_1 = b$，不断做带余除法得到 $r_j = r_{j+1} q_{j+1} + r_{j+2} (0 < r_{j+2} < r_{j+1})$，$j = 0$，$1, 2, \cdots, n-2$ 且有 $r_{n+1} = 0$，那么 $(a, b) = r_n$。

3.3 素数

任何自然数都被 1 及自身除得尽，自然数中存在没有其他因数的自然数。

例如,1和2就是这样的数,因为除1之外没有小于2的数(参看§2定理2.1.1). 3也是这样的数,因为,满足条件 $1 < a < 3$ 的唯一数 a 是2,而 $2 \nmid 3$,等等.

定义3.3.1　自然数 p 叫作素数,如果它不是1,而且除1与 p 之外没有其他因数.异于1的非素数叫作合数.1既不是素数,也不是合数.

任何两个素数的乘积都可算作合数的例子.这个例子列举出所有合数,因为任一合数都是一些素数的乘积(参看下面定理3.3.4).

定理3.3.1　任何自然数 n 至少有一个素因数 p.

证明　设 p 是 n 的异于1的因数中的最小者.如果 $q \mid p$,$1 < q < p$,那么也有 $q \mid n$,这是不可能的,即 p 是素数.

素数列开头几个数是 $2,3,5,7,11,\cdots$. 到现在为止,我们仍没有求出第 n 个素数 p_n 的公式,不论是用它的序号数 n 表示,或是由给出小于 p_n 的所有素数以求 p_n 的递推公式.在古希腊时代,欧几里得就证明了下面的定理(载在《几何原本》第Ⅸ卷).

定理3.3.2　对于任何一个素数 p,存在大于 p 的素数(因此,素数列 2,$3,\cdots$ 是无限的).

证明　设 $p_1,p_2,\cdots,p_m = p$ 是小于或等于 p 的所有素数.做下面的数

$$n = p_1 p_2 \cdots p_m + 1 = \prod_{i=1}^{m} p_i + 1$$

这个数被 $p_1,p_2,\cdots,p_m$ 中的任何一个都除不尽,但是,按照定理3.3.1,它应被某个素数 q 除得尽,即 $q > p$.

需要指出的是,上述形式的数本身不一定是素数,虽然

$$2 \cdot 3 + 1 = 7$$
$$2 \cdot 3 \cdot 5 + 1 = 31$$
$$2 \cdot 3 \cdot 5 \cdot 7 + 1 = 211$$
$$2 \cdot 3 \cdot 5 \cdot 7 \cdot 11 + 1 = 2\ 311$$

都是素数,但

$$2 \cdot 3 \cdot 5 \cdot 7 \cdot 11 \cdot 13 + 1 = 30\ 031 = 59 \cdot 509$$

已经不是素数了.

定理3.3.3　如果乘积 ab 被素数 p 除得尽,那么 a,b 中至少有一个被 p 除得尽.

证明　设 k 是 p 与 a 的最小公倍数,但 ab 是 p 与 a 的公倍数,故按照定理3.1.4,有 $k \mid ab$,即

$$ab = hk \tag{6}$$

按照(4)，$d = \dfrac{pa}{k}$ 为 p 与 a 的公约数(而且 d 是最大公约数，不过，在这里，这是不重要的)，但素数 p 只有因数 p 与1. 如果 $d = p$，那么 $p \mid a$；如果 $d = 1$，那么 $\dfrac{pa}{k} = 1, k = pa$ 且(参考(6))

$$ab = hk = (pa)h$$

由此，两端消去 a，得 $b = ph$，即 $p \mid b$.

推论 如果若干个数的乘积被某个素数 p 除得尽，那么至少有一个因数能被 p 除得尽.

事实上，对于一个因数的乘积来说(乘积就等于这个因数)，这是很显然的，如果这个论断对于 n 个因数的乘积是正确的，那么，由条件 $p \mid \prod\limits_{i=1}^{n+1} a_i$，并且利用定理 3.3.3，应有 $p \mid a_{n+1}$，或者 $p \mid \prod\limits_{i=1}^{n} a_i$，因此对于某个 $i \leqslant n$，有 $p \mid a_i$.

由这个推论可导出整除性理论的基本定理.

定理 3.3.4(算术基本定理) 任何一个异于1的自然数都可分解为素数的乘积，而且不考虑因数的顺序①，这样的分解方法是唯一的.

证明 我们证明 $n \neq 1$ 时 n 的素因数分解是存在的. 对于 $n = 2$，论断成立，因为2本身是素数. 设 $n > 2$，且小于 n 的所有数(1除外)都可分解为素因数的乘积. 如果 n 本身是素数，那么，对于它，论断成立. 如果 n 是合数，那么有除得尽 n 的数 n_1 存在，$n = n_1 n_2$，而且 $n_1 \neq 1, n_1 \neq n$. 于是也有 $n_2 \neq 1$，且按照 §1式(2)，有

$$2 \leqslant n_1 < n, 2 \leqslant n_2 < n$$

数 n_1, n_2 都可分解为素因数的乘积，亦即两端对于 $n = n_1 n_2$ 也成立. 按照归纳法(§2 定理 2.1.5 的形式)，论断对于任意 $n \geqslant 2$ 都成立.

现在我们证明分解的唯一性，这里将应用定理 3.3.3. 设同一数有两种素因数的分解，即

$$n = p_1 p_2 \cdots p_r = q_1 q_2 \cdots q_s \tag{7}$$

此处所有 p_i 及 q_k 都是素数. 需要证明这两种分解仅能有因数顺序的不同，即 $r = s$，并且在适当的号码下，有 $p_i = q_i, i = 1, 2, \cdots, r$(除此以外，当 $i \neq k$ 时，或许也有 $p_i = q_k$，因为在这些因数中可能有相同的). 我们再对 n 用归纳法. 当 $n =$

---

① 这里，一个数也认为是乘积(因数的个数等于1).

22

2 时,定理显然成立,因为素数 2 不能分解为若干个素因数的乘积.设定理对于小于 n 的数成立,这里 $n>2$,等式(7)的左端被素数 p_1 除得尽.按照定理3.3.3 的推论,$q_1,q_2,\cdots,q_s$ 中至少有一个能被 p_1 除尽.如果需要的话,变动式(7)右端因数的号码,可以认为 $p_1\mid q_1$,因为 $p_1\neq 1$ 且 q_1 是素数,所以 $p_1=q_1$.等式(7)的两端同时消去 p_1(§1 定理 1.2.1 和定理 1.2.3),我们得到

$$n_1=p_2p_3\cdots p_r=q_2q_3\cdots q_s \tag{8}$$

如果 $r>1$($r=1$ 的情形,$n=p_1$ 与已经讨论过的 $n=2$ 的情形类似),那么 $2\leqslant n_1<n$.按照归纳假定,定理对于 n_1 成立,即 $r-1=s-1$,由此得 $r=s$,而且在合适的号码下,有 $p_i=q_i,i=1,2,\cdots,r$.

定义 3.3.2 数 a,b 叫作互素的,如果它们的最大公约数等于 1.

定理 3.3.3 也可以导出时常应用的关于互素的数的定理,即:

定理 3.3.5 如果 a 与 b,c 互素,那么 a 与乘积 bc 也互素.

证明 不然的话,设 a 与 bc 的最大公约数 $(a,bc)=d>1$.按照定理 3.3.1,数 d 被素数 p 除尽,因此,也有 $p\mid a$ 及 $p\mid bc$,而按照定理 3.3.3,或者 $p\mid b$,或者 $p\mid c$,因此,或者 $(a,b)\geqslant p$,或者 $(a,c)\geqslant p$,这与给出的条件相矛盾.

定理 3.3.6 如果 $a\mid bc$ 且 $(a,b)=1$,那么 $a\mid c$.

证明 这个定理可以不用定理 3.3.4 而直接根据定理 3.3.5 来证明.然而下面根据定理 3.3.4 的讨论,使得证明比较简单,而且是应用分解为素因数的唯一性定理的例子.由 $a\mid bc$ 应有 $bc=aq$.设 $a=a_1a_2\cdots a_k,b=b_1b_2\cdots b_h,c=c_1c_2\cdots c_m$ 和 $q=q_1q_2\cdots q_n$ 是这几个数的素因数分解.于是

$$b_1b_2\cdots b_hc_1c_2\cdots c_m=a_1a_2\cdots a_kq_1q_2\cdots q_n \tag{9}$$

按照定理 3.3.4,每一个 a_i 在等式(9)的左端都要出现.但 a_i 不能与任一 b_j 相等,因为,如果这样的话,将有 $a_i\mid a,a_i\mid b$,由此得 $(a,b)\geqslant a_i>1$,这与给出的条件相矛盾,故所有 a_i 都在 c_j 中出现,由此得 $a\mid c$.

定理 3.3.7 如果 c 被 a,b 中的每一个都除得尽,且 a,b 互素,那么 c 被乘积 ab 除得尽.

证明 $c=bq,a\mid c$,即 $a\mid bq$ 且 $(a,b)=1$,按照前面的定理有 $a\mid q,q=ar$,由此得 $c=bq=bar$,故 $ab\mid c$.

自然数本身不能构成环,因为减法不能经常施行,这不满足环的定义.在下一章中,我们将要证明自然数可以包括在环中(即包括在整数环中).对于环来说,整除性理论可以从另一途径展开,这时,定理 3.3.6 可以不依赖定理 3.3.3 来证明;反之,定理 3.3.3 可以作为定理 3.3.6 的推论而得出,然后,依照基本定理 3.3.4 得以证明.

§4 自然数的公理

4.1 自然数的公理系统

已知理论的公理结构开始于列举各基本关系(被用来下定义)以及各基本性质,或者满足已知基本关系的各公理(被采取作为不加证明的结果). 对于自然数的公理结构,我们引入一个基本关系和四个公理.

定义 4.1.1 任何一个非空集合 N 的元素叫作自然数,如果在这个集合中,对于某些元素 a 和 b,存在关系:"a 在 b 后面"或者"数 b 是数 a 后面的一个数"(a 后面的一个数将以 a^+ 表示),满足下面的公理:

Ⅰ. 存在数 1,它不在任何数后面,即对于任何数 a,$a^+ \neq 1$.

Ⅱ. 对于任何数 a,存在且仅存在后面一个数 a^+,即由 $a = b$,应有 $a^+ = b^+$.

Ⅲ. 任何数不能作为多于一个数的后面一个,即由 $a^+ = b^+$,应有 $a = b$.

Ⅳ.(归纳法公理)具有下面性质的自然数的任何集合 M:

(A)1 属于 M;

(B) 如果 a 属于 M,那么后面一个数 a^+ 也属于 M,

含有所有自然数,即与 N 一致.

这里引入的自然数的公理仅是 19 世纪末意大利数学家、哲学家皮亚诺(G. Peano,1858—1932)所提出的公理系统的不重要的改变.

按照定义,任何具有上面列举的性质的集合 N 的元素,都称为自然数. 好像存在不止一个,而是好多个不同的自然数的集合. 究竟其中哪一个是数学的基础呢? 我们在每一处所采用的是哪种呢? 如果人们利用了不同的集合作为自然数集,那么是否会相互理解呢? 让我们来消除读者这种不安的心理. 诚然,可能有满足定义 4.1.1 的各种不同的集合,但是,它们对于基本关系:"b 在 a 后面"来说,都是同构的,因而具有涉及这个关系的完全相同的性质,只要这些性质是由公理 Ⅰ ～ Ⅳ 导出的. 但是,我们集中注意于从这些公理得到的自然数的算术性质,而数的另一些性质,例如,它们的表示法,在书写时的形式和字体的颜色,等等,原则上是没有意义的,只是在科学上以及实践上,由于运用它们时或多或少方便的观点. 这样,按照手指计算,就比按照一个手指的关节计算方便,而被整个人类文化所采取的表示数的十进位制,就更加方便,利用它可以写出我们在实际上遇到的所有数,而且,如果设想(诚然,正如所有科学一样,是从

24

现实中抽象出来的）有无限制的纸、墨水和时间，那么就可以写出所有自然数．上面所提到的同构问题的证明以及涉及公理系统本身的其他一些问题，留在本节末讨论，现在，我们研究由公理系统导出的这些推论．

我们不再解释归纳法的意义以及它的合理性，因为我们在前面（§2）已经做过了．

定义 4.1.2 如果 b 在 a 后面，那么就说 a 是在 b 前面的一个数，或者说 a 在 b 前面．

按照公理 Ⅰ，数 1 没有在其前面的数．我们可以证明，只有这个唯一的数具有这样的性质．

定理 4.1.1 任何数 $a(a \neq 1)$ 都有在其前面的数，而且只有一个．

证明 设 M 是含有 1 以及至少有一个在其前面的数的所有数的集合．

(A)1 属于 M；

(B) 如果 a 属于 M，那么 a^+ 也属于 M，因为 a^+ 有一个在其前面的数 $a(a$ 属于 M 的假定，在此处是多余的）．按照公理 Ⅳ，集合 M 含有所有数，亦即任何数 $a(a \neq 1)$ 至少有一个在其前面的数．由公理 Ⅲ，应该有前面的数的唯一性，因为，按照公理 Ⅲ，任何数不能有多于一个的在其前面的数．

定理 4.1.2 如果在给出的两个数后面的两个数不同，那么给出的这两个数也不同，即由 $a^+ \neq b^+$ 应有 $a \neq b$．

证明 按照公理 Ⅱ，由 $a = b$，应有 $a^+ = b^+$．

定理 4.1.3 如果给出的两个数不同，那么它们后面的两个数也不同，即由 $a \neq b$，应有 $a^+ \neq b^+$．

证明 按照公理 Ⅲ，由 $a^+ = b^+$，应有 $a = b$．

定理 4.1.4 任何数都不同于其后面的数，即对于任何 $a, a \neq a^+$．

证明 设 M 是使得定理成立的所有数的集合．

(A) 按照公理 Ⅰ，$1^+ \neq 1$，因而 1 属于 M．

(B) 如果 a 属于 M，那么 $a^+ \neq a$，亦即按照定理 4.1.3，也有 $(a^+)^+ \neq a^+$，即 a^+ 属于 M．按照公理 Ⅳ，M 含有所有数，即对于任何 $a, a \neq a^+$．

4.2 自然数的运算

现在我们根据前面的公理来定义自然数的运算．

定义 4.2.1 自然数的加法是指这样的对应，对于每一对自然数 a, b，有一个且仅有一个自然数 $a + b$ 与它对应，而且具有下面的性质：

(1) 对于任何 $a, a + 1 = a^+$；

(2) 对于任何 $a,b,a+b^+=(a+b)^+$.

数 a 和 b 叫作被加数,而 $a+b$ 叫作它们的和.

立刻发现这样的问题,是否存在这样的对应? 而且如果存在的话,是否是唯一的? 设选择确定的一个数 a,于是条件(1)和(2)确定数 $a+1$ 和数 $a+b^+$,如果数 $a+b$ 已经被确定了的话.因此,根据归纳法公理 IV,似乎可以认为,数 $a+b$ 对于任何 b 都确定,又因 a 是任意选择的,故对于任意 a 和 b 都确定.自然数公理系统的提出者皮亚诺以及他的学生们都曾经认为是这样的,很多著者都用过这样的叙述.然而,在这样的讨论中是有错误的.事实上,每一次应用归纳法公理时,我们应该完全精确地定义集合 M,对于 M 应该指出性质(A)和(B).在前面证明的定理 2.1.5(§2,关于归纳法的合理性定理)中,集合 M 是由这些自然数组成的,对于它们,关于自然数 n 的某个定理 T 是正确的.我们已经成功地证明了这个集合具有性质(A)和(B),亦即证明了定理 T.也许这时会持有这样的怀疑:在证明定理 T 对于 $n+1$ 成立时,我们假定定理 T 对于 n 已经被证明,然而定理对于 n 成立也是要证明的,这种疑问,用下面的方法就可以消除.我们暂时并没有利用定理 T 对于 n 成立,而仅证明具有这样条件形式的命题:"如果定理 T 对于 n 成立,那么对于 $n+1$ 也成立",这个命题对应于性质(B)的条件形式.让我们尝试说明,在加法归纳定义的情形中,对于哪一个集合 M 应该应用公理 IV? 是否可以说,当选定 a 时,集合 M 是由这些 b 所组成,对于这些 b,数 $a+b$ 是被确定的.这是不行的,因为我们正希望证明数 $a+b$ 是由性质(1)和(2)定义的.这也正好就是归纳定义所不同于归纳证明的,在归纳证明中,使定理 T 成立的那些数的集合 M,有完全确定的意义,不依赖于定理 T 是否被证明.所谓"对于给定的 a,具有性质(1)和(2)的数 $a+b$ 被确定"这句话,仅有这样的精确意义:"对于给定的 a,放置数 b 与具有性质(1)和(2)的数 $a+b$ 对应的这样的对应存在."但是,这个论断涉及的不仅是一个数 b 而是所有的数 b,因此,不可以按照 b 简单地引用性质(1)和(2),应该用归纳法证明它.可是,这个论断涉及一个确定的数 a,因而可以尝试按照 a 用归纳法证明它(以下将要这样做).让我们注意,我们断言按照 b 用归纳法证明条件(1)和(2),确定数 $a+b$ 是错误的,但这个命题的本身绝对不是错误的.归纳定义的合理性,依赖自然数的顺序概念(参考 §2,2.2),是可以证明的.然而在这里,顺序的概念,我们将要依据加法引入.因此,关于加法存在的问题,必须利用另外的办法来解决.

定理 4.2.1　　自然数的加法是存在的,而且仅有一种,即存在一种且仅存在一种对应,按照它,对于任意两个数 a,b,数 $a+b$ 与它们对应,使得:

(1) 对于任何 $a,a+1=a^+$;

(2) 对于任何 $a,b,a+b^+=(a+b)^+$.

换言之,加法是可实施的,而且是唯一确定的.

证明 (a) 首先我们证明,对于给定的 a,存在不多于一个的对应,按照它,对于每一个数 b,数 x_b 与它对应,而且这个对应有下面的性质:

对于任何 $b,x_1=a^+,x_{b^+}=(x_b)^+$.

设 y_b 是任何具有上述性质的对应,即对于任何 b 有

$$y_1=a^+,y_{b^+}=(y_b)^+$$

设 M 是所有这样的 b 的集合,对于它们,有 $x_b=y_b$.

(A) $x_1=a^+=y_1$,1 属于 M;

(B) 设 b 属于 M,那么 $x_b=y_b$,按照公理 Ⅱ,有 $(x_b)^+=(y_b)^+$,即 $x_{b^+}=(x_b)^+=(y_b)^+=y_{b^+}$,$b^+$ 属于 M. 按照公理 Ⅳ,集合 M 含有所有自然数,即对于任何 $b,x_b=y_b$. 这对于给定的 a,加法的唯一性已被证明. 而由 a 的任意性,它对于任何 a,b 都被证明.

(b) 现在我们来证明,对于给定的 a,存在一个(按照(a),仅存在一个) 对应,按照它,对于每一个 $b,a+b$ 与它对应,而且对于任何 b(当 a 给定时),这个对应具有性质 $a+1=a^+,a+b^+=(a+b)^+$.

设 M 是所有这样的 a 的集合. 对于它们,这种对应存在(按照(a),仅存在一个).

(A) 当 $a=1$ 时,我们对于任何 b,令 $a+b=b^+$. 这个对应具有所需要的性质,因为

$$a+1=1^+=a^+,a+b^+=(b^+)^+=(a+b)^+$$

这就是说 1 属于 M.

(B) 如果 a 属于 M,那么 $a+b$ 确定,而且具有性质 $a+1=a^+,a+b^+=(a+b)^+$. 对于数 b,我们放置数 $a^++b=(a+b)^+$ 与它对应. 这个对应对于 a^+ 具有所需要的性质,因为

$$a^++1=(a+1)^+=(a^+)^+$$
$$a^++b^+=(a+b^+)^+=[(a+b)^+]^+=(a^++b)^+$$

亦即数 a^+ 属于 M. 按照公理 Ⅳ,集合 M 含有所有这样的自然数,即对于任何 a,存在一个对应,通过它,对于每一个数 b,数 $a+b$ 与它对应,而且这个对应对于给定的 a 及任意的 b,具有下面的性质

$$a+1=a^+,a+b^+=(a+b)^+$$

但数 a 是任意的,亦即这样对应的存在和唯一性被证明了,通过它,对于任何 a

与 b，数 $a+b$ 与它对应，而且具有性质(1)和(2)(参考定义 4.2.1).

因此，定理即被证明.

定理 4.2.2（加法结合律）

$$(a+b)+c=a+(b+c)$$

证明　设选定了两个数 a 和 b，M 是所有这样的数 c 的集合，对于它们，等式是正确的.

(A)$(a+b)+1=(a+b)^+=a+b^+=a+(b+1)$，1 属于 M.

(B) 如果 c 属于 M，那么 $(a+b)+c=a+(b+c)$，由此得

$$(a+b)+c^+=[(a+b)+c]^+=[a+(b+c)]^+$$
$$=a+(b+c)^+=a+(b+c^+)$$

即 c^+ 属于 M. 按照公理 Ⅳ，等式 $(a+b)+c=a+(b+c)$ 对于任何 a,b,c 都是正确的.

定理 4.2.3（加法交换律）

$$a+b=b+a$$

证明　（a）我们证明等式 $a+1=1+a$，对 a 用归纳法. 设 M 是使得这个等式成立的所有 a 的集合.

(A)1 显然属于集合 M.

(B) 如果 a 属于 M，那么 $a+1=1+a$，于是

$$a^++1=(a+1)+1=(1+a)+1=1+(a+1)=1+a^+$$

即 a^+ 属于 M. 按照公理 Ⅳ，$a+1=1+a$ 已被证明.

（b）我们证明等式 $a+b=b+a$，对 b 用归纳法. 设 M 是对于给定的 a 使得这个等式成立的所有 b 的集合.

(A) 按照已证明过的(a)，1 属于 M.

(B) 如果 b 属于 M，那么 $a+b=b+a$. 利用定理 4.2.2，得到

$$a+b^+=(a+b)^+=(b+a)^+=b+a^+=b+(a+1)$$
$$=b+(1+a)=(b+1)+a=b^++a$$

即 b^+ 属于 M. 按照公理 Ⅳ，定理即被证明.

定理 4.2.4　对于任何两个数 a,b，下面三种情形中有且仅有一种情形成立：

(1)$a=b$；

(2)存在一个数 k，使得 $a=b+k$；

(3)存在一个数 h，使得 $a+h=b$.

证明　首先注意下面的事实

28

$$a+b\neq b$$

事实上,这个结论对于 $b=1$ 是正确的,因为 $a+1=a^+\neq 1$(按照公理 Ⅰ).其次,如果 $a+b\neq b$,那么按照定理 4.1.3,有

$$a+b^+=(a+b)^+\neq b^+$$

这就证明了我们所要的结论.

由刚才的结论应有,这三种情形中不能有多于一种的情形成立.因为,显然(1) 和(2) 以及(1) 和(3) 不能同时成立.假使(2) 和(3) 的情形同时成立,那么

$$a=b+k=(a+h)+k=a+(k+h)$$

这又与前面的结论矛盾.让我们来证明,这三种情形中永远有一种成立.

设选择了数 a 而 M 是这些数 b 的集合:对于任何 b,当 a 给定时,情形(1)(2) 或者(3) 三种情形之一成立.

(A) 如果 $a=1$,那么对于 $b=1$,有情形(1) 成立;如果 $a\neq 1$,那么按照定理 4.1.1,有

$$a=k^+=k+1=1+k$$

即对于 $b=1$ 时,情形(2) 成立,即 1 属于 M.

(B) 设 b 属于 M,则:

或者 $a=b$,即 $b^+=b+1=a+1$,即情形(3) 对于 b^+ 成立.

或者 $a=b+k$,而且,如果 $k=1$,那么 $a=b+1=b^+$,即情形(1) 对于 b^+ 成立;如果 $k\neq 1$,那么 $k=m^+$,且

$$a=b+m^+=b+(m+1)=b+(1+m)=(b+1)+m=b^++m$$

即情形(2) 对于 b^+ 成立.

或者 $b=a+h$,且

$$b^+=(a+h)^+=a+h^+$$

即情形(3) 对于 b^+ 成立.

在所有情形中,b^+ 都属于 M,因此定理即被证明.

利用定理 4.2.4,现在已经可以给顺序下定义了,但是我们先讨论乘法的概念和性质,以便可以立刻讨论两种基本运算与顺序概念间的关系.

现在我们再来引进自然数的另一种运算 —— 乘法.

定义 4.2.2 自然数的乘法是指这样的对应,对于每一对自然数 a,b,有且仅有一个自然数 ab(或者 $a\cdot b$,或者 $a\times b$)与它对应,而且具有下面的性质:

(1) 对于任何 $a,a\cdot 1=a$;

(2) 对应任何 $a,b,ab^+=ab+a$.

数 a 叫作被乘数,b 叫作乘数,a 和 b 都叫作因数,ab 叫作积.

在前面,我们关于加法定义所说到的所有注意事项,对于乘法定义来说都有效.特别是,对于它,还没有说明具有已知性质的对应是存在的.因此,类似于定理 4.2.1 的下面定理有原则上的价值.

定理 4.2.5 自然数的乘法是存在的,而且仅有一种.换句话说,乘法是可以实施的,而且是唯一确定的.

证明 完全类似于定理 4.2.1 的证明.

(a) 我们先证明对于给定的 a,存在不多于一个的对应,按照它,对于每个数 b,数 x_b 与之对应,而且这个对应具有下面的性质:对于任何 b,有

$$x_1 = 1, x_{b^+} = x_b + a$$

设 y_b 是任何具有上述性质的对应,而 M 是所有这样的 b 的集合,对于它们,$x_b = y_b$.

(A) $x_1 = a = y_1$,1 属于 M.

(B) 如果 b 属于 M,那么

$$x_{b^+} = x_b + a = y_b + a = y_{b^+}$$

b^+ 属于 M.

按照公理 Ⅳ,对于任意 b,$x_b = y_b$.对于给定的 a,乘法的唯一性被证明.但由 a 的任意性,对于任何 a, b,定理被证明.

(b) 现在让我们来证明:对于给定的 a,存在一个(按照(a),仅存在一个)对应,按照它,对于每一个数 b,$a \cdot b$ 与它对应,且对于任何 b(当 a 给定时),具有性质

$$a \cdot 1 = a, ab^+ = ab + a$$

设 M 是所有这样的 a 的集合,对于它们,这样的对应存在(按照(a),仅存在一个).

(A) 当 $a = 1$ 时,我们对于任意 b,令 $ab = b$.这样的对应具有所需要的性质,因为

$$a \cdot 1 = 1 = a, ab^+ = b^+ = b + 1 = ab + a$$

1 属于 M.

(B) 如果 a 属于 M,那么对于任何 b,有 ab 与它对应,而且 $a \cdot 1 = a$,$ab^+ = ab + a$.对于数 a^+,我们做这样的对应:对于数 b,令数 $a^+ \cdot b = ab + b$ 与它对应,这个对应有所需要的性质,因为

$$a^+ \cdot 1 = a \cdot 1 + 1 = a + 1 = a^+$$

$$a^+ \cdot b^+ = ab^+ + b^+ = (ab + a) + b^+ = ab + (a + b^+)$$

$$= ab + (a + b)^+ = ab + (b + a)^+$$

$$=ab+(b+a^+)=(ab+b)+a^+$$
$$=a^+\cdot b+a^+$$

a^+ 属于 M.

当 a 为任意时,对于每一个 b,有所需要性质的对应被做出了,即对于任何 a,b,做出了这样的对应,因此定理即被证明.

定理 4.2.6(右分配律)
$$(a+b)c=ac+bc$$

证明　对于给定的 a,b,我们就 c 应用归纳法证明.

(A) $(a+b)\cdot 1=a+b=a\cdot 1+b\cdot 1$,当 $c=1$ 时,定理是正确的.

(B) 如果定理对于 c 是正确的,那么 $(a+b)c=ac+bc$. 利用加法结合律和交换律,我们得到
$$(a+b)c^+=(a+b)c+(a+b)=(ac+bc)+(a+b)$$
$$=(ac+a)+(bc+b)=ac^++bc^+$$

即定理对于 c^+ 是正确的.

按照公理 Ⅳ,定理即被证明.

定理 4.2.7(乘法交换律)
$$ab=ba$$

证明　(a) 当 $a=1$ 时,我们就 b 用归纳法证明,即 $1\cdot b=b\cdot 1$. M 是具有这种性质的所有 b 的集合.

(A) 显然 1 属于 M.

(B) 如果 $1\cdot b=b\cdot 1$,那么
$$1\cdot b^+=1\cdot b+1=b\cdot 1+1=b+1=b^+=b^+\cdot 1$$

b^+ 属于 M.

(b) 对于给定的 b,我们就 a 用归纳法证明 $ab=ba$. M 是具有这种性质的所有 a 的集合.

(A) 按照(a),1 属于 M.

(B) 如果 a 属于 M,那么 $ab=ba$. 于是,利用前面的定理,我们得到
$$a^+\cdot b=(a+1)b=ab+1\cdot b=ba+b\cdot 1=ba+b=ba^+$$

a^+ 属于 M. 定理即被证明.

由前面的两个定理,于是有:

定理 4.2.8(左分配律)
$$c(a+b)=ca+cb$$

定理 4.2.9(乘法结合律)

31

$$(ab)c = a(bc)$$

证明 设给定 a 与 b, M 是使得这个等式成立的所有数 c 的集合.

(A) $(a \cdot b) \cdot 1 = ab = a(b \cdot 1)$, 1 属于 M.

(B) 如果 c 属于 M, 那么 $(ab)c = a(bc)$. 于是, 利用定理 4.2.8, 得

$$(ab)c^+ = (ab)c + ab = a(bc) + ab = a(bc + b) = a(bc^+)$$

c^+ 属于 M. 定理即被证明.

最后, 再引入自然数的序. 在前面公理法定义自然数时, 我们是从一个基本关系出发的, 即 "b 在 a 后面". 选择 "后面" 这个术语的本身就已指出这个基本关系与有序集中 (参看《集合论》卷) 所引入的对于任意集合的顺序概念的联系. 诚然, 公理 Ⅱ 和 Ⅲ 指出, "后面" 这个关系, 对于数来说, 是不同于顺序关系中同样名词 "后面" 的, 而仅联系每一个元素与它 "紧挨着" 的两个元素, 因为, 按照公理 Ⅱ, 每一个元素后面仅有一个元素, 而按照公理 Ⅲ, 每一个元素不在多于一个的元素后面. 但是, 对于任意自然数, 可以定义顺序的关系, 使其与已给出的 a 与 a^+ 之间 "后面" 的关系一致. 为了这个新的关系, 我们将利用 "大于" 这个词.

定义 4.2.3 如果对于给出的两个数 a, b, 存在一个数 k, 使得 $a = b + k$, 那么就说, a 大于 b, b 小于 a, 并写成 $a > b, b < a$; 如果 $a > b$ 或者 $a = b$, 那么就写 $a \geqslant b$; 如果 $a < b$ 或者 $a = b$, 那么就写 $a \leqslant b$.

定理 4.2.10 (1) 对于任意两个数 a, b, 下面三个关系有且仅有一个成立

$$a = b, a > b, b > a$$

(2) 由 $a > b, b > c$, 应有 $a > c$.

换句话说, 具有刚才定义的 "大于" 关系的自然数集 N, 是有序集.

证明 第一个论断仅是定理 4.2.4 的重新描述. 第二个论断可这样证明:

如果 $a > b, b > c$, 那么 $a = b + k, b = c + h$, 由此得

$$a = b + k = (c + h) + k = c + (h + k)$$

即有 $a > c$.

这样定义的顺序是与具有 "后面" 关系的紧挨着的数的特殊情形一致的. 因为 $a^+ = a + 1$, 即 $a^+ > a$.

对于顺序与加法和乘法运算之间的联系来说, 在 §2 中所证明的定理, 仍然是正确的, 我们不再叙述.

4.3 关于自然数公理系统的评论

由公理系统 Ⅰ ～ Ⅳ 出发, 我们建立了自然数的算术. 现在, 让我们再返回

来讨论这个理论的公理的基础问题.

　　首先我们指出,这个理论对于我们来说不是完全抽象的,或者说,不是完全形式的.诚然,我们把任意集合的元素叫作自然数,只要这个集合具有前面所述的性质,但是,这些性质是从我们所熟悉的东西抽象出来的,并不是形式的,而是有实在的丰富内容的东西.而且,我们理解逻辑的规则也不是形式的,而是有实际内容的.我们认为这句话"由论断 a 推出论断 b"或者"论断 a 与论断 b 矛盾(不共存,不并立)"的意义是所有人都知道和理解的.这样我们将进入下一步的讨论.在这里,我们指出,形式逻辑已被建立起来,并且某些数学分支利用它来叙述.

　　但是,这样的叙述是非常麻烦的,而且最终也达不到目的,因为仅当遵守已被指出的诸规则时,才可以运用形式逻辑,而这些规则必须在确定意义上来应用.这类的建立,兴趣在于正确地阐明逻辑规则之间的相依性.可是,这不仅对于形式逻辑是正确的,而且,一般地,对于公理化的数学也是正确的.须知,不预先知道自然数的性质,我们就没有可能建立它们的公理形式.因此,可以说,在数学里的"形式"不是代替"内容",而是使"内容"更加精确.

　　在评论每一种公理化理论的公理系统时,必须解决三个基本问题(当然,这三个问题的困难和意义并不是一样的),这三个问题就是:公理的无矛盾性,公理的完备性和公理的独立性.

　　无矛盾性　任何一种公理系统,为了可以接受,首先必须确信以这个公理系统为基础而建立起来的理论不含有矛盾,即由这些公理出发,不能证明互相矛盾的两个命题.如何证明给出的公理系统在这种意义上无矛盾性呢? 让我们以平面几何为例来说明这个问题.在平面几何公理系统内,点和直线以及它们之间的基本关系("点在直线上""直线上的一点位于另外两点之间",等等)被形式地(抽象地)理解.这些概念被给出的公理联系着.另外,有另外一种公理理论——实数域.在解析几何中,建立起平面上的点与实数对(点的坐标)之间的对应关系,直线与方程(直线方程)之间的对应关系.点与直线的关系是与数对和方程之间的数值关系相对应的,同时,几何上的公理是与实数上的命题(定理)相对应的,而这些命题是可以用数的公理和性质为基础来证明的.因此,一种公理化的理论(平面几何)被包括在另一种理论(实数的理论)内作为其中一部分.如果集合含有上述矛盾意义,那么在实数内也将发现矛盾(以数的公理为基础,证明两个互相排斥的命题).如果数的公理是无矛盾的,那么几何的公理同样也是无矛盾的.在这种意义上,几何公理的无矛盾性被证明.仅仅在这种意义上可把任意一种公理化的理论无矛盾化,要证明给出公理化的理论无矛盾性,非有包括它的一种较广的理论不可.

就这方面来讨论自然数是非常复杂的,因为它是整个数学的基础.什么样更一般的理论可以包括自然数的公理呢?我们局限于另一种无矛盾性的定义来讨论.用数表示点和直线(及其间的关系),我们是预先把实数的理论当作已知的,用它来解释这些概念(和关系).这已经不是形式上的,而是有实际内容的(坐标和方程的系数是已被定义了的数).让我们来引出下面的定义.

定义 4.3.1　如果对于任意一个(具体的)集合的元素,定义了给出公理化理论的各基本关系,并且满足这个理论的各公理,那么就称这个集合为这个公理的一种解释.

定义 4.3.2　一组公理系统叫作无矛盾的,如果对于它至少存在一种解释.

对于自然数的公理系统是否存在解释呢?满足公理 I ～ IV 的任意一种元素的无穷序列都是它的解释.下面是它的解释的几个例子:

1. 表示十进位制的数的符号:1,2,3,4,5,….

2. 表示三进位制的数的符号:1,2,10,11,12,….

3. 在一定直线 AB 上从一定点 O 向一定方向截取等线段 OA_1, A_1A_2, $A_2A_3, \cdots$. 它们的端点,即点 $A_1, A_2, A_3, \cdots$ 给出数的一种解释.

4. 地球绕太阳各年公转数的序列,如果把今年的公转当作 1.

因此,自然数的公理系统是无矛盾的.

完备性　产生这样的问题:这个理论的公理系统叙述得好到什么程度?可否利用这组公理系统或者否定用该理论的术语描述的任何命题?对于一些理论,自然数的公理化理论也在内,这种意义下完备性不存在的证明已经被发现,也就是说,存在用已知工具不可解的命题.我们将考虑另一种意义下公理系统的完备性,即只要它是完全确定的,即在同构意义上来看,满足该公理系统的集合是唯一确定的即可.

定义 4.3.3　一组公理系统叫作完备的,如果它的任意两个解释都是同构的(参看《集合论》卷).

定义环的概念的公理系统 I ～ VI(参看《抽象代数基础》卷,第二章 §1),可以当作不完备的公理系统的一个例子.本来,不同构的环是存在的(例如,一个有穷的环和一个无穷的环便是).不但如此,研究环理论的主要兴趣,也就在于描述各种不同类型的环.

让我们来证明自然数的公理系统 I ～ IV 的完备性.这里 N_1 和 N_2 是这组公理系统的两个解释,在这两个解释中的数将用下标 1 和 2 来区分.我们用归纳法建立(§2,定义 2.2.1)一个函数 $f(x_1)$,这个函数定义在整个 N_1 的集合上,它的值属于 N_2,而且使得:

(1) $f(1_1) = 1_2$;

(2) $f(a_1{}^+) = [f(a_1)]^+$.

由 §2 定理 2.1.5 知,这个函数是存在的,而且是唯一的. 让我们来证明 $f(a_1) = a_2$ 是 N_1 和 N_2 之间的一个同构对应. 如果 $a_1 \neq 1_1$,那么存在 b_1,使得 $a_1 = b_1{}^+$,且

$$f(a_1) = f(b_1{}^+) = [f(b_1)]^+ \neq 1_2$$

因此,1_2 在 N_1 中有唯一的原象 1_1. 设 a_2 有唯一的原象 a_1,则

$$f(a_1{}^+) = [f(a_1)]^+ = a_2{}^+$$

即 $a_2{}^+$ 至少有一个原象. 如果 b_1 是 $a_2{}^+$ 的任意一个原象,那么按照条件(1),有 $b_1 \neq 1_1$,即 $b_1 = c_1{}^+$ 且

$$a_2{}^+ = f(b_1) = f(c_1{}^+) = [f(c_1)]^+$$

按照公理 Ⅲ 应有

$$a_2 = f(c_1)$$

因为 a_1 是 a_2 的唯一原象,所以 $c_1 = a_1$,且按照公理 Ⅱ 应有

$$b_1 = c_1{}^+ = a_1{}^+$$

即 $a_1{}^+$ 是 $a_2{}^+$ 的唯一原象. 按照归纳法公理Ⅳ,N_2 中的任何元素在 N_1 中都有且仅有一个原象,也就是说,$f(a_1) = a_2$ 是一一对应. 由条件(2)可知,集合 N_1 和 N_2 之间的映射 $f(a_1) = a_2$ 保持基本关系"后面一个". 其次,让我们就逆映射 $f^{-1}(a_2) = a_1$ 来证明:由 $f(a_1{}^+) = [f(a_1)]^+ = a_2{}^+$,应有 $f^{-1}(a_2{}^+) = a_1{}^+$,亦即逆映射也保持基本关系"后面一个".

因此自然数公理系统 Ⅰ ~ Ⅳ 是完备的. 关于这个事实的意义,在 4.1 节中已经谈到. 由公理 Ⅰ ~ Ⅳ 的完备性,我们可以完全等效地利用自然数的任一个解释(无论采用罗马记数法或者阿拉伯记数法,十进位制或者二进位制).

独立性 关于公理的独立性是比较简单的,而且,与其说是有原则意义的问题,不如说是有实践意义的问题. 为已知理论选择某种公理系统,都希望当作公理的命题个数是极少的,也就是说,如果某个公理事实上是定理,可以借助其余的公理来证明,那么就没必要把它保留在公理之列.

定义 4.3.4 一组公理系统叫作独立的,如果其中没有一个公理是其余公理的推论.

关于公理系统的独立性,我们用这样的方法来证明,即对于每一个公理,建

立一个解释,这个解释满足所有其余公理,而不满足这个公理.如果这个公理是其余公理的推论,那么,显然不可能有这个解释.

让我们来证明自然数公理系统 Ⅰ～Ⅳ 的独立性.我们指出,公理 Ⅰ 有这样的特点,如果公理 Ⅰ 不被满足,那么公理 Ⅳ 永远被满足,并且是纯粹形式的,因为具有性质(A)(1 属于 M)的集合 M 永远不存在.这样的集合是空集,而对于空集的任何论断都是正确的(故 M 包含所有自然数的论断也是正确的).然而,如果稍微改变公理 Ⅳ 的描述,那么就可避免带有空集的讨论.下面是公理 Ⅳ 稍加变动的描述:

Ⅳ′.具有下面两个性质的任一非空的自然数集 M 都包含所有自然数:

(A′)如果不当作任何数的后面一个的 1 存在,那么它属于 M;

(B)如果数 a 属于 M,那么 a 的后面一个数 a^+ 也属于 M.

显然,公理系统 Ⅰ～Ⅲ,Ⅳ 是与 Ⅰ～Ⅲ,Ⅳ′ 等效的,即由第一组公理系统应有第二组公理系统,倒过来说也是一样(确信由 Ⅰ～Ⅲ,Ⅳ 就有 Ⅳ′,又由 Ⅰ～Ⅲ,Ⅳ′ 就有 Ⅳ 即已足够).如果等效的公理系统之一是无矛盾的和完备的,那么另一系统也同样如此.因此,公理系统 Ⅰ～Ⅲ,Ⅳ′ 也是无矛盾的和完备的.让我们来证明它的独立性.

公理 Ⅰ 的独立性 设 N 是含有 a,b,c 三个元素的集合,并且具有如下定义的"后面一个"的关系

$$a^+=b,b^+=a,c^+=a$$

因为每个元素都是另一元素的后面一个,所以公理 Ⅰ 不被满足,而公理 Ⅱ,Ⅲ,Ⅳ′ 都被满足.如果 $M\neq\varnothing$,而且,例如 $b\in M$,那么按照条件(2),有 $b^+=c\in M$,且 $c^+=a\in M$,即 $M=N$.

因为当公理 Ⅰ 存在时,显然公理 Ⅳ 与 Ⅳ′ 是等效的,所以其余各条公理 Ⅰ～Ⅲ,Ⅳ 与 Ⅰ～Ⅲ,Ⅳ′ 是同样的.

公理 Ⅱ 的独立性 设 N 是含有 a,b 两个元素的集合,而且 $a^+=b$.于是 a 是 1,而公理 Ⅱ 不被满足,因为 b 没有后面一个元素.其余的公理都被满足.

公理 Ⅲ 的独立性 设 N 是含有 a,b,c,d 四个元素的集合,而且 $a^+=b,b^+=c,c^+=d,d^+=b$.公理 Ⅲ 不被满足,因为 b 既是 a 的后面一个,同时又是 d 的后面一个,由 $a^+=d^+$,得不到 $a=d$.其余公理都被满足,并且 a 有 1 的作用.

公理 Ⅳ′(或者 Ⅳ)的独立性 设 N 是所有自然数 $1,2,3,\cdots,n,\cdots$ 与形如 $n+\dfrac{1}{2}$(此处 n 为正整数)的所有数的集合,并且对于自然数来说,关系"后面一个"就是原来的意义,而对于形如 $n+\dfrac{1}{2}$ 的数,有 $(n+\dfrac{1}{2})^+=n+\dfrac{3}{2}$.于是公理

36

Ⅳ′不被满足. 事实上,1本身就有1的作用(它不在任何一个数后面),M是所有自然数,它具有性质(A′)(B)(或者在公理 Ⅳ 下的(A)(B)),但不含有 N 的所有元素.

因此,自然数的公理系统 Ⅰ ～ Ⅲ,Ⅳ′是独立的.

我们看到,对于公理系统的三个基本问题(无矛盾性、完备性、独立性)的证明都是以这个公理系统的解释的概念为基础的. 解释是一个具体的集合,在其中定义了被解释的公理系统的基本关系,而对于解释的公理满足的证明不是形式的,而是实际的,这就指出了在现实中产生的具体概念的基本意义,甚至在研究纯粹公理性质的问题时也非此不可.

§5 记数制度

5.1 制度数

在自然数命名时,换句话说,在数数时,有一组特殊数 —— 各位的位率起着根本的作用,这些数是一、十、百、千、万、……,记作 $1,10,10^2,10^3,10^4,\cdots$. 我们知道,这些位率从第二个开始,都是由它的前一位的位率的十倍所构成的.

如果我们引用表示单位数和零的数码,那么利用这些数码可以记下任何整数. 我们都已经知道,利用十的方幂,每一个数都可以表示成下列形式

$$\overline{a_n a_{n-1} \cdots a_2 a_1 a_0} = a_n \cdot 10^n + a_{n-1} \cdot 10^{n-1} + \cdots + a_2 \cdot 10^2 + a_1 \cdot 10 + a_0$$

这里自然产生一个问题:数数时,能不能选择其他位率、数法?答案是可以的. 比如说,我们将不再采用迄今为止一直采用的十数法,而是采用五数法.

这里我们说,第二位的位率是5,第三位的位率应该由第二位位率的五倍构成,即由 5 个 5 构成,依此类推. 为了论述简明起见,我们不再创立新的位名(百、千、……),而限于称呼各位率的号数. 这样,第三位的位率由五个第二位的位率所构成,而第四位的位率由五个第三位的位率所构成,等等,依此类推.

显然,第二位的位率取任一大于 1 的自然数都可以,现在设这个第二位的位率为 g. 那么第三位位率是由 g 个第二位位率构成的,即

$$\overbrace{g + g + \cdots + g}^{g个} = g \cdot g = g^2$$

第四位位率是由 g 个第三位位率构成的,即

$$\overbrace{g^2 + g^2 + \cdots + g^2}^{g个} = g \cdot g^2 = g^3$$

等等.在从1数到g(g除外)时,我们引用数码$1,2,3,\cdots,g-1$,与数码0来表示数.如果$g<10$,那么就可以利用$g=10$时的数码;如果$g>10$,那么还必须添上新数码.

如果我们要读出数的结果,那么要先看一看,可以用哪一个最高位的位率来数,然后就利用这个位率数乘它们,读出数的结果;然后再用低一位的位率数剩下的不能数的,这样继续做下去,直到不能数的不出现时为止.然后我们可以读出:第一次数的结果,第二次数的结果,……,即读出各位位率的个数和号数,比如说,六个第四位位率,三个第二位位率,一个第一位位率.

在用数码记数时,要把表示用各位的位率数出来的结果的数码依次排好.如果用某一位位率数的结果不存在,那么就写上数码"0",例如,前面所读的数记作6031.

设数的结果是:a_n个第$n+1$位的位率,a_{n-1}个第n位的位率,……,a_1个第二位的位率,a_0个第一位的位率,我们利用数码,可以把这个数N记作

$$N=\overline{a_n a_{n-1}\cdots a_2 a_1 a_0}$$

由加法定义,得

$$N=a_n \cdot g^n + a_{n-1}\cdot g^{n-1}+\cdots+a_2\cdot g^2+a_1\cdot g+a_0$$

作为第二位位率的数g,叫作记数制度中的基数.在基数g之下用数码所表示的数,称为g进制度数.我们已经指明,g进制度数能够表示成整数与g的递次方幂乘积之和的形式.

在理论问题上,时常用到以2为基数的记数制度.这种制度叫作二进制.

我们很容易了解,在用二进制记数法时,只需要两个数码0和1.数1到19在二进制下用数码表示如下:

一 1	六 110	十一 1011	十六 10000
二 10	七 111	十二 1100	十七 10001
三 11	八 1000	十三 1101	十八 10010
四 100	九 1001	十四 1110	十九 10011
五 101	十 1010	十五 1111	

因此,当$g=2$时

$$N=\overline{a_n a_{n-1}\cdots a_0}=a_n\cdot 2^n+a_{n-1}\cdot 2^{n-1}+\cdots+a_2\cdot 2^2+a_1\cdot 2+a_0$$

因为a_k是单位1或者0,所以上面所写和的各项,不是2的方幂,就是$0(a_0=a_0\cdot 2^0)$.这样,我们可以断言,任何自然数或者等于2的方幂,或者等于2的非同次方幂的和.

例1 因为 $1+2+2^2+\cdots+2^5=63$,所以我们可以说,如果有 1 kg,2 kg, 4 kg,8 kg,16 kg 和 32 kg 的砝码,我们就能称从 1 kg 到 63 kg 间的任何质量. 事实上,任何整数,只要不大于 63,必定等于 2 的方幂或者 2 的不同方幂的和 (不能多于六种).例如,50 用数码可以表示为 110010,即 $110010=2^5+2^4+2$, 故要称出 50 kg 的重物,需要三种砝码:2 kg,16 kg,32 kg.

注 记数制度的基数要取大于 1 的自然数.假如我们取 $g=1$,那么 1 是第 二位的位率,且任何一位的位率都要等于 1.在这种情形下,用高位位率的数成 为不可能.

如果令 $g=3$,那么为了用数码记数,需要三个数码 0,1,2.例如,6 记作 20, 12 记作 110.

用数码表示的数可以作为一个和来研究,例如

$$\overline{a_n a_{n-1}\cdots a_2 a_1 a_0}=a_n\cdot 3^n+a_{n-1}\cdot 3^{n-1}+\cdots+a_2\cdot 3^2+a_1\cdot 3+a_0$$

此处 a_k 是 0,1 或 2.

注意,$2\cdot 3^k=(3-1)\cdot 3^k=3^{k+1}-3^k$.把和 $a_n\cdot 3^n+a_{n-1}\cdot 3^{n-1}+\cdots+a_2\cdot 3^2+a_1\cdot 3+a_0$ 中,凡是 $2\cdot 3^k$ 那些项都用 $3^{k+1}-3^k$ 换上,于是得到并列的两个被加数

$$a_{k+1}\cdot 3^{k+1}+3^{k+1}=(a_{k+1}+1)\cdot 3^{k+1}$$

若 $a_{k+1}=2$,则 $(a_{k+1}+1)\cdot 3^{k+1}=3\cdot 3^{k+1}=3^{k+2}$;

若 $a_{k+1}=1$,则 $(a_{k+1}+1)\cdot 3^{k+1}=2\cdot 3^{k+1}=3^{k+2}-3^{k+1}$;

若 $a_{k+1}=0$,则 $(a_{k+1}+1)\cdot 3^{k+1}=3^{k+1}$.

所以,我们能够使被加数避免 $2\cdot 3^k$ 的形式.因此可以做下面的论断:任何 自然数都可以用 3 的各种不同方幂循序的相加与相减所得结果表示.

基于以上论证,我们能够把自然数表示成两个和的差.因而,可以说,任何 自然数均可以表示成两个数的差,其中每一个数是 3 的不同次数方幂的和.

例如,61 可以写成 2021 或 $2\cdot 3^3+2\cdot 3+1$,而

$$2\cdot 3^3+3^2-3+1=3^4-3^3+3^2-3+1=(3^4+3^2+3^0)-(3^3+3)$$

关于砝码的问题:根据上述,容易阐明:利用 1 kg,3 kg,9 kg,27 kg 的一套 砝码,在有两个托盘的天平上可以称 1 至 40 间任何整数千克表示的质量(40 包 括在内).

这样,要称一个重物,重 $N(N\leqslant 40)$ kg,需要在一个托盘中放上砝码,它们 的总共质量等于减数(a),重物也放在这边,在另一个托盘中放上总质量为被减 数 c 的砝码.

于是,一个托盘中重物共重 $N+a$,而另一个托盘中是 c,因为 $c-a=N$,所以 $N+a=c$,而天平平衡.

例 2 称 22 kg 的重物,数 22 写成

$$2 \cdot 3^2 + 3 + 1 = 3^3 - 3^2 + 3 + 1 = (3^3 + 3 + 1) - 3^2$$

如果我们在一个托盘上放 22 kg 的重物以及 9 kg 的砝码,在另一个托盘上放 1 kg,3 kg,27 kg 的砝码,那么,天平平衡.

现在还需证明:应用给出的砝码 $1, 3, 3^2, 3^3$ 足够称任何重物,但其质量须能用 1 至 40 间的自然数表示.

事实上,$40 = 3^3 + 3^2 + 3^1 + 3^0$.

我们假定在小于 40 的数中间有能用包括 3^4 的 3 的方幂来表示的.然而能用 $3^4, 3^3, 3^2, 3^1, 1$ 表示的最小的数是 $3^4 - (3^3 + 3^2 + 3 + 1)$,即 41.

可见小于 40 的数的表示式中不能包括 3^4.

5.2 研究在制度数上运算的方法·数的比较

本章前面几节所建立的关于数的基本运算和运算的性质,对于任何记数制度下的数来说都是正确的.在以下的叙述中,我们将把一个数用记数制度的基数 g 的方法来表示

$$N = a_n \cdot g^n + a_{n-1} \cdot g^{n-1} + \cdots + a_2 \cdot g^2 + a_1 \cdot g + a_0$$

用数码可以将 N 记作下面的形式

$$N = \overline{a_n a_{n-1} \cdots a_2 a_1 a_0}$$

讨论数的比较.

设有两个数 a, b,都是 g 进制度数.现在要研究下面三种情形中哪种成立

$$a > b, a < b, a = b$$

首先证明:任何前一个位率都大于由它前面那些位率所组成的数,即

$$\overset{n\text{个“}0\text{”}}{\overline{1\,000\cdots0}} > \overline{a_{n-1} a_{n-2} \cdots a_2 a_1 a_0}$$

也就是要证

$$g^n > a_{n-1} \cdot g^{n-1} + a_{n-2} \cdot g^{n-2} + \cdots + a_1 \cdot g + a_0$$

事实上,我们有

$$g^n = g \cdot g^{n-1} = (g-1) \cdot g^{n-1} + g^{n-1}$$
$$g^{n-1} = g \cdot g^{n-2} = (g-1) \cdot g^{n-2} + g^{n-2}$$
$$\vdots$$
$$g^2 = g \cdot g = (g-1) \cdot g + g$$

40

$$g = (g-1) + 1$$

把这些等式加起来,经过化简后,得到

$$g^n = (g-1) \cdot g^{n-1} + (g-1) \cdot g^{n-2} + \cdots + (g-1) \cdot g + (g-1) + 1$$

因为

$$a_{n-1} \leqslant g-1, a_{n-2} \leqslant g-1, \cdots, a_1 \leqslant g-1, a_0 \leqslant g-1$$

所以

$$a_{n-1} \cdot g^{n-1} + a_{n-2} \cdot g^{n-2} + \cdots + a_1 \cdot g + a_0$$
$$\leqslant (g-1) \cdot g^{n-1} + (g-1) \cdot g^{n-2} + \cdots + (g-1) \cdot g + (g-1) \cdot g^0$$

或

$$a_{n-1} \cdot g^{n-1} + a_{n-2} \cdot g^{n-2} + \cdots + a_1 \cdot g + a_0 \leqslant g^n - 1$$

因此

$$g^n > a_{n-1} \cdot g^{n-1} + a_{n-2} \cdot g^{n-2} + \cdots + a_1 \cdot g + a_0$$

这就是所求证的结果.

设 a, b 两数的数码个数相同,即

$$a = \overline{a_n a_{n-1} \cdots a_2 a_1 a_0}, b = \overline{b_n b_{n-1} \cdots b_2 b_1 b_0}$$

而且 $a_n > b_n$. 我们证明 $a > b$.

事实上,a_n 至少要比 b_n 大 1,即 $a_n - 1 \geqslant b_n$.

其次,我们有

$$a = a_n \cdot g^n + a_{n-1} \cdot g^{n-1} + \cdots + a_1 \cdot g + a_0$$
$$b = b_n \cdot g^n + b_{n-1} \cdot g^{n-1} + \cdots + b_1 \cdot g + b_0$$

但是

$$a_n \cdot g^n = [(a_n - 1) + 1] \cdot g^n = (a_n - 1) \cdot g^n + g^n$$

于是

$$a = (a_n - 1) \cdot g^n + g^n + (a_{n-1} \cdot g^{n-1} + \cdots + a_1 \cdot g + a_0)$$

因为

$$(a_n - 1) \cdot g^n \geqslant b_n \cdot g^n$$
$$g^n > b_{n-1} \cdot g^{n-1} + b_{n-2} \cdot g^{n-2} + \cdots + b_1 \cdot g + b_0$$
$$a_{n-1} \cdot g^{n-1} + \cdots + a_1 \cdot g + a_0 \geqslant 0$$

所以 $a > b$.

同样可以证明,若 $a_n < b_n$,则 $a < b$.

接下来证明:若 $a_n = b_n, a_{n-1} = b_{n-1}, \cdots, a_{n-k} = b_{n-k}$,但 $a_{n-k-1} > b_{n-k-1}$,则 $a > b$.

事实上,因为 $a_{n-k-1} > b_{n-k-1}$,所以

$$a_{n-k-1} \cdot g_{n-k-1} + \cdots + a_1 \cdot g + a_0 > b_{n-k-1} \cdot g_{n-k-1} + \cdots + b_1 \cdot g + b_0$$

$$a_n \cdot g^n + \cdots + a_{n-k} \cdot g_{n-k} = b_n \cdot g^n + \cdots + b_{n-k} \cdot g_{n-k}$$

因此

$$a_n \cdot g^n + \cdots + a_1 \cdot g + a_0 > b_n \cdot g^n + \cdots + b_1 \cdot g + b_0$$

即 $a > b$.

这样,如果有两个制度数,它们的数码个数相同,我们比较同位数码的大小,从最高位开始,把数码相等的逐位放过去,那么第一个数码较另一个数的相对应数码大的那个数是两数中的大者. 显然,相等的两个数,在相同位的数码分别相等. 事实上,如果有

$$a_n = b_n, a_{n-1} = b_{n-1}, \cdots, a_{n-k} = b_{n-k}$$

但

$$a_{n-k-1} \neq b_{n-k-1}$$

那么,这表明

$$a > b, a_{n-k-1} > b_{n-k-1}$$
$$a < b, a_{n-k-1} < b_{n-k-1}$$

此与假设不符.

逆述语也成立:

1. 如果两数相对应各位位率的数码分别相等,那么两数相等.

事实上,这意味着所写出的数按照形式就是一样的,而在一样的数之间我们是画等号的.

2. 如果有两个不相等的数

$$a = \overline{a_n a_{n-1} \cdots a_2 a_1 a_0}, \quad b = \overline{b_n b_{n-1} \cdots b_2 b_1 b_0}$$

而且 $a > b$,那么,或有 $a_n > b_n$,或有某一个数 k 使得 $a_k > b_k$,而 $a_{k+i} = b_{k+i}$,这里 a_{k+i}, b_{k+i} 是在 a_k, b_k 之前的数码.

若 $a_n < b_n$,则 $a < b$ 与假设不符,所以必有 $a_n > b_n$ 或 $a_n = b_n$. 如果 $a_n = b_n$,那么我们来比较 a_{n-1}, b_{n-1}. a_{n-1} 不能小于 b_{n-1},因为若 $a_{n-1} < b_{n-1}$,则有 $a < b$,所以必有 $a_{n-1} \geqslant b_{n-1}$. 如果 $a_{n-1} = b_{n-1}$,那么就继续讨论下去. 不可能对于任何 k,都有 $a_k = b_k$,因为那将意味着 $a = b$,所以,必定有某个 k,使得 $a_k > b_k$,而且 $a_{k+i} = b_{k+i}$. 这就证明了前面所说的:或者 a 的第一位数码大于 b 的第一位数码,或者在相同的相应数码之后第一对出现的不相同数码中,a 的数码大于 b 的数码.

最后,让我们来研究两个数码个数不同的数

$$a = \overline{a_n a_{n-1} \cdots a_2 a_1 a_0}, \quad b = \overline{b_m b_{m-1} \cdots b_2 b_1 b_0}$$

而且 $n > m$,最前面的数码有效.

42

我们可以在 b 的表示式的左端添"0"而对数不产生影响,这样,可以使两数 a,b 有相同个数的数码. 但是,在 a 中第一个数码是 a_n,而在 b 中第一个数码是 0,因为 $a_n>0$,所以 $a>b$. 因此,如果有两个数是由不同个数的数码写成的,并且高位数码都是有效数码,那么用较多数码写成的那个数是两数中的较大者.

5.3　加法·减法

对于任意记数制度表示的数的运算可以根据和十进制度数同样的规则来进行. 做一位数的加法,要有加法表,对每一种记数制度都有它自己的表,例如当 $g=4$ 时,有

$$1+1=2,1+2=3,1+3=10,2+2=10,2+3=11,3+3=12$$

加法表是根据和的定义和性质而做成的.

两个一位数的和,如果是两位数,那么第一个数码必定等于 1. 因为任何两个一位数的和,总要小于 g 和 $g-1$ 的和,又因为 $a<g,b\leqslant g-1$,所以 $a+b<g+g-1$,或者说:$a+b<\overline{1(g-1)}$. 因此,任何两个一位数的和总小于一个第一个数码等于 1 的两位数. 于是,两个一位数的和,当它是一个用两位数码来记的数时,第一个数码不能大于 1.

关于多位数的加法,研究如下:设有两个数

$$\overline{a_n a_{n-1}\cdots a_2 a_1 a_0},\overline{b_m b_{m-1}\cdots b_2 b_1 b_0}$$

它们的和为

$$\overline{a_n a_{n-1}\cdots a_2 a_1 a_0}+\overline{b_m b_{m-1}\cdots b_2 b_1 b_0}$$
$$=(a_n\cdot g^n+a_{n-1}\cdot g^{n-1}+\cdots+a_1\cdot g+a_0)+$$
$$(b_n\cdot g^n+b_{n-1}\cdot g^{n-1}+\cdots+b_1\cdot g+b_0)$$

利用和的交换性质、结合性质,然后再用乘积的分配性质,则得所求的和为

$$N=(a_n+b_n)\cdot g^n+(a_{n-1}+b_{n-1})\cdot g^{n-1}+\cdots+(a_1+b_1)\cdot g+(a_0+b_0)$$

a_k,b_k 都是一位数,它们的和可以按照加法表做出来.

如果 a_k+b_k 是两位数,那么它可以表示成 $g+d_k$ 的形式,因此

$$(a_k+b_k)\cdot g^k=(g+d_k)\cdot g^k$$

利用乘积的分配性质、结合性质以及底数相同的方幂的乘法法则,得

$$(g+d_k)\cdot g^k=g\cdot g^k+d_k\cdot g^k=(g\cdot g^k)+d_k\cdot g^k=g^{k+1}+d_k\cdot g^k$$

这样,求和的方法可以归纳成如下的步骤:算出 a_0+b_0(用加法表). 如果 a_0+b_0 是一位数,那么就把结果写下来;如果 a_0+b_0 是两位数,用以上求得的变化方法,把 a_0+b_0 写成 $g+d_0$. 于是在和中出现两个相加的数 $(a_1+b_1)\cdot g$ 和 g,它们的和等于 $(a_1+b_1+1)\cdot g$,其中 a_1+b_1+1 仍然用加法表来求和.

如果 $a_1 + b_1 + 1$ 是一位数,那么我们就转而研究 $a_2 + b_2$ 了;如果 $a_1 + b_1 + 1$ 是两位数,那么它的形式为 $g + c$. 事实上,如果 $a_1 + b_1$ 是一位数,而此时 $a_1 + b_1 + 1$ 是两位数,那么我们可以断言 $a_1 + b_1 = g - 1$,而 $a_1 + b_1 + 1$ 在自然数列中是 $a_1 + b_1$ 的后继者,等于 g.

如果 $a_1 + b_1$ 是两位数,那么它必定小于 $\overline{1(g-1)}$,因而在自然数列中 $a_1 + b_1$ 的后继者不能大于 $\overline{1(g-1)}$.

于是,在这种情况之下

$$(a_1 + b_1 + 1) \cdot g = (g + c) \cdot g = g^2 + c \cdot g$$

在所研究的和中又出现两个相加的数 $(a_2 + b_2) \cdot g^2$ 和 g^2,它们的和等于 $(a_2 + b_2 + 1) \cdot g^2$. 用研究 $a_1 + b_1 + 1$ 的方法来研究 $a_2 + b_2 + 1$,以下同此,继续下去. 最后得到写成制度数形式的两数的和.

由此显然可见,求和的问题可以归结为做同一位上的数码的加法的问题. 先从第一位的位率加起,如果所得数是两位数,那么要把数 1 从低位进到高位. 因此,加法能够直接做出来,与在十进制下的情形一样.

例 1 当 $g = 6$ 时,求 34025,5243 的和

$$
\begin{array}{r}
34025 \\
+\quad 5243 \\
\hline
43312
\end{array}
$$

加第一位,$5 + 3 = 12$,将 2 写在第一位的位置上,将 1 进到第二位,$1 + 2 + 4 = 11$,将 1 写在第二位的位置上,1 进到第三位,$1 + 0 + 2 = 3$(第三位的位率数). 加第四位,$4 + 5 = 13$,3 写在第四位的位置上,将 1 进到第五位,第五位的数码是 $3 + 1 = 4$.

注 如果相加两数的位数不同,那么为了使两数的位数凑齐,可以在一个数的左端补"0".

显然,如果 $n > m$,那么

$$
\begin{aligned}
\overline{b_m b_{m-1} \cdots b_2 b_1 b_0} &= b_m \cdot g^m + b_{m-1} \cdot g^{m-1} + \cdots + b_1 \cdot g + b_0 \\
&= 0 \cdot g^n + 0 \cdot g^{n-1} + \cdots + 0 \cdot g^{m+1} + b_m \cdot g^m + \\
&\quad b_{m-1} \cdot g^{m-1} + \cdots + b_1 \cdot g + b_0 \\
&= \overline{00 \cdots 0 b_m b_{m-1} \cdots b_2 b_1 b_0}
\end{aligned}
$$

在实际做加法的时候,"0" 通常不写出来.

几个多位数的加法也可以像在 $g = 10$ 的情形那样做出来,但是在这种加法里,必须先做多个单位数的加法才行.

44

一位数的减法,可以根据加法表来做.

多位数的减法所根据的原则,与 $g=10$ 的情形一样.例如要从 $c=\overline{c_n c_{n-1} \cdots c_2 c_1 c_0}$ 中减去 $a=\overline{a_n a_{n-1} \cdots a_2 a_1 a_0}$,这里有两种可能的情形:

(1) 对于任何 $k,c_k \geqslant a_k$.此时

$$
\begin{aligned}
c-a &= (c_n \cdot g^n + c_{n-1} \cdot g^{n-1} + \cdots + c_1 \cdot g + c_0) - \\
& \quad (a_n \cdot g^n + a_{n-1} \cdot g^{n-1} + \cdots + a_1 \cdot g + a_0) \\
&= (c_n - a_n) \cdot g^n + (c_{n-1} - a_{n-1}) \cdot g^{n-1} + \cdots + \\
& \quad (c_1 - a_1) \cdot g + (c_0 - a_0)
\end{aligned}
$$

只要做一位数的减法,这就是说,只要算出差 $c_k - a_k$ 来,就可以得到写成制度数形式的所求的差.

(2) 假定 $c_i - a_i$ 中有不存在的.这种情形在 $c_i < a_i$ 时就会发生.此时我们采用以下方法.设 c 的一切位数码中,最靠右边的那个小于在 a 中同位上数码的那一个数码是 c_i,且 c_i 的前一位数码是 $c_{i+1}(c_{i+1} \neq 0)$,那么

$$
\begin{aligned}
c_{i+1} \cdot g^{i+1} &= [(c_{i+1} - 1) + 1] \cdot g^{i+1} = (c_{i+1} - 1) \cdot g^{i+1} + g^{i+1} \\
&= (c_{i+1} - 1) \cdot g^{i+1} + g \cdot g^i
\end{aligned}
$$

因而

$$
\begin{aligned}
c_{i+1} \cdot g^{i+1} + c_i \cdot g^i &= (c_{i+1} - 1) \cdot g^{i+1} + g \cdot g^i + c_i \cdot g^i \\
&= (c_{i+1} - 1) \cdot g^{i+1} + (g + c_i) \cdot g^i
\end{aligned}
$$

所以

$$
\begin{aligned}
c &= c_n \cdot g^n + c_{n-1} \cdot g^{n-1} + \cdots + c_{i+1} \cdot g^{i+1} + c_i \cdot g^i + \cdots + c_1 \cdot g + c_0 \\
&= c_n \cdot g^n + c_{n-1} \cdot g^{n-1} + \cdots + (c_{i+1} - 1) \cdot g^{i+1} + \\
& \quad (g + c_i) \cdot g^i + \cdots + c_1 \cdot g + c_0
\end{aligned}
$$

这样,我们将第 $i+2$ 位的一个位率化成了第 $i+1$ 位的 g 个位率.

在结果中,代替 c_i 的位置的是一个两位数 $g + c_i$,因此,必然有 $g + c_i > a_i$.

这种化法通常这样表示:在 c_{i+1} 的上面点上一个点,例如,$\overline{a_2 \overset{\cdot}{a_1} a_0}$ 表明:$\overline{a_2 a_1 a_0}$ 被化成 $(a_2 - 1) \cdot g^2 + (g + a_1) \cdot g + a_0$ 的形式.

可能发生这种情形:c_i 前面一位的数码 c_{i+1} 等于 0.此时,我们转到 c_{i+2} 上去,如此继续下去,直到找到一位 c_{i+k} 不等于 0(这种情况必定会发生,因为,如果不是这样,这将表明:c 的最高位的数码是 c_i,而 $c_i < a_i$,所以 $c < a$).因此,我们设在 c 中,数码 c_{i+k} 不等于 0,而 $c_{i+1}, c_{i+2}, \cdots, c_{i+k-1}$ 等于 0.

在这种情形中,我们可以写

$$
c_{i+k} \cdot g^{i+k} = (c_{i+k} - 1) \cdot g^{i+k} + g^{i+k} = (c_{i+k} - 1) \cdot g^{i+k} + g \cdot g^{i+k-1}
$$

其次

$$g \cdot g^{i+k-1} = (g-1) \cdot g^{i+k-1} + g \cdot g^{i+k-2}$$

$$\vdots$$

$$g \cdot g^{i+2} = (g-1) \cdot g^{i+2} + g \cdot g^{i+1}$$

$$g \cdot g^{i+1} = (g-1) \cdot g^{i+1} + g \cdot g^{i}$$

因此

$$c = c_n \cdot g^n + c_{n-1} \cdot g^{n-1} + \cdots + c_{i+k} \cdot g^{i+k} +$$
$$0 \cdot g^{i+k-1} + \cdots + 0 \cdot g^{i+1} + c_i \cdot g^i + \cdots + c_1 \cdot g + c_0$$
$$= c_n \cdot g^n + c_{n-1} \cdot g^{n-1} + \cdots + (c_{i+k} - 1) \cdot g^{i+k} +$$
$$(g-1) \cdot g^{i+k-1} + (g-1) \cdot g^{i+k-2} + \cdots +$$
$$(g-1) \cdot g^{i+1} + (g+c_i) \cdot g^i + \cdots + c_1 \cdot g + c_0$$

由这样"分化"的结果我们得到,在被变形的数中,在原来 c_i 的位置上,出现一个大于 0 的数.

然后,我们在已经变形过的被减数的小于 a_k 的数码 c_k 中寻找最后一个. 显然,如果那样的数码存在,那么它一定在 c_i 的左边(现在在 c_i 处的数码是 $g + c_i$).

这个过程继续下去,直到被减数的每一位的数码都不小于减数的对应的数码时为止.用 $\overline{c_n c_{n-1} \cdots c_2 c_1 c_0}$ 表示已经变形过的被减数,那么 c_k 或者是一位数,或者是两位数(若为两位数,其第一位数码是 1),此处 $c_k \geqslant a_k$.

于是

$$c - a = (\dot{c}_n - a_n) \cdot g^n + (\dot{c}_{n-1} - a_{n-1}) \cdot g^{n-1} + \cdots +$$
$$(\dot{c}_2 - a_2) \cdot g^2 + (\dot{c}_1 - a_1) \cdot g + (\dot{c}_0 - a_0)$$

计算出 $\dot{c}_k - a_k$,得到 $\dot{c}_k - a_k$ 是一位数.

在实际计算时,和在 $g = 10$ 时一样进行:将减数写在被减数的下面,然后从第一位开始,做各位的数码所表示的数的减法,如果不能做时,我们就进行分化较高一位的位率,等等.

例 2 当 $g = 4$ 时(加法表见前面),求 $2\,301 - 1\,233$ 的值.

$$
\begin{array}{r}
2\dot{3}\dot{0}1 \\
- \quad 1223 \\
\hline
1012
\end{array}
$$

计算第一位数码的差 $11 - 3 = 2$,第二位数码的差 $3 - 2 = 1$,第三位数码的差 $2 - 2 = 0$,第四位数码的差 $2 - 1 = 1$,因此答案 1012.

46

5.4 乘法·除法

1. 一位数的乘法可以根据乘法的定义及性质做出来.

例 1 $g=7$ 时的乘法表:

$1 \cdot 1 = 1$ $2 \cdot 2 = 4$ $3 \cdot 3 = 12$ $4 \cdot 4 = 22$ $5 \cdot 5 = 34$ $6 \cdot 6 = 51$

$1 \cdot 2 = 2$ $2 \cdot 3 = 6$ $3 \cdot 4 = 15$ $4 \cdot 5 = 26$ $5 \cdot 6 = 42$

$1 \cdot 3 = 3$ $2 \cdot 4 = 11$ $3 \cdot 5 = 21$ $4 \cdot 6 = 33$

$1 \cdot 4 = 4$ $2 \cdot 5 = 13$ $3 \cdot 6 = 24$

$1 \cdot 5 = 5$ $2 \cdot 6 = 15$

$1 \cdot 6 = 6$

2. 进而研究多位数的乘法,首先注意:g 进制度数能被 g^m 乘,即被 $1\,\overbrace{000\cdots0}^{m个 "0"}$ 乘,其结果等于在被乘数的右端加写 m 个 "0".

因为

$$
\begin{aligned}
a \cdot g^m &= \overline{a_n a_{n-1} \cdots a_2 a_1 a_0} \cdot g^m \\
&= (a_n \cdot g^n + a_{n-1} \cdot g^{n-1} + \cdots + a_1 \cdot g + a_0) \cdot g^m \\
&= a_n \cdot g^{n+m} + a_{n-1} \cdot g^{n+m-1} + \cdots + a_1 \cdot g^{m+1} + a_0 \cdot g^m \\
&= \overline{a_n a_{n-1} \cdots a_2 a_1 a_0 \underbrace{000\cdots0}_{m个 "0"}}
\end{aligned}
$$

3. 讨论多位数与一位数的乘法

$$\overline{a_n a_{n-1} \cdots a_2 a_1 a_0} \cdot b_0 = (a_n \cdot g^n + a_{n-1} \cdot g^{n-1} + \cdots + a_1 \cdot g + a_0) \cdot b_0$$

应用乘法的分配、交换和结合性质,得

$$\overline{a_n a_{n-1} \cdots a_2 a_1 a_0} \cdot b_0 = (a_n \cdot b_0) g^n + (a_{n-1} \cdot b_0) g^{n-1} + \cdots + (a_1 \cdot b_0) g + a_0 \cdot b_0$$

$a_k \cdot b_0$ 的计算可以借助乘法表. 如果 $a_k \cdot b_0$ 不是一位数,那么就要用进位的方法 —— 把原位上的数进到较高一位上去. 例如,若 $a_k \cdot b_0 = c_k \cdot g + d_k$,则

$$a_k \cdot b_0 \cdot g^k = (c_k \cdot g + d_k) \cdot g^k = c_k \cdot g^{k+1} + d_k \cdot g^k$$

因此

$$
\begin{aligned}
(a_{k+1} \cdot b_0) g^{k+1} + (a_k \cdot b_0) g^k &= (a_{k+1} \cdot b_0) \cdot g^{k+1} + c_k \cdot g^{k+1} + d_k \cdot g^k \\
&= (a_{k+1} \cdot b_0 + c_k) \cdot g^{k+1} + d_k \cdot g^k
\end{aligned}
$$

如果 a_0, b_0 的乘积是两位数,那么这个数的第一位数码就是乘积的首位数码,而它的第二位数码被添加到乘积 $a_1 \cdot b_0$ 上;如果这个和是一位数,那么这个一位数同时就是所求的乘积的第二位数码;如果这个和也是两位数,那么这个和的第一位数码是所求乘积的第二位数码,而该和的第二位数码被添加到后一

位乘积 $a_2 \cdot b_0$ 上去;对于所得的和,仍沿用同样的方法去做.这样就求出了用制度数表示的乘积.

通常,乘法运算的步骤和 $g=10$ 的情形一样.

例 2　计算 $2034 \cdot 5(g=7)$.

$$
\begin{array}{r}
2034 \\
\cdot \qquad 5 \\
\hline
13236
\end{array}
$$

$4 \cdot 5 = 26$,乘积的第一位数码是 6,把 2 添加到 $3 \cdot 5 + 2 = 21 + 2 = 23$,第二位数码是 3,把 2 添加到第三位乘积 $0 \cdot 5$ 上去,得 $0 \cdot 5 + 2 = 2$,2 是第三位的数码,$2 \cdot 5 = 13$,3 是第四位的数码,1 是第五位的数码.结果等于 13236.

4.根据下列规则,可以计算两个多位数的乘积.

我们试求 $a = \overline{a_n a_{n-1} \cdots a_2 a_1 a_0}$ 被 $b = \overline{b_m b_{m-1} \cdots b_2 b_1 b_0}$ 乘的乘积.

利用乘法的性质(分配律、结合律),有

$$
\begin{aligned}
a \cdot b &= a \cdot \overline{b_m b_{m-1} \cdots b_2 b_1 b_0} \\
&= a \cdot (b_m \cdot g^m + b_{m-1} \cdot g^{m-1} + \cdots + b_1 \cdot g + b_0) \\
&= (a \cdot b_m) g^m + (a \cdot b_{m-1}) g^{m-1} + \cdots + (a \cdot b_1) g + a \cdot b_0
\end{aligned}
$$

把最后一个式子的各项依照相反的次序排列起来,得

$$
a \cdot b = a \cdot b_0 + (a \cdot b_1) g + \cdots + (a \cdot b_{m-1}) g^{m-1} + (a \cdot b_m) g^m
$$

我们需要算出 $a \cdot b_0, a \cdot b_1, \cdots, a \cdot b_m$,这些都是多位数 a 和一位数 $b_0, b_1, \cdots, b_m$ 的乘积.用制度数表示这种乘积的算法我们已在前面讨论过,然后,乘积 $a \cdot b_1$, $a \cdot b_2, \cdots, a \cdot b_m$ 各被 $g, g^2, \cdots, g^m$ 乘,这就等于在所得各乘积 $a \cdot b_1, a \cdot b_2, \cdots$, $a \cdot b_m$ 的右端各添加一个"0",两个"0",$\cdots\cdots$,m 个"0".

于是,我们得到结论:要做乘法 $a \cdot b$,首先需要用 b_0 乘 a,再用 b_1 乘 a 并在乘积后面补一个"0",再用 b_2 乘 a 并在乘积后面补两个"0",如此等等,继续下去,最后把所得的数相加起来.为此,可把所得的数依照先后次序一个写在另一个的下面.

实际做的时候,被加数(即各部分乘积)一个写在另一个的下面,而"0"就省略了.这和 $g=10$ 的情形做法一样.

例 3　$g=2$.加法表:$1+1=10$;乘法表:$1 \cdot 1 = 1$.

$$
\begin{array}{r}
1011 \\
\cdot \quad 101 \\
\hline
1011 \\
+ \quad 1011 \\
\hline
110111
\end{array}
$$

48

$$a = 1011, b = 101, b_0 = 1, b_1 = 0, b_2 = 1$$
$$a \cdot b_0 = 1011, a \cdot b_1 = 0, a \cdot b_1 \cdot g = 0$$
$$a \cdot b_2 = 1011, a \cdot b_2 \cdot g^2 = 101100$$

结果：$1011 \cdot 101 = 110111$.

验算结果：换成十进制度数

$$1011 = 2^3 + 2 + 1 = 11, 101 = 2^2 + 1 = 5$$
$$110111 = 2^5 + 2^4 + 2^2 + 2 + 1 = 55$$
$$11 \cdot 5 = 55$$

两个数的除法，也是根据 $g = 10$ 情形下同样的方法. 今设有被除数 c 和除数 a，将 c 化成 $c = qa + r$，这里 q 是自然数，r 是整数，而且 q 与 r 求出来要是制度数. 推求的过程简直是逐字逐句的与 $g = 10$ 的情形一样，因此不妨简略些讲. 设

$$b = \overline{c_n c_{n-1} \cdots c_2 c_1 c_0}, a = \overline{a_m a_{m-1} \cdots a_2 a_1 a_0}$$

用 u 表示由最少个数的被除数的开头数码所构成的，刚好大于或等于除数的数. 剩下的数码所做成的数用 v 表示，若 v 有 α 位，则 α 或等于 $n - m$，或等于 $n - m - 1$. 而

$$c = u \cdot g^{\alpha} + v$$

以 a 除 u，商数必为一位数. 如果设商数是同一位数，那么它不能小于 $\overline{10}$，即不能小于 g. 这时，被除数 u 无论如何要大于或等于 $a \cdot g$，即大于或等于 $\overline{a_m a_{m-1} \cdots a_2 a_1 a_0}$. 在这种情形下，$u$ 有 $m + 2$ 位，比较 u 和 $a \cdot g$ 的最初的数码，我们可以断言：u 的第一个和 $a \cdot g$ 的相应位的数码不相同的那个数码一定比后者要大，于是，u 的位数等于 $m + 1$ 就够了，而我们得到了一个矛盾. 所以，以 a 除 u，其商必定是一位数. 因此

$$u = q_{\alpha} \cdot a + r_1$$
$$u \cdot g^{\alpha} = q_{\alpha} \cdot g^{\alpha} \cdot a + r_1 \cdot g^{\alpha}$$
$$c = u \cdot g^{\alpha} + v = q_{\alpha} \cdot g^{\alpha} \cdot a + r_1 \cdot g^{\alpha} + v, r_1 < a$$

令 $r_1 \cdot g^{\alpha} + v = c_1$，则 $c = q_{\alpha} \cdot g^{\alpha} \cdot a + c_1$. 若 $c_1 < a$，则已经除完；若 $c_1 \geqslant a$，再继续除下去.

c_1 这个数是由 r_1 的数码合并 v 的数码所构成的. 取出在 c_1 中构成 r_1 的那些数码，并将 c_1 中的次一个数码，即 v 的第一个数码附加在上边.

由这些数码所构成的数用 u_1 表示（c_1 的剩下的数码所构成的数用 v_1 表示），显然 $c_1 = u_1 \cdot g^{\alpha-1} + v_1$. 以 a 除 u_1，得

$$u_1 = q_{\alpha-1} \cdot a + r_2$$

这里 $r_2 < a$，q_{a-1} 是一位数或等于 0(若 $u_1 < a$，则出现第二种情形)，则

$$u_1 \cdot g^{a-1} = q_{a-1} \cdot g^{a-1} \cdot a + r_2 \cdot g^{a-1}$$

$$c_1 = q_{a-1} \cdot g^{a-1} \cdot a + r_2 \cdot g^{a-1} + v_1$$

或

$$c_1 = q_{a-1} \cdot g^{a-1} \cdot a + c_2$$

这里 $c_2 = r_2 \cdot g^{a-1} + v_1$.

如果 $c_2 < a$，那么已经除完；若 $c_2 \geqslant a$，则仍用同样的方法来对待 c_2，c_2 是由 r_2 的数码和 v_1 的数码(v 的码数从第二个开始) 所构成的.

经过几次计算以后，必然出现 $c_k < a$. 因为，事实上，v 是由 a 个数码所构成的，v_1 由 $a-1$ 个数码所构成，……，v_{a-1} 由一个数码所构成.

因此，$c_a = r_a \cdot g + v_{a-1}$，将 v_{a-1} 的数码添加到 r_a 上，即得 $u_a = c_a$. 做除法 $u_a = q_0 \cdot a + r_{a+1}$，$r_{a+1} < a$，那么

$$c_a = q_0 \cdot a + r_{a+1}$$

或

$$c_a = q_0 \cdot a + c_{a+1}, r_{a+1} = c_{a+1}$$

于是 $c_{a+1} < a$，因而除法做完. 这样

$$c = q_a \cdot g^a \cdot a + c_1, c_1 = q_{a-1} \cdot g^{a-1} \cdot a + c_2, \cdots,$$

$$c_{a-1} = q_1 \cdot g \cdot a + c_a, c_a = q_0 \cdot a + c_{a+1}$$

所以

$$c = (q_a \cdot g^a + q_{a-1} \cdot g^{a-1} + \cdots + q_1 \cdot g + q_0)a + c_{a+1}$$

这里 $c_{a+1} < a$.

因此 c 被 a 除的商数等于 $\overline{q_a q_{a-1} \cdots q_1 q_0}$[①].

计算的步骤和 $g = 10$ 时一样.

例 4 23604 被 51 除($g = 7$).

$$
\begin{array}{r|l}
23604 & 51 \\
\underline{-213} & 332 \\
230 & \\
\underline{-\ 213} & \\
144 & \\
\underline{-\ 132} & \\
12 & \\
\end{array}
$$

————————

① 如果 $c_k < a$，此处 $k < a+1$，那么，当过程继续下去，我们得到 $c_k = c_{k+1} = \cdots = c_{a+1}$，并且 $q_{a-k} = q_{a-k-1} = \cdots = q_0 = 0$.

50

以 51 除 236,商 $q_2 = 3$;$q_2 \cdot a = 51 \cdot 3 = 213, r_1 = 23, u_1 = 230, q_1 = 3; q_1 \cdot a = 51 \cdot 3 = 213, r_2 = 14, u_2 = 144, g_0 = 2; g_0 \cdot a = 51 \cdot 2 = 132, r_3 = 12 < 51.$

故其结果为:商 332,余 12.

5.5 从一个记数制度换到另一个

假设有一数 $a = \overline{a_n a_{n-1} \cdots a_2 a_1 a_0}$,记数制度的基数是 g.

问题:当记数制度的基数是 h 时,这个数应该怎样写?

将 h 写成 g 进制度数,用 h 除 a,k_0 表示商数,r_0 表示余数,那么

$$a = k_0 \cdot h + r_0, r_0 < h$$

然后,设 $k_0 \geqslant h$,用 h 除 k_0,用 k_1, r_1 各表示商数和余数,又得

$$k_0 = k_1 \cdot h + r_1, r_1 < h$$

继续做下去,得

$$k_1 = k_2 \cdot h + r_2, k_2 = k_3 \cdot h + r_3, \cdots$$

此处 $r_1, r_2, \cdots$ 是整数,且小于 h.

当 $k_m < h$ 时,就做完了.显然,因为自然数 $k_0, k_1, \cdots$ 递减,所以必定有某一个号码数 m 出现,使得 $k_m < h$.

所以,得

$$a = k_0 \cdot h + r_0, k_0 = k_1 \cdot h + r_1,$$
$$k_1 = k_2 \cdot h + r_2, \cdots, k_{m-1} = k_m \cdot h + r_m$$

因此

$$a = (k_1 \cdot h + r_1)h + r_0 = k_1 \cdot h^2 + r_1 \cdot h + r_0$$
$$a = (k_2 \cdot h + r_2)h^2 + r_1 \cdot h + r_0$$
$$= k_2 \cdot h^3 + r_2 \cdot h^2 + r_1 \cdot h + r_0$$
$$\vdots$$
$$a = k_m \cdot h^{m+1} + r_m \cdot h^m + \cdots + r_2 \cdot h^2 + r_1 \cdot h + r_0$$

如果 $h < g$,那么因为 r_i, k_m 都小于 h,在基数是 h 时,它们都是一位数;如果 $h > g$,那么这些数在 g 作基数时虽然可能是多位数,但是因为它们都小于 h,所以在用 h 作基数时,必然都是一位数.总而言之,这些数在 h 作基数时必为一位数.

在这种情形下,a 在基数是 h 的记数制度下,可以记作

$$a = \overline{k_m r_{m-1} \cdots r_2 r_1 r_0}$$

此处 k_m, r_i 都是表示在基数 h 下所采用的数码.

这样要将基数是 g 的记数制度下的数改写为 h 进制度数,首先将 h 表示成

g 进制度数,然后用 h 除该数,所得商数再用 h 除之,如此继续下去,直到所得商数小于 h 为止.这时,最后的商数以及从后向前排的所有余数就是该数在基数是 h 的记数制度下的各位数码.如果余数或最后所得的商数在 g 制度下是多位数,那么就要用 h 制度下的数码来代替.

例 1 $g=10$.把 35014 写成 12 进制度数.

因为 $h=12$,所以引用

$$0,1,2,3,4,5,6,7,8,9,(10),(11)$$

作为 $h=12$ 时的数码.

做除法

35014	12			
110	2917	12		
21	51	243	12	
94	37	3	20	12
10	1	3	8	1

所以在基数为 12 时,该数记作 1831(10).

例 2 为了将在十进制度下给出的数用 $h=1000$ 进制度写出,必须引用 1000 个数码.

我们取 1 到 999 和 0 作为数码,为了使我们记住这些记号不是数而是数码,我们用括号把它们括起来,平常应用的 10 个数码除外.

例如,24643 在 $h=1000$ 时记作 (24)(643).很容易明白,为了将一个数写成 $h=1000$ 进制的形式,需要将原来的数从右到左每三位分成一段,每一段就算作一个数码.

如果 $h=10$,那么通常不用做除法,而直接计算.

例 3 化 $110011(g=2)$ 为十进制度数.

$$110011=2^5+2^4+2+1=32+16+2+1=51$$

例 4 把 $(14)2(10)(g=15)$ 化为十进制度数.

$$
\begin{aligned}
(14)2(10) &= 14 \cdot 15^2 + 2 \cdot 15 + 10 \\
&= 14 \cdot 225 + 2 \cdot 15 + 10 \\
&= 3190
\end{aligned}
$$

例 5 把 $62451(g=7)$ 化为三进制度数.

做除法

52

62451	3							
024	20615	3						
05	26	4651	3					
21	21	16	1440	3				
0	05	15	24	360	3			
	2	01	0	0	120	3		
		1		0	30	3		
				0	10	3	
					1	2	

故该数记作 210000120.

这一问题可以用其他方法解决. 先经过直接计算将这个数化成十进制度数, 然后再求它在三进制度下的各位数码.

现在用这一方法来解例 5.

$$62451 = 6 \cdot 7^4 + 2 \cdot 7^3 + 4 \cdot 7^2 + 5 \cdot 7 + 1 = 15324$$

做十进制下的除法

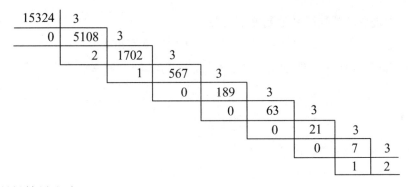

故所得结果也为 210000120.

当 $h > g$ 时, 这个方法特别方便. 因为计算起来要做除法, 所以就必须把 h 写成 g 进制度数. 所有的余数以及最后的商数如果在 g 制度下是多位数, 那么还要把它们换成 h 制度下的单位数.

例 6 $100002(g=3)$, 化成 $g=8$ 的记法, 先把 8 写成三进制度数

8	3
2	2

故得 22.

做除法

```
100002 | 22
─────────────────────────
 22    | 1010   | 22
─────────────────────────
 100   | 20     | 10
─────────────────────────
 22    |
─────────
 12    |
```

然后把 10,20,12 换成八进制度数,得 3,6,5,故所求结果等于 365.如果一开始,先将该数化成十进制度数,计算起来就很省事了.

$$100002 = 3^5 + 2 = 245$$

```
245 | 8
────────────
 5  | 30  | 8
────────────
    | 6   | 3
```

所得结果与前法完全一样.

注 在中小学课程中,关于换基数的问题,都是用下列形式讨论的:

1. 直接计算,将一种基数下的数换成十进制度数.

例如,$3021(g = 4)$:$3021 = 3 \cdot 4^3 + 2 \cdot 4 + 1 = 201$.

2. 把十进制度数换成其他制度下的数.

假若给了一个数 856,要将它用基数 $g = 4$ 的制度写出来.

我们设想:数物的时候,四个、四个来数,先求在 856 中有多少个 4,为此用 4 除 856,得

```
856 | 4
────────
 0  | 214
```

即 856 包含 214 个第二位的位率(4).

用 4 来数第二位位率的个数.用 4 除 214,得

```
214 | 4
────────
 2  | 53
```

这就是说,数得结果为 53 个第三位的位率和 2 个第二位的位率.

再用 4 来数第三位位率的个数.用 4 除 53,得

```
53 | 4
────────
 1 | 13
```

数得结果为 13 个第四位的位率和 1 个第三位的位率.

继续用 4 除 13,得

```
13 | 4
────────
 1 | 3
```

数得结果为 3 个第五位的位率和 1 个第四位的位率.

54

所以数得结果从最高位开始是:3 个第五位位率,1 个第四位位率,1 个第三位位率,3 个第二位位率,0 个第一位位率.

因此,当 $g=4$ 时,这个数记为 31120.

整数环

第
二
章

§1　整数的定义

1.1　算术和代数中的扩张原则·等价关系的基本定理

数的概念经过了很长的历史发展,作为计数工具的自然数,在很早的文化发展阶段,人类就已经知道了.古希腊数学家不但利用了自然数,而且也利用了正的分数,不过他们并不知道负数.第一次应用正、负数(解释为"财产"和"负债")是中世纪的印度人(阿尼亚伯哈特,476年;柏拉马特,598年;柏哈斯卡拉,1114年).

用记号"+"和"−"来表示正、负数的现代表示法是在15世纪末被德国数学家维得曼(Widmann,1460—16世纪前半叶)引入的.然而在16世纪还有许多数学家不认识负数.例如,法国数学家韦达(Vieta,1540—1603)在得出以他为名的二次方程式根与系数间的关系时,还仅限于正根的情形.到了17世纪才对负数有完全的认识.

在数学中分数的出现是先于负数的.为了在逻辑上单纯化讨论数的问题,我们离开历史发展的途径,先引入全部整数,然后再讨论分数.

以纯粹建设的途径得出的自然数作为基础,可以做出所有其他的数集,也可以做出多项式和代数分式.我们将依次定义整数、有理数、实数和复数.这里列举出的每一个数集都包含前面的数集.我们希望建立起这样的扩张,使得经过扩张得到的

56

集合具有特定的性质. 当然,简单的"机械的"扩张对于我们来说没有任何兴趣,如果把集合 A 扩张到集合 B,那么这些给定的性质归结为以下几条:

(1) 集合 A 是集合 B 的子集.

(2) 我们感兴趣的集合 A 的元素间的运算或者一般的某种关系,对于集合 B 的元素也被定义,而且对于作为 B 的元素的 A 的元素来说,这样定义的与原本在 A 中已有的意义完全一致.

(3) 在集合 A 中不能施行的或者不是经常施行的某种运算,在集合 B 中应能施行.

这种要求是要建立扩张的基本目的,让我们用例子来说明它. 对于自然数来说,减法不是经常能施行的,在整数范围内它就恒能施行. 对于整数来说,除法不是经常能施行的,但在有理数范围内则恒能施行(用零去除除外,因为一般这是不可能的). 对于有理数来说,求极限的运算不是经常能施行的,而对于实数却恒能施行. 对于实数来说,求方根的运算不是经常能施行的,而对于复数则恒能施行. 在代数中,当扩张一个域至另一个域,使某个已知多项式在前者原本没有根,而在后者有根也遵循着这样的原则,即完成解该方程式的运算[①].

最后,为了逻辑的完整性,还需要加上一个条件.

(4) 扩张得出的集合 B,应该是集合 A 在满足上面三个要求的所有扩张中最小的,而且由集合 A 唯一确定(即合乎这些条件得出的集合 A 的扩张都是同构的).

因此,我们将扩张自然数集至整数集,而不立刻扩张到实数或者复数.

整数分成正数(或者自然数)、负数和零. 有了负数(负整数、负有理数,或者一般的负实数,全都一样),就可以联系到有两种相反意义或方向的量的测量. 例如,在直线上从一定点向右或者向左截取的线段长度,表示零点上下的温度,就是这样的例子. 于是,建立起利用通常的数测量一种意义或方向的量,现在把这样的数叫作正数,与上面相反意义或方向的量的测量也利用数,但在这样的数的前面加上特别的符号"−",用它来区别表示第一种意义的量的数. 然后形式地导入零,用以分开正、负数. 我们不打算讨论引入正、负数的细节,我们仅指出,这种建立正、负数的方法是最自然的,因为它联系着正、负数的产生. 正、负数也可以完全形式地引入. 为了建立正、负整数,可以形式地引入新的元素 a,b,c,… 与自然数一一对应,还引入一个元素"0". 然后按照初等代数学中已知的

---

① 这个问题与域的一般理论有关系,而域的一般理论可参阅《抽象代数基础》卷.

规则定义和、积的"大于"关系,并且证明(用核算所有情形的方法)运算与顺序的所有规则的正确性.

然而,为了遵照统一的思想,我们采用另一种建立的方法.问题在于,当这样的扩张,在集合 A 中不能经常施行的某种运算而希望在集合 B 中恒能施行时,我们可以把集合 A 中已经能施行的运算规则形式地引入集合 B 中.这样形式地把旧规则引入新集合中,也就导致所希望的扩张的建立.对于自然数来说,差 $a-b$ 完全被自然数序偶 a,b 所确定.当保持对自然数的差 $a-b$ 来说是正确的运算规则时,我们就把这样的序偶作为整数定义的出发点,这样的思想也作为建立有理数、复数以及代数分式的基础.这样建立的思想叫作序偶的理论.我们指出,在上面的所有情形中,建立并不是立刻把集合 A 扩张至所希望的集合 B,而仅建立一个与集合 B 同构的集合 B',这时集合 B' 包含一个子集 A' 与集合 A 同构.以 A 代换 B' 中的 A' 就得到所希望的 B.用这样的方法建立整数时,必须先了解一下所谓等价关系(与相等关系有类似性质)的基本定理.

等价关系的基本定理　若对于集合 M 的元素定义了一个等价关系 $a \sim b$(读作:a 等价于 b),它具有下面的性质:

(1)$a \sim b$;

(2)如果 $a \sim b$,那么 $b \sim a$;

(3)如果 $a \sim b$ 且 $b \sim c$,那么 $a \sim c$.

则这个等价关系就唯一地确定了将集合 M 分成彼此不相交的子集合的分类.各子集合具有这样的性质:同一子集合的任何两个元素是等价的,不同子集合的任何两个元素是不等价的(等价元素类的分类).

反过来,对于集合 M 的任何一个分成不相交的子集合的分类,可以定义这样一个等价关系,使所给集合 M 的分类是一个等价元素类的分类.

证明　(a)设已给一个等价关系,对于每一个 $a \in M$,我们用 M_a 表示与 a 等价的全部 x 所组成的集合.从性质(1)推得 $a \in M_a$,这就是说,集合 M 的任一元素必属于这些子集合中的某个子集合.设 $b \in M_a,c \in M_a$,则 $b \sim a,c \sim a$.根据性质(2)即有 $a \sim c$,再根据性质(3)有 $b \sim c$.因此,M_a 的任何两个元素都是等价的.如果 $a \sim b$,那么 $M_a = M_b$.事实上,如果 $c \in M_a$,那么 $c \sim a,a \sim b$,从而根据性质(3)有 $c \sim b$,这就是说,$c \in M_b$.若 $c \in M_b$,则 $c \sim b$ 且 $a \sim b$.根据性质(2)有 $b \sim a$,再根据性质(3)有 $c \sim a$,即 $c \in M_a$.由此可得,如果 $b \in M_a$,那么 $M_a = M_b$,这就是说,集合 M_a 的全部元素,在该集合的定义下是等价的.如果集合 M_a 和集合 M_b 具有共同元素 c,那么 $M_c = M_a,M_c = M_b$,由此可见,$M_a = M_b$.这样一来,两个不同的集合就不可能有共同的或是等价的元素.因此不同

58

集合的各元素是不等价的.

（b）设已给集合 M 的一个分成不相交的子集合的分类. 我们这样来定义集合 M 的等价关系：如果 a 和 b 属于分类的同一集合，那么称 $a \sim b$. 显然，这样的等价元素类的分类也就是已给的那个分类.

已经证明的定理，在以后将有不止一次的应用，它能使我们简化在每一个具体情况下所进行的论证过程.

1.2 整数环的定义

对于自然数来说，加法的逆运算（减法）不是经常能施行的. 我们提出这样的课题，把自然数集 $\mathbf{N}$ 扩张至集合 Z，使得在 Z 中不但有与在自然数中有同样性质的加法和乘法，而且减法也可以永远施行. 也就是说，Z 是一个交换环. 我们将根据下面定义的意义寻求最小的扩张.

定义 1.2.1 含有全体自然数集 $\mathbf{N}$ 的最小交换环 Z 叫作整数环，即把具有下面性质的集合叫作整数环：

（1）Z 含有 $\mathbf{N}$；

（2）Z 是一个交换环；

（3）自然数的加法和乘法分别与环 Z 中的加法和乘法一致；

（4）Z 中不含任何包含 $\mathbf{N}$ 而异于 Z 的子交换环；

我们把交换环 Z 中的元素叫作整数.

仅从这个定义还不能知道是否存在这样的交换环 Z，以及它是否是唯一的. 我们暂时把整数环的存在问题放下，先来证明，如果它存在的话，那么就同构的意义来说，是唯一的.

定理 1.2.1 含有自然数集 $\mathbf{N}$ 的环 Z[①]，当且仅当其中每一个元素等于自然数的差时，是整数环（最小的）.

证明 （a）如果环 Z 含有 $\mathbf{N}$ 且 Z 的每一个元素都等于自然数的差，那么 Z 是最小的. 因为含有 $\mathbf{N}$ 的任何子环，也含有自然数的所有差（《抽象代数基础》卷，第二章，定理 1.6.1），所以与 Z 符合一致.

（b）反过来说，设环 Z 是最小的. 在每一个环中，元素的差都具有下面的性质（《抽象代数基础》卷，第二章，定理 1.2.8）：

（1）当且仅当 $a+d=b+c$ 时，$a-b=c-d$；

---

① 这里以及以后，我们说到一个环含有自然数集 $\mathbf{N}$，或者说一个环含有另一个环的时候，永远理解为，小环中的运算与相应的大环中的运算是一致的.

(2) $(a-b)+(c-d)=(a+c)-(b+d)$;

(3) $(a-b)-(c-d)=(a+d)-(b+c)$;

(4) $(a-b)(c-d)=(ac+bd)-(ad+bc)$.

设 R 是 Z 中所有等于自然数的差的元素的集合. 由上面性质 (1)(2)(3)(4) 可知,R 中任意两个元素的和、差、积仍属于 Z,即 R 是 Z 的子环. 任一自然数显然都能等于自然数的差,例如,$a=(a+b)-b$,此处 b 也是自然数. 因为 **N** 中的运算与 Z 中的运算是一致的,所以 R 含有 **N**,又由 Z 的最小性,故 $R=Z$,即任何整数都等于自然数的差.

定理 1.2.2 含有自然数的所有最小的环都是同构的,即就同构的意义来说,整数环是唯一的.

设 Z_1 和 Z_2 是两个这样的子环,依前面的定理知,Z_1,Z_2 的任何元素都等于自然数的差. 我们做 Z_1 到 Z_2 的一个映射 f:如果 $z_1 \in Z_1$ 且在 Z_1 中,$z_1 = a-b$,此处 a,b 是自然数,那么在 Z_2 中将有 $a-b=z_2$[①].

于是令 $f(z_1)=z_2$. 数 z_2 与 a,b 的选择无关. 事实上,如果又有 $z_1=c-d$,那么 $a-b=c-d$,于是按照性质 (1),有 $a+d=b+c$,即在 Z_2 中也有 $a-b=c-d$. 如果 $z_1 \neq d_1$,那么按照性质 (1),也有 $f(z_1) \neq f(d_1)$. Z_1 中的任何元素 z_1 均等于自然数的差,Z_2 中的元素也是如此,即 f 是 Z_1 到 Z_2 上的一个一一映射. 由性质 (2)(3) 知,对于 Z_1 中的任何 z_1,d_1,都有

$$f(z_1+d_1)=f(z_1)+f(d_1)$$
$$f(z_1 d_1)=f(z_1)f(d_1)$$

即 f 是环 Z_1 到 Z_2 上的同构映射. 事实上,就第一个等式来看,如果在 Z_1 中有 $z_1=a-b,d_1=c-d$,那么在 Z_2 中将有

$$f(z_1)=a-b, f(d_1)=c-d$$

即

$$f(z_1)+f(d_1)=(a-b)+(c-d)=(a+c)-(b+d)$$

但在 Z_1 中有 $z_1+d_1=(a+c)-(b+d)$,即属于 Z_1 的元素 z_1+d_1 与属于 Z_2 的元素 $f(z_1)+f(d_1)$ 等于同样的自然数 $a+c$ 与 $b+d$ 的差[②].

[①] $z_1=a-b,z_2=a-b$,并不是就有 $z_1=z_2$,因为在 Z_1 中的减法与在 Z_2 中的减法可以有不同的意义. 当然,当 $a>b$ 时,就有 $z_1=z_2$,因为这时的 $a-b$ 是自然数,而对于自然数的运算来说是一致的,故 z_1 与 z_2 同等于一个自然数 $a-b$.

[②] 这里又一次利用了 **N** 中的运算与 Z_1 和 Z_2 中的一致性. 否则 $a+c$ 与 $b+d$ 在 Z_1 和 Z_2 中可能是不同的元素.

60

按照 f 的定义,即

$$f(z_1 + d_1) = f(z_1) + f(d_1)$$

第二个等式的证明与此类似. 定理即被证明.

定理 1.2.3 含有自然数集 **N** 的任何一个环 R,都含有整数环.

证明 R 的所有含有 **N** 的子环的交集仍是一个含有 **N** 的子环(《抽象代数基础》卷,第二章,定理 1.6.2),而且是最小的,因为它含在含有 **N** 的任何一个子环中. 按照定义 1.2.1,这个子环就是整数环.

到现在为止,我们还未证明整数环的存在性,因为还未曾建立这样的例子.

定理 1.2.1 暗示我们建立各同构的整数环之一的方法. 如果 Z 是整数环,那么自然数的差就将是 Z 的元素. 可不可以以差的符号 $a-b$ 本身作为所求环的元素呢? 由于以下两个理由,我们不直接这样做:第一,两个不同的这样的符号,只要符合性质(1)(即如果 $a+d=b+c$,就有 $a-b=c-d$),就应该认为它们是相等的,这与我们对相等的一贯理解是不符合的,我们永远认为,集合中元素的相等就是符合一致;第二,我们仍希望保持符号 $a-b$ 作为所求环中的减法运算的符号.

我们将采用有一定顺序的自然数对(以后称之为自然数序偶)作为环中的元素. 设 M 是所有这样序偶的集合. 我们来定义序偶的等价关系,以便使等价的且仅等价的序偶中的数的差等于所求环中的同一元素. 按照性质(1),我们这样定义等价关系:当且仅当 $a+d=b+c$ 时

$$(a,b) \sim (c,d) \tag{1}$$

其次,我们定义序偶的加法和乘法,以便在所求环中,这些运算分别对应于组成该序偶的数的差的加法和乘法. 按照性质(2)和(4),我们这样定义

$$(a,b) + (c,d) = (a+c,b+d) \tag{2}$$

$$(a,b)(c,d) = (ac + bd, ad + bc) \tag{3}$$

定理 1.2.4 序偶的加法和乘法满足交换律、结合律和分配律.

证明 这些性质分别由自然数的相应性质导出,可以直接证明它们,例如,以乘法结合律的证明为例

$$[(a,b)(c,d)](e,f) = (ac + bd, ad + bc)(e,f)$$
$$= (ace + bde + adf + bcf, acf + bdf + ade + bce)$$
$$(a,b)[(c,d)(e,f)] = (a,b)(ce + df, cf + de)$$
$$= (ace + adf + bcf + bde, acf + ade + bce + bdf)$$

最后得到的两个序偶是相等的

$$[(a,b)(c,d)](e,f) = (a,b)[(c,d)(e,f)]$$

序偶的等价关系具有一般等价关系的性质(1)～(3).事实上:

(1)$(a,b) \sim (a,b)$,因为 $a+b=b+a$.

(2) 如果$(a,b) \sim (c,d)$,那么$(c,d) \sim (a,b)$,因为若 $a+d=b+c$,则 $c+b=d+a$.

(3) 如果$(a,b) \sim (c,d)$,且$(c,d) \sim (e,f)$,那么$(a,b) \sim (e,f)$,因为将等式 $a+d=b+c, c+f=d+e$ 两端相加,则得 $a+d+c+f=b+c+d+e$,由此得 $a+f=b+e$(第一章,定理 1.2.1).

因此,序偶的等价关系决定分所有序偶的集合 M 为等价序偶的一个分类,我们将以小写希腊字母 $\alpha, \beta, \gamma, \delta, \cdots$ 表示这些类(子集).

定义 1.2.2 设 Z_0 是 M 的等价序偶的分类的所有类的集合,对于任意两个类 α, β,我们称包含 α 与 β 中的序偶的和(积) 为 α 与 β 的和(积),表示为 $\alpha+\beta(\alpha\beta)$.

当我们用类中代表的运算来定义类的运算时,必须证明运算的结果与代表的选择无关.这个事实由下面的定理显然推得.

定理 1.2.5 如果

$$(a_1,b_1) \sim (a_2,b_2), (c_1,d_1) \sim (c_2,d_2)$$

那么

$$(a_1,b_1) + (c_1,d_1) \sim (a_2,b_2) + (c_2,d_2)$$
$$(a_1,b_1)(c_1,d_1) \sim (a_2,b_2)(c_2,d_2)$$

证明 我们先证明,由$(a_1,b_1) \sim (a_2,b_2)$ 知,对于任意序偶(c,d),应有

$$(a_1,b_1) + (c,d) \sim (a_2,b_2) + (c,d)$$
$$(a_1,b_1)(c,d) \sim (a_2,b_2)(c,d)$$

事实上,既然 $a_1+b_2=a_2+b_1$,则有

$$(a_1+c) + (b_2+d) = (a_2+c) + (b_1+d)$$
$$(a_1,b_1) + (c,d) = (a_2,b_2) + (c,d)$$

将等式 $a_1+b_2=a_2+b_1$ 两端同乘以 c,此后左右两端互易,再乘以 d,得

$$a_1c+b_2c=a_2c+b_1c$$
$$a_2d+b_1d=a_1d+b_2d$$

两端相加,得

$$(a_1c+b_1d) + (a_2d+b_2c) = (b_1c+a_1d) + (a_2c+b_2d)$$

由此得

$$(a_1,b_1)(c,d) \sim (a_2,b_2)(c,d)$$

重复应用上面结论,证明关于序偶加法及乘法的交换律,即得

62

$$(a_1,b_1)+(c_1,d_1) \sim (a_2,b_2)+(c_1,d_1) \sim (a_2,b_2)+(c_2,d_2)$$

$$(a_1,b_1)(c_1,d_1) \sim (a_2,b_2)+(c_1,d_1) \sim (a_2,b_2)+(c_2,d_2)$$

因此,定义 1.2.2 在等价序偶的类的集合 Z_0 中引进了确定的加法和乘法的运算.

定理 1.2.6　具有定义 1.2.2 所指出的加法和乘法运算的集合 Z_0 是一个环,并且还是可交换的.

证明　需要验证在 Z_0 中满足环定义(见《抽象代数基础》卷,第二章,定义 1.1.1)中指出的六个公理.因为 Z_0 中类的运算是以类的代表来定义的,所以这两种运算,由定理 1.2.4,知其满足环公理 Ⅰ(a),Ⅰ(b),Ⅱ(a),Ⅲ(a) 和 Ⅲ(b),并且具有交换性.

让我们来看公理 Ⅰ(c) 是否满足.设给出两个序偶 (a,b) 和 (c,d).如果存在一个序偶 (x,y),满足

$$(a,b)+(x,y)=(c,d)$$

那么应有

$$a+x=c,b+y=d$$

即 $a<c,b<d$.因此,假使条件 $a \geqslant c,b \geqslant d$ 中有一个成立,这样的序偶 (x,y) 就不会存在.也就是说,序偶的减法不是恒能施行的,即序偶本身不能组成环.虽然如此,Z_0 却是一个环.设 α,β 是 Z_0 的两个类,而且 α 含有序偶 (a,b),β 含有序偶 (c,d).需要求一个类 γ,使得 $\alpha+\gamma=\beta$.如果 (x,y) 是所求类 γ 的一个序偶,那么 (x,y) 完全不必满足等式

$$(a,b)+(x,y)=(c,d)$$

只需满足等价关系

$$(a,b)+(x,y) \sim (c,d)$$

即可.先假定有这样性质的 (x,y) 是存在的,于是

$$(a+x,b+y) \sim (c,d)$$

由此得

$$a+x+d=b+y+c$$

或者

$$(a+d)+x=(b+c)+y$$

按照等价关系的定义,有

$$(x,y) \sim (b+c,a+d)$$

按照定理 1.2.5,只要找到具有所要求性质的一个序偶 (x,y) 即可,即

$$(a,b)+(x,y) \sim (c,d)$$

63

但序偶$(b+c,a+d)$本身就具有这样的性质.事实上

$$(a,b)+(b+c,a+d)=(a+b+c,b+a+d)\sim(c,d)$$

这就证明了具有性质$\alpha+\gamma=\beta$的γ存在.定理即被证明.

由具有上述性质的类γ的存在性,按照环的一般理论,就可推出它的唯一性(《抽象代数基础》卷,第二章,定理1.2.3).我们注意,利用这个事实,即类γ中的序偶(x,y)与$(b+c,a+d)$等价,而且按照定理1.2.6,当把序偶(a,b)和(c,d)换成与它们等价的序偶时,序偶$(b+c,a+d)$即换成与它等价的序偶,也很容易得出类γ的唯一性.

下面来阐明环Z_0中的零元和负元素的意义.

按照零元的定义(《抽象代数基础》卷,第二章,§1,1.2),它应该是这样的类0,对于任何类α,都有$\alpha+0=\alpha$.如果α含有序偶(a,b),0含有序偶(x,y),那么应有

$$(a,b)+(x,y)\sim(a,b)$$

由上面证明过的定理,有

$$(x,y)\sim(b+a,a+b)=(a+b,a+b)=(k,k)$$

按照条件(2),任何一个这样的实数序偶,都能满足关系

$$(a,b)+(k,k)\sim(a,b)$$

因此,环Z_0中的零元,是含有所有由相等元素组成的序偶的类0.

类α的负元素按照定义(《抽象代数基础》卷,第二章,§1,1.2)是这样的类$-\alpha$,它满足关系$\alpha+(-\alpha)=0$.如果α含有(a,b)且$-\alpha$含有(x,y),那么$(a,b)+(x,y)=(k,k)$,这样可以把"$\sim$"写成"$=$".因为按照条件(2),与(k,k)等价的序偶是由相等元素组成的,即$a+x=b+y$,由此得$(x,y)\sim(b,a)$.但(b,a)本身具有所需要的性质,因为$(a,b)+(b,a)=(a+b,b+a)$是属于类0的,我们把(b,a)叫作(a,b)的负序偶.当把(a,b)换成与之等价的序偶时,负序偶(b,a)也换成与之等值的序偶,而且类$-\alpha$中的任何一个序偶,都可在类α中找到一个序偶而为其负序偶.

因此,类$-\alpha$是由类α的序偶的负序偶所组成的类.

现在,不依靠定理1.2.6的证明,也很容易得出属于两类之差$\beta-\alpha$的序偶.事实上,如果α含有(a,b),β含有(c,d),那么$\beta-\alpha=\beta+(-\alpha)$含有$(c,d)+(b,a)=(b+c,a+d)$.

我们已经做出的环Z_0是与整数环同构的.如果仅为了做与整数环同构的环,那么就可以把Z_0本身看作整数环.然而,在扩张已知数系至新数系时,我们认为,已知数系被唯一确定,即从所有解释中选择固定的某一个.在这个条件

下,环 Z_0 并不满足定义 1.2.1,因为 Z_0 不含有自然数集 **N**,这是由于 Z_0 的元素是等价的自然数序偶的缘故.

因为自然数本身还不是环 Z_0 的元素,所以为了从 Z_0 得出合乎定义 1.2.1 的整数环,应该把自然数集 **N** 包括在 Z_0 内.

我们先从环 Z_0 中找出与自然数集同构的集合. Z_0 中异于零的任何类都由序偶 (a,b) 组成,此处 $a \neq b$. 如果 $a > b$,那么称这个类为第一种的类;如果 $a < b$,那么称这个类为第二种的类. 这个定义是与类 α 中序 (a,b) 的选择无关的,因为,如果 $(a,b) \sim (c,d)$,那么 $a+d=b+c$.

于是由 $a > b$ 应有 $c > d$(第一章,定理 3.1.2),由 $a < b$ 应有 $c < d$. 设以 N_1 和 N_2 分别表示所有第一种的类和第二种的类所构成的集合. 我们来证明,集合 N_1 与自然数集 **N** 关于加法和乘法是同构的. 我们建立 N_1 与 **N** 之间的一一对应 f. 如果 N_1 中的类 α 含有序偶 (a,b),那么 $a > b$,因而存在一个自然数 k,满足关系 $a=b+k$(自然数的基本性质 Ⅱ(4),参阅第一章). 我们令 $f(\alpha)=k$,很容易证明 k 与类 α 中序偶的选择无关,因为由 $(a,b) \sim (c,d)$,有 $a+d=b+c$,又由 $a=b+k$,应有 $b+k+d=b+c$,因而有 $c=d+k$. 在这个 f 之下,对于不同的类有不同的数与之对应,因为,如果 α 含有 (a,b),β 含有 (c,d),而且 $f(\alpha)=f(\beta)=k$,那么 $a=b+k$,$c=d+k$,因而有

$$a+d+k=b+k+c, a+d=b+c, (a,b) \sim (c,d), \alpha=\beta$$

任何一个数 k 一定是某一类 α 的象,例如,α 是含有序偶 $(a+k,a)$ 的类,这就证明了 f 与 N_1 之间的一一对应.

现在再来证明 f 是 N_1 与 **N** 之间关于加法和乘法的同构对应,也就是说,证明等式

$$f(\alpha) + f(\beta) = f(\alpha + \beta), f(\alpha)f(\beta) = f(\alpha\beta)^{①} \qquad (4)$$

事实上,如果 α 含有序偶 $(a+k,a)$,β 含有序偶 $(b+h,b)$,那么 $\alpha+\beta$ 含有序偶 $(a+b+k+h,a+b)$,即

$$f(\alpha + \beta) = k+h = f(\alpha) + f(\beta)$$

而 $\alpha\beta$ 含有序偶

$$(a+k,a)(b+h,b)$$
$$=(ab+kb+ah+kh+ab, ab+kb+ab+ah)$$
$$=(a+kh, c)$$

---

① 为了证明关于代数运算的同构,只需证明这些性质对于映射的一方面成立即可. 由此可导出这些性质对于逆映射也成立.

此处 $c = 2ab + ah + bk$，即

$$f(\alpha\beta) = kh = f(\alpha)f(\beta)$$

现在我们来建立所求的整数环 Z，这里的讨论与关于环的相应定理的证明类似（《抽象代数基础》卷，第二章，定理 1.6.6）. 设 Z 是 Z_0 中的所有第一种的类代换成与之相应的自然数所构成的集合. 如果扩充映射 f 的定义，令任意第二种的类和零类有 $f(\alpha) = \alpha$，那么得到 Z_0 与 Z 之间的一一对应. 在集合 Z 中用下面的等式定义加法和乘法

$$f(\alpha) + f(\beta) = f(\alpha + \beta), f(\alpha)f(\beta) = f(\alpha\beta) \tag{4'}$$

这里 α 和 β 是环 Z_0 中的任意类，因为 f 是 Z_0 与 Z 之间的一一对应，所以 $f(\alpha)$ 与 $f(\beta)$ 是 Z 的任意元素. 其次，由于 $\alpha + \beta$ 及 $\alpha\beta$ 在 Z_0 中唯一确定，因此等式 $(4')$ 对于集合 Z 中的任意元素实际定义出加法和乘法.

因此，Z 是具有两种代数运算的集合. 另外，等式 $(4')$ 指出集合 Z 关于这样定义的两种运算与环 Z_0 同构，故 Z 是一个环（《抽象代数基础》卷，第二章，定理 1.6.5）[①].

定理 1.2.7　上面所建立的环 Z 是整数环.

证明　我们证明 Z 具有本节开始的定义 1.2.1 中所指出的性质 $(1) \sim (4)$.

我们已经知道：

(1) Z 含有自然数集 $\mathbf{N}$.

(2) Z 是一个交换环.

如果 $k = f(\alpha), h = f(\beta)$ 都是自然数，那么 α, β 都是第一种的类. 于是，定义 Z 中的和 $k + h$ 与积 kh 的等式 $(4')$ 分别与等式 (4) 中的一致，而在等式 (4) 中左端的加法与乘法就是自然数的加法和乘法. 因此：

(3) 自然数的加法和乘法分别与环 Z 中的加法和乘法一致.

现在来证明 Z 中的任何元素都等于自然数的差. Z 中的任何元素都具有 $f(\alpha)$ 的形式，这里 α 是 Z_0 中的类，而 f 是上面所做的 Z_0 与 Z 之间的同构映象. 设 α 含有序偶 (k, h)，而且 $k = f(\alpha), h = f(\beta)$. 按照 f 的定义，类 β 由形如 $(b + k, b)$ 的序偶组成，而类 γ 由形如 $(c + h, c)$ 的序偶组成，即类 $\alpha + \gamma$ 含有序偶 $(k, h) + (c + h, c) = (k + c + h, h + c)$，而这个序偶是属于类 β 的，因此类 $\alpha + \gamma = \beta$. 按

---

① 产生这样的问题：是否可以用自然数代替第二种的类，而不是代替第一种的类，以得到整数环 Z. $\mathbf{N}_2$ 到 $\mathbf{N}$ 的映射可以与 f 类似的定义，即当类 α 含有序偶 $(a, a + k)$ 时，令 $f(\alpha) = k$. 这个映射是一一映射，但不是同构映射，因为，第二种的类的乘积将是第一种的类.

照环 Z 中加法的定义,即按照 $(4')$(注意,这里不可按照 (4),因为 α 不一定是第一种的类),有

$$f(\alpha) + f(\gamma) = f(\beta)$$

即

$$f(\alpha) = f(\beta) - f(\gamma) = k - h^{①}$$

环 Z 的任意含有自然数集 $\mathbf{N}$ 的子环,应该含有所有自然数的差,即与 Z 一致.因此:

(4)环 Z 不含任何包含 $\mathbf{N}$ 而异于 Z 的子环.

因此,我们做出了所希望建立的整数环.它的元素(即整数)是:第一,所有自然数;第二,数 0,即相同自然数所做成的序偶的类;第三,所有第二种的类,即合乎条件 $a < b$ 的等价自然数序偶 (a,b) 的类.这样就解决了关于整数环的存在问题.

指给读者上面所做出的环 Z 就是我们所熟悉的整数环,暂时还是困难的,在下一节我们将讨论环 Z 的简单性质,并且将看出它与我们所熟悉的整数集毫无不同之处.

对于环 Z_0 所进行的建立方法,产生这样的问题:对于 Z_0 应用上述方法,是否能建立一个新环?即以 Z_0(同样以 Z)的元素序偶为基础,用同样的方法做一环 Z_1,Z_1 是否是一个新的环(当然,它们的元素是不同的),关于这个事实有下面的一般定理.

定理 1.2.8 设 R 是任一环,R_1 是由环 R 的元素(代替自然数)序偶利用类似于建立环 Z_0 的方法(定义 1.2.2)而构成的环,则环 R_1 与环 R 同构.

证明 对于环 R_1 中的每一个元素 α(设 α 含有 R 的元素序偶 (a,b)),令 R 中的元素 $f(\alpha) = a - b$ 与之对应.由差相等的条件和元素序偶等价的条件,显然,元素 $f(\alpha)$ 与类 α 中序偶 (a,b) 的选择无关,而且映射 f 是一一对应的.由差的加法和乘法规则及序偶的加法和乘法规则可知,f 是 R_1 与 R 之间的同构映象(这里的讨论与定理 1.2.1 的证明类似).

1.3 整数的性质

注 1 对于整数来说,与环的元素一样,在《抽象代数基础》卷中所证明过的所有运算规则都是正确的.这样,任意有限多个元素的和与积与其顺序和加

---

① 对于包含在 Z 中的第二种的类和零类,现在的证明表示,含有自然数序偶 (k,h) 的类等于差 $k-h$.

括号的次序无关(《抽象代数基础》卷,第二章,定理 1.2.1),任意代数和都可表示为通常的和的形式(《抽象代数基础》卷,第二章,定理 1.2.4),去括号时的符号规则(《抽象代数基础》卷,第二章,定理 1.2.5)和乘法的符号规则(《抽象代数基础》卷,第二章,式(1.2.15))都成立,等等.

定理 1.3.1 自然数 $1,2,3,\cdots$,数 0 以及自然数的负数 $-1,-2,-3,\cdots$ 就是整数环 Z 的全部元素,即对于 Z 中的任一元素 a 来说,下列三种情形有且仅有一种成立:a 是自然数,a 是零,$-a$ 是自然数.

证明 设 $a=f(\alpha)$,而 α 是环 Z_0 中的类①.

上面已经证明过,α 或者是第一种的类,或者是零,或者是第二种的类. 这三种情形是不能同时成立的,因为,如果 (k,h) 是类 α 中的一个序偶,那么 $k>h,k=h,k<h$ 三者不能同时成立(参看第一章,自然数的性质 I(2)). 如果 α 是第二种的类,那么 $k<h$. 于是它的负类 $-\alpha$ 含有自然数序偶 (h,k),此处 $k<h$,即 $-\alpha$ 是第一种的类. 在同构映射 f 下,元素互负的性质仍然保持(读者自己验证),即 $f(-\alpha)=-f(\alpha)=-a$. 如果 α 是第一种的类,那么 $a=f(\alpha)$ 是自然数;如果 $\alpha=0$,那么 $a=\alpha=0$;如果 α 是第二种的类,那么 $-\alpha$ 是第一种的类,且 $-a=-f(\alpha)=f(-\alpha)$ 是自然数.

定理 1.3.2 整数环是整环(《抽象代数基础》卷,第二章,定义 1.3.5),而且其单位元就是自然数 1.

证明 与在《抽象代数基础》卷,第二章,§1 中的一样,如果需要的话,我们也写 $+a$ 以代替 a. 让我们来证明,当且仅当两个整数 a,b 中有一个是零时,乘积 ab 才能等于零. 设 $a\neq0,b\neq0$. 按照前面的定理 $a=\pm c,b=\pm d$,这里 c,d 是自然数,于是 $ab=\pm cd$,这里当 a,b 的符号相同时,取"+",符号不同时,取"−",很容易看出 $cd\neq0$,因为自然数的乘积仍是自然数,因而 $ab\neq0$.

现在来证明,对于任何 a 都有 $a\cdot1=a$. 如果 a 是自然数,那么按照自然数乘法的定义,这是正确的.

如果 $a=0$,那么 $a\cdot1=0\cdot1=0=a$.

如果 $a=-b$,这里 b 是自然数,那么

$$a\cdot1=(-b)\cdot1=-(b\cdot1)=-b=a$$

定理即被证明.

现在转向正、负数的概念以及关于整数大小的比较.

---

① 这样一来,对于异于自然数的数,我们既用希腊字母表示,也用拉丁字母表示,认为 $a=\alpha$.

68

定理 1.3.3 整数环 Z 可以是有序环(《抽象代数基础》卷,第二章,§5),而且仅能有一种方法使之成为有序环. 这时所有自然数是正元素,而所有自然数的负数 $-1,-2,-3,\cdots$ 是负元素.

证明 如果将自然数且仅将自然数当作正元素,那么环 Z 将是有序环,因为,按照定理 1.3.1,对于任何整数 a,或者 a 是正的,或者 a 是零,或者 $-a$ 是正的,即满足公理 Ⅴ(《抽象代数基础》卷,第二章,§5). 因为自然数的和与乘积仍是自然数,所以满足公理 Ⅵ. 既然自然数是正的,按照定义,自然数的负数是负的. 现在我们来证明,这种方式定义的有序性是唯一的.设用任何一种方式已使 Z 成为有序环.按公理 Ⅴ,$+1$ 和 -1 中有一个是正的.于是按照公理 Ⅵ,$1=1\cdot1=(-1)(-1)$,自然数 1 应该是正元素.再利用公理 Ⅵ,任何自然数 n 都是正元素,因为它是 n 个 1 的和(第一章,定理 2.2.3).按照公理 Ⅴ,$-n$ 不是正元素.按照定理 1.3.1,数 0 和 $\pm n$ 构成 Z 的全部元素,此处 n 是任何自然数,即在 Z 中仅有自然数是正元素,因此,使 Z 成为有序环的任何方法都与上面所指出的一致.

注 2 在《抽象代数基础》卷,第二章,§5中证明过的有序环元素所具有的性质,整数都具有. 这样,当 $a-b$ 是正元素时,认为 $a>b$,那么我们就引入了顺序,而且 0 小于所有正元素,大于所有负元素(《抽象代数基础》卷,第二章,定理 5.1.1).对于这样的顺序来说,单调性规则和不等式的运算规则(《抽象代数基础》卷,第二章,定理 5.1.2~5.1.4)都成立.以 $\pm a$ 中不负的数作为 a 的绝对值 $|a|$ 的定义(《抽象代数基础》卷,第二章,定义 5.1.2)后,就得到整数的通常性质和用绝对值来比较大小以及运算的通常规则(《抽象代数基础》卷,第二章,定理 5.1.8 及其后的注).

定理 1.3.4 自然数的顺序与在整数环中的自然数的顺序是一致的.

证明 若 a 与 b 是整数,且 $a>b$,则 $a-b=k$ 是正的,即是自然数,于是 $a=b+k$. 对于自然数 a,b 来说,这就意味着 $a>b$.

因为在整数中没有最小的,所以第一章的定理 2.1.1 对于整数不成立.为了使这个结论正确,那就需要加上补充的条件.我们先下一个定义.

定义 1.3.1 整数集 A 叫作有上界的(有下界的,或者有界的),如果存在一个整数 k,对于任何 $x\in A$,都有 $k>x(k<x$,或者存在两个整数 k,h,使得 $k<x<h$).空集是有界的.

定理 1.3.5 任何非空且有上界的(有下界的,或者有界的)整数集 A 含有最大数(最小数,或者既有最大数,又有最小数).

证明 设 A 是有上界的.如果 A 中至少含有一个自然数,那么 A 中的自然数集是非空的,且有上界,因而有最大数a(第一章,定理2.1.9).显然,a就是A的最大数.如果A不含自然数,但含有零,于是零就是A的最大数.如果A仅含有负数,那么A中的数的负数所成的集合B仅含有自然数,故B有最小数b.对于B中的任何y,有$b \leqslant y$,两端同乘以-1,得(《抽象代数基础》卷,第二章,定理5.1.2)$-b \geqslant -y$,或者令$a=-b$,且$x=-y$,则对任何$x \in A$,都有$a \geqslant x$.如果A是有下界的,那么按照上面所定义的B有上界,因而B有最大数b,于是$-b$就是A的最小数.最后,如果A是有界的,按照上面已证明过的,A既有最大数,也有最小数.

单方向的或者双方向的各种形式的数学归纳法就是以这个定理为基础的.

定理 1.3.6　如果涉及整数的某个定理 T 对于整数a成立,且:

(1) 如果定理 T 对于任何整数$x \geqslant a$成立,就可推出对于$x+1$成立,那么定理 T 对于任何$b \geqslant a$都成立;

(2) 如果定理 T 对于任何整数$x \leqslant a$成立,就可推出对于$x-1$成立,那么定理 T 对于任何$b \leqslant a$都成立;

(3) 如果定理 T 对于满足$x_1 < x < x_2$的任何数都成立,这里$x_1 \leqslant a \leqslant x_2$,就可推出它对于数$x_1$和$x_2$成立,那么定理 T 对于任何整数$b$都成立.

证明　这三条相似的论断,其证明也类似.例如,让我们来证明论断(3).设定理 T 不是对于所有整数都成立,则存在一个整数b,定理 T 对于它是不成立的.设$b > a$(存在$b < a$的情形,讨论与此类似),且设A是大于a的所有整数x的集合,定理 T 对于x是不成立的.集合A是非空的,因为它含有b,并且A有下界a.按照前面证明过的定理,A含有最小数x_2.如果令$x_1 = a-1$,那么定理 T 对于满足下述条件的任何x都成立

$$x_1 < x < x_2, \text{且} x_1 < a < x_2$$

因而定理 T 对于x_1和x_2也成立.但x_2属于集合A,即对于x_2,定理 T 不成立,得出了矛盾.这个矛盾就证明了论断(3)的正确性.

定理 1.3.7　整数环是阿基米德有序环(《抽象代数基础》卷,第二章,定义5.1.3).

证明　设a,b是整数,且$b > 0$.如果$a \leqslant 0$,那么$1 \cdot b = b > a$;如果$a > 0$,那么a,b都是自然数.由于在自然数集内,阿基米德公理成立(第一章,定理2.1.2),因此存在一自然数n,使得$nb > a$.

关于整数环的稠密性,我们有下面的定理.

定理 1.3.8　对于任意整数a,$a-1$和$a+1$是与a紧挨着的,而且$a-1 < a < a+1$.因此,整数环是分离的(《抽象代数基础》卷,第二章,定义5.2.1).

证明　因为 $a=(a-1)+1$,所以只要证明 a 与 $a+1$ 是紧挨着的即可,且 $a=a+0<a+1$.由 $0<1$,应有 $a+0<a+1$(《抽象代数基础》卷,第二章,定理 5.1.2).如果 a 与 $a+1$ 不是紧挨着的,那么存在一个整数 b,满足 $a<b<a+1$.各部分同时加 $-a$,得 $0<b-a<1$,因为整数 $b-a$ 是正的,所以是自然数.但自然数的顺序在整数内仍然保持(定理 1.3.4),因此 $b-a<1$ 与第一章定理 2.1.1 矛盾,故 a 与 $a+1$ 是紧挨着的.

§2　整数的整除性

2.1　整数的整除性理论

整数的整除性性质,有很多是和自然数的整除性性质一致的.它们的主要差别在于:在整数的情形中,每一个数的因数个数增加了一倍,即与正因数同时出现了负因数.其次,由于整数组成环,因此对于某些陈述可以简化,而且可以给出另一种叙述的顺序,关于这件事,在第一章 §3 末我们已经谈到过.下面就要给出这种顺序的叙述.在这一节中,所谓数,我们永远理解为整数.

定义 2.1.1　对于数 a,b,如果存在一个数 q,使得 $a=bq$,那么说 a 被 b 除得尽,或者 b 除尽 a,记作 $b\mid a$. a 叫作 b 的倍数,b 叫作 a 的因数(或约数).如果这样的 q 不存在(当然,是指在整数环中),那么说 a 被 b 除不尽,或者说 b 除不尽 a,记作 $b\nmid a$.

我们指出,这个定义就其形式而言,对于自然数的情形,已经与第一章 §3 的定义 3.1.1 不一致了,因为,现在的 q 是整数.然而容易看出,对于自然数的情形,这两个定义是等效的.如果根据第一章 §3 的意义 $b\mid a$,那么 $a=bq$,q 是自然数,当然也是整数.反过来说,如果 a,b 是自然数,且 $a=bq$,q 是整数,那么,按照符号规则,q 是正的,即根据第一章 §3 的意义也有 $b\mid a$.

定理 2.1.1　如果 $b\mid a$ 且 $a\neq 0$,那么 $|a|\geqslant|b|$,即除零外的任意一个数都被绝对值较大的数除不尽.特别地,$+1$ 和 -1 被任意另外的数都除不尽(与第一章 §3 中定理 3.1.1 比较).

证明　若 $a=bq$,则 $|a|=|b|\cdot|q|$(《抽象代数基础》卷,第二章,§5,定理 5.1.8).由 $a\neq 0$,应有 $b\neq 0$,$q\neq 0$.它们的绝对值都是自然数,即 $|a|\geqslant|b|$(第一章,§3,定理 3.1.1).

定理 2.1.2　(与第一章 §3 中定理 3.1.2 比较.)

(1) 对于任意 $a \neq 0$,有 $0 \mid a, a, 0, \pm 1 \mid a, \pm a \mid a$,且由 $b \mid a$,应有 $\pm b \mid \pm a$;

(2) 由 $a \mid b, b \mid c$,应有 $a \mid c$;

(3) 由 $a \mid b$,应有 $a \mid bc$;

(4) 由 $a \mid b$,应有 $ac \mid bc$,反过来说,对于任意 $c \neq 0$,亦如是;

(5) 由 $a \mid b, c \mid d$,应有 $ac \mid bd$;

(6) 由 $a \mid b$ 及 $a \mid c$,对于任意 b_1 及 c_1,应有 $a \mid bb_1 + cc_1$.

证明 (2)～(6)完全与自然数的情形类似.我们来研究(1).条件 $a \neq 0$ 是非常重要的,因为,由于对任意 q 都有 $0 \cdot q = 0 \neq b$(《抽象代数基础》卷,第二章,§1,定理 1.2.7),因此任何数 $b \neq 0$ 都被 0 除不尽.由 $0 = a \cdot 0$,应有 $a \mid 0$.由 $a = a \cdot 1 = (-a) \cdot (-1)$,应有 $\pm 1 \mid a$ 及 $\pm a \mid a$.如果 $b \mid a$,那么 $a = bq = (-b)(-q)$ 及 $-a = -bq = (-b)q = b(-q)$,即 $\pm b \mid \pm a$.

注 1 因为由 $a \mid b$ 应有 $\pm a \mid \pm b$,所以元素 a 与 $-a$ 在全部整除性的理论中具有同等权利.整除性的所有关系对于仅有符号区别的数,亦即相差 ± 1 因数的数,同样成立.按照定理 2.1.1,± 1 是 1 的仅有的因数,由于这个性质,它们在整除性理论中起着特别重要的作用.

对于整数来说,有余数除法基本定理的表述,要比自然数情形简单得多,即:

定理 2.1.3(除法法式) 对于任意整数 a, b,此处 $b \neq 0$,存在且仅存在唯一的一对整数 q, r,使得

$$a = bq + r \tag{1}$$

$$0 \leqslant r < |q| \tag{2}$$

(与第一章 §3 中定理 3.1.3 比较).

证明 我们先证明满足关系(1)(2)的整数对 q 与 r 是存在的.先设 $b > 0$.按照阿基米德公理,存在自然数(也就是整数)n,使得 $bn > a$,由此得 $0 < bn - a$.设 M 是所有形如 $x = bn - a$ 的自然数 x 的集合,此处 a, b 是给出的,n 是整数.按照刚才证明的,M 不是空集,因而含有一个最小的自然数(第一章,§1,定理 2.1.4).设这个最小的自然数是 $x_0 = bn_0 - a$.如果 $x_0 > b$,那么 $x_0 - b = b(n_0 - 1) - a$ 仍然属于 M,且 $x_0 - b < x_0$(第一章,§1,定理 1.2.2),这与 x_0 的定义矛盾.因此,$0 < bn_0 - a \leqslant b$.从这个不等式各端同时减去 b,得

$$-b < b(n_0 - 1) - a \leqslant 0$$

再用 -1 去乘,得

$$0 \leqslant a - b(n_0 - 1) < b$$

若令 $n_0 - 1 = q$,及 $a - bq = r$,则 $a = bq + r$ 且 $0 \leqslant r < b = |b|$,即 q 与 r 满足条件(1)及(2).

若 $b<0$,则 $-b>0$. 按照上面已经证明的,有 q_1,r 存在,使得

$$a=(-b)q_1+r,0\leqslant r<|-b|=|b|$$

令 $q=-q_1$,我们得到

$$a=bq+r,0\leqslant r<|b|$$

数 q,r 满足条件(1)及(2) [①].

现在来证明 q,r 的唯一性. 设 $a=bq_1+r_1=bq_2+r_2$,此处 r_1,r_2 满足条件 (2). 若 $r_1=r_2$,则 $bq_1=bq_2$,因为 $b\neq 0$,所以 $q_1=q_2$,这就是我们需要的结果. 若 $r_1\neq r_2$,则 $r_1-r_2=b(q_1-q_2)$,即 $b\mid r_1-r_2$. 例如,设 $r_1>r_2(r_1<r_2$ 的情形,与此类似),则

$$0<r_1-r_2\leqslant r_1<|b|$$

或者

$$|r_1-r_2|<|b|,r_1-r_2\neq 0$$

这与定理 2.1.1 矛盾. 定理即被证明.

因为整数的因子永远成对地出现,且仅有因数 ± 1 的差别,所以很自然地谈论就绝对值来说的最大公约数与最小公倍数. 这两个定义与自然数情形不同,我们仅就最大公约数的情形讨论.

定义 2.1.2(与第一章 §3 中定义 3.1.2 比较) 两个整数 a,b 的最大公约数是指具有下述性质的 $d=(a,b)$:(1)d 是 a,b 的公约数;(2)d 能被 a,b 的任一公约数除得尽.

由此,按照定理 2.1.1 我们得到,(a,b) 是 a,b 的公约数中就绝对值而言的最大数. 对于自然数来说,按照第一章 §3 中定理 3.1.1,这个定义与第一章 §3 的定义是等效的.

定理 2.1.4 对于任意整数 a,b(其中至少有一个不是零),其最大公约数是存在的,而且除因数 ± 1 以外是唯一确定的.

证明 取 a,b 的绝对值,可以把要证明的归结为自然数的情形(对于 $a=0$ 或者 $b=0$ 的情形,是显然的,不用讨论). 我们给出一个新的证明.

设 A 是所有形如 $ax+by$ 的整数集合,此处 x 和 y 是任意整数. 集合 A 具有下述性质:

(1)集合 A 中任意两个数的和及差仍然属于集合 A,集合 A 中任意数与整

[①] 实际地去求 q 与 r,通常利用加法或减法(视 a,b 的符号而定),从 b 中减去 a,直到得出满足条件 $0\leqslant r<|b|$ 的 r 为止. 经过有限多步骤(即 $|q|$ 个步骤)以后,恒能得到上述的结果.

数的积也属于集合 A.

(2) 给出的数 a, b 也属于集合 A.

因为

$$(ax_1 + by_1) \pm (ax_2 + by_2) = a(x_1 \pm x_2) + b(y_1 \pm y_2)$$
$$(ax + by)z = a(xz) + b(yz)$$

这就证明了性质(1).

由 $a = a \cdot 1 + b \cdot 0$ 及 $b = a \cdot 0 + b \cdot 1$,可知 a 与 b 属于集合 A,即性质(2)被证明.由性质(2)知,集合 A 中含有异于零的数(按照给出的条件,a, b 中至少有一个不是零).按照性质(1),如果 c 属于 A,那么 $-c = c \cdot (-1)$ 也属于集合 A,$\pm c$ 中总有一个是正的.

设 d 是集合 A 的正数中的最小者(按照第一章,§2,定理 2.1.4,这样的数是存在的).我们证明,集合 A 中的任意数 c 都被 d 除得尽.按照定理 2.1.3,有整数 q, r 存在,使得

$$c = dq + r, 0 \leqslant r < d$$

由此得

$$r = c - dq$$

按照性质(1),数 r 属于集合 A.但 d 是集合 A 中的最小正数,且 $0 \leqslant r < d$,即

$$r = 0, c = dq, d \mid c$$

因此,由性质(2)求得

$$a = dq_1, b = dq_2 \qquad (3)$$

但是,因为 d 属于集合 A,所以存在整数 a_1 和 b_1,使得

$$d = a \cdot a_1 + b \cdot b_1 \qquad (4)$$

由式(3)和(4),很快就可以得到我们的定理,因为式(3)指出,d 是 a, b 的公约数.如果 d_1 也是 a, b 的公约数,那么 $d_1 \mid a, d_1 \mid b$,按照定理 2.1.2(4),由式(4)可知 $d_1 \mid d$.

我们来证明 a, b 的最大公约数的唯一性.如果 d_1, d_2 是 a, b 的两个最大公约数,那么,由于它们彼此除得尽,即

$$d_1 = d_2 c_2, d_2 = d_1 c_1$$

将第二个等式代入第一个等式中,得

$$d_1 = d_1 c_1 c_2$$

按照 d_1 的定义,知 $d_1 \neq 0$(定理 2.1.2(1)).消去 d_1,得

$$1 = c_1 c_2$$

即 c_1 是 1 的因数,按照定理 2.1.1,$c_1 = \pm 1$,即 $d_2 = \pm d_1$.定理即被证明.

注2 这个证明并没有给出最大公约数 $d=(a,b)$ 的实际求法. 利用辗转相除对最大公约数 (a,b) 存在性的另一证明可以弥补这个缺失. 因为根据辗转相除, 对于整数来说完全与在第一章 §3 中对于自然数的叙述类似(仅需要以本节定理 2.1.3 来代替第一章 §3 的定理 3.1.3), 所以我们不打算再讨论它. 我们仅指出, 与第一章 §3 式(3)类似的, 将每一个余数都利用前一等式表示, 我们可以实际地用给定的 a,b 表示 d, 即求出满足式(4)的整数 a_1 与 b_1.

定义 2.1.3 数 a 与 b 叫作互素的, 如果 $(a,b)=1$.

定理 2.1.5 当且仅当有整数 a_1,b_1 存在, 使得

$$a \cdot a_1 + b \cdot b_1 = 1 \tag{5}$$

时, a 与 b 才是互素的.

证明 如果 $(a,b)=1$, 那么式(5)与式(4)是一致的, 此处 $d=(a,b)$. 反过来说, 如果有满足式(5)的 a_1,b_1 存在, 那么 a,b 的每一公因数都是 1 的因数, 即 $(a,b)=1$.

定理 2.1.6(与第一章 §3 中定理 3.1.9 比较) 如果 $(a,b)=1$, 且 $(a,c)=1$, 那么 $(a,bc)=1$.

证明 按照前面的定理, 有

$$a \cdot a_1 + b \cdot b_0 = 1, a \cdot a_2 + c \cdot c_0 = 1$$

此处 a_1,a_2,b_0,c_0 都是整数, 将这两个等式两边分别相乘, 得

$$a(aa_1a_2 + a_1cc_0 + a_2bb_0) + (bc)(b_0c_0) = 1$$

因此根据前面的定理, a 与 bc 互素.

定理 2.1.7(与第一章 §3 中定理 3.1.10 比较) 如果 $a \mid bc$, 且 $(a,b)=1$, 那么 $a \mid c$.

证明 按照定理 2.1.5, 有

$$a \cdot a_1 + b \cdot b_1 = 1$$

两端同乘 c, 得

$$c(aa_1) + c(bb_1) = c$$

等式左端的两项都被 a 除得尽, 故有 $a \mid c$(定理 2.1.2(2)).

定理 2.1.8(与第一章 §3 中定理 3.1.11 比较) 如果 c 被 a,b 中每一个数都除得尽, 且 $(a,b)=1$, 那么 c 被 ab 除得尽.

证明 (逐字逐句地重复自然数的情形所述) $c=bq, a \mid c$, 即 $a \mid bq$, 而且 $(a,b)=1$, 故按照前一定理, 有 $a \mid q, q=ar, c=bq=bar$, 即 $ab \mid c$.

2.2 不可分解的整数·整数的唯一分解定理

按照 2.1 节定理 2.1.2(1), 任一整数 a 都有因数 ± 1 和 $\pm a$, 而没有其他因

数的整数是存在的. 我们保留"素数"这个名称给自然数 $2,3,5,\cdots$, 而给出下述定义.

定义 2.2.1(与第一章 §3 中定义 3.1.3 比较) 异于 0 及 ± 1 的整数 p 叫作不可分解的, 如果 p 除 ± 1 及 $\pm p$ 以外没有其他因数; 异于 0 及 ± 1 的非不可分解数叫作可分解数. 数 0 及 ± 1(即 0 和 1 的因子)既不是可分解数, 也不是不可分解数.

定理 2.2.1 素数以及它们的负数是不可分解数, 而且只有它们是不可分解数.

换句话说, 数 p 当且仅当 $|p|$ 是素数时, 才是不可分解数.

证明 如果 p 是可分解的, 那么 $p=qr$, 此处 $q \neq \pm 1, q \neq \pm p$, 即 $|p|=|q| \cdot |r|$. 此处 $|q| \neq 1, |q| \neq |p|$, 由此可知 $|p|$ 是合数, 反过来说, 如果 $|p|$ 是合数, 那么 $|p|=qr$, 此处 q 与 r 是自然数, 且 $q \neq 1, q \neq |p|$. 如果 $p=\pm|p|$, 那么 $p=q \cdot (\pm r)$, 此处 $q \neq \pm 1, q \neq \pm p$. 因此, p 是可分解的.

定理 2.2.2 如果 a 被不可分解数 p 除不尽, 那么 a 与 p 互素. 反过来说, 当且仅当 $(a,p)=1$ 时, $p \nmid a$.

证明 如果 $p \nmid a$, 且 $(a,p)=d$, 那么 $d \neq \pm p, d \mid p$. 由 p 的不可分解可知 $d=1$(不同符号的两个因子中我们取正号). 反过来说, 如果 $(a,p)=1$, 那么 $p \nmid a$, 因为, 不然的话, 将有 $(a,p)=|p|>1$.

定理 2.2.3(与第一章 §3 中定理 3.1.7 比较) 如果乘积 ab 被不可分解数 p 除得尽, 那么 a,b 中至少有一个被 p 除得尽.

证明 如果 $p \nmid a$, 那么按照前面的定理, $(a,p)=1$, 且按照 2.1 节定理 2.1.7, 有 $p \mid b$.

推论 如果 n 个数的乘积 $a_1 a_2 \cdots a_n$ 被不可分解数 p 除得尽, 那么至少有一个因子 $a_i (1 \leqslant i \leqslant n)$ 能被 p 除得尽.

对 n 用归纳法, 证明留给读者.

现在我们可以证明整数整除性理论的基本定理.

定理 2.2.4(与第一章 §3 中定理 3.1.8 比较) 异于 0 及 ± 1 的任一整数, 都可分解为不可分解因数的乘积, 并且除因数的顺序和因数 ± 1 以外, 这种分解是唯一的.

证明 我们证明整数 $a(a \neq 0, a \neq \pm 1)$ 分解为不可分解因数的存在性. 对数 $|a|$ 应用归纳法. 若 $|a|=2$, 则定理成立, 因为 ± 2 是不可分解的. 设 $|a|>2$, 且定理对于满足条件 $2 \leqslant |b|<|a|$ 的所有 b 都成立. 如果 a 是不可分解的, 那么定理成立. 如果 a 是可分解的, 那么 $a=b_1 b_2$, 这里 $b_1 \neq \pm 1$ 且 $b_1 \neq \pm a$, 于

是 $|a|=|b_1||b_2|$,此处 $|b_1|\neq1$ 且 $|b_1|\neq a$,即 $2\leqslant|b_1|<|a|$(§1,1.2,(2)). 对于数 b_1,b_2,定理是成立的,因此 a 可分解为不可分解因数的乘积.

再来证明分解的唯一性. 设 a 有两种方法分解为不可分解因数的乘积

$$p_1p_2\cdots p_r=q_1q_2\cdots q_s \tag{6}$$

这里所有 p_i 及 q_j 都是不可分解数. 我们来证明 $r=s$,且在适宜的号码下,有 $p_i=\pm q_i(i=1,2,\cdots,s)$.

我们再对 $|a|$ 应用归纳法. 当 $|a|=2$ 时,定理成立,因为 ±2 是不可分解数. 设 $|a|>2$,且定理对于满足条件 $2\leqslant|b|<|a|$ 的所有 b 都成立. 式(6)的两端都用不可分解数 p_1 去除,根据前一定理的推论知,$q_1,q_2,\cdots,q_s$ 中至少有一个能被 p_1 除尽. 如果需要的话,适当地改变号码,可以认为 $p_1|q_1$. 但 $p_1\neq\pm1$,且 q_1 是不可分解数,故有 $p_1=\pm q_1$. 式(6)两端同消去 p_1,我们得到

$$p_2p_3\cdots p_r=(\pm q_2)q_3\cdots q_s=a_1$$

如果 $r>1$(当 $r=1$ 时,$a=p_1$,正好和上面已经讨论过的 $a=\pm2$ 的情形一样),那么 $2\leqslant|a_1|<|a|$. 对于数 a_1,定理是成立的,因此,有 $r-1=s-1$,由此得 $r=s$,并且在适当的号码下,有

$$p_i=\pm q_i \quad (i=2,3,\cdots,r)$$

定理即被证明.

注1 如果认为在式(6)中的所有 p_i,q_j 都是正的,那么在每一个乘积前面还有因数 ±1 出现. 数 a 的这样分解将是唯一确定的.

注2 以自然数 $|a|$ 代替 a,并利用对于自然数的相应定理,很容易证明定理2.2.4. 然而,这样的证明是基于自然数整除性理论的另一发展途径(参看第一章,§3,定理3.1.4).

2.3 半交换环

在1.2节中所引入的建立整数环的方法,几乎可以逐字逐句地移至任何一个具有适当性质的两个运算的集合中. 暂时我们还没有自然数集为其特殊情形的一般概念(自然数集既不是环,当然也不是域).

现在我们引入这样的概念:

定义2.3.1 一个非空集合 M 叫作半交换环,如果在其中给出了两种代数运算 —— 加法和乘法,这两种运算满足交换律和结合律,并且它们被分配律联系着,而且,当加法的逆运算可施行时,它是唯一的,即具有下面的性质:

Ⅰ(d)(加法逆运算的唯一性)对于 M 中的任意三个元素 a,b,c,由 $a+c=b+c$,应有 $a=b$.

因此,半交换环具有环的性质(《抽象代数基础》卷,第二章,§1)Ⅰ(a),Ⅰ(b),Ⅱ(a),Ⅱ(b) 和 Ⅲ(a),Ⅲ(b),同时把(交换)环中的性质 Ⅰ(c) 换成 Ⅰ(d).因为环中减法的唯一性,Ⅰ(d) 可以由 Ⅰ(c) 的存在而得出(《抽象代数基础》卷,第二章,§1,定理1.2.3),所以有下面的定理:

定理 2.3.1 设 M 是交换环的任意一个子集合,如果 M 中任意两个元素的和与积仍属于 M,那么 M 是半交换环.

所有交换环都可当作半交换环的例子,而下面这样的例子是半交换环而不是交换环:

1.自然数集 **N**.由第一章 §1 中定理 1.2.1 与定理 1.2.3 可知满足公理 Ⅰ(d).

2.所有自然数与 0.

3.大于自然数 n 的所有自然数.

4.所有 $a+b\sqrt{2}$ 形式的数,此处 a,b 是任意自然数.

定理 2.3.2 如果半交换环 M 含有元素 0,对于某个元素 $c,c+0=c$ 成立,那么对于 M 中的任意元素 a,将有 $a+0=a$,而且具有这样性质的元素 0 是唯一的.把它叫作半交换环的零元(半交换环当然也可以没有零元).

证明 如果 $c+0=c$,那么对于任意 a,有
$$(a+0)+c=a+(0+c)=a+(c+0)=a+c$$

根据性质 Ⅰ(d),得 $a+0=a$.如果还有 $a+0'=a$,那么 $a+0=a+0'$,再根据 Ⅰ(d),得 $0=0'$.

由 Ⅰ(d) 又可得出,如果对于半交换环的某个元素 a,存在 x,使得 $a+x=0$,那么这样的 x 将是唯一的.把这个 x 叫作 a 的负元素,用记号 $-a$ 表示.

与前面证明过的自然数集 **N** 被包含在整数环 Z 中,而且 Z 被 **N** 唯一确定(就同构的意义来说)的这个事实相类似,任意半交换环 M 被包含在交换环 R 中,而且 R 被 M 唯一确定(也是就同构的意义来说).

定义 2.3.2(与 §1 中定义 1.2.1 比较) 含有半交换环 M 的最小交换环 R 是指具有下述性质的集合:

(1)R 含有 M;

(2)R 是一个交换环;

(3)M 中的运算与含在 R 中的 M 的元素间的同名运算是一致的;

(4)R 不含有任何不同于 R 而含有 M 的子交换环.

定理 2.3.3 对于任意半交换环 M,存在一个含有 M 的最小交换环,而且

就同构的意义来说是唯一的.

证明 （a）交换环 R 的唯一性的证明与自然数的情形一样,即先证明,含有半交换环 M 的交换环 R,当且仅当其中每一个元素都等于半交换环中元素的差时,才是最小的(参看 §1 中定理 1.2.1). 然后,与自然数的情形一样,证明含有这个半交换环 M 的所有最小交换环都是同构的(参看 §1 中定理 1.2.2).

（b）交换环 R 存在性的证明也和自然数的情形一样. 取 M 的元素做元素序偶 (a,b),关于元素序偶之间的等价关系以及运算被 §1,1.2 中式(2)(3)(4) 同样定义,并且建立等价序偶的类 S(与 §1,1.2 中定义 1.2.2,定理 1.2.5,1.2.6 类似). 当把交换环 S 中的集合 M_0 换成与 M_0 同构的 M 时,与自然数情形不同的是,在 M 中没有顺序的关系. 因此,不能说 M_0 是这样的序偶 (a,b) 的类,a 是大于 b 的. 然而,也容易理解,对于自然数的情形,本质上我们也没有利用顺序的关系. 重要的是,对于每一个自然数 k,求形如 $(a+k,a)$ 的序偶,这对于任何半交换环 M 也是正确的. 事实上,对于任意 $k(k \in M)$,我们做元素序偶 $(a+k, a)$,a 是 M 中的任意元,由等价关系的定义可以看出,对于任意给定的 k,所有这样的元素序偶都是等价的. 反过来说,如果 $(c,d) \sim (a+k,a)$,那么 $c+a=d+a+k$. 按照 Ⅰ(d),得 $c=d+k$,即元素序偶 $(a,d)=(a+k,a)$ 也有这样的形式. 对于所有这样的元素序偶的类 α,令半交换环 M 中的元素 $k=f(\alpha)$ 与之对应. 与 §1,1.2 中证明过的一样,可证 f 是含有形如 $(a+k,a)$ 的元素序偶的所有类的集合 M_0 到半交换环 M 上的同构对应. 和前面证明的类似,在交换环 S 中可以用与 M_0 同构的 M 代替 M_0,因而得到了含有 M 并且与 S 同构的交换环 R. 最后,证明 R 中任意元素都等于 M 中元素的差,由此就可引出 R 的最小性(§1, 1.2 中定理 1.2.7).

由于对任意半交换环的情形与在 §1,1.2 中已经讨论过的自然数的情形完全类似,因此我们仅限于做上述的指示,留给读者自己去论证. §1,1.2 中的叙述对于任意半交换环都是正确的.

注 1 对于形如 $(a+k,a)$ 的类 α,放置 k 与之对应的映射 f,当且仅当 S 中的每一类 α 都是由形如 $(a+k,a)$ 的元素序偶所组成,亦即 M 中元素的任一对 (a,b) 都有 $(a+k,a)$ 的形式,换句话说,对于 M 中的任意两个元素 a,b,都存在一个元素 $k(k \in M)$,当满足关系式 $a+b=k$ 时,才能是整个环 S 到半交换环 M 上的同构对应. 这就是说,在 M 中公理 Ⅰ(c) 被满足,即 M 是一个环. 因此,当且仅当半交换环 M 本身是一个环时,S 与 M 同构. 由此又证明了 §1,1.2 中的定理 1.2.8.

注 2 §1,1.2 中的定理 1.2.1 已不能推广到任意半交换环上. 实际上,有

这样的半交换环 M 存在,其最小交换环 R,除了零、M 中的元素以及负元素以外,还含有其他的元素. 这是因为 §1,1.3 中的定理 1.3.1 利用了自然数性质,即对于任意自然数 a,b,下面三种情形有且仅有一种成立:$a=b,a=b+k,b=a+k$(参看 §1,1.2 中定理 1.2.5),而这种性质对于任意半交换环不一定成立.

有理数域

第 三 章

§1 有理数域的定义

1.1 前言·有理数的定义

在这一章中我们将建立正有理数、负有理数和零. 我们注意,这里所采取的顺序是与中小学课程中所采取的顺序不同的,在这里我们先定义负整数,然后再定义所有有理数,而在中学课程中,对称数是在分数以后才出现的. 在这里我们之所以采取这样的顺序,为的是与包括整数于有理数之中相类似,得出包括环与域中的一般性定理(§2,2.3).然而,我们在议论上不必做任何重要的改变,也可由自然数先做正分数,这就保持了中学所采用的顺序. 不过,这样建立的有理数不能形成域,而对称数不同于第二章§2中的整数,不仅是一环,而且是一域,即有理数域.

扩张整数集至有理数集,我们是按第二章§1中对于任意扩张所指出的一般方案进行的,讨论也与在第二章§1中已经进行过的扩张自然数至整数相类似. 差别仅在于,在第二章§1中是就加法的性质,而现在则是就乘法的性质来扩张的.

在整数集中,乘法的逆运算 —— 除法(当然在除数异于零的条件下,参看第二章,§2,定理 2.1.1) 不经常能施行. 我们提出这样的课题:把整数环 Z 扩张到这样一个集合 Q,在 Q 中具有与整数的加法和乘法有同样性质的加法和乘法,而且被异于 Z 中零的元素去除的除法永远可施行. 这就是说,集合 Q 是一个域. 我们将求这样的扩张,就下面的定义来说,它是最小的.

81

定义 1.1.1　含有整数环 Z 的最小域 Q，叫作有理数域，即具有下面性质的集合：

(1) Q 含有 Z；

(2) Q 是一个域；

(3) 整数的加法和乘法与域 Q 中整数的加法和乘法是一致的；

(4) 域 Q 不含有异于它本身而含有 Z 的子域.

我们把域 Q 的元素叫作有理数.

仅由这个定义，还不能知道是否存在这样的域，以及如果存在，是否是唯一的. 我们先来证明，有理数域就同构的意义来说是唯一确定的.

定理 1.1.1（与第二章 §2 中定理 1.2.1 比较）　含有整数环 Z 的域 Q[①]，当且仅当其中每一个元素都等于整数的商时，才是有理数域（即是最小的）.

证明　(a) 如果域 Q 含有环 Z，且 Q 的每一个元素都等于整数的商，那么 Q 一定是最小的，因为，Q 含有 Z 的任何一个子域，必含有 Z 的所有整数的商（《抽象代数基础》卷，第三章，§1，定理 1.1.1），因而和 Z 一致.

(b) 反过来说，设 Q 是最小的. 在每一个域中，元素的商具有以下性质（《抽象代数基础》卷，第二章，§1，定理 1.4.9）：

$$
\begin{cases}
(\text{i}) \ 若 \ b \neq 0, d \neq 0, 则当且仅当 \ ad = bc \ 时, \dfrac{a}{b} = \dfrac{c}{d}; \\[2mm]
(\text{ii}) \ 若 \ b \neq 0, d \neq 0, 则 \dfrac{a}{b} \pm \dfrac{c}{d} = \dfrac{ad \pm bc}{bd}; \\[2mm]
(\text{iii}) \ 若 \ b \neq 0, d \neq 0, 则 \dfrac{a}{b} \cdot \dfrac{c}{d} = \dfrac{ac}{bd}; \\[2mm]
(\text{iv}) \ 若 \ b \neq 0, d \neq 0, 则 \dfrac{a}{b} : \dfrac{c}{d} = \dfrac{ad}{bc}.
\end{cases}
\tag{1}
$$

设 M 是域 Q 中所有等于整数商的元素的集合. 由(1)可知，集合 M 中任意两个元素的和、差、积、商（如果除数异于零）都属于集合 M，即 M 是域 Q 的一个子域（《抽象代数基础》卷，第三章，§1，定理 1.1.1）. 当然，任意一个整数都等于整数的商，例如 $a = \dfrac{ab}{b}$，这里 b 是不等于零的整数. 由于 Z 中的运算和 Q 中的运算是一致的，因此应该有：M 含有 Z，又由 Q 的最小性，得 $M = Q$，这就是说，任意一个有理数都等于整数的商.

---

① 这里以及下面意味着，较小集合中元素的运算与较大集合中的同名运算对于同样的元素是一致的.

定理 1.1.2（与第二章 §1 中定理 1.2.2 比较）　含有整数环 Z 的所有最小域都是同构的，即有理数域就同构的意义来说是唯一的.

证明　设 Q_1, Q_2 是这样的两个域. 按照前面的定理，Q_1 与 Q_2 中的每一个元素都等于整数的商.

我们做域 Q_1 到 Q_2 上的一个同构映射 f，如果 $c_1 \in Q_1, c_1 = \dfrac{a}{b}$，这里 a, b 是整数，那么在 Q_2 中 $\dfrac{a}{b} = c_2$，于是就令 $f(c_1) = c_2$.

由于进一步的讨论完全与第二章 §1 中定理 1.2.2 的证明类似，因此我们仅限于指出，这个映射由于（1）的（ⅰ）是一一对应的. 其次由（1）的（ⅱ）（ⅲ）知，对于 Q_1 中的任何 c_1, d_1，都有

$$f(c_1 + d_1) = f(c_1) + f(d_1)$$
$$f(c_1 d_1) = f(c_1) f(d_1)$$

因而，证明了域 Q_1 与域 Q_2 的同构.

注　同构映射 f 还具有这样的性质：对于集合 Z 中的元素来说，它是恒等映射，即此时 Q_1 和 Q_2 中的每一个整数通过 f，都映射于其自身. 事实上，设 $c_1 = \dfrac{a}{b} \in Q_1, c_2 = \dfrac{a}{b} \in Q_2$. 当且仅当在 Z 中 b 除得尽 a 时，元素 c_1 和 c_2 才是整数. 由于 Z 中的运算和在 Q_1 及 Q_2 中的运算一致，因此应有

$$c_2 = f(c_1) = \frac{a}{b} = c_1$$

定理 1.1.3（与第二章 §1 中定理 1.2.3 比较）　含有整数环 Z 的任何一个域 P，都含有有理数域.

证明　P 的所有含有 Z 的子集仍是 P 的含有 Z 的子域（《抽象代数基础》卷，第三章，§1，定理 1.1.2），而且是最小的，因为它含在任何一个含有 Z 的 P 的子域中. 按照定义 1.1.1，这个子域就是有理数域.

1.2　有理数域的建立

现在我们转入有理数域的存在性的证明. 这个证明和整数环的情形一样，是建立一个满足定义 1.1.1 的域的例子.

1.1 节定理 1.1.1 暗示我们建立各同构的有理数域之一的方法. 如果 Q 是有理数域，那么 Q 的元素将是整数的商. 对于这些商的相等、加法和乘法的运算规则，由式（1）给出.

我们采取有一定顺序且 $b \neq 0$ 的整数序偶 (a, b) 作为建立有理数域的元素

的出发点. 设 M 是所有这样序偶的集合, 我们这样定义序偶的等价关系、加法和乘法, 以便使得在所求域内这些序偶中数的商的相等、加法和乘法与之相对应, 即按照式(1)做定义.

当且仅当 $ad = bc$ 时

$$(a,b) \sim (c,d) \tag{2}$$

$$(a,b) + (c,d) = (ad + bc, bd) \tag{3}$$

$$(a,b)(c,d) = (ac, bd) \tag{4}$$

式(3)及式(4)右端的序偶仍是属于集合 M 的, 因为由 $b \neq 0, d \neq 0$, 应有 $bd \neq 0$, 不管 b, d 是哪两个整数(第二章, §1, 定理 1.3.2).

定理 1.2.1 序偶的加法和乘法满足交换律、结合律, 而分配律对于等价关系是正确的, 即

$$[(a,b) + (c,d)](e,f) \sim (a,b)(e,f) + (c,d)(e,f) \tag{5}$$

证明 所有这些性质都可利用作为环 Z 元素的整数的性质直接验证. 例如, 我们来验证等价关系(5), 分别变换左端和右端, 得

$$[(a,b) + (c,d)](e,f) = (ad + bc, bd)(e,f) = (ade + bce, bdf)$$

$$(a,b)(e,f) + (c,d)(e,f) = (ae, bf)(ce, df) = (adef + bcef, bfdf)$$

由等价关系的定义(2)可知, 最后的两个序偶是等价的.

序偶的等价关系(2)也具有类似的三个基本性质(第二章 §1), 且:

(1) $(a,b) \sim (c,d)$, 因为 $ad = bc$.

(2) 如果 $(a,b) \sim (c,d)$, 那么 $(c,d) \sim (a,b)$, 因为, 若 $ad = bc$, 则 $cb = da$.

(3) 如果 $(a,b) \sim (c,d)$ 及 $(c,d) \sim (e,f)$, 那么 $(a,b) \sim (e,f)$, 因为, 在等式 $ad = bc$ 的两端同乘以 f, 在等式 $cf = de$ 的两端同乘以 b, 则有 $adf = bcf = bde$, 即 $adf = bde$, 由此得 $af = be$, 因为 $d \neq 0$.

这就是说, (2)所定义的序偶的等价关系决定分 M 为等价序偶的一个分类. 我们将以小写希腊字母 $\alpha, \beta, \gamma, \delta, \cdots$ 表示这些类.

定义 1.2.1 设 Q_0 是集合 M 的等价序偶的所有类的集合. 两个类 α, β 的和(积)是指含有类 α 的一个序偶与类 β 的一个序偶的和(积)的类, 并以符号 $\alpha + \beta(\alpha\beta)$ 表示.

和第二章说过的一样, 由下面的定理可知, 类的和与积是与它们的代表的选择无关的.

定理 1.2.2 如果 $(a_1, b_1) \sim (a_2, b_2), (c_1, d_1) \sim (c_2, d_2)$, 那么

$$(a_1, b_1) + (c_1, d_1) \sim (a_2, b_2) + (c_2, d_2)$$

$$(a_1, b_1)(c_1, d_1) \sim (a_2, b_2)(c_2, d_2)$$

证明　和第二章做过的一样(第二章,§1,定理1.2.5),只要证明,对于任意序偶(c,d),有下面关系式成立即可

$$(a_1,b_1)+(c,d) \sim (a_2,b_2)+(c,d)$$
$$(a_1,b_1)(c,d) \sim (a_2,b_2)(c,d)$$

按照等价关系(2)的条件,有

$$a_1b_2 = a_2b_1$$

两端同乘以d,得

$$a_1b_2d = a_2b_1d$$

两端同加b_1cb_2,有

$$a_1b_2d + b_1cb_2 = a_2b_1d + b_1cb_2$$

两端再同乘以d,并把公因子提到括号外,有

$$(a_1d + b_1c)b_2d = (a_2d + b_2c)b_1d$$

由此得

$$(a_1d + b_1c, b_1d) \sim (a_2d + b_2c, b_2d)$$

在等式$a_1b_1 = a_2b_1$的两端同乘以cd,得

$$a_1b_1 \cdot cd = a_2b_1 \cdot cd$$

由此得

$$(a_1c, b_1d) \sim (a_2c, b_2d)$$

因此,定义1.2.1实际上是对等价序偶的集合Q_0引入加法和乘法运算的定义.

定理1.2.3　具有定义1.2.1所指出的运算的集合Q_0是一个域.

证明　需要在Q_0中验证公理Ⅰ～Ⅳ(《抽象代数基础》卷,第二章,§1)是否成立.因为在Q_0中类的运算是用其代表来定义的,由定理1.2.1知,公理Ⅰ(a),Ⅰ(b),Ⅱ(a),Ⅲ(a)和Ⅲ(b)应该成立.显然,因为集合Q_0中不止含有一个元素,所以公理Ⅳ(b)也成立.由下面事实可知,公理Ⅰ(c)也成立,即如果类α含有序偶(a,b),类β含有序偶(c,d),那么由

$$(a,b)+(bc-ad,bd)=(abd+b^2c-abd,b^2d) \sim (c,d)$$

应有:含有序偶$(bc-ad,bd)$的类γ满足条件$\alpha+\gamma=\beta$.

因此,证明了Q_0是一个环.我们来看在这个环中零元和负元素是什么,所有形如$(0,b)$的序偶都是彼此等价的.反过来说,任意序偶(x,y),如果与$(0,b)$等价,那么(x,y)也必是这样的形式,因为,由$xb = y0$且$b \neq 0$,应有$x=0$.因此,所有形如$(0,b)$的序偶组成一个类,这个类显然就是环Q_0中的零元.其次,含有(a,b)的类α的负元素是含有$(-a,b)$的类,我们将用$-\alpha$表示它.

现在来验证公理 Ⅱ(b') 是否满足. 设给出类 α 及 β, 而且类 α 是异于零的. 如果类 α 含有序偶 (a,b), 类 β 含有序偶 (c,d), 那么 $a \neq 0$. 因而序偶 (bc,ad) 是属于 M 的. 设 γ 是含有这个序偶的类. 由

$$(a,b)(bc,ad) = (abc,abd) \sim (c,d)$$

可知 $\alpha\gamma = \beta$, 这就证明了公理 Ⅱ(b') 是成立的. 因而定理被证明.

我们来看在域 Q_0 中, 单位元和逆元素是什么? 如果 $\alpha\varepsilon = \alpha$, 而类 α 是异于零的, α 含有 (a,b), 这里 $a \neq 0$, ε 含有 (x,y), 那么 $(a,b)(x,y) \sim (a,b)$, 由此得 $abx = aby$, 即 $x = y$. 反过来说, 形如 (x,y) 的序偶, $x \neq 0$, 显然也能满足条件 $(a,b)(x,x) \sim (a,b)$. 所以这样形式的序偶组成一类, 在域 Q_0 中起着单位元的作用.

含有序偶 (a,b) 的类 $\alpha(a \neq 0)$ 的逆元素将是含有序偶 (b,a) 的类, 因为 $(a,b)(b,a) = (ab,ab)$ 是 Q_0 中单位元的类中的一个序偶.

这样建立起来的域 Q_0 仅是与有理数域同构的, 其本身并不是有理数域, 因为按照定义 1.1.1, 有理数域应含有整数环, 但 Q_0 中并不含有整数作为其元素.

接下来, 我们把整数环包括到域 Q_0 中去, 求出在 Q_0 中与整数环 Z 同构的集合. 设类 α 有序偶 (b,c), 并且 b 被 c 除得尽, 即 $b = ac$. 显然, 两个形如 (ac_1,c_1) 及 (ac_2,c_2) 的序偶是等价的. 反过来说, 与序偶 (ac,c) 等价的任何序偶将是 (ac_1,c_1) 的形式. 因为, 由 $(b_1,c_1) \sim (ac,c)$, 应有 $b_1 c = c_1 ac$, 由此得 $b_1 = ac_1$. 因此, 类 α 由形如 (ac,c) 的序偶组成, 这里 a 为给定的整数, c 是不等于零的任意整数. 设 Z' 是序偶 (b,c)(此处 b 被 c 除得尽) 的所有类的集合. 对于 Z' 中的每一类 α, 放置整数 a 与之对应, 此处 a 是使得序偶 (ac,c) 属于类 α 的. 因为 $(ac_1,c_1) \sim (ac_2,c_2)$, 所以这样定义的对应 $a = f(\alpha)$ 是类的集合 Z' 到整数环 Z 中的一个单方面对应. 对于两个不同的类存在不同的数与之对应, 而且对于任意数 a, 存在某个类, 即含有序偶 (ac,c) 的类与之对应. 因此, f 是 Z' 到 Z 上的一一对应. 我们来证明, f 是具有类的运算的集合 Z' 与整数环之间的同构对应. 我们只要证明从 Z' 到 Z 单方面的映射保持运算即可, 即证明不等式

$$f(\alpha) + f(\beta) = f(\alpha + \beta), \quad f(\alpha) \cdot f(\beta) = f(\alpha\beta)$$

如果类 α 含有序偶 (ac,c), 类 β 含有序偶 (bc,c), 那么类 $\alpha + \beta$ 含有序偶

$$(ac,c) + (bc,c) = [(a+b)c^2, c^2]$$

且类 $\alpha\beta$ 含有序偶

$$(ac,c)(bc,c) = (abc^2, c^2)$$

由此得

$$f(\alpha + \beta) = a + b = f(\alpha) + f(\beta)$$

86

和

$$f(\alpha\beta) = ab = f(\alpha) \cdot f(\beta)$$

现在我们来求有理数域 Q. 设 Q 是在 Q_0 中将 Z' 中的每一类换成在 f 之下与之对应的整数而得到的集合. 为了在 Q 中定义运算,我们扩张映射 f 的定义,对于 Q_0 中的任何 α,如果 α 不在 Z' 中,就令 $f(\alpha) = \alpha$. 于是 f 是 Q_0 到 Q 上的一一对应. 在 Q 中加法和乘法的运算用下面的等式来定义

$$f(\alpha) + f(\beta) = f(\alpha + \beta), f(\alpha) \cdot f(\beta) = f(\alpha\beta) \tag{7}$$

这里 α 和 β 是 Q_0 中的任意元素,即 $f(\alpha)$,$f(\beta)$ 是 Q 中的任意元素. 因此,式(7)实际地定义了集合 Q 中的运算.

定理 1.2.4 具有式(7)所定义的运算的集合 Q 是有理数域.

证明 需要证明集合 Q 具有定义 1.1.1 所说的性质(1) $\sim$ (4).

(1) 按照 Q 的做法,Q 含有整数环 Z.

(2) Q 是一个域,因为定义 Q 的加法和乘法的式(7)也同时指出集合 Q 关于这两个运算与 Q_0 同构. 但《抽象代数基础》卷,第二章,§1,定理 1.6.5 指出,具有两个运算且与域同构的集合本身是一个域.

(3) 整数环中的加法和乘法与在域 Q 中的这些数的同名运算是一致的. 事实上,在映射 f 之下,整数是域 Q 中集合 Z' 的元素的象. 但是,如果 α 及 β 是 Z' 的类,那么对于它们来说,式(7)与式(6)是一致的,此处,等式左端的加法和乘法表示第二章 §1,1.2 中所定义的整数的加法和乘法.

(4) 域 Q 不含任何含有 Z 而异于 Q 的子域. 为了确信这点,我们来证明,Q 的任何元素都等于整数的商. Q 的任何元素都有 $f(\alpha)$ 的形式,此处 α 是域 Q_0 中的某个类.

设类 α 含有整数序偶 (k, h),而 $h \neq 0$. 于是 $k = f(\beta)$,$h = f(\gamma)$. 按照映射 f 的定义,类 β 由形如 (kc, c) 的序偶所组成,而 γ 由形如 (hc, c) 的序偶所组成,即类 $\alpha\gamma$ 含有序偶

$$(k, h)(hc, c) = (khc, hc) \sim (kc, c)$$

由此得 $\alpha\gamma = \beta$. 按照 Q 中的乘法定义(式(7)中的第二个等式),可得

$$f(\alpha) \cdot f(\gamma) = f(\beta)$$

由此得

$$f(\alpha) = \frac{f(\beta)}{f(\gamma)} = \frac{k}{h}$$

域 Q 的含有所有整数的任何子域,也应含有所有整数的商,因而和域 Q 一致.

因此,各同构的有理数域之一已被我们做出,它的元素是:第一,所有整数;

第二,所有形如(a,b)的等价整数序偶的类,这里$b\neq 0$,且a被b除不尽.这就解决了关于有理数域,即满足定义1.1.1的域的存在问题.剩下的问题是,引进用分数表示有理数的通常表示法,并且证明这些数具有通常已熟悉的性质.

我们首先研究这样的问题,如果对于Q_0,重新应用类似于由Z得出Q_0的方法,这样建立起来的域Q_1,是什么样的域?和整数环情形一样(第二章,§1,定理1.2.8),很容易证明Q_1与Q_0同构.就这种意义而言,用上述建立新域的办法所可能得出的域已被我们讨论详尽.这可由下面更一般的定理得出.

定理 1.2.5   如果K是任何一个域,K_1是由域K的元素序偶利用类似于做出Q_0(定义1.2.1)的方法而得出的域,那么域K_1与域K同构.

证明   对于域K_1中的元素类α,设α含有域K的元素序偶(a,b),$b\neq 0$,则有K中的元素$\dfrac{a}{b}$与之对应,即令$f(\alpha)=\dfrac{a}{b}$.由等式(1)的(i)和等价关系的定义(2),显然可知,$f(\alpha)$与类α中的元素序偶(a,b)的选择无关,并且是一一对应的.由商的加法和乘法规则与元素序偶的加法和乘法规则,应有:f是K_1到K上的同构对应.

§2   有理数的性质

2.1   有理数的性质

对于§1中所讨论的有理数,即作为域Q元素的有理数,我们借助分式引入通常的表示法.每一个有理数a,都是域Q_0中某个类α的象,即$a=f(\alpha)$.类α是由包含在它之内的任一个整数序偶(k,h)所唯一决定的,此处,$h\neq 0$.因此,任意有理数a被类α中的序偶(k,h)唯一确定.我们就用符号$\dfrac{k}{h}$表示这个有理数a,并且把符号$\dfrac{k}{h}$叫作分式[①],此处k,h是整数,且$h\neq 0$.

但是,这个符号$\dfrac{k}{h}$本来在域Q中表示k被h除的商,然而,这不致引起矛

---

① 这样一来,我们就与通常把分式作为数的特殊范畴的默契不同,在这里,我们认为分式不是数,仅是表示数的符号.因为不同符号可以表示同一个的数,例如:$\dfrac{2}{3}=\dfrac{4}{6}=\dfrac{6}{9}=\cdots$.

盾,因为,按照§1中证明过的,如果 $a=f(\alpha)$,且 α 含有序偶 (k,h),那么 $a=\dfrac{k}{h}$,这里 $\dfrac{k}{h}$ 是 k 被 h 除的商.

由同一类 α 的各个序偶所组成的所有分式,表示同一有理数 $a=f(\alpha)$. 因此,按照 §1 中序偶的等价关系(2)有:当且仅当 $ad=bc$ 时

$$\frac{a}{b}=\frac{c}{d} \tag{1}$$

由此,作为特殊情形,引出分式的基本性质,即对于任何 $c\neq 0$,有

$$\frac{a}{b}=\frac{ac}{bc} \tag{2}$$

大家都知道,分式的约分和化为同分母都是以这个规则为基础的.

我们指出,整数且只有整数可以由与集合 Z' 中的类相应的序偶的分式表示,即在 k 被 h 除得尽的条件下,$a=\dfrac{k}{h}$ 是整数. 但 $\dfrac{k}{h}$ 同时又表示在域 Q 中 k 被 h 除得的商,即整数就等于其分子被分母除得的商. 用分式表示整数 a 的简单表示法是 $\dfrac{a}{1}$. 对于整数来说,应用分式表示法的同时,我们也应用原来的表示法.

这样就有

$$\frac{6}{3}=\frac{4}{2}=\frac{2}{1}=2,\frac{-15}{3}=\frac{-5}{1}=-5$$

因为分式 $\dfrac{k}{h}$ 表示在域 Q 中等于 k 被 h 除得的商的有理数,所以对于用分式表示的数的加、减、乘、除的运算来说,通常的分数运算规则也是正确的.

非整数的有理数,我们称之为分数(因而,我们将区分开名词"分式"和"分数"). 因此,整数和分数共同组成全部有理数.

注 1   对于作为域 Q 中的元素的有理数来说,在《抽象代数基础》卷,第二章 §1 和 §2 中已经证明过的对于任意环和域成立的全部定理都成立. 这样,若干个因子的乘积与加括号的次序及因子的顺序无关(《抽象代数基础》卷,第二章,§1,定理 1.2.1). 任何代数和都可以表示为通常的和的形式(《抽象代数基础》卷,第二章,§1,定理 1.2.4);去括号时的符号规则(《抽象代数基础》卷,第二章,§1,定理 1.2.5),乘法的符号规则(《抽象代数基础》卷,第二章,§1)对于有理数都成立;有一个单位元存在,而且它就是数 1,在同构映射 f 之下与域 Q_0 中的单位类相对应(因为这个类由形如 $(c,c)=(c\cdot 1,c)$ 的序偶所组成,此处 $c\neq 0$);任何数 $\dfrac{a}{b}\neq 0$ 都有逆元,而且这个逆元就是 $\dfrac{b}{a}$,没有零因子(《抽象代数

基础》卷,第二章,§1,定理 1.4.4),等等.

现在来研究有理数域的有序性.

定理 2.1.1　有理数域 Q 可以使之成为有序域(《抽象代数基础》卷,第二章,§5),而且只有一种方法. 在这里,当整数 kh 是正数的时候,数 $a = \dfrac{k}{h}$ 是正的.

这种有序性对于有理数中的整数来说,与前面所定义的(第二章,§1,定理 1.3.3) 整数有序性是一致的.

证明　如果整数 k, h $(h \neq 0)$ 有相同的符号,即或者同是正的,或者同是负的,我们认为,有理数 $a = \dfrac{k}{h}$ 是正的,换言之,如果就整数的顺序来说,$kh > 0$ $(kh > 0$ 的符号表示 kh 是正的),那么 $a = \dfrac{k}{h}$ 是正的. 这样定义的 a 的正性,与它的分式写法无关,因为,如果 $a = \dfrac{k_1}{h_1} = \dfrac{k_2}{h_2}$,且 $k_1 h_1 > 0$,那么两端同乘以正整数 h_2^2,得

$$k_1 h_1 h_2^2 = (k_1 h_2)(h_1 h_2) = (k_2 h_1)(h_1 h_2)$$
$$= k_2 h_2 h_1^2 > 0$$

但 $h_1^2 > 0$,因此 $k_2 h_1 > 0$(《抽象代数基础》卷,第二章,§5,定理 5.1.3).

我们证明,这样定义的正数满足《抽象代数基础》卷,第二章,§5 中的公理 Ⅴ 和 Ⅵ. 设 $a = \dfrac{k}{h}$. 因为关于整数公理 Ⅴ 成立,所以下面三种关系有且仅有一种成立

$$kh > 0, kh = 0, kh < 0$$

如果 $kh > 0$,那么 $a > 0$;如果 $kh = 0$,那么 $k = 0$ 且 $a = 0$;如果 $-kh > 0$,那么 $-a = \dfrac{-k}{h} > 0$. 因此,公理 Ⅴ 对于有理数也成立.

如果

$$a_1 = \frac{k_1}{h_1} > 0, a_2 = \frac{k_2}{h_2} > 0$$

那么

$$a_1 + a_2 = \frac{k_1 h_2 + k_2 h_1}{h_1 h_2} > 0$$

因为

$$(k_1 h_2 + k_2 h_1) h_1 h_2 = (k_1 h_1) h_2^2 + (k_2 h_2) h_1^2 > 0.$$

同时也有

90

$$a_1 a_2 = \frac{k_1 k_2}{h_1 h_2} > 0$$

因为 $(k_1 k_2)(h_1 h_2) = (k_1 h_1)(k_2 h_2) > 0$.

故公理 Ⅵ 对于有理数也成立. 因此域 Q 是有序域.

容易看出,在满足公理 Ⅴ 和 Ⅵ 的环与域中,其任意子环也都满足 Ⅴ 和 Ⅵ. 因此,有理数域的有序性与作为它的子环的整数环 Z 的某种有序性相符合,而整数环只有一种有序性(第二章,§1,定理 1.3.3),故有理数域的任意有序性(特别是上面定义的有序性)都保持第二章 §1 中整数环所定义的有序性.

我们证明,这样建立的有理数域的有序性是唯一的. 设给出有理数域的某种顺序,那么这种顺序对于整数仍应保持. 我们证明,当且仅当整数 kh 为正时,有理数 $a = \frac{k}{h}$ 是正的. 事实上,如果 $\frac{k}{h} > 0$,那么两端同乘以 $h^2(h^2 > 0)$,得 $kh > 0$. 如果 $kh > 0$,那么也有 $\frac{k}{h} > 0$,因为,若不然,则 $-\frac{k}{h} \geqslant 0$,两端同乘以 $h^2(h^2 > 0)$,故有 $-kh \geqslant 0$,这与条件 $kh > 0$ 矛盾. 因此有理数的任何有序性都与前面所定义的一致. 定理即被证明.

注 2 有理数具有《抽象代数基础》卷,第二章,§5 中所讲过的任意有序域的元素所具有的所有性质. 这样,如果 $a-b$ 是正的,就认为 $a > b$,于是我们引入了大小的顺序,0 是大于所有负数而小于所有正数的(《抽象代数基础》卷,第二章,§5,定理 5.1.1). 对于这样的大小顺序,单调性规则和不等式的运算规则(《抽象代数基础》卷,第二章,§5,定理 5.1.2 ~ 5.1.4)都是正确的. 有理数域的特征数是 0(《抽象代数基础》卷,第二章,§5,定理 5.1.6). 定义了 a 的绝对值作为 $\pm a$ 中非负的数以后,我们就得出了绝对值的通常性质,其中包括比较两个数的大小的规则及利用绝对值的四项运算规则(《抽象代数基础》卷,第二章,§5,定理 5.1.8 及其注). 和任何一个有序域一样,有理数域是稠密的(《抽象代数基础》卷,第二章,§5,定理 5.2.2).

设 P 是任何一个特征数为零的域(《抽象代数基础》卷,第二章,§1),且设 e 是域 P 的单位元. 我们对域 P 的任何一个元素 x 与任何有理数 a 的乘积 ax 下定义. 如果 $a = \frac{k}{h}$,此处 k,h 为整数,且 $h \neq 0$,那么 $he \neq 0$,我们令

$$ae = \frac{k}{h}e = \frac{ke}{he}, ax = (ae)x$$

对于整数 a 来说,这个定义是与《抽象代数基础》卷,第二章,§1 中给出的定义一致的,因为由 $a = \frac{k}{h}$,应有 $ah = k$,且按照《抽象代数基础》卷,第二章,

§1,有

$$(ae)(he) = (ah)e = ke$$

由此得

$$ae = \frac{ke}{he}$$

于是

$$(ae)x = a(ex) = ax$$

即在这种新的意义下,当 a 为整数时,乘积 ax 与《抽象代数基础》卷,第二章,§1 中的乘积的意义是一致的.

当 a 为整数时,域 P 的元素 ae 叫作整元素;当 a 为有理数时,称 ae 为有理元素.

定理 2.1.2 任意一个特征数为零的域 P 含有且仅含有一个与有理数域 Q 同构的子域 P'. 这个子域 P' 由域 Q 的所有有理元素组成,并且存在且仅存在一个 P' 到 Q 上的同构映射,即有理元素 ae 的象是数 a. 特别地,域 P 不含任何不同于本身的真正子域,即 Q 是素域(《抽象代数基础》卷,第三章,§1,定义 1.1.1),而且仅有一种自身到自身的同构映射,即恒等映射. 域 P 与含有 Q 以作为其子域的域 Δ 同构,而且任何一个 P 到 Δ 上的同构映射都保持上述 P' 到 Δ 上的映射. 如果 P 是有序的,那么域 Δ 也可以使之成为有序域,使得 Δ 与 P 的同构映射保持顺序.

证明 对于任意整数 m 和 n,有(《抽象代数基础》卷,第二章,§1):

(1) $me + ne = (m+n)e$, $(me)(ne) = (mn)e$.

因为域 P 的特征数是零,所以对于任何整数 $n \neq 0$,都有 $ne \neq 0$. 如果 $m \neq n$,那么 $m - n \neq 0$,且 $me - ne = (m-n)e \neq 0$,即整数环 Z 与 P 中整元素集合 S 之间的对应 $n \leftrightarrow ne$ 是一一对应,由于(1),这个对应是同构对应. 由关系式(1) 和商的加法与乘法规则(《抽象代数基础》卷,第二章,§1,定理 1.4.9)知,对于任意有理数 $a = \frac{k}{h}$ 及 $b = \frac{m}{n}$,都有下面的等式:

(2) $ae + be = (a+b)e$, $(ae)(be) = (ab)e$.

因为

$$ae + be = \frac{ke}{he} + \frac{me}{ne} = \frac{(ke)(ne) + (he)(me)}{(he)(ne)}$$
$$= \frac{(kn+hm)e}{(hn)e} = (a+b)e$$

及

$$(ae)(be) = \frac{ke}{he} \cdot \frac{me}{ne} = \frac{(ke)(me)}{(he)(ne)} = \frac{(km)e}{(hn)e} = (ab)e$$

如果 $a = \dfrac{k}{h} \neq 0$，那么 $k \neq 0$ 且 $ae = \dfrac{ke}{he} \neq 0$. 由此得，若 $a \neq b$，则 $ae \neq be$，即有理数域 Q 与 P' 之间的对应 $a \leftrightarrow ae$ 是一一对应，由于(2)，这个对应是同构对应. 因为 Q 是一个域，所以 P' 也是一个域(《抽象代数基础》卷，第二章，§1，定理 1.6.5). 设取 Q 到 P 的某个子域 P'' 上的任一同构映射，于是数 1 应与 P 中的单位元 e 对应，由于同构对应的性质，对于任何自然数 n，都有 $n = 1 + 1 + \cdots + 1 \leftrightarrow e + e + \cdots + e = ne$ 及 $-n \leftrightarrow -ne = (-n)e, 0 \leftrightarrow 0e = 0$(左边的 0 表示数，右边的 0 表示 P 的元素). 因此，对于任意整数 n，都有 $n \leftrightarrow ne$. 于是对于任意有理数 $a = \dfrac{m}{n}$，也有 $a = \dfrac{m}{n} \leftrightarrow \dfrac{me}{ne} = ae$. 故 P'' 与 P' 符合一致，任意 Q 与 P' 之间的同构映射都具有性质 $a \leftrightarrow ae$.

因为域 P 含有与 Q 同构的子域 P'，所以 P 与含有 Q 作为其子域的域 Δ 同构，这里 Δ 是从 P 中与 Q 对应的数代换 P' 的元素而得出(《集合论》卷，同构的基本定理). 这里，Δ 与 P 之间的任何同构对应都保持 Q 与 P' 之间的上述同构对应，因为 Q 仅有一种方法同构于 P'. 如果 P 是有序域，且 $y = f(x)$ 是 Δ 到 P 的任何同构映射，那么认为，Δ 中的 x 是正元素，只要 P 中与它对应的元素 y 是正元素的话. 容易证明，Δ 是有序域，而且同构映射 f 保持顺序. 定理即被证明.

如果 P 是有序域，且 $y = f(x)$ 是 Δ 到 P 的任何同构映射，那么认为，P 中的 x 是正元素，只要 P 中与它对应的元素 y 是正元素的话. 容易证明，Δ 是有序域，而且同构映射 f 保持顺序. 定理即被证明.

这个定理指出，有理数域就这种意义来说，是所有特征数为零的域中的最小者，即就同构的意义来说，任意特征数为零的域都含有有理数域作为其子域.

定理 2.1.3 有理数域 Q 是阿基米德式有序域(就其唯一可能的有序性来说).

证明 为了证明在 Q 内阿基米德公理成立，和证明在任意有序域内成立一样，只要证明，对于任意数 c，存在一个自然数 n 大于 c 即可. 事实上，如果对于任意 a, b，且 $b > 0$，存在 $n > \dfrac{a}{b}$，两端同乘以 b，则得 $nb > a$.

设 a 是任意有理数. 如果 $a \leqslant 0$，那么对于任意自然数 n，都有 $n > a$. 如果 $a > 0$，那么可将其表示为分式 $a = \dfrac{k}{h}$，此处 k, h 是自然数，因为按照定理 2.1.1，$kh > 0$，即 k 和 h 符号相同，而按照条件(2)，可以同时改变 k 与 h 的符号. 于是 $h \geqslant 1$，两端同乘以 $a(a > 0)$，得 $k \geqslant a$，由此得

$$n = k + 1 > a$$

定理得到证明.

整除性理论对于有理数域来说,和对于任何域一样,是没有意义的,因为任意一个数都被异于零的任意数除得尽,所以不可分解的数是不存在的,也就是说,异于零的所有数都是单位元的因子.

2.2 n 进有理数

为了在技术上以及在其他科学上应用数学,就某种意义来说,有理数已经够用,甚至不必要用所有有理数,而只利用其中一部分,例如,表示为有限小数的所有数. 事实上,在所有实用性质的测量和计算中,只要知道某种一定程度的精确性的计算结果即已足够. 这样,只利用有限小数就可达到所需的精确度,为阐明这个论断的精确意义,我们引入下面的概念.

定义 2.2.1 设 n 是给定的自然数. 我们把所有形如 $m \cdot n^k$(此处 m, k 是任意整数)的有理数叫作 n 进有理数.

当 $m = 2, 3, 10$ 时,我们就有二进有理数,三进有理数,十进有理数(即小数).

当 $k = 0$ 时,我们得到任意 n 进有理数中的所有整数.

定理 2.2.1 当保持对于有理数域 Q 所定义的加法和乘法运算以及顺序关系的情形下,所有 n 进有理数组成稠密的阿基米德式有序环 Q_n.

证明 按照《抽象代数基础》卷,第三章,§1,定理 1.1.1,如果证明了任意两个 n 进有理数的和、差、积,仍是 n 进有理数,那么环的性质即被证明.

设任意给出两个数 $m_1 n^{k_1}, m_2 n^{k_2}$,这里 m_1, m_2, k_1, k_2 都是整数. 若 $k_1 \geqslant k_2$,则

$$m_1 n^{k_1} \pm m_2 n^{k_2} = (m_1 n^{k_1 - k_2} \pm m_2) n^{k_2}$$
$$m_1 n^{k_1} \cdot m_2 n^{k_2} = (m_1 \cdot m_2) n^{k_1 + k_2}$$

仍是 n 进有理数. $k_1 < k_2$ 的情形也是如此.

由于 Q 是阿基米德式有序域,显然它的子环 Q_n 也是阿基米德式有序的. 设 a, b 是 Q_n 中两个不同的数,而且 $a < b$,于是 $b - a > 0$,那么

$$\frac{b - a}{n} = (b - a) n^{-1} > 0$$

仍然是 Q_n 中的数. 由 $n > 1$,应有 $n(b - a) > b - a$,两端同乘以 $n^{-1}(n^{-1} > 0)$,得 $\dfrac{b - a}{n} < b - a$. 如果 $c = a + \dfrac{b - a}{n}$,那么 c 也是 n 进有理数,且有

94

$$a < a + \frac{b-a}{n} = c < a + (b-a) = b$$

即环 Q_n 是稠密的.

于是,为了使得所有有理数的近似计算可以应用 n 进有理数来代替,我们有下面的命题.

我们证明,它不仅是对于有理数域 Q,而是以更一般的形式,因为这种一般的形式是我们在下一章所需要的.

定理 2.2.2 设 P 是阿基米德式有序域,并且含有有理数域 Q,a 是 P 的元素,n 是大于 1 的自然数. 于是对于任意整数 k,存在一整数 m,使得

$$m \cdot n^k \leqslant a < (m+1)n^k$$

证明 由 $n > 1 > 0$,应有 $n^k > 0$. 因为 P 是阿基米德式有序域,所以存在两个自然数 h_1 及 h_2,使得

$$h_1 \cdot n^k > a, h_2 \cdot n^k > -a$$

由此得 $(-h_2)n^k < a$,即满足条件 $h \cdot n^k \leqslant a$ 的所有整数 h 的集合 A 含有 $-h_2$,即是非空的,并且 A 是有上界的,因为由

$$h \cdot n^k \leqslant a < h_1 \cdot n^k$$

应有 $h < h_1$. 故 A 含有最大整数 m(第二章,§1,定理 1.3.5). 因为 A 含有 m,而 $m+1 > m$ 已不属于 A,所以按照集合 A 的定义,有 $m \cdot n^k \leqslant a < (m+1)n^k$,这就是所要证明的.

定理 2.2.3 设 P 是含有有理数域 Q 的阿基米德式有序域,n 是大于 1 的自然数. 对于 P 中任意正元素 a,存在一自然数 k,使得

$$\frac{1}{n^k} < a$$

证明 我们先证明,对于任意自然数 $n(n > 1)$ 和任意整数 k,都有不等式

$$n^k > k \tag{3}$$

因为 $n^k > 0$,所以对于任意 $k \leqslant 0$,不等式(3)都成立. 对于自然数 k,当 n 给定时,我们将对 k 用归纳法证明. 由条件 $n^1 = n > 1$,即当 $k=1$ 时,不等式(3)是正确的. 设对于 k 是正确的,于是 $n^k > k$,由此得

$$n^{k+1} = n \cdot n^k > nk \geqslant 2k = k+k \geqslant k+1$$

即不等式(3)对于 $k+1$ 也成立. 因 $a > 0$,故按照阿基米德公理,求得自然数 k,使得 $1 < k \cdot a$. 于是由不等式(3)也有 $1 < n^k \cdot a$,两端同乘以 $n^{-k}(n^{-k} > 0)$,得 $n^{-k} < a$,这就是所要证明的.

我们指出,由于定理 2.1.2,上面的两个定理对于任意阿基米德式有序域 P

都是正确的,不过这时要以与有理数相应的元素代替上面陈述中的有理数(即以元素 re 代替数 r,此处 e 是域 P 中的单位元).

由定理2.2.2及2.2.3可以导出这个事实,即为了近似计算的目的,我们可以用 n 进有理数代替有理数,此处 n 是给定的自然数.特别地,可以应用表示成有限小数($n=10$)的数代替有理数,实际上也是这样做的.事实上,在利用有理数时,如果求得了两个有理数 a 与 b(关于不足值和过剩值的计算结果),使得 $a<b,b-a<c$ 且所求的计算结果包括在(按照对于已知计算的确定意义)a 与 b 之间,于是,我们说,求得了精确到给定的有理数 $c(c>0)$ 的计算结果.但是按照定理2.2.3,存在一个整数 k,使得

$$n^k < \frac{c-(b-a)}{2}$$

按照定理2.2.2,可以求得整数 h 与 m,使得

$$a_1 = hn^k \leqslant (h+1)n^k, (m-1)n^k \leqslant b < mn^k = b_1$$

因为区间 (a_1,b_1) 较区间 (a,b) 更宽,所以自然认为计算的结果包括在 a_1 与 b_1 之间.其次

$$
\begin{aligned}
b_1 - a_1 &= (b_1 - b) + (b-a) + (a-a_1) \\
&\leqslant n^k + (b-a) + n^k \\
&< (b-a) + 2\frac{c-(b-a)}{2} = c
\end{aligned}
$$

因此,a_1 及 b_1 是利用 n 进有理数精确到同样程度的不足近似值和过剩近似值.利用与此类似的讨论,可以用小于 c 的 n 进有理数代替 c.

然而,为了精确地表示计算结果,不仅 n 进有理数不够用,就是全部有理数也是不够用的.

例如,设以线段 AB 作为测量单位,求线段 MN 的长度,所求的长度是线段 MN 与 AB 的比.如果线段 AB 与 MN 是可公度的,它们有公度 CD,AB 含有 q 倍 CD,MN 含有 p 倍 CD.于是 $MN:AB=\frac{p}{q}$ 是有理数.反过来说,如果 $MN:AB=\frac{p}{q}$,而 $\frac{p}{q}$ 是有理数,将 MN 分为 p 等分,那么 AB 应含有每一等分的 q 倍,也就是说,MN 与 AB 是可公度的.从几何学上,我们都知道有不可公度的线段存在,例如,正方形的对角线与其边即是不可公度的两线段,也就是说,以正方形的一边作为测量单位,我们不可能把该正方形的对角线长度表示为任何有理数.

为了求正有理数的方根,甚至为了求自然数的方根,有理数也是不够用的.

事实上,如果 p 是素数,n 是大于1的自然数,那么 $\sqrt[n]{p}$ 不可能是有理数. 因为,如果 $\sqrt[n]{p}$ 是有理数 $\dfrac{q}{r}$(若 q,r 为自然数,n 是偶数,则取正根),那么

$$p = \frac{q^n}{r^n}$$

即

$$pr^n = q^n \tag{4}$$

如果在将 r 分解为素因子的分解式中含有 a 个 p,而在 q 的分解式中含有 b 个 p,那么式(4)的左端含有 $na+1$ 个 p,而右端含有 nb 个 p. 但 $na+1 \neq nb$,因为右端的数被 n 除得尽,而左端的数被 n 除不尽,所以,在式(4)左端和右端分解为素因子的分解式中,含有 p 的个数不同,因而与自然数的素因子分解的唯一性矛盾(第一章,§3,定理3.6.4).

在下一章中,我们将扩张有理数域到实数域,使得测量和求正数平方根可以得到精确的结果.

2.3　商域

在第二章,§2,2.3中,我们曾把由自然数至整数环的扩张,推广到由任意半交换环至交换环的扩张,在这一节中,将与前面类似的,我们把由整数环到有理数域的扩张,推广到由任意交换环(诚然,对于其一般性质有一些限制)至域的扩张.

一般的讨论和整数环的情形类似(第三章,§1). 然而为了保持传统的叙述,我们将所要寻求的域的定义,与有理数域(第三章,§1,定义1.1.1)比较,有若干改变.

定义 2.3.1　我们把具有下面性质的集合 P 叫作已知交换环 R 的商域:

(1)P 含有 R;

(2)P 是一个域;

(3)在交换环 R 中的加法和乘法与在 P 中同样元素的(即 P 中属于 R 的元素)同名运算一致;

(4)域 P 的任意运算都等于交换环 R 的元素的商.

注意,这个定义与数的情形相比较,仅条件(4)有改变,但不是重要的改变,因为具有性质(1)(2)(3)的域 P 当且仅当是最小时(即不含有异于包含 R 的子域时)即有性质(4).证明可以逐字逐句地重复对于数的情形的证明(第三章,§1,定理1.1.1).

并不是所有交换环都具有商域. 例如, 有零因子(《抽象代数基础》卷, 第二章, §1, 1.3)的交换环就不能有商域, 因为它不能含在任何域内, 这是由于任何域都没有零因子(《抽象代数基础》卷, 第二章, §1, 定理 1.4.4)的缘故. 因此, 具有商域的交换环应该是整区(无零因子的交换环叫作整区). 其次, 为了所决定的域是唯一的, 就需要把仅有一个零元的整区除外, 因为, 对于这种情形来说, 任何素域(《抽象代数基础》卷, 第三章, §1, 定义 1.1.1)都将是商域(按照本段的定义, 这句话不成立). 关于这些限制, 我们可描述为下面的定理:

定理 2.3.1 对于含有多于一个元素的任何整区 R, 都存在一个商域 P, 而且就同构的意义来说, 仅存在这样一个商域 P. 含有子环 R 的任何域 P_0 都含有环 R 的商域 P 且仅含有一个.

证明 与对数的情形类似(第三章, 定理 1.1.1~1.1.3, 定理 1.2.1~1.2.4), 这里我们不再重复. 我们仅指出, 应该利用整区 R 的元素的性质代替相应的整数的性质. 这样, 如果 $a \neq 0$ 且 $b \neq 0$, 那么, 由于在整区中没有零因子, 因此有 $ab \neq 0$, 如果 $ab = ac$ 且 $a \neq 0$, 那么 $b = c$(《抽象代数基础》卷, 第二章, §1, 定理 1.3.1).

我们指出, 与数的情形类似(第三章, 定理 2.1.1), 有序的性质可以由整区移到它的商域上去.

定理 2.3.2 如果含有多于一个元素的整区 R 是有序的, 那么对于其商域 P 来说, 也可使之成为有序域, 而且仅有一种方法, 使 P 保持在 R 中的有序性. 此时 P 的元素 $a = \dfrac{k}{h}$, 当且仅当 k 及 h 是 R 的元素且积为正时, 才是正元素.

证明 如果 P 中的元素 $a = \dfrac{k}{h}$, 这里 k 和 h 是 R 的元素且 kh 在 R 中是正元素, 那么我们将认为 a 是 P 中的正元素. 于是, 这个意义与 k 及 h 的选择无关, 并且它确定域 P 的有序性, 证明和对于数的情形一样. 于是, 这种有序性保持 R 中已知的有序性, 可以这样证明, 如果 a 是环 R 中的正元素, 且 $a = \dfrac{k}{h}$, 此处 k 与 h 是 R 的元素, 那么 h^2 也是 R 的正元素, 即乘积 $ah^2 = kh$ 也是 R 中的正元素, 亦即按照已定义的 P 的有序性, a 是正元素. 同样方法可证明, 在保持 R 的原来顺序下, P 的有序性是唯一的. 事实上, 如果给出了 P 的任一种有序性, 并且它保持 R 的原来顺序, 且设 $a = \dfrac{k}{h}$ 是 P 中的正元素, 此处 k 及 h 是 R 的元素, 那么 h^2 及 $ah^2 = kh$ 是 P 中的正元素, 因而是 R 中的正元素. 因此, 给出的这种 P 的有序性与证明开始所定义的有序性是一致的.

实数域

第四章

§1　实数域的第一种定义

1.1　前言·连续性的第一种表述

还是在古希腊时代,就已经知道有不可公度的线段存在.为了得到不可公度线段的比的精确数值,便导致了无理数概念的产生.但是,这个概念的严格论证是古代学者的力量所达不到的.他们为了达到这个数学命题的严格论证,以几何形式给出了无理数概念.欧几里得的《几何原本》可作为这种特殊的用几何方法讲述代数问题的例子.

在中世纪时代,印度人曾经使用过无理表达式,但是并未接触到这个问题的论证.在 17 世纪和 18 世纪,随着数学分析的发展,实数成为必要的研究内容.这时,以直观现象为基础,用直线上的点表示数.在 19 世纪后半叶,有了形式地建立实数理论的需要,到了 19 世纪 70 年代,有好几位数学家(戴德金[①],康托[②],维尔斯特拉斯[③])建立了这样的理论.所有这些建立,形式上虽然完全不同,但就数域同构的意义来说是完全一致的.

将有理数与直线上的点来对照,引入新数的必要性是显然的.

---

① 戴德金(Dedekind,1831—1916),伟大的德国数学家、理论家和教育家,近代抽象数学的先驱.
② 康托(Cantor,1845—1918),德国数学家.
③ 维尔斯特拉斯(Weierstrass,1815—1897),德国数学家.

取直线(图1),在其上记出某一定点 O,称此点为"原点"或"零点". 规定出直线的正方向,例如从左至右. 其次,取直线上的某一线段 e 并把它作为长度单位.

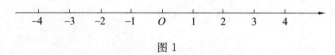

图 1

在直线上从点 O 起向右和向左依次取单位线段的一倍,二倍,三倍,依此类推,得到直线上的许多点,我们将认为这些点是对应于 $\pm 1, \pm 2, \pm 3, \cdots,$ $\pm n, \cdots$ 各数的点.

这些点叫作直线上的整数点. 假若现在取所选长度单位的 $\frac{1}{m}$ 部分,并从点 O 起向左右两方向取它的任意多倍,则得到对应于形如 $\pm \frac{n}{m}$ 的数的一切点,即对应于有理分数的一切点.

因此,我们做出了直线上与原点的距离可用有理数表示的一切点. 为简便起见,称这些点为有理点. 若在直线上指定了原点和正方向,并沿它取可用长度单位所量的线段,且加上适当的符号,这样的直线叫作数轴.

这样一来,对于每一个有理数都有一个且只有一个在直线上的点与之对应. 但是,若我们反过来推想,对于直线上的每一点都有某一有理数与之对应,这就错了,也就是说,推想有理数密紧地充满全直线就错了. 我们现在来证明直线上有不与任何有理数对应的点存在. 于是我们做这个命题的证明,此命题是属于欧几里得的.

我们现在来研究直角边等于长度单位的等腰直角三角形. 在数轴上,从点 O 向一个方向,例如,向右取此三角形的斜边. 我们得到数轴上的某一点 N(图2).

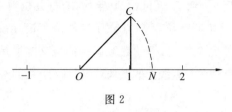

图 2

现在来证明,这一点异于我们在以上所做出的有理点,也就是无任何有理数对应于它. 因为 $ON^2 = OC^2 = 1^2 + 1^2 = 2$,所以要证明这一点,只需表明平方等于 2 的正有理数不存在就行了.

这样的数在整数中是没有的,因为 $1^2 = 1$,但对 $n \geqslant 2$,则有 $n^2 \geqslant 2^2 > 2$. 这

样的数在正分数中也是没有的. 事实上, 假使存在既约分数 $\frac{p}{q}$ 且 $\left(\frac{p}{q}\right)^2=2$, 那么

$$p^2=2q^2 \tag{1}$$

因为这个等式的右端能被2整除, 所以左端, 即 p^2 也能被2整除. 因为奇数 $2n-1$ 的平方仍是奇数, 即 $4n^2-4n+1=2(2n^2-2n)+1$, 所以 p 不是奇数, 即 p 是偶数:$p=2m$(m 为整数). 将 p 的这个值代入式(1), 得 $(2m)^2=2q^2$, 即 $2m^2=q^2$, 也就是说,q^2 是偶数, 随之 q 也是偶数:$q=2n$. 因此分数 $\frac{p}{q}$ 的分子和分母皆为可用2约的偶数, 这与原来假定分数 $\frac{p}{q}$ 是既约的相矛盾. 所得的矛盾证明了平方等于2的既约有理正分数不存在. 但是平方等于2的可约正分数也不存在, 因为任何可约分数, 把它化为既约分数后, 其大小并不改变, 故对于既约正分数的情形, 定理已被证明.

这就证明了直线上有不为任何有理数所对应的点存在. 这样的点在直线上有很多. 因为, 若取等腰直角三角形(其直角边等于长度单位)斜边 d 的有理部分 $\frac{n}{m}d$, 并在数轴上从原点起向右取这些线段, 则所有这些线段的末端都不与任何有理数对应, 因为若 $\frac{n}{m}d$ 能用有理数 $\frac{s}{r}$ 表示, 则 d 就能用有理数 $\frac{s}{r}\cdot\frac{n}{m}$ 来表示(有理数的集合关于加法和乘法构成一个域), 根据上面已经证明的, 可知这是不可能的.

以上的叙述可得出下面的定理.

定理 1.1.1 平方等于2的有理数不存在(即是说, 方程式 $x^2-2=0$ 在有理数域内不能解).

因此, 要使直线上的每一点都可以有任何一个数对应于它, 那么有理数已不够用了. 所以, 如果希望利用数来表示直线上的任何一点, 那么我们必须引入新数, 以充实有理数现有的蕴藏.

为了了解直线上的点集与有理数集之间的差别, 我们来详细地考察直线上的点集.

首先, 假定直线上的点集是有序的. 直线上的一切点是以下面的方式排列的:在直线上有相异两点 $\dot a$ 和 b, 其中一点(例如 $\dot a$)在另一点 b 的左方, 同时点 b 就在点 $\dot a$ 的右方(我们把它记为 $\dot a<b,b>\dot a$);并且, 如果 $\dot a<b,b<\dot c$, 那么 $\dot a<\dot c$.

其次,我们也假定介于直线上每两个相异点 a 和 b 之间至少有该直线的一个"有理点".

当任意分直线上的点集为 $\dot X$ 和 $\dot Y$ 两类时(直线上的每一点属于其中一类而且仅属于一类,$\dot X$ 类的每一点在 $\dot Y$ 类的任一点的左方),容易明白,有且仅有下面四种情况:

(1)$\dot X$ 类中有最右的点,而在 $\dot Y$ 类中无最左的点;

(2)$\dot X$ 类中无最右的点,而在 $\dot Y$ 类中有最左的点;

(3)$\dot X$ 类中有最右的点,同时在 $\dot Y$ 类中有最左的点;

(4)$\dot X$ 类中无最右的点,同时在 $\dot Y$ 类中无最左的点.

直观来看,情形(3)和情形(4)是不可能的,因为那将意味着直线上存在间隔或空隙.因此,对于上述的任一分类,存在一点 ξ,它或为 $\dot X$ 中最右边的点,或为 $\dot Y$ 中最左边的点.这种性质称为直线的连续性.最后,我们指出,在直线上的点集中既无最左的点,也无最右的点.

下一节,我们将看到,类似的性质在有理数域内是不能成立的.现在仿效戴德金引进有序域连续性的概念.

分有序集(特别是有序域)P 为两类:A 类和 B 类.假如以下三个条件满足,则称 P 的这种分类为一个分割:

(1)A 类和 B 类均非空(即每一类中至少含有一个 P 的元素);

(2)P 的每一个元素必属于且仅属于 A 类或 B 类之一;

(3)属于 A 类的每一个元素小于属于 B 类的每一个元素.

A 类名为分割的下类或左类,而 B 类名为分割的上类或右类.用这样的方法所定义的分割记为 $(A \mid B)$.

从分割的定义推出:若 a 为下类的任一元素,则小于 a 的任何元素也属于下类,因为反过来就与定义分割的条件(3)相违背.完全相同地,若 b 为属于 B 类的元素,则大于 b 的任何元素必属于 B 类.

如果元素 a 是 A 中的最大元,并且 B 中没有最小元,或者 a 是 B 中的最小元,而 A 中没有最大元,那么,就称 a 为这个分割的界.

定义 1.1.1 有序域 P 叫作连续域,如果它的任何分割均有界.

为了进一步表征连续域的性质,在这里先建立一些重要的概念.

有序集(特别是有序域)P 的子集 A 叫作有界的,如果在 P 中存在元素 b_1,b_2,使得对于 A 中的任意元 a,均有 $b_1 \leqslant a \leqslant b_2$.$b_1$ 称为 A 的下界,b_2 称为 A 的上界.

若有序集 A 有上界 b_2,则同时可知,这种上界必有无数个之多(例如,任何

大于 b_2 的元素,显然亦是上界). 在一切上界内,最小的一个上界特别有用,它称为上确界. 仿此,若有序集 A 有下界,在一切下界的最大者,便称为下确界. 例如,对于一切真分数集,0 和 1 就各为下确界和上确界.

一个有序集的上(下)确界必然是唯一的. 以上确界唯一性的证明为例:设 a,b 都是上界,则由定义得 $a \leqslant b$,又 $b \geqslant a$,即 $a=b$.

成为问题的是:有界的有序集是否永远有上(下)确界存在? 实际上,由于上(下)界是一无限集,而在无限集中并非恒能找出最小者或最大者[①],可是我们可以证明下面的引理.

引理 1(确界原理)　一个有序域 P 如果具有连续性,那么它的任何非空有上(下)界的子域有唯一的上(下)确界.

因为我们已经知道了有序集上确界(如果有的话)的唯一性,所以只要证明上确界存在即可.

证明　设 X 是我们考察的子集. 在进行关于上界的讨论前,先考察两种情形:

(1) 在集 X 中有一最大元 $\overline{x}$. 此时,集内的任意元素 x 将满足不等式 $x \leqslant \overline{x}$,即 $\overline{x}$ 成为 X 的上界. 另外,$\overline{x}$ 属于 X. 因此,对于任何的上界 M,不等式 $\overline{x} \leqslant M$ 成立. 由此得结论,$\overline{x}$ 是 X 的上确界.

(2) 在集 X 没有最大元. 用下列方法产生有序域 P 内的一个分割. 取集 X 的一切上界 α' 归入上类 A' 内,一切余下的元素归入下类 A 内. 当这样分类时,集 X 的一切元素将全部落入 A 类内,因依照假定,其中没有最大元. 这样,A 类及 A' 类均为非空集. 这种分类实际上构成了一个分割,因为一切 P 的元素均已分入两类,且 A' 类内的任一元素大于 A 类内的任何元素. 依有序域 P 的连续性,必有分割的界 β 存在. X 中的一切元素,因为属于 A 类,所以均不能超过界 β,即 β 可以用来作为 X 的上界,故 β 本身属于 A' 类,且成为该类的最小元. 这样,β 就成为一切上界中的最小元,即所求的集 X 的上确界.

定理的下半部分(关于下确界的存在)的证法完全与此相同.

引理 2　一个有序域如果具有连续性,那么必定具有阿基米德性.

证明　反证法. 设 α,β 为域中的正元素,若序列 $\{n\alpha\}$ 中没有一项大于 β,则序列有上界(例如 β 就是),因而由连续性假设和上确界原理知,存在 $\{n\alpha\}$ 的上确界 λ,对一切自然数 n,有 $\lambda \geqslant n\alpha$. 又,既然 λ 是最小的上界,那么存在某个自

---

① 例如,在一切真分数集中,便没有最小者或最大者.

然数 n_0，使得 $n_0 \alpha > \lambda - \alpha$。从而有
$$(n_0 + 2)\alpha \leqslant \lambda < (n_0 - 1)\alpha$$
得出 $\alpha < 0$，这与假设 $\alpha > 0$ 矛盾。所以连续的有序域必具有阿基米德性。

引理 3 一个有序域如果具有阿基米德性，那么它的任何两个不同的元素 α, β 之间必存在一个有理元素[①]（从而存在无穷多个有理元素）。

证明 设 α, β 为有序域中两个不同的元素，且 $\alpha < \beta$。由阿基米德性，存在自然数 n，使得 $n(\beta - \alpha) > 1$，即 $\frac{1}{n} < \beta - \alpha$。令 $a = \frac{1}{n}$，它是一个有理数，再任取一个有理数 $b < \alpha$，在等差序列 $\{b + na\}$ 中，由阿基米德性总有某项大于 α，设在该序列中第一个大于 α 的项为 $b + n_0 a$，则该数就是所求的有理数，即 $\alpha < b + n_0 a < \beta$。因为由 n_0 的选择有 $b + (n_0 - 1)a \leqslant \alpha$，所以若 $b + n_0 a \geqslant \beta$，则这两个不等式相减将有 $a \geqslant \beta - \alpha$，这与 a 的定义矛盾。

1.2 有理数域的不连续性·实数域的定义

现在我们来考察有理数域内的分割。我们来证明，在有理数域中这样的分割是可能的。取任一有理数 r，并用下面的方法分一切有理数为 A 类和 B 类：凡小于 r 的一切有理数和 r 本身都归入下类 A，而大于 r 的有理数归入 B 类。不难证明，这样一来我们实际上已得到一个分割。首先，易知 A 类和 B 类均非空集。其次，我们指出任何一个数，则可按它小于 r，等于 r 或大于 r 而把它归入 A 类或归入 B 类，而且仅可归入其中一类。定义分割的条件（3）满足。事实上，设 a 为 A 类中任一数，而 b 为 B 类中任一数。因为 A 类的数小于或等于 r，所以 $a \leqslant r$，又因 B 类的数大于 r，故由此得 $a \leqslant r \leqslant b$，因此 $a < b$。

因此，我们把有理数分割为两类所做的分类事实上是一个分割。

同时应当注意，r 为下类 A 中一切数的最大者。这是因为，首先，数 r 本身属于 A 类（由这一类的构成法可知）；其次，根据条件，归入 A 类的数仅为不大于 r 的数。因此，A 类中有最大的数。

同时 B 类中无最小的数。设 b_1 为 B 类中的任一数，则应有 $b_1 > r$。但是在 r 与 b_1 之间还能指出一个有理数 b_2，即 $r < b_2 < b_1$。显而易见，b_2 属于上类。但因 $b_2 < b_1$，故 b_1 非 B 类中的最小数。因此，对于 B 类中的任一数 b_1，均可指出同一类中小于它的数 b_2，换句话说，在 B 类中没有最小数。

[①] 任一阿基米德有序域都有一个与有理数域同构的子域，其元素称为有理元素（参看第三章，§2，定理 2.1.2）。

现在用同样的有理数 r 进行分有理数为两类的另一种分类:凡小于 r 的一切数归入 A 类,数 r 本身以及大于 r 的一切数归入 B 类.容易看出,这个分类也是一个分割.同时易见,r 为 B 类中最小的数.

按这个类本身的定义,它只包含不小于 r 的一切数,故 r 属于 B 类.但是现在下类中就没有最大的数.设 a_1 为下类中的任一数,则 $a_1 < r$,那么可以指出,这样的一个有理数 a_2,它满足 $a_1 < a_2 < r$,所以,a_1 非下类中的最大数,也就是说,对于 A 类中的任一数 a_1,可以在同一类中指出大于它的数 a_2,即 A 类中无最大数.

因此,当我们用上面所讲的两种方法之一借助于有理数 r 进行有理数的分类,则得一个分割,对于这个分割,下面的两种情形必有一种满足:或 r 为下类中最大的数,那么上类中就无最小数;或 r 为上类中最小的数,那么下类中就无最大数.

自然地,就会产生下面的问题:能否做一分割,使得下类中无最大数,而上类中亦无最小数.

我们来证明,这样的分割是可能的.用下面的方法分一切有理数为两类:将一切负有理数、零和平方小于 2 的一切正有理数归入 A 类,将平方大于 2 的一切正有理数归入 B 类.这个分类是一个分割.首先,A 类和 B 类均非空集;其次,我们指出任何一个有理数,可将它或归入 A 类,或归入 B 类(并且只能归入其中之一),因为有理数中无平方等于 2 的数(定理 1.1.1).最后,属于 A 类的每一个有理数小于 B 类的每一个有理数.

不难证明,构成 A 类的有理数中无最大的数,构成 B 类的有理中无最小的数.换言之,即该分割的两侧是开的.例如,证明 A 类中无最大的数.在 A 类中取任一正数 r,于是 $r^2 < 2$(当 r 为负数时,此不等式可能不成立),现在我们证明,在 A 类中有大于 r 的数.选取数 $r' = r + \dfrac{1}{n}$,其中 n 为某一任意的自然数,$r' > r$.因此,若我们能证明当选取 n 时,r' 为 A 类的数(只要能证明 $r'^2 < 2$ 就行了),则我们的论断就被证明了.条件 $r'^2 < 2$ 可写为这样的形式

$$(r + \frac{1}{n})^2 < 2 \tag{1}$$

这个不等式与下面的完全一样

$$r^2 + \frac{2r}{n} + \frac{1}{n^2} < 2$$

或

$$(2-r^2)n^2-2r\cdot n-1>0$$

解这个不等式,我们得到

$$n>\frac{1}{\sqrt{2}-r} \tag{2}$$

取 $n=\left[\dfrac{1}{\sqrt{2}-r}\right]+1$,那么这个 n 就能满足不等式(2).而这也就能满足不等式

(1).因此,对于 A 类中任何正数 r,能找到同一类中大于它的数 $r'=r+\dfrac{1}{n}$,所以 A 类中任何的正数皆不是该类中的最大数.

在证明时我们曾假定 $r>0$.任何的负数或零更不能为 A 类中的最大数,因为 A 类显然包含正数.所以,实际上,A 类中无最大的数.

仿此可证,B 类中无最小的数.

最后,我们证明,在下类 A 中存在最大的数 a_0,同时在上类 B 中存在最小的数 b_0,这样的分割不能存在.假设这样的分割存在,既然有理数是有序域,那么按照《抽象代数基础》第二章,§5,定理5.2.2,$\dfrac{a_0+b_0}{2}$ 是介于 a_0 与 b_0 之间的有理数,因此

$$a_0<\frac{a_0+b_0}{2}<b_0$$

因为 a_0 是 A 类的最大数,所以大于它的数 $\dfrac{a_0+b_0}{2}$ 不能归入 A 类.根据类似的理由,$\dfrac{a_0+b_0}{2}$ 不能归入 B 类,于是 $\dfrac{a_0+b_0}{2}$ 既不落在 A 类,也不落在 B 类,根据定义分割概念的条件(2),这是不可能的.

最后注意到,对于任何的分割,在下类中不存在最小的数,在上类中不存在最大的数.

事实上,若 a 为下类的任一数,则 $a-1$(小于 a 的数)也属于下类.完全相同地,若 b 为此分割的上类中的数,则 $b+1$ 也为上类中的数.

至此我们可以这样说,分割的一切类型仅限于所研究过的有理数域内的这三类分割.因此,我们有:

(1) 分割 $(A\mid B)$ 的下类 A 中有最大的数 r,而在上类 B 中无最小的数;

(2) 下类 A 中无最大的数,而在上类 B 中有最小的数 r;

(3) 最后,下类中既无最大的数,上类中亦无最小的数.

第三类分割的存在预示着下面的定理:

定理 1.2.1 有理数域 Q 不是连续域.

既然有理数域不是连续域,那么现在试图对它进行某种扩张,得到连续的新域 R. 和整数及有理数的情形一样,我们希望扩张得到的域是具有所需要性质的最小扩张. 然而,因为连续域按照定义已经可以证明就同构的意义来说是唯一的(下面的定理 1.2.2),所以最小的条件自然满足,因此我们不把这个条件放在定义内. 这样,我们有下面的定义.

定义 1.2.1 含有有理数域 Q 的域 R,叫作实数域,即具有下面性质的集合:

(1)R 含有 Q;

(2)R 是一个连续的有序域;

(3)有理数的加法和乘法与域 R 中有理数的加法和乘法是一致的,

我们把域 R 的元素叫作实数.

现在我们来完成实数域唯一性的证明.

定理 1.2.2 如果 F 是一个连续的有序域,那么 F 同构于实数域 R.

证明 我们来实际地构造一个由 R 到 F 的同构. 我们从在整数上定义对应 f 开始

$$f(0) = \mathbf{0}^{①}$$
$$f(n) = \mathbf{1} + \cdots + \mathbf{1},\text{当 } n > 0 \text{ 时}$$
$$f(n) = -(\mathbf{1} + \cdots + \mathbf{1}),\text{当 } n < 0 \text{ 时}$$

容易验证,对一切整数 m 和 n,有

$$f(m + n) = f(m) + f(n)$$
$$f(m \cdot n) = f(m) \cdot f(n)$$

接着我们用

$$f\left(\frac{m}{n}\right) = \frac{\boldsymbol{m}}{\boldsymbol{n}} = \boldsymbol{m} \cdot \boldsymbol{n}^{-1}$$

在有理数中定义 f(注意,因为 F 是一个有序域,所以当 $\boldsymbol{n} > \mathbf{0}$ 时 $\boldsymbol{n} = \mathbf{1} + \cdots + \mathbf{1} \neq \mathbf{0}$). 因为如果 $\frac{m}{n} = \frac{k}{h}$,那么 $mh = nk$,即 $\boldsymbol{m} \cdot \boldsymbol{h} = \boldsymbol{k} \cdot \boldsymbol{n}$,从而 $\boldsymbol{m} \cdot \boldsymbol{n}^{-1} = \boldsymbol{k} \cdot \boldsymbol{h}^{-1}$,所以这个定义是有意义的. 容易验证,对于所有的有理数 r_1 和 r_2,有

$$f(r_1 + r_2) = f(r_1) + f(r_2)$$

---

① 这里我们用粗体 $\mathbf{0}$ 表示 $f(0)$,一般地用粗体 $\boldsymbol{n}$ 表示 $f(n)$;同时我们用粗体 $+$,$-$,$<$,$>$ 等表示 F 中相应于 R 中的运算和关系.

$$f(r_1 \cdot r_2) = f(r_1) \cdot f(r_2)$$

且当 $r_1 < r_2$ 时, $f(r_1) < f(r_2)$.

对于 R 内的任一 x, 设 A_x 是由关于所有有理数 $r(r < x)$ 的全部 $f(r)$ 组成的 F 的子集. 集合 A_x 无疑是非空的, 且也是上方有界的, 因为如果 r_0 是一个适合 $r_0 > x$ 的有理数, 那么对于一切在 A_x 内的 $f(r)$, 皆有 $f(r_0) > f(r)$, 由于 F 是一个连续的有序域, 因此集合 A_x 具有上确界. 我们定义, $f(x)$ 为 $\sup A_x$[①].

现在我们有两种不同方式定义的 $f(x)$, 前一个是关于有理数 x 的, 而后一个是关于任何 x 的. 在继续进行之前, 必须证明这两个定义对于有理数 x 是一致的, 也就是说, 如果 x 是一个有理数, 那么我们需要证明

$$\sup A_x = f(x)$$

这里 $f(x)$ 表示 $\dfrac{m}{n}$, 因为 $x = \dfrac{m}{n}$. 这不是自然而然的, 而是依赖于 F 的连续性. 由 1.1 中引理 3 知, 如果 $\boldsymbol{a}$ 和 $\boldsymbol{b}$ 是 F 的满足 $\boldsymbol{a} < \boldsymbol{b}$ 的两个元素, 那么有这样的有理数 r, 使得

$$\boldsymbol{a} < f(r) < \boldsymbol{b}$$

现在重新回到 $f(x)$ 的两个定义对于有理数 x 是一致的证明. 如果 y 是一个满足 $y < x$ 的有理数, 那么我们已看到有 $f(y) < f(x)$, 从而 A_x 的每个元素小于 $f(x)$. 因此

$$\sup A_x \leqslant f(x)$$

另外, 假定我们有

$$\sup A_x < f(x)$$

则存在一个有理数 r, 使得

$$\sup A_x < f(r) < f(x)$$

但条件 $f(r) < f(x)$ 意味着 $r < x$, 而这又意味着 $f(r)$ 在集合 A_x 内, 这显然与 $\sup A_x < f(r)$ 的条件相矛盾. 这就证明原来的假设不成立, 因此

$$\sup A_x = f(x)$$

这样我们有了一个完全确定的由 R 到 F 的对应 f.

现在我们证明, 如上定义的对应 f 确实是 R 到 F 的一个同构. 首先, 我们证明对应 f 的保序性:

如果 $x < y$, 那么 $f(x) < f(y)$.

如果 x 和 y 是满足 $x < y$ 的实数, 那么 A_x 显然包含在 A_y 内. 因此

---

① 这里, 记号 $\sup A_x$ 表示集合 A_x 的上确界.

$$f(x) = \sup A_x \leqslant \sup A_y = f(y)$$

为了排除相等的可能性,注意到,存在有理数 r 和 s,满足

$$x < r < s < y$$

我们已知 $f(r) < f(s)$,由此推出

$$f(x) \leqslant f(r) < f(s) \leqslant f(y)$$

这就证明了 f 的单值性:若 $x \neq y$,则 $f(x) \neq f(y)$.

其次,我们证明,对于 F 中的任何一个元素 $\boldsymbol{a}$,均有 R 中的一个数 x,使得 $f(x) = \boldsymbol{a}$. 设 B 是满足 $f(r) < \boldsymbol{a}$ 的所有有理数 r 的集合. 该集合不是空集,且是上方有界的,因为存在满足 $f(s) > \boldsymbol{a}$ 的有理数 s,所以对 B 中的 r,有 $f(s) > f(r)$,这暗含 $s > r$. 设 x 是 B 的最小上界,我们要求 $f(x) = \boldsymbol{a}$. 为了证明这一点,消除可能会有的

$$f(x) < \boldsymbol{a} \ \text{或} \ \boldsymbol{a} < f(x)$$

就足够了. 在第一种情形中,将存在一个有理数 r,满足

$$f(x) < f(r) < \boldsymbol{a}$$

这意味着 $x < r$ 且 r 属于 B,这和 $x = \sup B$ 的事实相矛盾.

在第二种情形中,将存在一个有理数 r,满足

$$\boldsymbol{a} < f(r) < f(x)$$

这隐含着 $r < x$. 因为 $x = \sup B$,这就意味着对于 B 中的某个 s,有 $r < s$,所以

$$f(x) < f(r) < a$$

这又是一个矛盾.

所以 $f(x) = \boldsymbol{a}$,从而证明了对应 f 是满的. 此外,f 是一一对应可直接由 f 的保序性推出,若 $x \neq y$,则要么 $x < y$,要么 $y < x$. 在第一种情形中,$f(x) < f(y)$;在第二种情形中,$f(y) < f(x)$. 无论在哪种情况下,都有 $f(x) \neq f(y)$.

这样,我们就证明了 f 是 R 到 F 的一一映射.

最后,我们证明,f 是 R 到 F 的同构. 为此应用反证法. 设 x 和 y 是实数,并假定 $f(x+y) \neq f(x) + f(y)$,则或者

$$f(x+y) < f(x) + f(y)$$

或者

$$f(x) + f(y) < f(x+y)$$

在第一种情形中,将存在一个有理数 r,使得

$$f(x+y) < f(r) < f(x) + f(y)$$

这意味着

$$x + y < r$$

所以 r 可以被写为两个有理数之和,即

$$r = r_1 + r_2$$

其中 $x < r_1$ 且 $x < r_2$.

因此,应用已对有理数验证了的关于 f 的事实,将推出

$$f(r) = f(r_1 + r_2) = f(r_1) + f(r_2) > f(x) + f(y)$$

这是一个矛盾. 另一情况可同样地处理.

最后,如果 x 和 y 是正实数,那么同样的证法证明

$$f(x \cdot y) = f(x) \cdot f(y)$$

一般的情形则是简单的推论.

§2   实数域的戴德金构造

2.1   分割集的序

现在不再假设 R 的存在,而是要把它真正地构造出来. 我们把 1.2 中的前两类分割称为有端的,每一个有理数 r 定义出前两类的分割,即某一个有端分割. 我们也说有端分割确定出这样一个有理数 r,它或为 A 类中的最大数,或为 B 类中的最小数(它为 A 类与 B 类之间的"分界"数).

第三种分割称为无端的,无端分割不能确定任何有理数. 对于这个分割,我们还没有"分界"数,它把 A 类的数和 B 类的数分开,在有理数中仅 A 类中的最大数或 B 类中的最小数能为这样的数. 现在设想,对每一个可能的 Q 的第三种分割,都定义一个新数来填补空隙. 也就是说,将认为第三类的任一分割定义出某一新数 α. 这个数 α 可以作为"插入" A 类的一切数与 B 类的一切数之间的数(作为 A 与 B 两类之间的"分界"). 特别地,在 1.2 中所举第三类分割的例子中,定义了某一新数,可以预知,这个新数就是我们通常用记号 $\sqrt{2}$ 表示的数.

由于无端分割与新数是一一对应的,因此,不妨就把分割本身用来充当新数,这是允许的. 因为归根到底数学对象本身究竟是什么并不重要,重要的是它们之间的关系和运算. 为统一起见,我们也用分割形式来表示相应的旧数(正如把自然数扩充到整数时,用自然数序偶来表示整数那样). 但对于任一有理数 r,存在它的两种分割:在两种情形中,数 $a < r$ 总是属于下类,数 $a' > r$ 总是属于上类,而数 r 本身可以任意包含在下类(这时 r 为下组的最大数),或包含在上

类(这时 r 为上组的最小数). 为了确定起见,我们约定:凡说到确定有理数 r 的分割时,总把这个数放在上类中(此时该有理数成为上类中的最小数). 因此,任何有理数就只产生唯一的分割,此时也称有理数 r 产生的分割对应于 r,记作 $r^* = (A_1 \mid A_2)$. 特别地,对应于 0 的分割称为零分割,记作 $0^* = (0_1 \mid 0_2)$,这里 0_1 是所有非正有理数所构成的集合,余下的有理数(正有理数)归入集合 0_2(容易明白,这是一个分割).

如此,我们就把注意力转到有理数域的分割的全体上去. 有理数域的分割的全体称为分割集,用 R 表示. 同时今后凡是分割,不论有端还是无端都用小写希腊字母表示,如 $\alpha = (A_1 \mid A_2)$(小写拉丁字母则用来表示有理数).

接下来建立分割的序的概念. 设任意给出两个分割 $\alpha = (A \mid B)$,$\beta = (A_1 \mid B_1)$. 如果 A 类与 A_1 类相同,随之 B 类与 B_1 类相同,那么在这种情况下,我们有的并非两个分割,而是一个分割,这时我们称两分割相等,即 $\alpha = \beta$.

如果 A 类不与 A_1 类相同,那么可以想象必有下面三种情形:

(1) 有属于 A_1 类而不属于 A 类的有理数存在;

(2) 有属于 A 类而不属于 A_1 类的有理数存在;

(3) 有属于 A 类而不属于 A_1 类的有理数存在,同时又有属于 A_1 类而不属于 A 类的有理数存在.

现在我们来研究第一种情形. 设 c 为属于 A_1 类,但不属于 A 类的有理数,则 c 属于 B 类,如果现有 r 为 A 类中的任一数,那么 $r < c$,因为数 c 包含在 B 类中. 但是 c 属于 A_1 类,所以,r 也属于这一类,也就是说,A 类中的任一数 r 均属于 A_1 类. 在这种情形下,我们说 A 类本身属于 A_1 类(或者完全被包含于 A_1 类之中).

其次,显而易见,如果 r_2 为 B_1 类中的任一数,那么 r_1 不能属于 A_1 类,所以,也不能包含在 A 类中,也就是说,r_1 属于 B 类. 因此,B_1 类的任一数属于 B 类,换言之,B_1 类被包含在 B 类中.

这样一来,在所研究的情形中,A 类完全被包含于 A_1 类中,而 B_1 类完全被包含在 B 类中. 当分割 $(A \mid B)$ 和 $(A_1 \mid B_1)$ 的各类之间有这种关系时,我们定义:第一个分割 α 小于第二个分割 β,并且写为

$$\alpha < \beta$$

如果分割 α 小于分割 β,那么也说分割 β 大于分割 α,并写为

$$\beta > \alpha$$

同样,如果(在第二种情形中)发现在 A 类中有不包含在 A_1 类中的数,那么利用相同的论证我们得到,A_1 类被包含在 A 类中,而 B 类被包含在 B_1 类中. 在

这样的情况下,根据上面所引入的定义,我们有:β 小于分割 $\alpha(\beta < \alpha)$,或换一种说法,α 大于分割 $\beta(\alpha > \beta)$.

因为在两种情形中都显示出了在 A 类或 A_1 类中,有只属于其中一类而不属于另一类的数存在,这就自然地导致了其中一类是在另一类之中,所以情形(2)不能存在.

这样一来,当两个分割 $\alpha = (A \mid B)$ 和 $\beta = (A_1 \mid B_1)$ 相比较时,有且仅有三种互相排斥的情形发生:

(1)A 类与 A_1 类(随之 B 类与 B_1 类)相同,则
$$\alpha = \beta$$
并且显而易见,如果 $\alpha = \beta,\beta = \gamma$,那么 $\alpha = \gamma$.

(2)在 A_1 类中有不属于 A 类的数,A 类在 A_1 类之中,而 B_1 类在 B 类之中,于是
$$\alpha < \beta(\beta > \alpha)$$

(3)在 A 类中有不属于 A_1 类的数,A_1 类在 A 类之中,而 B 类在 B_1 类之中,于是
$$\beta < \alpha(\alpha > \beta)$$

很明显,反过来说,如果 $\alpha = \beta$,那么 A 类与 A_1 类(B 类与 B_1 类)相同;如果 $\alpha < \beta$,那么(用相反的方法容易证明)在 A_1 类中有不属于 A 类的数,等等.

由所谈过的这些得出以下定理[①].

定理 2.1.1　对于任何两个分割 α 和 β,在以下三种情形中
$$\alpha = \beta,\alpha < \beta,\alpha > \beta$$
有且只有一个成立.

定理 2.1.2(不等式的传递性)　如果 $\alpha < \beta$,而 $\beta < \gamma$,那么 $\alpha < \gamma$(如果 $\alpha > \beta$,而 $\beta > \gamma$,那么 $\alpha > \gamma$).

设 $\alpha = (A_1 \mid B_1),\beta = (A_2 \mid B_2),\gamma = (A_3 \mid B_3)$. 由不等式 $\alpha < \beta$ 推得,在 A_2 类中有不包含于 A_1 类中的数,随之,A_1 类包含在 A_2 类中. 其次,由不等式 $\beta < \gamma$ 得出,在 A_3 类中有不包含于 A_2 类中的数. 设不包含于 A_2 类中而为 A_3 类的那些数当中,a 是其中的一个,则 a 不可能包含在 A_1 类中(因为 A_1 类完全包含在 A_2 类中,按条件,a 不包含在后者之中). 因此,在 A_3 类中有不属于 A_1 类的数,这就是说,$\alpha < \gamma$.

---

① 　还可以得出定理:若 $\alpha = (A \mid A_1),\beta = (B \mid B_1)$,则 $\alpha > \beta$ 的充分必要条件是,α 的下类与 β 的上类有公共元素,即 $A \cap B_1 \neq \varnothing$.

在这之后我们可以说,分割的全体是有序的,即两个相异的分割 α 和 β 中,必有一个小于另一个,同样第二个也就大于第一个.

如同有理数的情形一样,如果三个分割 α,β,γ 由关系 $\alpha<\beta(\alpha>\beta)$ 和 $\beta<\gamma(\beta>\gamma)$ 所联系起来,那么我们就写成 $\alpha<\beta<\gamma$,并且说分割 β 位于分割 α 和 γ 之间.

如果一个分割大于零分割 0^*(此时,分割的下类中包含正有理数),我们就称此分割是正的,如果它小于 0^*(此时,分割的下类中包含负有理数),就称此分割是负的.

现在由定理 2.1.2 得到一个简单的推论:任何正的分割大于任何负的分割.

设 α 为正的,而 β 为负的.由前面所给出的定义推得 $\alpha>0^*$ 和 $\beta<0^*$.由此根据定理 2.1.2 得, $\alpha>\beta$.

当分割产生的数是有理数时,成立下面的命题:

定理 2.1.3 设分割 $r_1^*=(A_1\mid A_2),r_2^*=(B_1\mid B_2)$ 均是有理数,则 $r_1^*<r_2^*$,当且仅当 $r_1<r_2$.

既然 $r_1^*<r_2^*$,也就是说,在 A_2 类中有不属于 A_1 类的数 c,换言之, A_1 类和 A_2 类不相同, A_1 类包含在 A_2 类中.我们来证明 $r_1<r_2$.

因为数 c 不属于 A_1 类,所以它属于 B_1 类,故 $c>r_1$(数 r_1 属于 A_1 类).由于数 r_1 为 A_1 中的最大者,因此, $r_2\geqslant c>r_1$,即 $r_1<r_2$.

反过来,设 $r_1<r_2$.按照规定, r_1 与 r_2 分别是 A_2 与 B_2 的最小数.这样一来, $r_1<r_2$ 就意味着 B_2 真包含于 A_2 之中,而这正定义了 $r_1^*<r_2^*$.证毕.

因此,对于有理数,把它看作分割时的大小关系,和有理数原来的大小关系符合一致.

2.2 分割的加法运算

现在我们要给出分割运算的定义(加法、乘法),并研究这些运算的性质.

设 $\alpha=(A_1\mid A_2),\beta=(B_1\mid B_2)$.为了引入关于分割 α,β 的和的概念,将有理数集分为 C_1 与 C_2 两类:凡形式为 a_2+b_2 的一切数归入 C_2 类.其次 a_2 为 A_2 类中任何一个数, b_2 为 B_2 类中任何一个数,而将一切其余的有理数归入上类 C_1.特别地,在 C_1 类中有形式为 a_1+b_1 的一切数,其中 a_1 为 A_1 类中任意一个数, b_1 为 B_1 类中任意一个数.

所得到的分类是一个分割.事实上, C_1 与 C_2 两类均非空集(例如,形式为 a_1+b_1 的数属于 C_1 类,形式为 a_2+b_2 的数属于 C_2 类),每一有理数落于其中一类且仅落于一类中,其中, C_2 类的每一个数 d 大于 C_1 类的每一个数 c.若假定存

在 $d < c$，则因为 d 可表示为 $a_2 + b_2$，显见 $a_2 + b_2 < c$，由此 $a_2 < c - b_2$. 令 $c - b_2 = a'$，则 $a_2 < a'$，从而 a' 属于 A_2 类. 但现在 $c = b_2 + a'$，按定义，c 应落于 C_2 类中，这是不可能的，因此，$(C_1 \mid C_2)$ 果然是一个分割. 现在我们给出如下定义：

定义 2.2.1 设分割 $\alpha = (A_1 \mid A_2)$，$\beta = (B_1 \mid B_2)$，集合 $C_2 = \{a_2 + b_2 \mid a_2 \in A_2, b_2 \in B_2\}$，$C_1 = Q - C_2$，则称分割 $\gamma = (C_1 \mid C_2)$ 为分割 α 与 β 的和[①]，记作

$$\gamma = \alpha + \beta$$

由定义知，任何两个分割的和是唯一存在的，因此分割集 R 对加法运算封闭.

已经给出的分割加法的定义可以直接证明，对于任何的一些分割满足加法的交换律与结合律，分别用等式表示如下

$$\alpha + \beta = \beta + \alpha, (\alpha + \beta) + \gamma = \alpha + (\beta + \gamma)$$

比如，我们来证明后一等式. 令 $\alpha = (A \mid B)$，$\beta = (A_1 \mid B_1)$，$\gamma = (A_2 \mid B_2)$，$(\alpha + \beta) + \gamma = (C \mid D)$ 和 $\alpha + (\beta + \gamma) = (C_1 \mid D_1)$. 我们只要证明，分割 $(C \mid D)$ 的下类是由组成分割 $(C_1 \mid D_1)$ 的下类的那些有理数所组成就行了. 令 a 表示 A 类的任一数，a_1 表示 A_1 类的任一数，a_2 表示 A_2 类的任一数. 于是按分割和的定义，数 $(a + a_1) + a_2$ 是分割 $(C \mid D)$ 的下类 C 中的数之一. 因为加法的结合律关于有理数成立，所以数 $(a + a_1) + a_2$ 为属于分割 $(C_1 \mid D_1)$ 的下类 C_1 而等于它的数 $a + (a_1 + a_2)$ 所对应. 反之，分割 $(C_1 \mid D_1)$ 的下类 C_1 的每一个数为分割 $(C \mid D)$ 的下类 C 中等于它的数所对应. 这就证明了分割 $(C \mid D)$ 的下类与分割 $(C_1 \mid D_1)$ 的下类重合.

仿此可证明交换律.

进一步，我们证明，零分割具有（加法）零元的性质：

定理 2.2.1 对于任何分割 $\alpha = (A \mid B)$，有 $\alpha + 0^* = \alpha$.

证明 设 $\alpha = (A_1 \mid A_2)$，$0^* = (0_1 \mid 0_2)$. 依照和的定义 2.2.1，我们有 $\alpha + 0^* = (C_1 \mid C_2)$，其中 $C_2 = \{a_2 + b_2 \mid a_2 \in A_2, b_2 \in 0_2\}$.

设对于任意 $a_2 \in A_2$，既然有理数 0 在集合 0_2 中，又 $a_2 = a_2 + 0$，于是 a_2 应该含在集合 C_2 中. 反之，对于任意 $c_2 \in C_2$，存在 A_2 的元素 a_2 与 0_2 中的 b_2，使 $c_2 = a_2 + b_2$，因为 0 是 0_2 中的最小数，所以 $b_2 \geqslant 0$，故 $b_2 \geqslant a_2$，由此即得 $c_2 \in A_2$. 所以 C_2 和 A_2 重合，即 $\alpha + 0^* = \alpha$.

分割的顺序关系"$<$"对加法具有单调性，这就是下面的定理：

[①] 当然我们也可以从定义集合 $C_1 = \{a_1 + b_1 \mid a_1 \in A_1, b_1 \in B_1\}$，$C_2 = Q - C_1$ 作为定义分割和的开始.

定理 2.2.2　若 $\alpha < \beta$，则 $\alpha + \gamma < \beta + \gamma$.

证明　设 $\alpha = (A_1 \mid A_2)$，$\beta = (B_1 \mid B_2)$，$\gamma = (C_1 \mid C_2)$. 既然 $\alpha < \beta$，那么依定义可知，α 的下类 A_1 整个的包含在 β 的下类 B_1 中，即 $A_1 \subset B_1$，于是 $B_1 - A_1$ 非空. 从 $B_1 - A_1$ 中取两数 a, b，且 $a > b$，由于 a, b 是属于 B_1 而不属于 A_1 的，因此它们皆在集合 A_2 中；再分别从 C_1, C_2 中取数 c_1, c_2，依照分割的定义可知，$c_1 < c_2$，即 $c_2 - c_1 > 0$，又 $a - b > 0$，由有理数域的阿基米德公理，存在自然数 n，使得

$$n(a - b) > c_2 - c_1$$

即

$$c_1 + n(a - b) > c_2$$

在 $n + 1$ 个数

$$c_1, c_1 + (a - b), \cdots, c_1 + n(a - b)$$

中，第一个数 $c_1 \in C_1$，最后一个数 $c_1 + n(a - b) \in C_2$. 又因为这 $n + 1$ 个数是递增的，所以其中必存在相邻的两个数，前者属于 C_1，后者属于 C_2. 这两个数的差是 $a - b$，记这两个数为 c_1', c_2'. 因为 $c_2' - c_1' = a - b$，即 $c_2' + b = c_1' + a$. 又 $c_2' + b$ 是 $\alpha + \gamma$ 的上类数，$c_1' + a$ 是 $\beta + \gamma$ 的下类数，所以 $\alpha + \gamma$ 的上类与 $\beta + \gamma$ 的下类的交集非空，由定理 2.1.1 下面的脚注，我们即得所要的表达式.

推论　若 $\alpha \leqslant \beta$，则 $\alpha + \gamma \leqslant \beta + \gamma$.

2.3　分割加法的逆·减法运算

设给定分割 $\alpha = (A_1 \mid A_2)$，$\beta = (B_1 \mid B_2)$，我们拆分有理数集为两类 C_1, C_2. 形式为 $a_2 - b_1$ 的一切数归入 C_2 类，其中 a_2 为 A_2 类中任何一个数，b_2 为 B_2 类中任何一个数，而将一切其余的有理数归入上类 C_1. 我们来证明，上述分类是一个分割.

首先，数集 C_2 不空是显然的. 下面证明 C_1 也不能为空，从 A_1 类中取 a_1，从 B_2 类中取 b_2，如果 C_1 是空的，那么 $a_1 - b_2$ 不属于 C_1 而含在 C_2 内. 按照 C_2 的构成法，此时存在 $a_2(a_2 \in A_2)$，$b_1(b_1 \in B_1)$，使得

$$a_1 - b_2 = a_2 - b_1$$

即

$$a_1 - a_2 = b_2 - b_1$$

因为 $a_1 < a_2$，$b_1 < b_2$，所以 $a_1 - a_2 < 0$，$b_1 - b_2 > 0$，这是一个矛盾. 因此，C_1 不能为空.

其次，C_2 类的每一个数 d 大于 C_1 类的每一个数 c，如果 $d < c$，那么 d 可表

示为 a_2-b_1 的形式,于是 $a_2-b_1<c$,即 $b_1<c+a_2$.令 $c+a_2=b'$,则 $b_1<b'$,从而 b' 属于 B_1 类.因 $c=b_2-b'$,故 c 应落于 C_2 类中,这和 c 的取法矛盾,因此完成了我们证明.

定义 2.3.1 设 $\alpha=(A_1\mid A_2)$,$\beta=(B_1\mid B_2)$,集合 C_1,C_2 由这两个分割给出:$C_2=\{a_2-b_1\mid a_2\in A_2,b_1\in B_1\}$,$C_1=Q-C_2$,则称 $\gamma=(C_1\mid C_2)$ 为分割 α 与 β 的差,记作

$$\gamma=\alpha-\beta$$

由定义即知,任意两个分割的差是唯一存在的,所以分割集 R 对减法运算是封闭的.

特别地,记

$$0^*-\beta=-\beta$$

下面的定理说明了分割集 R 上的加法运算和减法运算的关系.

定理 2.3.1 设 α,β,γ 都是分割,并且 $\alpha-\beta=\gamma$,那么 $\alpha=\beta+\gamma$.

证明 设 $\alpha=(A_1\mid A_2)$,$\beta=(B_1\mid B_2)$,$\gamma=(C_1\mid C_2)$.我们证明,α 的上类与 $\beta+\gamma$ 的上类重合.

因为 $\beta+\gamma=\beta+[\alpha+(-\beta)]$,按照分割的和与差的定义,分割 $\beta+\gamma$ 的上类的数应该具有形式

$$b_2+(a_2-b_1)=a_2+(b_2-b_1)$$

其中

$$a_2\in A_2,b_2\in B_2,b_1\in B_1$$

下面分两种情形来证明我们的结论.

(1) 分割 α 不是由任何有理数所产生的.

① 从分割 $\beta+\gamma$ 的上类中任取一个数,如前所述,它具有形式 $b_2+(a_2-b_1)$,并且 $b_1<b_2$,即 $b_2-b_1>0$,所以

$$b_2+(a_2-b_1)=a_2+(b_2-b_1)>a_2$$

由 $a_2\in A_2$,即得 $b_2+(a_2-b_1)\in A_2$.

② 对于任意 $a_2\in A_2$,因为 α 不是由任何有理数所产生的,所以 A_2 无最小数,因此必存在 $a_2'\in A_2$,使得 $a_2'<a_2$,即 $a_2-a_2'>0$.又取 $b_1\in B_1$,$b_2\in B_2$,因为 $b_2>b_1$,所以 $b_2-b_1>0$.对于 $a_2-a_2'>0$ 与 $b_2-b_1>0$,根据阿基米德公理,必存在自然数 n,使得

$$n(a_2-a_2')>b_2-b_1$$

即

$$b_1+n(a_2-a_2')>b_2$$

116

在有理数序列
$$b_1, b_1 + (a_2 - a_2'), \cdots, b_1 + n(a_2 - a_2')$$
中,因为 $b_1 \in B_1, b_1 + n(a_2 - a_2') \in B_2$,且这个序列是递增的,所以必存在相邻的两项,前者属于 B_1,后者属于 B_2. 记前者为 b_1',后者为 b_2',即有 $b_1' \in B_1$, $b_2' \in B_2$,且
$$b_2' - b_1' = a_2 - a_2'$$
即
$$a_2 = a_2' + (b_2' - b_1') = b_2' + (a_2' - b_1')$$
其中,$a_2' \in A_2, b_2' \in B_2, b_1' \in B_1$,所以 a_2 是 $\beta + \gamma$ 的上类数.

由①②可得,A_2 等于 $\beta + \gamma$ 的上类,因此 $\alpha = \beta + \gamma$.

(2)α 是由某一个有理数 a 所产生的,此时 a 是 A_2 的最小数.

① 与(1)中①的证明相同,可证 $\beta + \gamma$ 的上类的任意数均属于 A_2.

② 对于任意的 $a_2 \in A_2$,有 $a_2 \neq a$ 与 $a_2 = a$ 两种可能.

如果 $a_2 \neq a$,由 a 是 A_2 的最小数,所以 $a_2 > a$. 与(1)中②的证明相同,可证 a_2 是 $\beta + \gamma$ 的上类数.

如果 $a_2 = a$,此时 a 必是 $\beta + \gamma$ 的下类的最大数. 这是因为 $\beta + \gamma$ 的任意上类数
$$b_2 + (a_2' - b_1) = a_2' + (b_2 - b_1) \geqslant a + (b_2 - b_1) > a$$
所以 a 不是 $\beta + \gamma$ 的上类数. 因此,a 是 $\beta + \gamma$ 的下类数. 又设有理数 b 是 $\beta + \gamma$ 的任一下类数,若 $b > a$,则 $b \in A_2$,由上面的证明可知,b 是 $\beta + \gamma$ 的上类数,这与 b 是 $\beta + \gamma$ 的下类数矛盾,所以 $b \leqslant a$. 这就证明了有理数 a 是 $\beta + \gamma$ 的下类的最大数. 按照对由有理数 b 所产生的分割的规定,此时我们把 b 归入 $\beta + \gamma$ 的上类,即 $a_2 = a$ 是 $\beta + \gamma$ 的上类数.

所以对于任意的 $a_2 \in A_2$,a_2 总是 $\beta + \gamma$ 的上类数.

由①②可知,A_2 等于 $\beta + \gamma$ 的上类,所以 $\alpha = \beta + \gamma$.

由(1)(2)可知,当 $\gamma = \alpha + (-\beta)$ 时,总有 $\alpha = \beta + \gamma$.

推论 1　设 β 是任意分割,那么 $\beta + (-\beta) = 0^*$.

证明　因为 $0^* - \beta = -\beta$,由上述定理 2.3.1,所以 $\beta + (-\beta) = 0^*$.

推论 2　设 α, β, γ 为分割,如果 $\alpha = \beta + \gamma$,那么 $\alpha - \beta = \gamma$.

证明　设 $\alpha - \beta = \gamma'$,由定理 2.3.1,则 $\alpha = \beta + \gamma'$,又因为 $\alpha = \beta + \gamma$,所以
$$\beta + \gamma = \beta + \gamma'$$
两边都加上 $-\beta$,得
$$(-\beta) + (\beta + \gamma') = (-\beta) + (\beta + \gamma)$$

即
$$[(-\beta)+\beta]+\gamma'=[(-\beta)+\beta]+\gamma$$
因为 $\beta+(-\beta)=0^*$,所以
$$0^*+\gamma'=0^*+\gamma$$
由于 $0^*+\gamma'=\gamma',0^*+\gamma=\gamma$,所以 $\gamma'=\gamma$,即 $\alpha-\beta=\gamma$.

推论 3 设 α,β 为任意两分割,则 $\alpha-\beta=\alpha+(-\beta)$.

证明 因为
$$[\alpha+(-\beta)]+\beta=\alpha+[(-\beta)+\beta]=\alpha+0^*=\alpha$$
由推论 2,所以 $\alpha-\beta=\alpha+(-\beta)$.

定理 2.3.1 与推论 2 给出了分割集 R 上的加法与减法运算的关系,减法是加法的逆运算.

由推论 1 可以知道,任意分割 R 都存在加法逆元(加法负元)$-\alpha$. 此时 α 也是 $-\alpha$ 的加法逆元. 因为 $-(-\alpha)$ 也是 $-\alpha$ 的加法逆元,所以 $-(-\alpha)+(-\alpha)=0^*$,又 $\alpha+(-\alpha)=0^*$,因此
$$-(-\alpha)+(-\alpha)=\alpha+(-\alpha)$$
两边都加上 α,由加法结合律得
$$-(-\alpha)+[(-\alpha)+\alpha]=\alpha+[(-\alpha)+\alpha]$$
即
$$-(-\alpha)+0^*=\alpha+0^*$$
所以 $-(-\alpha)=\alpha$.

这就是平常所说的符号法则. 我们还可以证明,当 $\alpha>0^*$ 时,必有 $-\alpha<0^*$. 事实上,若 $\alpha>0^*$,由定理 2.2.2 有
$$\alpha+(-\alpha)>0^*+(-\alpha)$$
但 $\alpha+(-\alpha)=0^*,0^*+(-\alpha)=-\alpha$,所以,我们得出:$0^*>-\alpha$ 或 $-\alpha<0^*$.

同理可证,若 $\alpha<0^*$,则 $-\alpha>0^*$.

设 α 是异于零的任何一个分割,那么分割 α 和 $-\alpha$ 之中为正的那个叫作 α 的绝对值,并记为 $|\alpha|$. 同时规定零分割本身作为它的绝对值,是即 $|\alpha|=\alpha$,如果 $\alpha>0^*$;$|\alpha|=-\alpha$,如果 $\alpha<0^*$,$|0^*|=0^*$.

推论 3 给出了分割减法的法则:减去一个数等于加上它的加法逆元. 特别地,$0^*-0^*=0^*+(-0^*)$,但 $0^*-0^*=-0^*,0^*+(-0^*)=0^*$. 所以 $-0^*=0^*$.

2.4 分割的乘法运算

现在我们来定义两个分割 $\alpha=(A_1\mid A_2),\beta=(B_1\mid B_2)$ 的乘法运算,假定它

们是非负分割,则在 A_2 类和 B_2 类中的数均为正数,同时在 A_1 类和 B_1 类中也存在正数.

用下面的方法分一切有理数为 C_1 和 C_2 两类:一切形式为 a_2b_2 的一切正有理数归入 C_2 类,此处 a_2 为 A_2 类的数,b_2 为 B_2 类的数.把其余一切有理数归入 C_1 类.C_1 和 C_2 两类均非空集,例如,C_2 类包含形式为 a_2b_2 的一切(正)数,而 C_1 类包含一切负有理数、零以及形式为 a_1b_1 的一切正有理数,这里数 a_1 和 b_1 是从 A_1 类和 B_1 类中所取的正数(从 A_1,B_1,A_2,B_2 各类中分别取出数 a_1,b_1,a_2,b_2,我们有 $a_2>a_1>0,b_2>b_1>0$.由此得 $a_2b_2>a_1b_1$,从而,形式为 a_1b_1 的任何数不能属于 C_2 类).

每一个有理数落于一类且仅落于一类中.C_2 类的任何数 $d=a_2b_2$ 大于 C_1 类中的任何数 c.事实上,如果 $d=a_2b_2\leqslant c$,那么 $a_2\leqslant\dfrac{c}{b_2}$.换言之,$\dfrac{d}{b_2}=a'$ 应包含在 A_2 类中,于是 $c=a_2a'$ 应该在 C_2 类中,这与数 c 的选取相矛盾.

从而,$d>a_1b_1$,d 大于 C_1 类的每一个数 c.因此,所进行的分类是一个分割.

定义 2.4.1 设分割 $\alpha=(A_1\mid A_2)\geqslant 0^*$,$\beta=(B_1\mid B_2)\geqslant 0^*$,集合 $C_2=\{a_2b_2\mid a_2\in A_2,b_2\in B_2\}$,$C_1=Q-C_2$,则称分割 $\gamma=(C_1\mid C_2)$ 为 α 与 β 的积,记作

$$\gamma=\alpha\beta \text{ 或 } \gamma=\alpha\cdot\beta$$

如果分割 α 与 β 中之一或两者为负,将符号的一般法则引入乘法的定义中,则它们的乘积定义归结为前面讲过的情形:

若 $\alpha>0,\beta<0$,或 $\alpha<0,\beta>0$,则

$$\alpha\beta=-\mid\alpha\mid\cdot\mid\beta\mid$$

若 $\alpha<0,\beta<0$,则

$$\alpha\beta=\mid\alpha\mid\cdot\mid\beta\mid$$

由乘积的定义以及上面的规定,任意两个分割的乘积是唯一存在的.所以分割集 R 对乘法运算封闭.

上面所引入的定义可以直接验证等式

$$\alpha\beta=\beta\alpha,(\alpha\beta)\gamma=\alpha(\beta\gamma)$$

即分割乘法满足交换律、结合律.

现在来证明乘法关于加法满足分配律

$$(\alpha+\beta)\gamma=\alpha\gamma+\beta\gamma$$

证明 不妨设 $\alpha=(A_1\mid A_2)\geqslant 0^*$,$\beta=(B_1\mid B_2)\geqslant 0^*$,$\gamma=(C_1\mid C_2)\geqslant$

0^*. 又设$(\alpha+\beta)\gamma=(D_1 \mid D_2)$, $\alpha\gamma+\beta\gamma=(E_1 \mid E_2)$.

我们来证明 $D_2=E_2$.

一方面,对于任意的有理数 $d\in D_2$,则

$$d=(a_2+b_2)c_2=a_2c_2+b_2c_2$$

其中 $a_2\in A_2$, $b_2\in B_2$, $c_2\in C_2$. 因为 a_2c_2 为 $\alpha\gamma$ 的上类数, b_2c_2 为 $\beta\gamma$ 的上类数,所以 $a_2c_2+b_2c_2\in E_2$,即 $d\in E_2$.

另一方面,对于任意的有理数 $e\in E_2$,则

$$e=a_2c_2+b_2c_2'$$

其中 $a_2\in A_2$, $b_2\in B_2$, $c_2\in C_2$, $c_2'\in C_2$,且 a_2, c_2, b_2, c_2' 都是非负有理数. 不失去一般性,设 $c_2\geqslant c_2'$,则

$$a_2c_2+b_2c_2'\geqslant a_2c_2'+b_2c_2'$$

而

$$a_2c_2'+b_2c_2'=(a_2+b_2)c_2'\in D_2$$

所以

$$a_2c_2+b_2c_2'\in D_2$$

由上述两个方面即得 $D_2=E_2$,所以 $(\alpha+\beta)\gamma=\alpha\gamma+\beta\gamma$.

定理 2.4.1 设 $\alpha=(A_1 \mid A_2)$ 为任何分割, $1^*=(B_1 \mid B_2)$ 为有理数 1 产生的分割,那么 $\alpha\cdot 1^*=\alpha$.

证明 先就 α 为非负分割的情况来证明我们的定理.

因为 $1^*=(B_1 \mid B_2)>0^*$,所以 $\alpha\cdot 1^*=(C_1 \mid C_2)$, $C_2=\{a_2b_2 \mid a_2\in A_2$, $b_2\in B_2\}$. 我们来证明 $C_2=A_2$.

因为 1^* 是由有理数 1 所产生的,所以按我们的规定, $1\in B_2$,且 1 是 B_2 的最小数.

一方面,对于任意的 $a_2\in A_2$,因为 $a_2=a_2\cdot 1$,而 $a_2\in A_2$, $1\in B_2$,所以 $a_2\in C_2$.

另一方面,对于任意的 $c_2\in C_2$, $c_2=a_2b_2$,其中 $a_2\in A_2$, $b_2\in B_2$. 因为 $a_2\geqslant 0$, $b_2\geqslant 1$,所以 $a_2b_2\geqslant a_2$,即 $c_2\geqslant a_2$,因此 $c_2\in A_2$.

由上述两个方面,即得 $C_2=A_2$,所以 $\alpha\cdot 1^*=\alpha$.

当 $\alpha<0^*$ 时, $-\alpha>0^*$,且 $-(-\alpha)=\alpha$. 又按定义 2.4.1 中的规定,有

$$[-(-\alpha)]\cdot 1^*=[-(-\alpha)\cdot 1^*]=-(-\alpha)=\alpha$$

所以 $\alpha\cdot 1^*=[-(-\alpha)]\cdot 1^*=\alpha$.

因此,对于任意分割 α,总有 $\alpha\cdot 1^*=\alpha$.

定理 2.4.1 表明分割集 R 有乘法单位元 1^*.

定理 2.4.2 若 $\alpha \geqslant 0^*, \beta \geqslant 0^*$, 那么 $\alpha\beta \geqslant 0^*$.

证明 设 $\alpha = (A_1 \mid A_2), \beta = (B_1 \mid B_2)$.

当 $\alpha > 0^*, \beta > 0^*$ 时, A_1, B_1 中必有正有理数. 取 $a_1 \in A_1, b_1 \in B_1$, 并且 $a_1 > 0, b_1 > 0$. 因为对于任意的 $a_2 \in A_2, b_2 \in B_2$, 均有 $a_2 > a_1 > 0, b_2 > b_1 > 0$, 所以有 $a_1 b_1 < a_2 b_2$. 因此, $a_1 b_1$ 是 $\alpha\beta$ 的下类数, 但由 $a_1 b_1 > 0$ 知, $a_1 b_1$ 是 0^* 的上类数, 故 $\alpha\beta$ 的下类与 0^* 的上类的交集非空. 由定理 2.1.1 下面的脚注, 即得 $\alpha\beta > 0^*$.

当 α, β 至少有一个等于 0^* 时, 如 $\alpha = 0^*$, 则因为 $0^* = 1^* + (-1^*)$, 由分配律, 得

$$\begin{aligned}
\alpha\beta &= 0^* \cdot \beta = [1^* + (-1^*)]\beta \\
&= 1^* \cdot \beta + (-1^*) \cdot \beta \\
&= 1^* \cdot \beta + [-(1^*) \cdot \beta] = 0^*
\end{aligned}$$

至此定理得到证明.

由上述定理的证明过程可得如下一些推论.

推论 (1) 若 $\alpha > 0^*, \beta > 0^*$, 那么 $\alpha\beta > 0^*$;

(2) 若 α, β 有一个等于 0^*, 则 $\alpha\beta = 0^*$.

定理 2.4.2 表明分割集 R 上的二元关系 "$\leqslant$" 对乘法运算具有单调性.

2.5 分割的除法运算

设 $\alpha = (A_1 \mid A_2) \geqslant 0^*, \beta = (B_1 \mid B_2) > 0^*$. 我们分一切有理数的集为两类: 将形式为 $\dfrac{a_2}{b_1}$ 的一切正数归入第一类(记为 C_2); 将其余的一切数归入第二类(记为 C_1).

C_1 与 C_2 两类均为非空集. 对于 C_2 而言这是很明显的. 显然 C_1 类也为非空集, 因为 C_1 类中含有负数.

显而易见, 第一个有理数必属于其中一类, 而且仅属于一类.

现在我们证明, C_2 类的任何数 $d = \dfrac{a_2}{b_1}$ 大于 C_1 类中的任何数 c. 事实上, 如果 $d = \dfrac{a_2}{b_1} \leqslant c$, 那么 $a_2 \leqslant c b_1$. 换言之, $c b_1 = a'$ 应包含在 A_2 类中, 于是 $c = \dfrac{a'}{b_1}$ 应包含在 C_2 类中, 这与数 c 的选取相矛盾.

因此, $(C_1 \mid C_2)$ 是有理数集内的分割. 由此给出如下的关于分割商的定义:

定义 2.5.1　设分割 $\alpha = (A_1 \mid A_2) \geqslant 0^*, \beta = (B_1 \mid B_2) > 0^*$，集合 $C_2 = \{\frac{a_2}{b_1} \mid a_2 \in A_2, b_1 \in B_1\}, C_1 = Q - C_2$，则称分割 $\gamma = (C_1 \mid C_2)$ 为 α 除以 β 的商，记作

$$\gamma = \frac{\alpha}{\beta}$$

如果数 α 与 β 中之一或两者为负，则规定：

若 $\alpha > 0^*, \beta < 0^*$，或 $\alpha < 0^*, \beta > 0^*$，则

$$\frac{\alpha}{\beta} = -\frac{|\alpha|}{|\beta|}$$

若 $\alpha < 0^*, \beta < 0^*$，则

$$\frac{\alpha}{\beta} = \frac{|\alpha|}{|\beta|}$$

由上述定义可知，任意两个分割 α, β，当 $\beta \neq 0^*$ 时，α 除以 β 的商是唯一存在的. 因此，分割集 R 对除法运算是封闭的. 当 $\beta = 0^*$ 时，α 除以 β 的商的概念不成立.

关于分割集 R 上的乘法和除法的关系，下面的定理成立.

定理 2.5.1　设分割 $\alpha = (A_1 \mid A_2), \beta = (B_1 \mid B_2) \neq 0^*$，那么 $\beta \cdot \frac{\alpha}{\beta} = \alpha$.

证明　不妨设 $\alpha = (A_1 \mid A_2) \geqslant 0^*, \beta = (B_1 \mid B_2) > 0^*$. 只需证明 $\beta \cdot \frac{\alpha}{\beta}$ 的上类等于 A_2 即可.

当 α 不是由任何有理数所产生时，分割 $\beta \cdot \frac{\alpha}{\beta}$ 的上类数的一般形式是

$$b_2 \cdot \frac{a_2}{b_1} = \frac{b_2}{b_1} a_2$$

其中 $a_2 \in A_2, b_2 \in B_2, b_1 \in B_1$，且 $b_1 > 0$. 因为 $b_1 < b_2$，所以 $\frac{b_2}{b_1} > 1$，于是

$$b_2 \cdot \frac{a_2}{b_1} > a_2$$

由于 $a_2 \in A_2$，因此 $\frac{b_2}{b_1} \cdot a_2 \in A_2$，亦即 $b_2 \cdot \frac{a_2}{b_1} \in A_2$.

另外，对于任意的 $a_2 \in A_2$，因为 α 不是由任何有理数所产生的，所以 A_2 无最小数. 因此必存在 $a_2' \in A_2$，且 $a_2' < a_2$. 此时，由于 $\alpha > 0^*$，因此 $a_2 > a_2' > 0$，故

$$d = \frac{a_2}{a_2'} > 1$$

122

取 $b_1 \in B_1, b_2 \in B_2$，且 $b_1 > 0$，则 $b_2 > b_1 > 0$. 那么必存在自然数 n，使得

$$\left(\frac{a_2}{a_1}\right)^n > \frac{b_2}{b_1}$$

即

$$b_1 \cdot \left(\frac{a_2}{a_1}\right)^n > b_2$$

由 $b_2 \in B_2$ 即知 $b_1 \cdot \left(\frac{a_2}{a_1}\right)^n \in B_2$. 又因为 $b_1 \in B_1$，所以在下面的有理数序列

$$b_1, b_1 d, b_1 d^2, \cdots, b_1 d^n$$

中必存在相邻的两项（由于这个序列是递增的），前者属于 B_1，后者属于 B_2. 记前者为 b_1'，后者为 b_2'，即

$$b_1' \in B_1, b_2' \in B_2, \text{且} \frac{b_2'}{b_1'} = d$$

所以

$$a_2 = a_2' \cdot d = a_2' \cdot \frac{b_2'}{b_1'} = b_2' \cdot \frac{a_2'}{b_1'}$$

于是 a_2 就是 $\beta \cdot \dfrac{\alpha}{\beta}$ 的上类数，这就证明了 $\beta \cdot \dfrac{\alpha}{\beta}$ 的上类等于 A_2，因此 $\beta \cdot \dfrac{\alpha}{\beta} = \alpha$.

当 α 是由某有理数 a 所产生时，则 a 是 A_2 的最小数. 由上面的证明知，$\beta \cdot \dfrac{\alpha}{\beta}$ 的任一上类数 $b_2 \cdot \dfrac{a_2}{b_1} \in A_2$，且对于任意的 $a_2 \in A_2$，当 $a_2 \neq a$ 时，a_2 为 $\beta \cdot \dfrac{\alpha}{\beta}$ 的上类数，当 $a_2 = a$ 时，a 必为 $\beta \cdot \dfrac{\alpha}{\beta}$ 的下类数，且 a 是 $\beta \cdot \dfrac{\alpha}{\beta}$ 的下类中的最大数. 这是因为 $\beta \cdot \dfrac{\alpha}{\beta}$ 的任一上类数 $b_2 \cdot \dfrac{a_2'}{b_1} = \dfrac{b_2}{b_1} \cdot a_2' \geqslant \dfrac{b_2}{b_1} \cdot a > a$，所以 a 不是 $\beta \cdot \dfrac{\alpha}{\beta}$ 的上类数，而是 $\beta \cdot \dfrac{\alpha}{\beta}$ 的下类数. 又对于 $\beta \cdot \dfrac{\alpha}{\beta}$ 的任一下类数 x，若 $x > a$，则 $x \in A_2$，由上面的证明知，x 是 $\beta \cdot \dfrac{\alpha}{\beta}$ 的上类数. 与 x 是 $\beta \cdot \dfrac{\alpha}{\beta}$ 的下类数矛盾，故 $x \leqslant a$，所以 a 是 $\beta \cdot \dfrac{\alpha}{\beta}$ 的下类中的最大数. 按照我们的规定，此时将 a 归入 $\beta \cdot \dfrac{\alpha}{\beta}$ 的上类. 因此对于任意的 $a_2 \in A_2$，a_2 都是 $\beta \cdot \dfrac{\alpha}{\beta}$ 的上类数.

综上所述，我们已经证明了 $\beta \cdot \dfrac{\alpha}{\beta}$ 的上类等于 α 的上类，所以 $\beta \cdot \dfrac{\alpha}{\beta} = \alpha$，到此定理证明结束.

推论 1 设分割 $\alpha \neq 0^*$，有理数 1 所产生的分割为 1^*，那么

$$\alpha \cdot \frac{1^*}{\alpha} = 1^*$$

称 $\frac{1^*}{\alpha}$ 为分割 $\alpha(\alpha \neq 0^*)$ 的逆分割.

由上述推论可知,任意分割 $\alpha \neq 0^*$ 总存在乘法逆元 $\frac{1^*}{\alpha}$.

推论 2 $\alpha \cdot \beta = 1^*$ 的充要条件是

$$\beta = \frac{1^*}{\alpha}, \alpha \neq 0^* (\text{或 } \alpha = \frac{1^*}{\beta}, \beta \neq 0^*)$$

证明 充分性:设 $\beta = \frac{1^*}{\alpha}$,由推论 1 知

$$\alpha \cdot \beta = \alpha \cdot \frac{1^*}{\alpha} = 1^*$$

必要性:既然 $\alpha \cdot \beta = 1^*$,那么 α, β 均不能是零分割. 于是

$$(\alpha \cdot \beta) \cdot \frac{1^*}{\alpha} = 1^* \cdot \frac{1^*}{\alpha} = \frac{1^*}{\alpha}$$

但同时

$$(\alpha \cdot \beta) \cdot \frac{1^*}{\alpha} = (\beta \cdot \alpha) \cdot \frac{1^*}{\alpha} = \beta \cdot (\alpha \cdot \frac{1^*}{\alpha}) = \beta \cdot 1^* = \beta$$

所以 $\beta = \frac{1^*}{\alpha}$.

推论 3 设 α, β 都是分割,且 $\beta \neq 0^*$,那么

$$\frac{\alpha}{\beta} = \alpha \cdot \frac{1^*}{\beta} \quad (\beta \neq 0^*)$$

证明 由定理 2.5.1 知, $\frac{\alpha}{\beta} \cdot \beta = \alpha$. 现在来计算

$$(\alpha \cdot \frac{1^*}{\beta}) \cdot \beta$$

依结合律与推论 1,得

$$(\alpha \cdot \frac{1^*}{\beta}) \cdot \beta = \alpha \cdot (\frac{1^*}{\beta} \cdot \beta) = \alpha \cdot 1^* = \alpha$$

所以

$$\frac{\alpha}{\beta} \cdot \beta = (\alpha \cdot \frac{1^*}{\beta}) \cdot \beta$$

两边同乘以 $\frac{1^*}{\beta}(\beta \neq 0^*)$,可得

$$\frac{\alpha}{\beta} \cdot (\beta \cdot \frac{1^*}{\beta}) = (\alpha \cdot \frac{1^*}{\beta}) \cdot (\beta \cdot \frac{1^*}{\beta})$$

或

$$\frac{\alpha}{\beta} \cdot 1^* = (\alpha \cdot \frac{1^*}{\beta}) \cdot 1^*$$

因此得

$$\frac{\alpha}{\beta} = \alpha \cdot \frac{1^*}{\beta}$$

推论 3 就是通常所说的分割的除法法则:一个分割除以另一个分割等于这个分割乘以另一个分割的逆分割.

推论 4 设 α, β 都是分割,且 $\beta \neq 0^*, \beta\gamma = \alpha$,那么

$$\gamma = \frac{\alpha}{\beta}$$

证明 因为 $\beta\gamma = \alpha$,所以

$$\frac{1^*}{\beta} \cdot (\beta\gamma) = \frac{1^*}{\beta} \cdot \alpha$$

由推论 1,得

$$\frac{1^*}{\beta} \cdot (\beta\gamma) = (\frac{1^*}{\beta} \cdot \beta) \cdot \gamma = 1^* \cdot \gamma = \gamma$$

又由推论 3,得 $\alpha \cdot \frac{1^*}{\beta} = \frac{\alpha}{\beta}$,因此 $\gamma = \frac{\alpha}{\beta}$.

定理 2.5.1 和推论 4 说明分割集 R 上的乘法和除法互为逆运算.

至此,我们已经证明了分割集 R 关于所说的加法和乘法构成一个域,而且还是有序域.

最后,我们来指出分割域可以作为有理数域的扩张.为此来找分割域中与有理数域同构的子域.如前所述,对于任意的 $r \in Q$,可产生唯一的分割 r^*.考虑所有有理数产生的分割组成的集合

$$Q^* = \{r^* \mid r \in Q\}$$

建立 Q 到 Q^* 的映射 $f:Q \to Q^*, f(r) = r^*, r$ 为任意有理数.显然 $f(Q) = Q^*$,并且由定理 2.1.4 可知,$f:Q \to Q^*$ 是一一对应的.下面证明 $f:Q \to Q^*$ 是关于四则运算的同构映射.

定理 2.5.2 设 a, b 是任意两个有理数,则:

(1) $f(a) + f(b) = f(a+b)$;

(2) $f(a) - f(b) = f(a-b)$;

(3) $f(a) \cdot f(b) = f(a \cdot b)$;

(4) $\frac{f(a)}{f(b)} = \frac{a}{b} (b \neq 0)$.

证明 设 $f(a) = a^* = (A_1 \mid A_2), f(b) = b^* = (B_1 \mid B_2)$，以及 $f(a+b) = (a+b)^* = (C_1 \mid C_2)$.

任取 C_2 中的元素 c_2，因为 $a+b$ 是 C_2 中的最小者，所以 $c_2 \geqslant a+b$. 因此存在有理数 $\varepsilon(\varepsilon \geqslant 0)$，使得

$$c_2 = a+b+2\varepsilon = (a+\varepsilon) + (b+\varepsilon)$$

又因为 a 是 A_2 的最小数，b 是 B_2 的最小数，而 $a+\varepsilon \geqslant a, b+\varepsilon \geqslant b$，所以 $a+\varepsilon$ 是 A_2 中的数，$b+\varepsilon$ 是 B_2 中的数，因此 c_2 是 $f(a) + f(b)$ 的上类数.

反过来，设 $a_2 + b_2$ 是 $f(a) + f(b)$ 的任意一个上类数，其中 $a_2 \in A_2, b_2 \in B_2$. 同前面一样，由 a 是 A_2 的最小数，b 是 B_2 的最小数，可得 $a_2 \geqslant a, b_2 \geqslant b$，所以，$a_2 + b_2 \geqslant a+b$. 又因为 $a+b$ 是 C_2 的最小数，所以 $a_2 + b_2 \in C_2$.

由上面的两个方面可知，$f(a) + f(b)$ 的上类等于 C_2，所以

$$f(a) + f(b) = f(a+b)$$

同理可证 (2)(3)(4).

由上述定理知，Q 与 Q^* 关于四则运算同构，所以可以合理地规定 $r^* = r$. 另外，我们知道不对应于任何有理数的分割是存在的，于是即有如下的定义.

定义 2.5.1 对应于有理数的分割叫作有理数，不对应于有理数的分割叫作无理数.

这样，有理数的全体由新的数 —— 无理数充实起来了. 有理数和无理数统称为实数. 而分割集 R 就由实数组成.

2.6 实数集 R 的密集性与连续性

有理数域具有密集性：在两个互异的有理数之间可以放置第三个有理数. 我们现在来证明，实数集也具有这个性质.

定理 2.6.1 对于任何两个相异的实数 x, y，一定能找到介于它们之间的有理数 c.

设 $x = (A \mid B), y = (A_1 \mid B_1)$ 为两个相异的实数，例如 $x < y$.

由不等式 $x < y$ 推得，在 A_1 类中存在不包含于 A 类中的有理数，例如，设某数 c_1 为这样的一个数. 易见，c_1 包含于 B 类中. 因为 c_1 属于分割 $(A_1 \mid B_1)$ 的 A_1 类，所以 $c_1 \leqslant y$（相等只是在 y 为有理数的情形才可能发生）. 在 B 类中无最小的数，所以，在 B 类中能找到数 c，使得 $c < c_1$. 因为 c 属于 B 类，所以 $x < c$. 由此得

$$x < c < c_1 \leqslant y$$

也就是 $x < c < y$.

126

因此,对于两个相异的实数,一定能找到介于它们之间的一个有理数,随之,可找到无穷多个这样的数,因为所进行的推演对于数 x 和 c 可以重来,继续类推. 因为在定理 2.6.1 中被讨论的有理数 c,也与每一个有理数一样,是一个实数,所以已证明了的定理可以再来这样叙述:在每两个实数之间一定至少能找到一个实数,随之,可找到实数的无限集合. 实数全体的这个性质叫作它的密集性.

现在转而考察一切实数所成域的一个极重要的性质,这种性质使实数域在本质上异于有理数域. 在考察有理数域的分割时,我们已经看到,有时有这样的分割存在,使在有理数域内并无产生此分割的界数. 正是因为有理数域有这样的不连续性,即在它们中间存在这些空隙,所以我们才要引入新数 —— 无理数. 接下来考察实数域的分割. 取实数集并分它为 X 和 Y 两类,如果满足以下的三个条件:

(1) X 类和 Y 类均非空;

(2) 每一个实数必落在而且仅落在 X 类或 Y 类之一;

(3) X 类的每一个实数小于 Y 类的每一个实数,

那么这样的分类叫作在实数集内的分割. 实数集的分割用 (X,Y) 表示.

可以看出,在实数集内这样的分割是可能的. 取任意实数 z,并利用数 z 分一切实数为两类,把小于 z 的一切实数归入 X 类,而大于 z 的一切实数归入 Y 类(数 z 可以置于其中任一类). 容易验证我们得到的在实数集内的分割.

现在有这样的问题:可否利用在实数集内的分割,建立异于有理数和无理数的新数,如同在一切有理数域内做分割时,我们所做的那样? 我们现在对这个问题给以否定的回答.

用 A 表示属于 X 类中的有理数的全体,用 B 表示属于 Y 类中的有理数的全体. 我们来证明,A 和 B 可以分别被视为在有理数域内所做某一分割 (A,B) 的下类和上类. 首先,证明 A 类和 B 类均非空集. 因为 (X,Y) 为实数集内的分割,所以 X 类非空集. 设 x 为此类的某一个数. 如果 x 为有理数,那么已经证明了 A 类非空集;如果 x 为无理数,那么它也是由有理数域内的某一分割所定义. 在此分割的下类中取任意的有理数 r,得 $r < x$. 因为 x 属于 X 类,所以 r 属于 X 类,而这也就属于 A 类. 仿此可证,B 类非空集. 其次,任何的有理数必定落于 X 类,或落于 Y 类,并且 X 类的每一个数小于 Y 类的每一个数. 因此,在实数集内的每一分割 (X,Y) 同时引起在有理数域内的某一分割 (A,B).

现在对上面所提出的问题给出回答. 设分割 (A,B) 定义出某一实数 $z = (A,B)$. 但是任何实数应当包含于 X 类,或包含于 Y 类,从而 z 必包含于这两类之一内. 假定 z 包含在 X 类中, 我们证明在这种情形下, z 将为 X 类的最大数. 如果不是这样, 那么在 X 类中存在大于 z 的数, 用 x 表示这些数中的一个. 根据定理 2.6.1 可找到介于数 z 和数 x 之间的有理数 r, 即

$$z < r < x$$

因为 $r < x$, 并且 x 属于 X 类, 所以数 r 也属于 X 类, 从而属于 X 的有理数属于 A. 但是, 这件事不可能, 因为属于定义数 z 的分割的下类中的有理数 r 不能大于数 z. 所得到的矛盾证明了 z 为 X 中的最大数.

如果 z 包含于 Y 类中, 那么用类似的推演我们可以发现, 数 z 小于 Y 类的所有其他各数.

最后, 我们证明, 同时在 X 类中存在最大的数 x, 而在 Y 类中存在最小的数 y, 这种情形不可能. 事实上, 如果假定这种情形存在, 那么根据定义分割概念的条件(3), 就有 $r < y$, 但是在数 x 和 y 之间可以放置有理数 c, 即 $x < c < y$. 这就引起与定义分割概念的条件(2) 相矛盾, 因为 c 不能属于 X 类和 Y 类中的任一类, 由于 x 为 X 类中的最大数, 而 y 为 Y 中的最小数.

这样一来, 我们已经证明了在一切实数集中, 任何分割 (X, Y) 仅能属于两种类型, 而这两种类型类似于在有理数域中分割的前两种类型. 因此对于所有实数的全体来说, 分割的第三种类型不存在. 以上所述可简述成下面定理的形式.

定理 2.6.2(基本定理) 在一切实数集中, 任何的分割 (X, Y) 仅能呈现下列两种情形:

(1) 在 X 类中有最大的数, 而在 Y 类中无最小的数. 分割 (X, Y) 定义出 X 类的最大数.

(2) 在 Y 类中有最小的数, 而在 X 类中无最大的数. 分割 (X, Y) 定义出 Y 类的最小数.

因此, 在实数集中任何分割定义出某一实数, 它不导致新数的概念. 有理数全体与实数全体的根本差异就在于此. 实数全体的这个性质叫作它的连续性.

至此, 我们终于将连续域 —— 实数域构造出来了.

最后, 我们来证明两个有用的定理.

预备定理 1 设 x 为任意一个实数, 则对于任意的正数 ε, 一定能找到两个有理数 a 和 b, 使得

$$a < x < b, b - a < \varepsilon$$

证明 在有理数域内做某一分割, 我们得到实数 x, 在此分割的下类中取任一个有理数 a_0, 而在此分割的上类中取有理数 b_0(若 x 为有理数, 则考虑的 a_0

128

和 b_0 是异于 x 的),那么有

$$a_0 < x < b_0$$

现在在数 0 和 ε 之间放置一个有理数 ε',使得 $0 < \varepsilon' < \varepsilon$,并考虑 $n+1$ 个有理数

$$a_0, a_1 = a_0 + \varepsilon', a_2 = a_0 + 2\varepsilon', \cdots, a_n = a_0 + n\varepsilon'$$

其中 n 为按下面条件选定的某一个固定的自然数

$$n > \frac{b_0 - a_0}{\varepsilon'}$$

(如此来选择 n 是一定可能的). 从上面的不等式有

$$a_0 + n\varepsilon' > b_0$$

或

$$a_n > b_0$$

但是,b_0 属于定义数 x 的分割的上类. 从而,a_n 也属于此类. 设在以下各数 $a_0, a_1, a_2, \cdots, a_n$ 中,第一个属于上类的数为 a_k(特别地,有 $k=n$). 因为 a_0 是下类的数,所以 $k>0$. 在所考虑的数当中,有带上脚标 $k-1$ 的数. 根据数 a_k 的选择,a_{k-1} 属于下类. 由此

$$a_k > x \geqslant a_{k-1}$$

对于无理数 x 有

$$a_k > x > a_{k-1}$$

因为

$$a_k = a_0 + k\varepsilon', a_{k-1} = a_0 + (k-1)\varepsilon'$$

所以

$$a_k - a_{k-1} = \varepsilon' < \varepsilon$$

用 a 表示 a_{k-1},用 b 表示 a_k,得

$$a < x < b, b - a < \varepsilon$$

如果 x 为有理数,那么可令 $a = a_{k-1} - (\varepsilon'' - \varepsilon')$,其中 $\varepsilon' < \varepsilon'' < \varepsilon$.

当其要把无理数用较小和较大的有理近似式表示,而有任何预先给定精确程度时,在实践中常常利用此定理.

预备定理 2   如果对于两个实数 x 和 y 以及预先给定的正数 ε,可以指出,存在这样的有理数 a 和 $b(b>a)$,使得 x 和 y 被包含在它们之间,且差数 $b-a$ 小于 ε,那么数 x 与 y 相同.

证明   用反证法. 假定 $x \neq y$,为确切起见,设 $x < y$. 在 x 和 y 之间放置两有理数 r_1 和 r_2,即

$$x < r_1 < r_2 < y$$

另外,根据条件,对于任何的 $\varepsilon(\varepsilon > 0)$,存在有理数 a 和 b,有

$$b - a < \varepsilon$$

和

$$a \leqslant x < y \leqslant b$$

于是

$$a < r_1 < r_2 < b$$

则定数 $r_2 - r_1$ 更是小于 ε,因为 ε 是任意的,所以这是不可能的.因此剩下只有 $x = y$.

§3   实数域的第二种定义

3.1   数列的极限·有理数域的不完备性

正如第三章末尾曾经指出过的,线段的比和正有理数的根不是经常能用有理数表出.现在我们希望扩张有理数域 Q 到实数域 R,使得在 R 中这个问题(以及更广的其他问题)永远能够解决.

为了要知道这些问题的解决需要数的何种性质,以便给予实数域以适当定义,我们来详细地研究这两个问题.

假定要求线段 AB 和 MN 的比,于是,在线段 MN 上从点 M 截取 $MM_1 = AB$,然后再从点 M_1 沿相同方向截取 $M_1M_2 = AB$,如此下去,按照几何上的阿基米德公理,我们可以求得一个自然数 n,使得这样截取 n 次 AB 以后,得到 $n \cdot AB > MN$.这就是说,满足条件 $n \cdot AB \leqslant MN$ 的整数 k 的集合,是有上界的,因为 0 属于这个集合,所以也是不空的.因此这个集合含有最大整数 a_0(第二章,§1,定理 1.2.5).如果 $a_0 + 1 = b_0$,那么

$$a_0 \cdot AB \leqslant MN < b_0 \cdot AB$$

因此,所求的比 $MN : AB$ 介于 a_0 与 b_0 之间.其次,我们把 AB 分为 10 等分,用其中的一份 A_1B_1 重复上面的讨论,得出整数 a_1' 和 $b_1' = a_1' + 1$.

对此两整数,有

$$a_1' \cdot A_1B_1 \leqslant MN < b_1' \cdot A_1B_1$$

或者令

130

$$a_1 = \frac{a_1'}{10}, b_1 = \frac{b_1'}{10}$$

我们得

$$a_1 \cdot AB \leqslant MN < b_1 \cdot AB, b_1 - a_1 = \frac{1}{10}$$

因为

$$10a_0 \cdot A_1 B_1 = a_0 \cdot AB \leqslant MN < b_0 \cdot A_1 B_1 = 10b_0 \cdot A_1 B_1$$

所以按照 a_1' 的极大性，有

$$10a_0 \leqslant a_1' < 10b_0$$

即

$$b_1' = a_1' + 1 \leqslant 10b_0$$

由此得

$$a_0 \leqslant \frac{a_1'}{10} = a_1 \text{ 及 } b_0 \geqslant \frac{b_1'}{10} = b_1$$

重复这样的讨论，我们得到满足下面条件的两个序列 a_n 和 b_n：

(1) $a_0 \leqslant a_1 \leqslant a_2 \leqslant \cdots$；

(2) $b_0 \geqslant b_1 \geqslant b_2 \geqslant \cdots$；

(3) $b_n - a_n = \dfrac{1}{10^n}, n = 0, 1, 2, \cdots$.

（Ⅰ）

所求的线段 MN 与 AB 的比，自然认为在 a_n 与 b_n 之间. 每一个序列中的数，都越来越接近这个比. 不管给出任何一个正有理数 ε，都可以找到一个自然数 n_0，当 $n > n_0$ 时，数 b_n 与 a_n 之差小于 ε（因而所求比与 a_n 或 b_n 之差也如此）. 因为，存在这样的 n_0，使 $\dfrac{1}{10^{n_0}} < \varepsilon$（第三章，§2，定理 2.2.2），有

$$b_n - a_n = \frac{1}{10^n} < \varepsilon$$

假定要求 $\sqrt[k]{a}$ 的值，这里 a 是正有理数且 k 是大于 1 的自然数. 我们仅讨论根的正值. 设 n 为任意大于或等于零的整数，因为 $10^{-n} > 0$，所以按照阿基米德公理，有一个自然数 m 存在，使得 $m \cdot 10^{-n} > a + 1$. 对于任意有理数 $b(b > 1)$ 和任意自然数 $k(k > 1)$，有 $b^{k-1} > 1$（《抽象代数基础》卷，第二章，§5，定理 5.1.4），由此得 $b^k > b$. 因此

$$(m \cdot 10^{-n})^k > m \cdot 10^{-n} > a + 1 > a_0$$

即满足条件 $(h \cdot 10^{-n})^k \leqslant a$ 的所有整数 h 的集合 A 是有上界的，因为 0 属于 A，所以 A 又是不空的. 因此 A 应含有最大的整数 a_n'.

如果
$$b'_n = a'_n + 1, a_n = a_n \cdot 10^{-n}, b_n = b_n \cdot 10^{-n}$$
那么
$$a_n^k \leqslant a < b_n^k$$

这样就自然认为,根 $\sqrt[k]{a}$ 介于所有 a_n 与 b_n 之间.其次,有 $b_n - a_n = 10^{-n}$.因为所有形如 $m \cdot 10^{-n}$ 的数同时也是 $m' \cdot 10^{-(n+1)}$ 形式的数,所以
$$a_n = a'_n \cdot 10^{-n} = 10 \cdot a'_n \cdot 10^{-(n+1)} \leqslant a'_{n+1} \cdot 10^{-(n+1)} = a_{n+1}$$
因为
$$a < (b'_n \cdot 10^{-n})^k = (10 \cdot b'_n \cdot 10^{-(n+1)})^k$$
所以
$$a'_{n+1} < 10 \cdot b'_n$$
由此得
$$b'_{n+1} = a'_{n+1} + 1 \leqslant 10 \cdot b'_n$$
且
$$b_{n+1} = b'_{n+1} \cdot 10^{-(n+1)} \leqslant 10 \cdot b'_n \cdot 10^{-(n+1)} = b_n$$

因此,我们又得到具有性质(Ⅰ)的两个数列 a_n 和 b_n.可以看出,所求根应在 a_n 与 b_n 之间,不论 n 为任何正整数.关于这些数与根的值的接近问题,前面对于线段的情形所说过的,此处也一样.

然而,全部问题在于:像上面那样 a_n 和 b_n 越来越接近的这样的数,在有理数中可以不存在.为了使得对于具有性质(Ⅰ)的任何有理数序列都可以找到这样的数,必须引进新数(非有理数).为此,必须精确地定义序列的概念和研究它的一些性质.

定义 3.1.1 给定一个非空集合 M,凡是定义在全部自然数集 $\mathbf{N}$ 上的且函数值属于 M 的函数(参看《集合论》卷),$f(n) = a_n$,称为 M 的元素的序列.

换言之,对于每一个自然数 n,使 M 的某个元素 a_n 与之对应的每一个对应叫作一个序列.序列用 $a_1, a_2, \cdots, a_n, \cdots$ 或者用 $\{a_n\}$ 表示.元素 a_n 称为序列 $\{a_n\}$ 第 n 项.

注意,序列的项不是必须为 M 的不同元素.

序列的例子:

1.自然数序列:$1, 2, 3, \cdots = \{n\}$.

2.$1, \dfrac{1}{2}, \dfrac{1}{3}, \cdots = \{\dfrac{1}{n}\}$.

3.$1, 0, 1, 0, \cdots$,此处 a_n 是 n 被 2 除的剩余.

4. $+1,-2,+3,-4,\cdots=\{n\cdot(-1)^n\}$.

5. $2,3,5,7,\cdots=\{p_n\}$,此处 p_n 是第 n 个素数. 这里, 我们不可能给出序列的第 n 项 p_n 的一般公式. 但是这个序列也是完全确定的, 这个序列的精确定义需要利用归纳定义(第一章, §2, 定义 2.2.1). 令 $f(1)=2$, $f(n)$ 是大于 $f(n-1)$ 的最小素数, 则这两个条件完全地确定定义于所有自然数集合上的一个唯一的函数(第一章, §2, 定理 2.1.5), 这个例子指出, 函数不是必须用某个由变数值确定其值的式子给出.

以下的一些概念对于任意集合来说, 已经没有意义, 仅是对于有序集或者是有序环来说的. 然而, 为了进一步讨论的需要, 我们仅限于对含有有理数域的有序域来说.

因此, 在整个这一节, 我们将认为 P 是含有有理数域 Q 作为其子域的有序域. 这一节中关于域 P 所谈, 对于代换有理数 r 为相应元 re(此处 e 为域 Q 的单位)的有序域 Q 也是正确的(《集合论》卷, 同构基本定理)[①].

定义 3.1.2 域 P 的元素的序列 $\{a_n\}$ 叫作有上界的(有下界的), 假如 P 中存在一个元素 a, 对于任意 n, 均有 $a_n<a(a_n>a)$. 如果 $\{a_n\}$ 既有上界, 又有下界, 那么就把它叫作有界的(换句话说, 域 P 的元素的序列 $\{a_n\}$ 叫作有界的, 假如 P 中存在一个元素 a, 对于任意 a_n, 均有 $|a_n|<a$).

上面所举的例子中, 例 4 既无上界, 也无下界, 其余的都有下界; 例 2,3 是有界的.

下面的概念是整个数学的基本概念之一.

定义 3.1.3 域 P 的元素 a 叫作 P 的元素的序列 $\{a_n\}$ 的极限, 假如对于 P 中的任意正元 ε, 存在一个自然数 n_0(依 ε 而定), 对于任意 $n>n_0$, 有 $|a_n-a|<\varepsilon$, 写为 $a=\lim_{n\to\infty}a_n$("当 n 趋于无穷时 a_n 的极限"), 或者简单地写为 $a=\lim a_n$("a_n 的极限"). 有极限 a 的序列叫作收敛于 a 的序列, 或者简称为收敛序列. 在 P 中没有极限的序列叫作发散序列.

上面所引入的例子, 只有一个是收敛序列: 例 2 的序列收敛于零. 事实上, 对于例 2 来说, 有

$$|a_n-0|=|a_n|=a_n=\frac{1}{n}$$

但是, 按照有理数域中的阿基米德公理(在有理数域中是一个定理, 见第三

---

① 这一节的许多概念和定理, 对于较有序域范围更广的赋值域来说, 仍然有意义. 赋值域不仅包括实数域, 而且也包括复数域.

章,§2,定理 2.1.3),对于任意有理数 $\varepsilon > 0$,存在自然数 n_0,使得

$$n_0 > \frac{1}{\varepsilon}$$

于是,对于任意 $n > n_0$,有

$$\frac{1}{n} < \frac{1}{n_0} < \varepsilon$$

例 3 的序列是发散的,因为对于任意 $\varepsilon > 0$ 和任意 n_0,我们可求得一个 $n' > n_0$,使得

$$\mid a_{n'} - 0 \mid = 0 < \varepsilon$$

也可以找到一个 $n'' > n_0$,使得

$$\mid a_{n''} - 1 \mid = 0 < \varepsilon$$

但对于 $\varepsilon \leqslant 1$ 来说,不能找出这样的 n_0,使得对于任意 $n > n_0$,上面所述的不等式之一成立. 事实上,如果(例如,第一个不等式成立)

$$\mid a_n - 0 \mid = \mid a_n \mid < \varepsilon \leqslant 1$$

那么,$a_n = 0$,即 $a_{n+1} = 1$,且

$$\mid a_{n+1} - 0 \mid = 1 \geqslant \varepsilon$$

序列极限的概念是与代数运算(参看《抽象代数基础》卷的相关定义)的概念类似的. 在那里,是对于有次序的元素偶来说的,而在这里,对于与自然数集 $\{1, 2, \cdots, n, \cdots\}$ 有同样序型的元素组,有同一集合中的某个元素与之对应. 因此,我们有时谈到"求极限的运算",无疑地,这已经不是通常意义的代数运算了.

自然会产生关于求极限运算的可施行性和唯一性的问题,就例 3 的序列来说,我们已经看到,不是每一个序列都有极限. 关于极限的唯一性问题,答案是肯定的.

定理 3.1.1　如果域 P 的元素的序列有极限,那么仅能有一个.

证明　设 $\lim a_n = a$,且 $b \neq a$,我们证明,b 不能是这个序列的极限. 由直观的形象很容易看出这个事实,当 a_n 无限接近于 a 时,大多数 a_n 将离开 b. 形式的证明是这样的:因为 $a \neq b$,所以 $\mid a - b \mid > 0$,即 $\frac{\mid a - b \mid}{2} > 0$,如果也有 $\lim a_n = b$,那么存在这样的自然数 n_1 和 n_2,使得当 $n > n_1$ 时,有

$$\mid a_n - a \mid < \frac{\mid a - b \mid}{2}$$

当 $n > n_2$ 时,有

$$| a_n - b | < \frac{|a-b|}{2}$$

如果 n_0 是 n_1 和 n_2 中的较大者,那么当 $n > n_0$ 时,有

$$| a - b | = | (a - a_n) + (a_n - b) | \leqslant | a - a_n | + | a_n - b |$$
$$< \frac{|a-b|}{2} + \frac{|a-b|}{2} = | a - b |$$

即 $| a - b | < | a - b |$,这是不可能的.

现在,让我们暂时把关于极限存在的条件问题留在以后再谈,先来研究在求极限运算可施行的情形下的某些性质.

定理 3.1.2 (1) 如果域 P 的元素的两个序列 $\{a_n\}$ 与 $\{b_n\}$ 之一是收敛的,并且 $\lim(a_n - b_n) = 0$,那么另一个序列也是收敛的,而且 $\lim a_n = \lim b_n$. 反之,如果两个序列都是收敛的,而且 $\lim a_n = \lim b_n$,那么 $\lim(a_n - b_n) = 0$.

其次,如果域 P 的两个序列 $\{a_n\}$,$\{b_n\}$ 都是收敛序列,那么:

(2) $\lim(a_n \pm b_n) = \lim a_n \pm \lim b_n$;

(3) $\lim(a_n \cdot b_n) = \lim a_n \cdot \lim b_n$;

(4) $\lim \frac{a_n}{b_n} = \frac{\lim a_n}{\lim b_n}$,这时,$\lim b_n \neq 0$,且对于任意 $n, b_n \neq 0$.

不需要假定等式(2)(3)(4)左端序列的收敛性,以其右端序列 $\{a_n\}$,$\{b_n\}$ 的收敛性就可以推出.

(5) 如果

$$\lim a_n > \lim b_n$$

那么在 P 中存在一 $\varepsilon(\varepsilon > 0)$,并且可以找到一个自然数 n_0,使得对于任意 $n(n > n_0)$,有 $a_n - b_n > \varepsilon$. 如果有一个自然数 n_0 存在,对于任意 $n(n > n_0)$,有 $a_n \geqslant b_n$,那么

$$\lim a_n \geqslant \lim b_n$$

证明 (1) 例如,设 $\{a_n\}$ 是收敛的,而且 $\lim a_n = a$,于是,对于任意 $\varepsilon > 0$ $(\varepsilon \in P)$,有自然数 n_1, n_2 存在,当 $n > n_1$ 时,有

$$| a_n - a | < \frac{\varepsilon}{2}$$

当 $n > n_2$ 时,有

$$| a_n - b_n | < \frac{\varepsilon}{2}$$

如果 n_0 是 n_1, n_2 中的较大者,那么当 $n > n_0$ 时,有

$$| b_n - a | = | (b_n - a_n) + (a_n - a) |$$

$$\leqslant |b_n - a_n| + |a_n - a|$$

$$< \frac{\varepsilon}{2} + \frac{\varepsilon}{2} = \varepsilon$$

即

$$\lim b_n = a = \lim a_n$$

(1) 的第二个断言可由(2) 推出.

现在设序列 $\{a_n\}$ 与 $\{b_n\}$ 是收敛的,而且 $\lim a_n = a, \lim b_n = b$.

(2) 对于任意 $\varepsilon > 0$,存在自然数 n_1, n_2,使得 $|a_n - a| < \frac{\varepsilon}{2}$,当 $n > n_1$ 时;

$|b_n - a| < \frac{\varepsilon}{2}$,当 $n > n_2$ 时.

如果 n_0 是 n_1, n_2 中的较大者,那么当 $n > n_0$ 时,有

$$|(a_n \pm b_n) - (a \pm b)| = |(a_n - a) \pm (b_n - b)|$$

$$\leqslant |a_n - a| + |b_n - b|$$

$$< \frac{\varepsilon}{2} + \frac{\varepsilon}{2} = \varepsilon$$

因此

$$\lim(a_n \pm b_n) = a \pm b = \lim a_n \pm \lim b_n$$

(3) 首先,我们证明收敛序列 $\{a_n\}$ 是有界的(见定义 3.1.2). 因为 $\lim a_n = a$,所以存在一个自然数 p,当 $n > p$ 时,有

$$|a_n - a| < 1$$

于是,当 $n > p$ 时,有

$$|a_n| = |(a_n - a) + a| \leqslant |a_n - a| + |a| < 1 + |a|$$

在 P 的有穷多个元素 $|a_1|, |a_2|, \cdots, |a_n|, 1 + |a|$ 中,存在最大的 a'(参看《集合论》卷). 若令 $c = a' + 1$,则 $c \geqslant 1 > 0$,且对于任意 n,有 $|a_n| < n$.

其次,取任意元 $d > |b|$,例如,取 $d = |b| + 1$. 于是,显然有 $d > 0$. 因为 $\lim a_n = a$ 且 $\lim b_n = b$,所以对于 P 中的任意 $\varepsilon(\varepsilon > 0)$,存在自然数 n_1, n_2,使得 $|a_n - a| < \frac{\varepsilon}{2d}$,当 $n > n_1$ 时; $|b_n - b| < \frac{\varepsilon}{2c}$,当 $n > n_2$ 时.

如果 n_0 是 n_1, n_2 中的较大者,那么当 $n > n_0$ 时,有

$$|a_n b_n - ab| = |(a_n b_n - a_n b) + (a_n b - ab)|$$

$$\leqslant |a_n b_n - a_n b| + |a_n b - ab|$$

$$= |a_n| \cdot |b_n - b| + |a_n - a| \cdot |b|$$

$$< c \cdot \frac{\varepsilon}{2c} + d \cdot \frac{\varepsilon}{2d} = \varepsilon$$

136

因此
$$\lim(a_n b_n)=ab=\lim a_n \cdot \lim b_n$$

（4）当 $\lim b_n=b\neq0$ 时，存在一个自然数 n_1，当 $n>n_1$ 时，有 $|b_n|>\dfrac{|b|}{2}$.

又存在自然数 p，当 $n>p$ 时，有 $|b_n-b|<\dfrac{|b|}{2}$. 假使断言不真，则对于 p，可以找出一个 $q(q>p)$，使 $|b_q|<\dfrac{|b|}{2}$. 于是

$$|b|=|(b-b_q)+b_q|$$
$$\leqslant|b-b_q|+|b_q|$$
$$<\frac{|b|}{2}+\frac{|b|}{2}=|b|$$

即 $|b|<|b|$，这是不可能的. 因序列 $\{a_n\}$ 是收敛的，故是有界序列，即存在一个元素 $c(c>0,c\in P)$，对于任意 n，有 $|a_n|<c$.

最后，由 $\lim a_n=a,\lim b_n=b$ 可知，对于 P 中的任意 $\varepsilon(\varepsilon>0)$，存在自然数 n_2,n_3，使得

$$|a_n-a|<\frac{\varepsilon\cdot|b|}{2}，当 n>n_2 时$$

及

$$|b_n-b|<\frac{\varepsilon\cdot b^2}{4c}，当 n>n_3 时$$

（因为对于 $b\neq0$，永远有 $b^2=|b|^2>0$），设 n_0 是 n_1,n_2,n_3 中的最大者，于是，当 $n>n_0$ 时，有

$$\left|\frac{a_n}{b_n}-\frac{a}{b}\right|=\left|\frac{a_n b-b_n a}{b_n b}\right|=\frac{|(a_n b-a_n b_n)+(a_n b_n-b_n a)|}{|b_n b|}$$
$$\leqslant\frac{|a_n b-a_n b_n|}{|b_n b|}+\frac{|a_n b_n-b_n a|}{|b_n b|}$$
$$=\frac{|a_n|\cdot|b-b_n|}{|b|\cdot|b_n|}+\frac{|a_n-a|}{|b|}$$
$$<\frac{c\cdot\frac{\varepsilon\cdot b^2}{4c}}{\frac{|b|}{2}\cdot|b|}+\frac{\frac{\varepsilon\cdot|b|}{2}}{|b|}=\varepsilon$$

即
$$\lim\frac{a_n}{b_n}=\frac{a}{b}=\frac{\lim a_n}{\lim b_n}$$

(5) 设 $a > b$. 取 $\varepsilon = \dfrac{a-b}{3}$，存在自然数 n_1, n_2，使得对于任意 $n > n_1$，有 $|a_n - a| < \varepsilon$，且对于任意 $n > n_2$，有 $|b_n - b| < \varepsilon$. 设 n_0 是 n_1, n_2 中的较大者，如果对于某个 $n > n_0$，有 $a_n - b_n \leqslant \varepsilon$，那么对于这样的 n，我们可求得

$$a - b = (a - a_n) + (a_n - b_n) + (b_n - b)$$
$$> \varepsilon + \varepsilon + \varepsilon = 3\varepsilon = a - b$$

这是不可能的，即对于任意 $n > n_0$，有 $a_n - b_n > \varepsilon$.

反过来，设对于任意 $n > n_0$，有 $a_n - b_n \geqslant 0$. 假设 $a < b$，那么按照前面证明过的，将有 $\varepsilon > 0$ 和 n_1 存在，对于任意 $n > n_1$，有 $b_n - a_n > \varepsilon > 0$. 任意取大于 n_0 和 n_1 的 n，我们得 $a_n \geqslant b_n$ 且 $b_n > a_n$，这是不可能的，即 $a \geqslant b$. 定理即被证明.

如果一个序列有极限，那么与极限接近的那些项，随着脚标的增大，彼此间也应该越接近. 让我们来给出序列这个性质的精确定义.

定义 3.1.4 域 P 元素的序列 $\{a_n\}$ 叫作基本序列（或者柯西（Cauchy）序列），假如对于 P 中的任意 $\varepsilon(\varepsilon > 0)$，存在一个自然数 n_0（依 ε 而定），对于大于 n_0 的任意 p, q，有 $|a_p - a_q| < \varepsilon$.

定理 3.1.3 域 P 元素的每一个收敛序列都是基本序列.

证明 设 $\lim a_n = a$. 对于 P 中的任意 $\varepsilon(\varepsilon > 0)$，存在一个自然数 n_0，当 $n > n_0$ 时，有 $|a_n - a| < \dfrac{\varepsilon}{2}$. 如果 $p > n_0, q > n_0$，那么按照绝对值的性质（《抽象代数基础》卷，第二章，§5），有

$$|a_p - a_q| = |(a_p - a) - (a_q - a)|$$
$$\leqslant |a_p - a| + |a_q - a|$$
$$< \dfrac{\varepsilon}{2} + \dfrac{\varepsilon}{2} = \varepsilon$$

即 $\{a_n\}$ 是基本序列.

这个定理给出收敛的必要特征：一个序列是收敛序列的必要条件是，这个序列是基本序列. 然而这个条件对于任意域 P 来说不是充分的. 下面我们即将看到，在有理数域中，存在没有极限（在有理数域中）的基本序列.

我们再返回来讨论线段的比和求根的问题. 对于这两个问题，我们都已建立了具有性质（1）的两个有理数（甚至是十进有理数）的序列 $\{a_n\}, \{b_n\}$. 很容易证明，每一个序列都是基本序列. 因为，对于任意正有理数 ε，存在一个自然数 n_0，使得 $\dfrac{1}{10^{n_0}} < \varepsilon$（第三章，§2，定理 2.2.3）. 于是，对于任意大于 n_0 的 p, q，例如 $p \geqslant q > n_0$，得

$$|\ a_p - a_q\ | = a_p - a_q < b_p - a_q \leqslant b_{n_0} - a_{n_0} = \frac{1}{10^{n_0}} < \varepsilon$$

与此类似,得

$$|\ b_p - b_q\ | < \varepsilon$$

如果这个问题有有理数解 c,那么 c 应该是序列 $\{a_n\}$ 和 $\{b_n\}$ 的极限. 事实上,在线段的情形中,有

$$c \cdot AB = MN < b_n \cdot AB$$

由此得

$$c < b_n$$

也有

$$a_n \cdot AB = MN < c \cdot AB$$

由此得

$$a_n \leqslant c$$

在根的情形中,有

$$c^k < a$$

由此得

$$a_n \leqslant c < b_n$$

因为由 $a_n > c$,应有

$$a_n^k > c^k = a$$

且由 $b_n \leqslant c$,应有

$$b_n^k \leqslant c^k = a$$

这与 a_n 和 b_n 的建立矛盾.

对于任意 $\varepsilon > 0$,存在一个 n_0,使得

$$\frac{1}{10^{n_0}} < \varepsilon$$

于是,当 $n > n_0$ 时,有

$$|\ a_n - c\ | = c - a_n < b_n - a_n \leqslant b_{n_0} - a_{n_0} = \frac{1}{10^{n_0}} < \varepsilon$$

类似地,有

$$|\ b_n - c\ | < \varepsilon$$

即

$$\lim a_n = \lim b_n = c$$

因此,上面提出的每一个问题,只要有解,就可以用求极限来解出.

反之,如果两个序列中的某一个,例如 $\{a_n\}$,有有理数的极限 c,那么,也就有 $\lim b_n = c$,而且 c 就是上述问题的解.事实上,由 $\lim a_n = c$,应有 $a_n \leqslant c \leqslant b_n$,$n$ 为任意自然数.否则,对于某个 n_1,有 $a_{n_1} > c$,且对于任意 $n > n_1$,有

$$a_n \geqslant a_{n_1} > c, \ |a_n - c| = a_n - c \geqslant a_{n_1} - c$$

或者对于某个 n_2,有 $b_{n_2} < c$,且对于任意 $n > n_2$,有

$$a_n < b_n \leqslant b_{n_2} < c, \ |a_n - c| = c - a_n > c - b_{n_2}$$

这与极限的定义矛盾.但由 $a_n \leqslant c \leqslant b_n$,正如我们上面已经看到的,应有

$$\lim a_n = \lim b_n = c$$

c 是上面所提出问题的解这个事实,对于求根来说,可以由更一般的定理得出,而且对于实数的情形也如此.这里我们将证明,如果存在本节关于有理数 $a(a > 0)$ 及自然数 $k(k > 1)$ 所建立的有理数序列 $\{a_n\}$ 及 $\{b_n\}$ 有有理数极限 c,那么 $c^k = a$.假使 $c^k < a$.因 $\lim b_n = c$,故按照定理 3.1.2(2),也有 $\lim b_n^k = c^k$.存在一个自然数 n_0,当 $n > n_0$ 时,有

$$|b_n^k - c^k| < a - c^k$$

但由

$$b_n \geqslant c \geqslant a_n \geqslant 0$$

应有

$$b_n^k \geqslant c^k$$

由此得

$$|b_n^k - c^k| < b_n^k - c^k < a - c^k$$

因而得 $b_n^k < a$,这与 b_n 的建立相矛盾.同样方法可以证明不等式 $c^k > a$ 不能成立,因此

$$c^k = a, c = \sqrt[k]{a}$$

如果 a, c 是这样的有理数,对于它,不存在有理数 c,满足 $c^k = a$(参考第三章 §2 末),那么对于这样的 a 和 c 所做的序列 $\{a_n\}$ 和 $\{b_n\}$ 虽然是基本序列,但是在有理数域内没有极限.

在求线段的比的情形中,需要证明:如果对于线段 AB 和 MN 所做的有理数序列 $\{a_n\}$ 和 $\{b_n\}$ 收敛于有理数 c,那么 c 就是这两个线段的比,即 $c \cdot AB = MN$.假如不是这样,例如,设 $c \cdot AB < MN$,则有 $c \cdot AB < MN_1$,这时线段 MN_1 是线段 MN 的一部分.不管线段 N_1N 如何小,按照几何的阿基米德公理,有一个自然数 k 存在,使 $k \cdot N_1N > AB$.但 $10^k > k$(第三章,§2,(3)),因而有 $10^k \cdot N_1N > AB$,由此得 $\dfrac{AB}{10^k} < N_1N$.但 a_k 及 b_k 是这样确定的

$$a_k \cdot AB \leqslant MN < b_k \cdot AB$$

此处

$$b_k - a_k = \frac{1}{10^k}$$

由 $a_k \leqslant c$,应有

$$b_k \cdot AB = a_k \cdot AB + (b_k - a_k) \cdot AB$$

$$\leqslant c \cdot AB + \frac{AB}{10^k}$$

$$< MN_1 + N_1 N = MN$$

因 $b_k \cdot AB > MN$ 的条件,故这是不可能的.假定 $c \cdot AB > MN$,同样方法可以导致矛盾,因此 $c \cdot AB = MN$.

如果线段 AB 和 MN 不可公度,那么它们的比不能表示成有理数,因此对于这样的线段所做的有理数序列 $\{a_n\}$ 及 $\{b_n\}$ 虽然是基本序列,但在有理数域内没有极限.

因此,在有理数域内存在没有极限的基本序列.

定义 3.1.5　有序域叫作完备域,如果它具有下面的性质:

Ⅷ(完备公理) 这个域的元素的任意基本序列都是收敛序列,即在这个域内有极限.

由上面所述,应有下面的定理.

定理 3.1.4　有理数域 Q 不是完备域.

上面我们已经给出这个定理的两个证明,那时是对于不可公度的两个线段和对于非任何有理数的 k 次方的有理数建立了发散的有理数的基本序列来证明的.利用线段公度证明这个定理时所依据的是几何公理,它们是不需要论证的;而另一个的证明仅以我们已证明过的有理数的性质为根据,因此可以认为已经证明完结.

3.2　连续性的第二种表述

上面引入的基本序列的概念以及与它们联系着的完备域的概念有一个共同的性质,它与以前所引入的代数运算、有序性、阿基米德式有序性等概念有根本上的差异.下面我们来说明这件事.设给出一个域 P 及其子域 P',如果对于 P' 中的三个元素 a,b,c,关系 $a+b=c$ 成立,那么这个关系在域 P 也成立(根据子域的定义).反之,如果在 P 中有 $a+b=c$,而且 a,b,c 属于 P',那么在 P' 中也有 $a+b=c$.同样的,对于关系 $ab=c$ 也如此.如果 P 是有序域,那么 P 的有序性

也将保持在其子域 P' 内,即在 P' 中 a 是正元当且仅当 a 在 P 中是正元.很容易看出,公理 Ⅴ 和 Ⅵ(《抽象代数基础》卷,第二章,§5,定义 5.1.1)在 P' 内也成立,即 P' 是有序域.P' 的有序性是阿基米德式有序性不依赖于我们是否就 P' 本身讨论的还是作为 P 的子域讨论的.事实上,对于 P' 中的元素 e 和 c 来说,关系 $ne > c$ 在 P' 中成立当且仅当在 P 中成立(在顺序一致的条件下).就这种意义来说,我们在第一章所引入的概念是绝对的,它们不依赖于其扩域如何.我们在本节前面所引入的概念是与将元素看作哪一个域的元素有关的,就这种意义来说,这些概念是相对的.例如,我们取 $\lim a_n = a$ 来看,它表明,对于域 P 中的任意元素 $\varepsilon(\varepsilon > 0)$,存在一个自然数 n_0,使得对于任意 $n > n_0$,有 $|a_n - a| < \varepsilon$.基本序列的定义中也含有上面提到的域 P 中的任意元素 $\varepsilon(\varepsilon > 0)$.但是,既然元素 ε 依赖域 P' 的选择,我们就没有根据认为,如果序列 $\{a_n\}$ 的所有元素及 a 都属于 P 的子域 P',那么在 P 中关系 $\lim a_n = a$ 及 $\{a_n\}$ 为基本序列的性质与 P 中是一致的.显然,如果在 P 中满足这两个条件之一,那么在 P' 中也满足,因为,既然对于 P 中的任意 $\varepsilon(\varepsilon > 0)$ 都是正确的,那么对于其特殊情形的 P' 中的任意 $\varepsilon(\varepsilon > 0)$ 当然也是正确的,但是反过来不必为真,让我们用下面的例子来证明这个事实.

设 P 是有理函数(即代数分式)域,P 中的元素为 $\dfrac{f(x)}{g(x)}$,此处 $f(x)$ 和 $g(x)$ 是有理系数的多项式(精确定义在《多项式理论》卷中给出).如果 $f(x)$ 和 $g(x)$ 的最高次系数的符号相同,那么认为 $\dfrac{f(x)}{g(x)}$ 是正的,这样就得到域 P 的有序性,但不是阿基米德式有序性,因为对于任意自然数 n,有

$$x - n = \frac{x - n}{1} > 0$$

由此得 $n \cdot 1 < x$,因而 x 大于所有有理数.如果 a 是大于零的有理数,那么也有 $a^{-1} > 0$,且 a^{-1} 是有理数,因此 $a^{-1} < x$.两端同乘以 $\dfrac{a}{x}(\dfrac{a}{x} > 0)$,得 $\dfrac{1}{x} < a$,故 $\dfrac{1}{x}$ 小于任意正有理数.域 P 含有有理数域 Q 作为其子域,在 Q 中序列 $\{\dfrac{1}{n}\}$,$n = 1$,$2, 3, \cdots$,收敛于零,因而这个序列是基本序列,但在 P 中有

$$\left| \frac{1}{n} \right| = \frac{1}{n} > \frac{1}{x}$$

不论 n 为任何自然数,因而数 0 不是这个序列的极限.在 P 中这个序列不可能有极限,因而它不是基本序列.事实上,当 $p \neq q$ 时,显然 $|\dfrac{1}{p} - \dfrac{1}{q}| > 0$,且是有理

数,因而有 $\left|\dfrac{1}{p}-\dfrac{1}{q}\right|>\dfrac{1}{x}$. 很容易看出,在 P 中的有理数序列 $\{a_n\}$,当且仅当是不动序列(即存在一个自然数 n_0,对于任意 $n>n_0$,恒有 $a_n=a$)时才是基本序列,这时显然有 $\lim a_n=a$. 因此,把 P 中求极限的运算移至其子域 P 中时,我们就得到一个完备域,虽然 Q 就上面定义 3.1.5 来说不是完备域.

虽然如此,在下面的一种情形中,本节所引入的概念仍然是绝对的.

定理 3.2.1 为了使得在 P 中的极限和基本序列的概念与 P 的任意子域 P' 中的一致,充分必要条件是 P 为阿基米德式有序域.

证明 如果 P 是非阿基米德式有序域,那么存在一个元素 c,使得对于任意自然数 n,均有 $n<c$. 因为有理数域 Q 是阿基米德式有序域,所以对于任意有理数 a,均有 $a<c$. 于是,对于有理数 $a>0$,在不等式 $a<c$ 的两端同乘以 $\dfrac{1}{ac}(\dfrac{1}{ac}>0)$ 以后,得

$$\frac{1}{c}<\frac{1}{a}$$

即

$$0<\frac{1}{c}<b$$

此处 $b=\dfrac{1}{a}$ 是任意正有理数. 这样,有理数序列 $\{\dfrac{1}{n}\}$,$n=1,2,3,\cdots$ 在 Q 中收敛于数 0,因而是基本序列. 但同样的这个序列在域 P 中不是基本序列,因而它没有极限. 事实上,取 $\varepsilon=\dfrac{1}{c}>0$,当 $p\neq q$ 时,恒有 $\left|\dfrac{1}{p}-\dfrac{1}{q}\right|>\varepsilon$. 这就是说,没有这样的自然数 n_0 存在,对大于 n_0 的任意 p,q,条件 $\left|\dfrac{1}{p}-\dfrac{1}{q}\right|<\varepsilon$ 被满足. 因此证明了条件的必要性.

现在设 P 是阿基米德式有序域,我们证明序列 $\{a_n\}$ 是收敛序列或者基本序列的性质与含有所有 a_n 及极限 $a=\lim a_n$(当序列是收敛的情形)的子域 P' 无关. 由于这些性质在 P 中成立,应在 P' 中也成立. 反之,设在 P' 中有 $\lim a_n=a$,我们证明在 P 中也如此. 从 P 中任取 $\varepsilon>0$,因为 P 是阿基米德式有序域,所以存在一个自然数 $n<\dfrac{1}{\varepsilon}$,由此得

$$0<\frac{1}{n}=\varepsilon'<\varepsilon$$

数 $\varepsilon(\varepsilon>0)$ 属于域 P 的任一子域,因而属于 P'. 因为在 P' 中已知 $\lim a_n=a$,所

以存在一个自然数 n_0，使得对于任意 $n > n_0$，有 $|a_n - a| < \varepsilon' < \varepsilon$. 这就是说，在 P 中也有 $\lim a_n = a$，定理即被证明.

定义 3.2.1 阿基米德式有序的完备域叫作连续域.

在连续域中，关于线段的比以及求正元的方根问题永远都可以解决. 关于求方根的问题，我们在后面（§4）还要返回来研究. 让我们对于线段的比说几句话，假使我们已经成功地扩张有理数域 Q 至连续域 P，那么，按照上面的定理，我们在前面为已知线段 AB 和 MN 所做的有理数序列 $\{a_n\}$，$\{b_n\}$，不仅在 Q 中是基本序列，在 P 中也是基本序列，由于 P 是完备域，因此这两个序列有共同的极限 c（定理 3.1.2(1)）. 这个元素 c 可以采取作为折两个线段的比的定义，即认为 $MN : AB = c$，或者 $MN = c \cdot AB$. 当两线段为可公度的情形时，正如我们前面（第三章 §2 末）证明的，这个新的比的定义，与原来的比的定义是一致的. 但原来定义仅能适用于线段可公度的情形，而现在以 P 的元素来定义比的这种新定义，则并不依赖于线段是否可公度，因此，在这种意义上关于线段的比的问题在连续域 P 内恒可以解决. 讨论线段比的问题仅是为了说明连续域这个概念的重要性，我们不打算详细地讨论这个问题.

我们指出，上面定义的线段的比具有所有需要的性质（证略），即对于任意线段 AB 和 CD 以及连续域 P 的任意元素 $c > 0, d > 0$，有：

(1) 由 $c < d$，应有 $c \cdot AB < d \cdot AB$；

(2) $(c + d) \cdot AB = c \cdot AB + d \cdot AB$；

(3) $c \cdot (AB + CD) = c \cdot AB + c \cdot CD$.

其次，对于任意线段 AB 和 P 的任意元素 $c(c > 0)$，存在这样一个线段 MN，使得 $MN : AB = c$.

关于圆周长的问题可归结为线段长的问题. 利用边数加倍的方法我们建立两个正多边形（内接和外切）的序列，知道了线段的比以后，我们可以求内接正 n 边形和外切正 n 边形的周长 a_n 和 b_n. 用中学中已熟知的讨论可证，$a_1 < a_2 < a_3 < \cdots$ 及 $b_1 > b_2 > b_3 > \cdots$. 其次可证 $a_n < b_n$ 且 $\lim(b_n - a_n) = 0$. 由此很容易导出结论：P 的元素的两个序列 $\{a_n\}$，$\{b_n\}$ 是基本序列，由于 P 是完备域，因此它们有共同的极限 c. 我们采取这个极限作为圆周长的定义. 类似地，可对已知圆的弧长进行定义，可以证明弧长介于零与圆周长 c 之间，而且，对于 P 中的任一元素 c'，只要 $0 < c' < c$，就可求出这个圆的某个弧，该弧的长恰为 c'. 在这种意义上，关于圆弧长的问题，在连续域 P 中也可以完全解决.

§4　实数域构造的康托方法

4.1　实数域的定义及其性质

在有理数域Q内,对于基本序列求极限的运算不是恒能施行的,也就是说,Q不是完备域(定理 3.1.4).遵循在第二章 §1 中已提出的扩张数域的一般计划,我们将域Q扩张到新域R,使得在R内定义顺序后,每一个基本序列都有极限.这里我们希望,在新域R内对于基本序列不恒能施行的求极限运算,在新域R内对于同样的Q中的序列已能施行,也就是说,希望Q中的基本序列在R内仍然是基本序列,即不但希望R是完备域,而且希望R是阿基米德式有序域(定义 3.1.5).换句话说,R应该是连续域.同以前一样,由于连续域的定义已经包含唯一性了(就同构的意义来说),因此我们直接给出下面的定义.

定义 4.1.1　含有有理数域Q作为其子域的连续域R叫作实数域.将R的元素叫作实数.

满足这个定义的域R的存在唯一性的证明,与整数(第二章 §1)和有理数(第三章 §1)的情形类似.我们先证明其唯一性.

定理 4.1.1　含有有理数域Q的有序域P当且仅当其每一元均为有理数的序列的极限时,P是阿基米德式有序域[①].

证明　(a)设P的每一元a均等于某个有理数序列$\{a_n\}$的极限,于是存在一自然数k,使得$|a-a_k|<1$,由此得

$$a\leqslant|a|=|(a-a_k)+a_k|\leqslant|a-a_k|+|a_k|<1+|a_k|$$

因为$1+|a_k|$是有理数,又由有理数域是阿基米德式有序域,所以存在一个自然数$n(n>1+|a_k|)$,因此,$n>a$,即P是阿基米德式有序域(《抽象代数基础》卷,第二章,§5,Ⅶ′).我们指出,这里并未利用在P中有$\lim a_n=a$这个关系,仅利用存在一个自然数k(只要有一个即可),对于它,有$|a_k-a|<1$(或者任意有理数$\varepsilon(\varepsilon>0)$),而不是对于$P$中的任意$\varepsilon(\varepsilon>0)$.

(b)设P是阿基米德式有序域,则对于P中的任意元素a和任意自然数n,存在自然数m_1和m_2,使得

---

① P中的有理元素代替有理数(参看第三章定理 2.1.2)以后,可以把P含有Q的条件省去.

$$m_1 \cdot \frac{1}{n} > a, m_2 \cdot \frac{1}{n} > -a$$

由此有

$$(-m_2) \cdot \frac{1}{n} < a$$

这就是说,满足条件 $h \cdot \frac{1}{n} \leqslant a$ 的所有整数 h 的集合 A 有上界 m_1,又因为它含有整数 $-m_2$,所以 A 不空.因此 A 含有最大整数 m(第二章,§1,定理1.3.5).于是有

$$\frac{m}{n} \leqslant a < \frac{m+1}{n}$$

从不等式的各端减去 $\frac{m}{n}$,得

$$0 \leqslant a - \frac{m}{n} < \frac{1}{n}$$

令 $\frac{m}{n} = a_n$,我们将证明 $\lim a_n = a$.因为对于 P 中的任意 $\varepsilon(\varepsilon > 0)$,存在自然数 $n_0(n_0 > \frac{1}{\varepsilon})$,对于任意 $n > n_0$,有

$$|a_n - a| = a - a_n < \frac{1}{n} < \frac{1}{n_0} < \varepsilon$$

这就是说,在 P 中有 $\lim a_n = a$.

注意,这里如果应用第三章的定理2.2.2和定理2.2.3,那么证明比较简单,甚至可以证明 P 中的任意元素都等于 n 进有理数的序列的极限,但是我们不希望利用 n 进有理数,这里并不需要它.

定理 4.1.2 所有实数域都是同构的,即实数域就同构的意义来说是唯一确定的.

精确地说,如果 R_1, R_2 是两个实数域,那么存在且仅存在一个 R_1 与 R_2 之间保持顺序的同构映射.这时有理数映象于自身.特别情形,存在且仅存在一个实数域到自身的保持顺序的同构映射,即恒等映射(由于第三章定理2.1.2,这个定理对于任意连续域,其中用有理数代替有理元,仍然有效)[①].

证明 我们用下面的方法建立 R_1 到 R_2 上的一个映象 f.设 d_1 是 R_1 的任意元.因为 R_1 是阿基米德式有序域,所以按照定理3.1.1,有 $d_1 = \lim a_n$,此处

---

① 在以后(§4,4.3)我们将看到,保持顺序的同构的限制可以省略,因为实数域只有一种顺序.

a_n 是有理数, 即在 R_1 中 $\{a_n\}$ 是基本序列, 因此在它的子域 Q 中也是基本序列. 因为 $Q \subset R_2$, 且 R_2 是阿基米德式有序域, 所以在 Q 中的基本序列 $\{a_n\}$, 在 R_2 中也是基本序列(定理 3.2.1). 因为 R_2 是完备域, 所以在 R_2 中有 $\lim a_n = d_2$.

令 $f(d_1) = d_2$, 我们来证明 d_2 与有理数序列 $\{a_n\}$ 的选择无关. 如果也有 $\lim b_n = d_1$, 此处 b_n 是有理数, 那么 $\lim a_n = \lim b_n$, 由此可知, 在 R_1 中有 $\lim(a_n - b_n) = 0$(定理 3.1.2(1)), 因此在 Q 中也有 $\lim(a_n - b_n) = 0$. 与上面那样的讨论, 我们知道, 在 R_2 中也有

$$\lim(a_n - b_n) = 0, \text{且 } \lim a_n = \lim b_n = d_2$$

如果 d_1 是有理数, 那么 $\lim a_n = d_1$, 此处, 对于任意 n, $a_n = d_1$, 即 $f(d_1) = d_1$, 也就是说, 在映象 f 之下, 有理数映象于自身.

如果 $c_1 \neq d_1$ 且 $c_1 = \lim a_n$, $d_1 = \lim b_n$, 那么

$$\lim(a_n - b_n) \neq 0$$

且在 R_2 中

$$\lim a_n \neq \lim b_n$$

即 $f(c_1) \neq f(d_1)$.

因此 f 是 R_1 到 R_2 中的一一对应. 这个对应是与 R_1 和 R_2 中的极限定义有关的, 因此与这两个域中的顺序有关.

我们来证明, f 是 R_1 到 R_2 中的同构映射. 需要证明, 对于 R_1 中的任意元素 c_1 和 d_1, 有

$$f(c_1 + d_1) = f(c_1) + f(d_1)$$
$$f(c_1 d_1) = f(c_1) f(d_1)$$

这由定理 3.1.2 中(2)(3) 很容易得出, 即如果

$$c_1 = \lim a_n, d_1 = \lim b_n$$

应用映象 f 的定义, 那么有

$$\begin{aligned}f(c_1 + d_1) &= f(\lim a_n + \lim b_n) = f[\lim(a_n + b_n)]\\ &= \lim f(a_n + b_n) = \lim[f(a_n) + f(b_n)]\\ &= \lim f(a_n) + \lim f(b_n)\\ &= f(\lim a_n) + f(\lim b_n)\\ &= f(c_1) + f(d_1)\end{aligned}$$

第二个等式的证明与此类似.

我们来证明映射 f 还保持 R_1 和 R_2 中的顺序关系. 设在 R_1 中有 $c_1 < d_1$, 且 $c_1 = \lim a_n$, $d_1 = \lim b_n$, 于是存在一个自然数 n_0, 对于任意 $n > n_0$, 均有 $a_n < b_n$(定理 3.1.2(3)), 即在 R_2 中有 $\lim a_n \leqslant \lim b_n$, 因而

$$f(c_1) \leqslant f(d_1)$$

但是 $c_1 \neq d_1$,应有 $f(c_1) \neq f(d_1)$,故

$$f(c_1) < f(d_1)$$

接下来证明 f 是 R_1 到 R_2 中的保持顺序关系的唯一一个同构映射.设 g 是具有这样性质的另一个同构映射.在同构映射 g 下,R_1 中含有的有理数域 Q 同构地映射于 R_2 中的有理元所成的域上,这时有理数 r 的象是 re,此处 e 是 R_2 的单位元(第三章,§2,定理 2.1.2).但 R_2 中也含有 Q,因而 $e=1,re=r \cdot 1=r$,即对于任意有理数 r,均有 $g(r)=r$.因为 g 不同于 f,所以在 R_1 中存在一个元素 d_1,使得

$$a_2 = f(d_1) \neq g(d_1) = b_2$$

我们将求得一个有理数 c,介于 a_2,b_2 之间.设 $a_2 < b_2$,利用与证明定理 4.1.1(b) 类似的讨论,我们先求一个自然数 n,使得

$$\frac{1}{n} < b_2 - a_2$$

然后,求一个整数 m,使得

$$\frac{m}{n} \leqslant a_2 < \frac{m+1}{n}$$

如果取 $c = \dfrac{m+1}{n}$,那么

$$a_2 < c = \frac{m}{n} + \frac{1}{n} \leqslant a_2 + (b_2 - a_2) = b_2$$

因为 $c=f(c)$,且按照已证明过的,f 保持顺序,所以由 $f(d_1)=a_2<c$,应有 $d_1<c$.由于 $g(c)=c$ 且 g 也保持顺序,因此

$$g(d_1) = b_2 < g(c) = c$$

这与 c 的建立相矛盾.

到现在为止,我们尚未利用 R_1 的完备性,也就是说,上面证明出的对于任何阿基米德式有序域均属正确.但是,我们还需要证明所建立的映象 f 是 R_1 到整个 R_2 上的同构映象,也就是说,在映象 f 下,R_2 的全部元素都被用光,为此,就必须利用 R_1 的完备性.设 d_2 是 R_2 中的任意元素,我们在 R_1 中求出 d_1,使得 $f(d_1)=d_2$.因为 R_2 是阿基米德式有序域,所以按照定理 4.1.1 知,d_2 是某个有理数序列的极限,即 $d_2 = \lim a_n$.在 R_2 中是基本序列的 $\{a_n\}$ 在 R_2 的子域 Q 中也是基本序列.由于 R_1 是阿基米德式有序域,因此在 R_1 的子域 Q 中的基本序列 $\{a_n\}$,在 R_1 中也是基本序列,又由于 R_1 的完备性,故在 R_1 中存在 $d_1 = \lim a_n$,按照 f 的定义,有 $f(d_1)=d_2$,定理即被证明.

定理 4.1.3 任意一个阿基米德式有序域 P 都与实数域 R 的某个子域同构,而且当保持顺序时,仅存在一个这样的同构映象.特别地,当保持顺序时,域 P 只能有一种方法与其自身同构,即恒等映象①.

证明 域 P 同构地且保持顺序地映象于含有实数域的有序域 Q 上.因为 P 是阿基米德式有序域,所以 Q 也是阿基米德式有序域.由定理 4.1.2 的证明我们知道,本定理对于域 Q 来说是成立的.事实上,在定理 4.1.2 中以 Q 代替 R_1,除了证明的最后一段外,其余都成立,因为我们仅仅是在最后一段才利用了 R_1 的完备性.由于 P 和 Q 是同构的,因此定理对于 P 也成立.

如果实数域 R 是存在的,那么就同构的意义来说,它是唯一的.

4.2 实数域的构造

现在我们转到实数域存在性的证明.和在整数以及有理数的情形中一样,我们只要建立一个满足定义 4.1.1 的域(实数域的一个解释)即可.建立这样的域有若干种方法,我们将要采用康托的方法,因为这种方法很自然地由我们所采取的连续性定义(定义 3.2.1)的形式导出.

定理 3.1.1 指给我们同构的实数域之一的构造.如果 R 是所求的域,那么 R 的每一个元素应等于有理数的某个基本序列的极限,而且由于 R 的连续性,任意一个有理数基本序列在 R 内都有极限.

我们就采取这样的基本序列作为构成实数域 R 的元素的出发点,即具有下面性质的序列 $\{a_n\}$,此处 a_n 是有理数:对于任意有理数 $\varepsilon(\varepsilon>0)$,存在自然数 n_0,对于任意大于 n_0 的自然数 p,q,均有 $|a_p-a_q|<\varepsilon$(定义 3.1.4).

设 M 是所有这样序列的集合.我们如下地定义等价关系和 M 中序列的加法、乘法,使得它们与等于这些序列的极限的所求域 R 的元素相等,加法和乘法相对应(定理 3.1.2(1)(2)(3)),即:

当且仅当 $\lim(a_n-b_n)=0$ 时

$$\{a_n\} \sim \{b_n\} \tag{1}$$

$$\{a_n\} + \{b_n\} \sim \{a_n+b_n\} \tag{2}$$

$$\{a_n\} \cdot \{b_n\} \sim \{a_n \cdot b_n\} \tag{3}$$

显然,必须证明(2)及(3)实际地定义出 M 中加法和乘法的运算,即证明这

---

① 这个定理与定理 4.1.2 不同,此处保持顺序这个条件不能省略.事实上,设 P 是所有形如 $a+b\sqrt{2}$(a,b 是有理数)的数域,则映射 $a+b\sqrt{2} \leftrightarrow a-b\sqrt{2}$ 是 P 到自身的同构对应,但不是恒等映射,然而这个映射不能保持顺序(当作实数域的子域看的顺序),因为 $1+\sqrt{2}>0$,但是 $1+\sqrt{2} \leftrightarrow 1-\sqrt{2}<0$.

两个等式右端的序列是基本序列.

在加法的情形中,我们任取有理数 $\varepsilon(\varepsilon > 0)$,因为 $\{a_n\}$,$\{b_n\}$ 是基本序列,所以存在着自然数 n_1,n_2,使得:

当 $p,q > n_1$ 时,有

$$| a_p - a_q | < \frac{\varepsilon}{2}$$

当 $p,q > n_2$ 时,有

$$| b_p - b_q | < \frac{\varepsilon}{2}$$

如果 n_0 是 n_1 和 n_2 中的较大者,于是,对于任意自然数 $p,q > n_0$,都有

$$| (a_p + b_p) - (a_q + b_q) | \leqslant | a_p - a_q | + | b_p - b_q | < \varepsilon$$

这就是说,序列 $\{a_n + b_n\}$ 是基本序列.

在乘法的情形中,我们先证明任意基本序列 $\{c_n\}$ 都是有界的(定义 3.1.2).因为存在 n_0,使得对于任意自然数 $p,q > n_0$,有

$$| c_p - c_q | < 1$$

所以,对于任意 $n > n_0$,有

$$
\begin{aligned}
| c_n | &= | (c_n - c_{n_0+1}) + c_{n_0+1} | \\
&\leqslant | c_n - c_{n_0+1} | + | c_{n_0+1} | \\
&< 1 + | c_{n_0+1} |
\end{aligned}
$$

取大于所有这些数

$$| c_1 |,\ | c_2 |,\cdots,\ | c_{n_0} |,\ | c_{n_0+1} | + 1$$

的有理数 c(例如,取所有这些数与 1 的和作为 c),我们得到,对于任意 n,有

$$| c_k | < c$$

这就是说,存在有理数 a,b,使得对于任意 n,均有

$$| a_n | < a,\ | b_n | < b$$

设给定一个有理数 $\varepsilon(\varepsilon > 0)$,则存在两个自然数 n_1,n_2,使得当 $p,q > n_1$ 时,有

$$| a_p - a_q | < \frac{\varepsilon}{2b}$$

当 $p,q > n_2$ 时,有

$$| b_p - b_q | < \frac{\varepsilon}{2a}$$

如果 n_0 是 n_1 和 n_2 中的较大者,那么对于任意 $p,q > n_0$,有

$$| a_p \cdot b_p - a_q \cdot b_q | = | (a_p b_p - a_p b_q) + (a_p b_q - a_q b_q) |$$

$$\leqslant \mid a_p \mid \cdot \mid b_p - b_q \mid + \mid b_q \mid \cdot \mid a_p - a_q \mid$$

$$< a \cdot \frac{\varepsilon}{2a} + b \cdot \frac{\varepsilon}{2b} = \varepsilon$$

即$\{a_n b_n\}$是基本序列.

M中的序列$\{a_n\}$叫作正的,如果有一个正有理数$\varepsilon(\varepsilon > 0)$和一个自然数$n_0$存在,使得对于任意$n > n_0$,有$a_n > \varepsilon$.

序列的等价关系(1)具有"相等"的基本性质,即:

(1)$\{a_n\} \sim \{a_n\}$,因为$\lim(a_n - a_n) = 0$.

(2) 若$\{a_n\} \sim \{b_n\}$,则$\{b_n\} \sim \{a_n\}$.

因为,若$\lim(a_n - b_n) = 0$,由于$\mid a_n - b_n \mid = \mid b_n - a_n \mid$,则应有$\lim(b_n - a_n) = 0$.

(3) 若$\{a_n\} \sim \{b_n\}$,$\{b_n\} \sim \{c_n\}$,则$\{a_n\} \sim \{c_n\}$.

因为,若$\lim(a_n - b_n) = 0$,$\lim(b_n - c_n) = 0$,则也有(定理 3.1.2(2))

$$\lim(a_n - c_n) = \lim[(a_n - b_n) + (b_n - c_n)]$$
$$= \lim(a_n - b_n) + \lim(b_n - c_n)$$
$$= 0 + 0 = 0$$

由等价关系的基本定理(参看第二章,§1)可知,这个关系确定分M为等价序列的一个分类,今后以小写希腊字母$\alpha, \beta, \gamma, \cdots$表示这些类.

定义 4.2.1 设R_0是M的所有等价序列的类的集合,含有类α的一个序列和类β的一个序列的和(积)的类称为α与β的和(积),表示为$\alpha + \beta(\alpha \cdot \beta)$;如果类$\alpha$含有一个正的序列,那么就称$\alpha$为正的.

我们来证明,和与积以及正类的性质与该类的代表选择无关.

设

$$\{a_n\} \sim \{b_n\}, \{c_n\} \sim \{d_n\}$$

则有

$$\lim(a_n - b_n) = 0, \lim(c_n - d_n) = 0$$

由此得

$$\lim[(a_n + c_n) - (b_n + d_n)] = \lim(a_n - b_n) + \lim(c_n - d_n) = 0$$

即

$$\{a_n + c_n\} \sim \{b_n + d_n\}$$

因为$\{c_n\}$是基本序列,所以是有界的,因此,存在一个有理数$c(c > 0)$,使得对于任意n,有$\mid c_n \mid < c$.设给定一个有理数$\varepsilon(\varepsilon > 0)$,则有一个自然数$n_0$存在,对于任意$n > n_0$,有$\mid a_n - b_n \mid < \frac{\varepsilon}{c}$,因而,对于任意$n > n_0$,有

$$| a_n c_n - b_n c_n | = | a_n - b_n | \cdot | c_n | < \frac{\varepsilon}{c} \cdot c = \varepsilon$$

即

$$\lim(a_n c_n - b_n c_n) = 0$$
$$\{a_n c_n\} \sim \{b_n c_n\}$$

应用上面证明出的以及序列乘法的交换性，我们求得

$$\{a_n c_n\} \sim \{b_n c_n\} = \{c_n b_n\} \sim \{d_n b_n\} = \{b_n d_n\}$$

最后，如果序列 $\{a_n\}$ 是正的，且 $\{a_n\} \sim \{b_n\}$，那么有一个正有理数 $\varepsilon(\varepsilon > 0)$ 及自然数 n_1 存在，使得对于任意 $n > n_1$，有 $a_n > \varepsilon$. 其次，对于这个 ε，有自然数 n_2 存在，对于任意 $n > n_2$，有

$$| a_n - b_n | < \frac{\varepsilon}{2}$$

如果 n_0 是 n_1 和 n_2 中的较大者，那么应用绝对值的性质（《抽象代数基础》卷，第二章，§5）求得，对于任意 $n > n_0$，有

$$b_n = a_n - (a_n - b_n) \geqslant a_n - | a_n - b_n | > \varepsilon - \frac{\varepsilon}{2} = \frac{\varepsilon}{2}$$

这就是说，序列 $\{b_n\}$ 也是正的.

因此，定义 4.2.1 实际地规定出 R_0 的加法、乘法的运算，并且 R_0 的类的正性由该类的任一序列均可确定.

定理 4.2.1 具有定义 4.2.1 所规定了的加法、乘法运算和正元的集合 R_0 是连续域（定义 3.2.1）.

证明 需要验证 R_0 满足 Ⅰ～Ⅷ 的所有性质（参看《抽象代数基础》卷，第二章，§1，定义 1.1.1，定义 1.3.5，定义 1.4.1，定义 7.1.1，以及定义 4.1.3，本节，定义 3.1.5）. 因为序列的运算 (2)(3) 是由其元素的运算定义的，所以由有理数满足环的性质 Ⅰ(a)，Ⅰ(b)，Ⅰ(c)，Ⅱ(a)，Ⅱ(b)，Ⅲ(a)，Ⅲ(b) 可知，M 也满足 Ⅰ(a)，Ⅰ(b)，Ⅰ(c)，Ⅱ(a)，Ⅱ(b)，Ⅲ(a)，Ⅲ(b)，因此 R_0 也满足这些性质，即 M 和 R_0 都是可交换环.

我们来说明环 R_0 中的零元素及负元是什么，显然，R_0 中的零元是含有基本序列 $\{0\} = 0, 0, 0, \cdots$ 的类，我们用符号 (0) 表示这个类. 这个类由所有与 $\{0\}$ 等价的序列所组成，即所有这样的序列 $\{a_n\}$，$\lim a_n = 0$，我们将这样的序列称为零序列. 事实上，(0) 类中任意一个序列，因为它与 $\{0\}$ 等价，所以是基本序列，反之，任意一个零序列，由于其是基本序列，且与 $\{0\}$ 等价，因此属于 (0) 类.

设类 α 含有 $\{a_n\}$，显然，负于 α 的类 $-\alpha$ 含有负于 $\{a_n\}$ 的序列 $\{-a_n\}$，并且 $-\alpha$ 中的所有序列都与 $\{-a_n\}$ 等价. 由 $a_n - b_n = -[(-a_n) - (-b_n)]$ 很容易得

知,如果 $\{a_n\}\sim\{b_n\}$,那么 $\{-a_n\}\sim\{-b_n\}$,且反之也成立.因此,类 $-\alpha$ 由 α 中序列的所有负序列所组成.

性质 Ⅱ(b′),即乘法的有逆性的证明,已经不像 Ⅰ～Ⅲ 那样直接由数的类似性质推出了.事实上,如果 M 中序列 $\{a_n\}$ 的项不全等于零,那么 $\{a_n\}$ 与环 M 的零元 $\{0\}$ 不同,即使 $a_1=0$,已经使得 $\{a_n\}\cdot\{x_n\}=\{b_n\}$,当 $b_1\neq0$ 时没有解.也就是说,环 M 不是域.尽管如此,环 R_0 仍然是一个域.设 α,β 是 R_0 中的两个类,且 $\alpha\neq(0)$.从 α 中取 $\{a_n\}$,β 中取 $\{b_n\}$,于是有一个正有理数 a 及自然数 n_1 存在,使得对于任意 $n>n_1$,有 $|a_n|>a$.因为,如果不是这样的话,由于 $\{a_n\}$ 是基本序列,故对于任意 $\varepsilon>0$,可求出一个自然数 p,使得当 $n,q>p$ 时,有

$$|a_n-a_q|<\frac{\varepsilon}{2}$$

然后取 $q>p$,使得 $|a_q|<\frac{\varepsilon}{2}$,于是得

$$|a_n|=|(a_n-a_q)+a_q|\leqslant|a_n-a_q|+|a_q|<\frac{\varepsilon}{2}+\frac{\varepsilon}{2}=\varepsilon$$

对于任意 $n>p$ 都成立.由此得

$$\lim a_n=0$$

这是不可能的,因为 $\{a_n\}$ 属于 $\alpha\neq(0)$.

不失一般性,可以认为 $a_n\neq0$,此处 n 为任意自然数.事实上,由于 $|a_n|>a>0$(当 $n>n_1$ 时),因此仅有有限多个项 $a_n(n\leqslant n_1)$ 可以是零.将这有限多个项换成不是零的有理数,我们得到一个与 $\{a_n\}$ 等价的序列,也就是说,得到一个属于 α 的且没有一项等于零的序列.

我们证明,序列 $\{c_n\}=\left\{\dfrac{a_n}{b_n}\right\}$ 是基本序列.因为 $\{b_n\}$ 是基本序列,所以是有界的,即存在有理数 b,对于任意 n,有 $|a_n|<b$.设给定一个有理数 $\varepsilon(\varepsilon>0)$,因为 $\{a_n\},\{b_n\}$ 是基本序列,所以存在自然数 n_2,n_3,使得当 $p,q>n_2$ 时,有

$$|a_p-a_q|<\frac{a^2\varepsilon}{2b}$$

当 $p,q>n_3$ 时,有

$$|b_p-b_q|<\frac{a\varepsilon}{2}$$

设 n_0 是 n_1,n_2,n_3 中的较大者,则对于任意 $p,q>n_0$,有

$$\left|\frac{b_p}{a_p}-\frac{b_q}{a_q}\right|=\left|\frac{b_pa_q-a_pb_q}{a_pa_q}\right|=\left|\frac{b_pa_q-a_pb_p}{a_pa_q}+\frac{b_pa_p-a_pb_q}{a_pa_q}\right|$$

$$\leqslant \left| \frac{b_p a_q - a_p b_p}{a_p a_q} \right| + \left| \frac{b_p a_p - a_p b_q}{a_p a_q} \right|$$

$$< \frac{b \cdot \frac{a^2 \varepsilon}{2b}}{a^2} + \frac{a\varepsilon}{2}{a} = \varepsilon.$$

即 $\{c_n\} = \{\frac{a_n}{b_n}\}$ 是基本序列.

设 γ 是含有 $\{c_n\}$ 的类,由

$$\{a_n\} \cdot \{c_n\} = \{b_n\}$$

可知 $\alpha\gamma = \beta$,因而性质 Ⅱ(b') 被证明.

显然,R_0 不止含有一个元素,故性质 Ⅳ(b) 也被证明了.

现在我们来证明 R_0 满足性质 Ⅴ(《抽象代数基础》卷,第二章,§5,定义 5.1.1).需要证明,对于 R_0 中的任何类 α 来说,α 是正的,$-\alpha$ 是正的,α 是零三者有且仅有一个成立.设 α 与 $-\alpha$ 均不是正的,从 α 中任取一个数列 $\{a_n\}$,ε 为任意正有理数,因为 $\{a_n\}$ 是基本序列,所以存在一个自然数 n_0,当 $p,q > n_0$ 时,有 $|a_p - a_q| < \frac{\varepsilon}{2}$.又因 $\{a_n\}$ 不是正的,故存在 $r > n_0$,使 $a_r \leqslant \frac{\varepsilon}{2}$.因为 $-\alpha$ 不是正的,且 $-\alpha$ 含有 $\{-a_n\}$,所以存在 $s > n_0$,使 $-a_s \leqslant \frac{\varepsilon}{2}$.于是,对于任意 $n > n_0$,将同时有

$$a_n = a_r + (a_n - a_r) \leqslant a_r + |a_n - a_r| < \varepsilon$$

及

$$-a_n = (a_s - a_n) - a_s \leqslant |a_s - a_n| + (-a_s) < \varepsilon$$

故当 $n > n_0$ 时,$|a_n| < \varepsilon$,即 $\lim a_n = 0$,由此得 $\alpha = (0)$.

因此,上述三种情形必须有一种成立.如果 α 是正的,那么有一个正有理数 a 及自然数 n_0 存在,对于任意 $n > n_0$,有 $a_n > a$,$-a_n < -a$.这就说明,既不会发生 $\lim a_n = 0$,即 $\alpha = (0)$ 的情形,也不会发生 $-\alpha$ 是正的情形.类似地,可证明 $-\alpha$ 是正的与其余两种情形不同时成立,也就说明,上述三种情形中无任何两种是同时成立的,即在 R_0 中性质 Ⅴ 成立.

性质 Ⅵ 也成立,因为正序列的和与积显然仍是正序列.

因此证明了 R_0 是有序域.当 $\alpha - \beta$ 是正类时,认为 $\alpha > \beta$,这样我们便在 R_0 中引入了大小,这时所有正类且仅有正类是大于零类的(《抽象代数基础》卷,第二章,§5,定理 5.1.1).

很容易看出,R_0 的单位元是含有序列 $\{1\} = 1,1,1,\cdots$ 的类,且这个类中的

所有序列都与{1}等价,即含有以 1 为极限的类,我们将以(1)表示这个类.

我们证明,阿基米德公理 Ⅶ(《抽象代数基础》卷,第二章,§5,定义 5.1.3)在 R_0 内也成立.设类 α 含有序列$\{a_n\}$.前面我们已经证明过,这是有界序列(基本序列都有界),因此,存在一个有理数 a,使得$|a_n|<a$,从而,对于任意 n,有 $a-a_n>0$.因为在有理数域内阿基米德公理是成立的(第三章,定理 2.1.3),所以存在一个自然数 $k(k>a+1)$,对于任意 n,有 $k-a_k>1$,也就是说,类 $k\cdot(1)-\alpha$ 是正的,即 $k\cdot(1)>\alpha$.因此在 R_0 内阿基米德公理 Ⅶ 成立.

最后,我们证明,完备公理 Ⅷ(定义 3.1.5)在 R_0 内也成立.为此,先证明如下事实:如果类 α 含有序列$\{a_n\}$,此处对于大于 n_0 的任意 n,有 $a_n\geqslant 0$,那么,$\alpha\geqslant(0)$.因为 $\alpha<(0)$ 显然是不可能的.这样一来,如果类 α 含有序列$\{a_n\}$,类 β 含有序列$\{b_n\}$,由 $a_n\geqslant b_n$(当 $n>n_0$ 时),应有 $\alpha\geqslant\beta$.前面我们曾用符号(0),(1)分别表示含有序列$\{0\}$,$\{1\}$ 的类,与此类似,现在我们将用(a)表示含有序列$\{a\}=a,a,a,\cdots$ 的类,a 为任意有理数(序列$\{a\}$ 称为不动序列).显然,对应 $a\leftrightarrow(a)$ 是有理数域 Q 与含有不动序列的所有类 Q' 间的同构对应,因而 Q' 也是一个域.

和在任意一个阿基米德式有序域内一样,在 R_0 内序列的极限以及基本序列的概念被不改变意义地引进其子域内(定义 3.1.3,3.1.4 及定理 3.2.1).

我们证明,如果类 α 含有序列$\{a_n\}$,则 $\lim(a_n)=\alpha$.设 ε 是 R_0 中的任意正元,并设序列$\{e_n\}$ 属于 ε,于是存在一个正有理数 e 和自然数 m,当 $n>m$ 时,$e_n\geqslant e$,即 $\varepsilon\geqslant(e)$.取有理数 ε',使 $e>\varepsilon'>0$(例如,取 $\varepsilon'=\frac{e}{2}$),于是 $(\varepsilon')<(e)\leqslant\varepsilon$.因为$\{a_n\}$ 是基本序列,所以存在一个自然数 n_0,使得$|a_p-a_q|<\varepsilon'$(对于任意 $p>n_0,q>n_0$ 均成立),因此,对于给定 $n>n_0$,当 $p,q>n_0$ 时,有

$$a_p-a_n<\varepsilon',a_n-a_q<\varepsilon'$$

对于这个 n,从序列分别变成含有这些序列的类,按照前面证明过的,我们得

$$\alpha-(a_n)<(\varepsilon'),(a_n)-\alpha<(\varepsilon')$$

因此,对于任意 $n>n_0$,有

$$|(a_n)-\alpha|<(\varepsilon')<\varepsilon$$

即 $\lim(a_n)=\alpha$.

我们已经证明了,子域 Q' 的元素(a_n) 的每一个基本序列在 R_0 中都有极限.由此就可容易地导出 R_0 的完备性,设$\{\alpha_n\}$ 是 R_0 元素的任意基本序列.因为,按照前面证明过的,每一个类 α_n 都等于子域 Q' 中类的序列的极限,所以对于给定 n(由于 $(\frac{1}{n})>0$),Q' 中存在元素(a_n),使得

$$\mid \alpha_n - (a_n) \mid < \left(\frac{1}{n}\right)$$

我们证明 $\{(a_n)\}$ 是基本序列.

设 ε 是 R_0 中的任意正元,即 $\varepsilon > (0)$,如前面已经证明过的,由阿基米德公理可知,存在一个有理数 $e(e > 0)$,使 $(e) < \varepsilon$,且存在一个自然数 $n_1(n_1 > \frac{3}{e}$,或者 $\frac{1}{n_1} < \frac{3}{e})$. 其次,由于 $\{\alpha_n\}$ 是基本序列,故存在自然数 n_2,使得当 $p, q > n_2$ 时,有

$$\mid \alpha_p - \alpha_q \mid < \left(\frac{e}{3}\right)$$

如果 n_0 是 n_1 和 n_2 中的较大者,那么当 $p, q > n_0$ 时,有

$$\mid (a_p) - (a_q) \mid \leqslant \mid (a_p) - \alpha_p \mid + \mid \alpha_p - \alpha_q \mid + \mid \alpha_q - (a_q) \mid$$
$$< \left(\frac{1}{p}\right) + \left(\frac{e}{3}\right) + \left(\frac{1}{q}\right)$$
$$< \left(\frac{e}{3}\right) + \left(\frac{e}{3}\right) + \left(\frac{e}{3}\right)$$
$$= (e) < \varepsilon$$

由于 Q 与 Q' 之间存在保持顺序的同构对应,因此有理数序列 $\{a_n\}$ 本身也是基本序列. 设 α 是 R_0 中含有 $\{\alpha_n\}$ 的类,上面已经证明过,$\lim(a_n) = \alpha$.

对于 R_0 中任意 $\varepsilon > 0$,取有理数 $e > 0$,使 $(e) < \varepsilon$,并取自然数 n_0,使 $\frac{1}{n_0} < e$,于是,对于任意 $n > n_0$,有

$$\mid (a_n) - \alpha_n \mid < \left(\frac{1}{n}\right) < (e) < \varepsilon$$

故

$$\lim((a_n) - \alpha_n) = 0$$

因此 $\{\alpha_n\}$ 也是收敛序列,而且 $\lim \alpha_n = \lim(a_n) = \alpha$.

这就证明了性质 Ⅷ,因而定理 4.2.1 被证明了.

域 R_0 是与实数域同构的,然而它并不含有有理数域 Q,故不是我们所希望建立的实数域. R_0 中的元素是有理数基本序列的等价序列的类,绝对不是有理数.

但是,我们在前面已经证明出 R_0 含有子域 Q',而这个子域是与 Q 同构的,因而存在一个含有 Q 为其子域且与 R_0 同构(关于加法和乘法)的域 R(《抽象代数基础》卷,第二章,§1,定理 1.6.6). 利用 R 与 R_0 之间的同构对应 f,我们可以把 R_0 中的顺序带入 R 内,即对于 R 中的元素 d,当 R_0 中与它对应的元素

$d_0 = f(d)$ 是正元时,认为 d 是正元,于是 R 成为有序域,而且在上述同构对应 f 下保持顺序. 因为 Q 只有一种顺序(第三章,§2,定理 2.1.1),故 R 的顺序保持在其子域 Q 中的与前面有理数的顺序是一致的. 在同构映象 f 下,R 中的有理数域 Q 映象于 R_0 的某个子域 Q'' 上,但是,因为 Q 与 Q' 同构且 Q 只有一种方法映象于 R_0 的某个子域(第三章,§2,定理 2.1.2)上,故有 $Q''=Q'$. 因此,在这种同构映象下,Q 中的有理数 a 与 Q' 中的 (a) 对应.

由于 R 与 R_0 之间的同构映射 f 保持顺序,因此应保持顺序的所有性质,特别是阿基米德公理、序列的收敛性、基本序列、完备性. 也就是说,由于 R_0 是连续域,因此 R 也是连续域.

因此,实数域被做出了. 它的元素(即实数)是:第一,所有有理数;第二,所有具有下述性质的等价基本序列的类,即这些基本序列的项是有理数,它们在有理数域内没有极限.

由 R_0 的性质可知,有理数的任一基本序列 $\{a_n\}$ 在 R 内均有极限,或者其极限是有理数,或者是 $\{a_n\}$ 所属的类.

现在产生这样的问题,用这样方法建立新域,可能做出多少种? 特别地,如果对 R 再应用康托建立方法,我们将得到什么样的新域? 答案是这样的:就同构的意义来说,只能得出实数域. 在这种意义下,上述方法列举出所有可能性,这个事实可由下面的一般定理得知.

定理 4.2.2 如果对于任意阿基米德式有序域 P,借助 P 的元素的基本序列(代替有理数的基本序列)建立新域,那么得到与实数域 R 同构的域 Γ.

证明 在定理 4.2.1 的证明中,仅利用了有理数域 Q 的阿基米德式有序性,因而该证明可以逐字逐句移到域 P 上,所以,用基本序列的方法得到的域 Γ 也是连续域. 而按照第三章,§2,定理 2.1.2,所有连续域关于运算和顺序与含有有理数域 Q 作为其子域的有序域 R 同构,由于 Γ 与 R 的同构性,因此 R 也是连续域,即 R 是实数域,故定理被证明.

由这个定理可知,实数域 R 的任意子域可以利用上述方法做出,不一定非利用有理数域不可.

4.3 实数的性质

实数域,由于其连续性,是整个数学分析以及数学在技术科学上应用的基础.

实数域 R 具有对于有序域所证明过的所有性质(参看《抽象代数基础》卷). 例如,若干个实数的和及积与加括号的方法和这些数的顺序无关(《抽象代数基础》卷,第二章,§1,定理 1.2.1,1.2.2);任意一个代数和可以表示为通常和的形式(《抽象代数基础》卷,第二章,§1,定理1.2.6);通常脱括号的规则(《抽象代数基础》卷,第二章,§1,定理1.2.5)及乘法的符号规则[《抽象代数基础》卷,第二章,§1]都成立,没有零因子,即乘积当且仅当有一个因子等于零时才能等于零(《抽象代数基础》卷,第二章,§1,定义1.3.3,定理1.3.1);正数和负数的概念在实数内有意义(《抽象代数基础》卷,第二章,§5,定义5.1.1),而且可以引入大小,这时零小于所有正数而大于所有负数(《抽象代数基础》卷,第二章,§5,定理5.1.1);不等式运算的单调性及普通规则都是正确的(《抽象代数基础》卷,第二章,§5,定理5.1.2～5.1.4);除零以外任何数的平方都是正的(《抽象代数基础》卷,第二章,§5,定理5.1.7);绝对值的概念(《抽象代数基础》卷,第二章,§5,定义5.1.2)有意义,并且绝对值具有通常的性质,而且借助(数的)绝对值的比较与运算来进行数的比较与运算的那些普通规则也是成立的(《抽象代数基础》卷,第二章,§5,定理5.1.8及其注).

非有理数的实数叫作无理数.

我们进而研究任意实正数的方根的问题,在讨论了关于给定某个连续函数的值以求变数值的更一般问题以后,我们将得到这个问题的解答,联系到序列极限的概念的连续函数的概念,在整个数学分析上扮演非常重要的角色.

函数的一般概念,在《集合论》卷中我们已经知道,这里,我们仅讨论与实数域发生关系的函数.

定义 4.3.1　定义在实数集 X 上的实函数(或者实变数函数)$y = f(x)$(或者简写为 f)是指这样的对应:对于 X 上中的每一个数 x,有唯一的一个实数 $y = f(x)$ 与它对应. 数 x 称为变数值,而数 y 称为在给定变数值 x(或者说在点 x)下的函数值.

在整个本节中所谈的连续函数将理解为实函数,不再附加说明.

定义 4.3.2　定义在实数集 X 上的函数 $y = f(x)$ 在集合 X 上的点 x_0 连续,如果对于任意实数 $\varepsilon(\varepsilon > 0)$,存在一个实数 $\delta(\delta > 0)$,使得对于 X 中的任意点 x,当 $|x - x_0| < \delta$ 时,有 $|f(x) - f(x_0)| < \varepsilon$. 函数 $y = f(x)$ 叫作在集合 X 上连续(或者说连续于集合 X 上),如果它在集合 X 上的每一点都连续[①].

连续函数的概念与极限概念的关系被下面定理所确定.

定理 4.3.1　定义在集合 X 上的函数 f,当且仅当对于 X 中的任意序列

---

　　①　这个定义对于定义在有序域的元素的集合上的任意函数都保持有效,只要函数值也属于这个有序域.

$\{x_n\}$,由条件 $\lim\limits_{n\to\infty} x_n = x_0$,应有

$$\lim_{n\to\infty} f(x_n) = f(x_0)$$

时,在 X 的点 x_0 连续. 函数 $f(x)$ 当且仅当对于 X 中的任意 x_0 及 X 中的任意序列 $\{x_n\}$,由条件 $\lim\limits_{n\to\infty} x_n = x_0$,应有

$$\lim_{n\to\infty} f(x_n) = f(x_0)$$

时,在集合 X 上连续.

证明　显然,只要证明在一点连续的情形即可.

(a) 设 $f(x)$ 连续于点 x_0,且 $\lim\limits_{n\to\infty} f(x_n) = f(x_0)$. 取任意 $\varepsilon > 0$,按照连续的定义,存在一个 $\delta > 0$,对于 X 中的任意 x,当 $|x - x_0| < \delta$ 时,有

$$|f(x) - f(x_0)| < \varepsilon$$

按照极限的定义(定义 3.1.3),对于这个 δ,存在一个自然数 n_0,当 $n > n_0$ 时,有 $|x_n - x_0| < \delta$. 按照 δ 的选择,对任意 $n > n_0$,有

$$|f(x_n) - f(x_0)| < \varepsilon$$

按照极限的定义,这正好就是

$$\lim_{n\to\infty} f(x_n) = f(x_0)$$

(b) 设对于 X 中任意序列 $\{x_n\}$,均有

$$\lim_{n\to\infty} f(x_n) = f(x_0)$$

如果函数 $f(x)$ 在点 x_0 不连续,那么一定存在 $\varepsilon(\varepsilon > 0)$,对于它,不能求得满足定义 4.3.1 要求的 δ,换句话说,可以适当地选择 $\varepsilon > 0$,使得对于任意 $\delta > 0$,在 X 中存在数 x,虽然 $|x - x_0| < \delta$,但是

$$f(x) - f(x_0) \geqslant \varepsilon$$

因此,对于任意自然数 n,在 X 中存在数 x_n,有

$$|x_n - x_0| < \frac{1}{n} \tag{1}$$

而

$$f(x_n) - f(x_0) \geqslant \varepsilon \tag{2}$$

因为按照定义,实数域是阿基米德式有序域(定义 4.1.1),所以对于任意实数 $\varepsilon_0 > 0$,存在自然数 $n_0 > \dfrac{1}{\varepsilon_0}$,于是,由(1)知,对于任意 $n > n_0$,有

$$|x_n - x_0| < \frac{1}{n} < \frac{1}{n_0} < \varepsilon_0$$

即

$$\lim_{n\to\infty} x_n = x_0$$

按照条件,于是也有

$$\lim f(x_n) = f(x_0)$$

显然,这与条件(2)矛盾,因而,$f(x)$ 在点 x_0 连续.

我们来给定义在集合 X 上的两个函数 $f_1(x)$ 和 $f_2(x)$ 的和、差、积、商下定义:两个函数 $f_1(x),f_2(x)$ 的和、差、积、商是这样的函数,对于 X 中的每一点 x,函数值分别等于这两个函数值的和、差、积、商,即对于 X 中的任意 x(在商的情形,要求对 X 中的 x,有 $f_2(x) \neq 0$),$f(x)$ 分别等于

$$f_1(x) + f_2(x), f_1(x) - f_2(x), f_1(x) \cdot f_2(x), \frac{f_1(x)}{f_2(x)}$$

由定理 4.3.1 和极限的性质(定理 3.1.2(2)),直接可知:

定理 4.3.2 在集合 X 上连续的两个函数 f_1,f_2 的和、差、积仍是在集合 X 上连续的函数,在集合 X 上连续的两个函数 f_1,f_2 的商是在集合 X' 上连续的函数,X' 是 X 中除去使得 $f_2(x) = 0$ 的那些 x 的集合.

连续函数的例子:

1.定义在所有实数的集合上的函数 $f(x) = x^k$,对于任意实数 $k \geqslant 0$ 都是在这个集合上连续的函数.因为,当 $k = 0$ 时,对于任意 x,均有 $f(x) = 1$,由于,$|f(x) - f(x_0)| = 0$,因此对于任意 x 均连续.显然,函数 $f(x) = x$ 也是连续函数,利用定理 4.3.2,对 k 用数学归纳法很容易证明函数 x^k 的连续性.

2.由例 1 和定理 4.3.2 知,可以对项的个数用数学归纳法证明实系数多项式 $f(x) = a_0 + a_1 x + a_2 x^2 + \cdots + a_n x^n$ 在全体实数的集合上是连续函数.由此,再利用定理 4.3.2,可知代数分式 $\dfrac{f(x)}{g(x)}$ 也是连续的,此处,$f(x),g(x)$ 是实系数多项式,X 是 $g(x) \neq 0$ 的所有 x 的集合.我们通常把多项式和代数分式本身看作函数,在第五卷中我们将给予这两个名词另外的意义.

3.函数 $\sin x$ 和 $\cos x$ 是在全体实数的集合上连续的函数,而函数 $\tan x$ 是在它所定义的所有点上连续,即所有 $\cos x \neq 0$ 的点 x.函数 $\cot x$ 连续于所有 $\sin x \neq 0$ 的点 x 上.为了证明这些,应该先给予这些函数的精确定义.对于任意一个角 α(几何图形),可以确定半径为 1 的圆的某个圆弧,因为实数域是连续域,所以有一个实数 x 表示这个弧的长,这个 x 称为角 α 的弧度;反之,对于任一实数 x,可以作一弧,使其长度为 x,因而得出这个弧所对的圆心角 α,于是 α 的弧度为 x.如果引进大于 $360°$ 的角和负角,正像通常所做的那样,就可以建立全部实数与所有角之间的一一对应关系,这时,对于每一个 x,就有以 x 为弧度的角 α 与之对应.因此,可以把通常的角不理解为几何图形,而理解为这个角的

160

弧度的实数. 于是,定义 $\sin x$ 为这样的函数:对于每一个实数 x,放置 x 所对应的角 α 的正弦线与圆半径的比的实数与之对应,并且应用中学课程中所熟知的符号来表示这个函数,同样地定义其他三角函数. 我们再一次指出,这样定义三角函数,主要困难在于弧的度量问题,而这个问题在实数域内,由于其连续性而被解决了[①].

注意,角与其弧度之间的对应还具有这样的性质,即角的和 $\alpha+\beta$ 对应于它们的弧度的和 $x+y$,而角 α 与任意数 a 的乘积 $a\alpha$ 对应于 α 的弧度 x 与 a 的乘积. 由此,可以引导出:对角的函数所证明过的所有三角函数公式,对于这些角的弧度的函数仍然成立.

为了证明 $\sin x$ 的连续性,先证对于任意实数 x,有

$$|\sin x| \leqslant |x|$$

因为

$$\sin(-x) = -\sin x$$

所以只要讨论 $x \geqslant 0$ 的情形即可. 又由于 $|\sin x| \leqslant 1$,所以只要考虑 $0 \leqslant x \leqslant \frac{\pi}{2}$ 的 x 即可,也就是说,讨论第一象限的角. 显然,正弦线等于弧 MAN($MAN = 2x$) 所对的弦的一半(图 1),而内接于弧 MAN 的所有折线都比弦 MN 长,因此,作为内接弦的长的序列的极限 $2x$(即弧 MAN 的长)不小于弦 MN 的长,故

$$MN \leqslant 2x, \frac{MN}{2} \leqslant x$$

即

$$\sin x \leqslant x$$

但 $x \geqslant 0, \sin x \geqslant 0$,故

$$|\sin x| \leqslant |x|$$

设给定一个实数 $\varepsilon > 0$,令 $\delta = \frac{\varepsilon}{2}$,于是,应用公式

$$\sin \alpha - \sin \beta = 2\cos \frac{\alpha+\beta}{2} \cdot \cos \frac{\alpha-\beta}{2}$$

及不等式 $|\cos x| \leqslant 1$,求得

$$|x - x_0| < \delta$$

故应有

---

① 数学分析教程中,利用无穷级数,给予三角函数以另外的定义,而不是以弧的度量以及用几何方法来定义的.

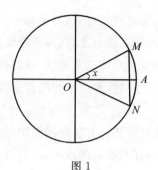

图 1

$$|\sin x - \sin x_0| = |2\cos \frac{\alpha + \beta}{2} \cdot \cos \frac{\alpha - \beta}{2}| \leqslant 2 |x - x_0| < 2\delta = \varepsilon$$

因而证明了函数 $\sin x$ 的连续性.

$\cos x$ 的连续性可以与此类似地证明,或者更简短地,由关系式 $\cos x = \sin(\frac{\pi}{2} - x)$ 导出.

按照定理 4.3.2,由正弦和余弦的连续性可知正切、余切的连续性,只要它们在点 x 是有定义的.

由这些例子可以看出连续函数的类是多么广!对于所有连续函数,我们证明下面的定理.

定理 4.3.3(关于中间值的定理) 设 $f(x)$ 是定义在闭区间 $[a, b]$(即满足条件 $a \leqslant x \leqslant b$ 的所有实数的集合)上的连续函数,并且 $f(a) = \alpha, f(b) = \beta$. 于是,对于闭区间 $[\alpha, \beta]$(当 $\alpha \leqslant \beta$ 时)或者 $[\beta, \alpha]$(当 $\beta \leqslant \alpha$ 时)中的任意数 γ,在 $[a, b]$ 中存在数 c,使 $f(c) = \gamma$. 换句话说,定义在某个闭区间上的连续函数,取得这个区间的端点值的函数值中间的所有函数.

证明 如果 $\alpha = \beta$,那么 $\alpha = \gamma = \beta$,可以取 $c = a$ 或者 $c = b$.

设 $\alpha < \beta$(在 $\beta < \alpha$ 的情形,证明与此类似),如果 $\gamma = \beta$,那么可取 $c = b$,因此,可以设 $\alpha \leqslant \gamma < \beta$ 应用通常的方法,分区间为两半,我们建立实数的两个序列 $\{a_n\}, \{b_n\}$,这两个序列都在 $[a, b]$ 内,而且具有性质:对任意自然数 n,有

$$f(a_n) \leqslant \gamma < f(b_n) \tag{3}$$

$$a_n \leqslant a_{n+1}, b_n \geqslant b_{n+1} \tag{4}$$

$$b_n - a_n = \frac{a + b}{2^n} \tag{5}$$

令 $a_n = a, b_n = b$,如果在 $[a, b]$ 中已确定了 a_n, b_n,那么 $\frac{a_n + b_n}{2}$ 也属于 $[a, b]$,而这就表示,对于这个数 f 是有定义的,如果

162

$$f\left(\frac{a_n + b_n}{2}\right) \leqslant \gamma$$

那么令

$$a_{n+1} = \frac{a_n + b_n}{2}, b_{n+1} = b_n$$

如果

$$f\left(\frac{a_n + b_n}{2}\right) > \gamma$$

那么令

$$a_{n+1} = a_n, b_{n+1} = \frac{a_n + b_n}{2}$$

序列$\{a_n\}$,$\{b_n\}$被这些条件唯一确定(第一章,§2,定理2.2.1).我们来证明,它们满足性质(3)(4)(5).由a_{n+1},b_{n+1}的定义,直接可知条件(4)成立,对n用归纳法来证明(3)(5)成立.因为$\alpha \leqslant \gamma < \beta$,所以当$n=1$时这两个条件均成立,设它们对$n$已成立,即

$$f(a_n) \leqslant \gamma < f(b_n), b_n - a_n = \frac{b-a}{2^n}$$

那么,按照a_{n+1}及b_{n+1}的定义,显然有

$$f(a_{n+1}) \leqslant \gamma < f(b_{n+1})$$

及

$$b_{n+1} - a_{n+1} = \frac{b_n - a_n}{2} = \frac{b-a}{2^{n+1}}$$

由(4)可知,若$p < q$,则$a_p \leqslant a_q$.我们来证明$\{a_n\}$是基本序列,因为实数域是阿基米德式有序域,所以对于任意数$\varepsilon > 0$,存在一个自然数n_0,使得$\frac{1}{2^{n_0}} <$ $\frac{\varepsilon}{b-a}$(第三章,§2,定理2.2.3),即$\frac{b-a}{2^{n_0}} < \varepsilon$(由$\alpha \neq \beta$,应有$a \neq b$,即$b-a > 0$).于是,若$p \leqslant q$,则对于任意$p,q > n_0$,有

$$\mid a_p - a_q \mid = a_q - a_p < b_p - a_p = \frac{b-a}{2p} < \varepsilon$$

由于实数域的完备性,基本序列$\{a_n\}$有极限c.由(5)(再应用第三章,§2,定理2.2.3)很容易求得,$\lim(a_n - b_n) = 0$,因此$\{b_n\}$也是收敛序列,而且$\lim a_n = \lim b_n = c$(定理3.1.2(1)).

因为函数$f(x)$在闭区间$[a,b]$上连续,所以按照定理4.3.1,求得

$$\lim f(a_n) = \lim f(b_n) = f(c)$$

由(3) 得

$$\lim f(a_n) \leqslant \gamma \leqslant \lim f(b_n)$$

(定理 3.1.2(5)),即

$$f(c) \leqslant \gamma \leqslant f(c)$$

因而 $f(c) = \gamma$,这就是所要证明的.

在这个定理的很多应用中,我们仅指出求方根以及按照正弦的值确定角的问题,这是在下一章将要利用的.

定理 4.3.4 对于任意实数 $a > 0$ 及任意自然数 n,有且仅有一个实数 $b > 0$ 存在,使得 $b^n = a$. 换言之, $\sqrt[n]{a}$ 有且仅有一个正值 b. 如果 n 是偶数,那么这个根还有一个负值 $-b$,与前一值有相同的绝对值,如果 $a = 0$,则根的唯一值是 $\sqrt[n]{a} = 0$. 如果 $a < 0$,那么当 n 是奇数时,根 $\sqrt[n]{a}$ 有且仅有一个实数值,而且是负的,当 n 是偶数时,在实数域内 $\sqrt[n]{a}$ 没有值.

证明 $f(x) = x^n$ 是在全体实数的集合上连续的函数,因而在任意一个闭区间上都是连续函数. 设 $a > 0$,我们取 $c = a + 1$. 由 $c > 1 > 0$,应有 $c^{n-1} \geqslant 1$(等号仅在 $n = 1$ 时才能成立),因而 $c^n \geqslant c > a$. 我们对于闭区间 $[0, c]$ 应用关于中间值的定理,因为 $0 < a < c^n$,所以在闭区间 $[0, c]$ 内存在一个数 b,使得

$$b^n = a, \sqrt[n]{a} = b$$

显然, $b > 0$. 如果同时又有 $b' > 0$, $b' \neq b$,那么,当 $b' < b$ 时,将有 $b'^n < b^n$,而当 $b' > b$ 时,将有 $b'^n > b^n$(《抽象代数基础》卷,第二章,§5,定理 5.1.4),即 $b'^n \neq a$,因而证明了 $\sqrt[n]{a}$ 的正值的唯一性.

当 n 是偶数时,也有

$$(-b)^n = [(-b)^2]^{\frac{n}{2}} = (b^2)^{\frac{n}{2}} = b^n = a$$

即 $-b$ 是根的另一个值. 如果 $b' < 0$ 及 $b' \neq -b$,那么当 $b' < -b$ 时,将有 $b'^2 > b^2 > 0$,由此得

$$b'^n = (b'^2)^{\frac{n}{2}} > (b^2)^{\frac{n}{2}} = b^n = a$$

类似地,当 $-b < b' < 0$ 时,将有 $b'^n < a$. 这就证明了负值 $-b = \sqrt[n]{a}$ 的唯一性.

如果 n 是奇数,那么 $\sqrt[n]{a}$ 没有负值,因为,由 $b' < 0$,应有 $b'^n < 0 < a$.

如果 $a = 0$,那么 $a^n = 0 = a$. $\sqrt[n]{0}$ 没有其他的值,因为,由 $b^n = 0$,应有 $b = 0$,这是域内没有零因子的缘故(第一章,§3,定义 1.2.4,定理 1.2.6).

如果 $a < 0$ 且 n 是奇数,那么按照上面证明的,有且仅有一个正数 b,使得 $b^n = -a$,于是

$$(-b)^n = (-1)^n b^n = a$$

如果 $b' \neq -b$,那么,如前面已经证明的,有

$$b'^n \neq (-b)^n = a$$

因而 $\sqrt[n]{a}$ 有唯一的值 $-b$.

最后,如果 $a < 0$ 且 n 是偶数,那么 $\sqrt[n]{a}$ 在实数域内没有值,因为实数域是有序域(《抽象代数基础》卷,第二章,§5,定义5.1.1),所以对于任何 b,均有 $b^2 \geqslant 0$(《抽象代数基础》卷,第二章,§5,定理5.1.7),因此,$b^n = (b^2)^{\frac{n}{2}} \geqslant 0$,即 $b^n \neq a$.

现在,让我们来讨论由正弦值求角的问题,和在前面例3中所讨论的一样,可以给逆圆函数下定义. 例如,在 $\arcsin x$ 的情形中,对于满足条件 $-1 \leqslant x \leqslant 1$ 的任意数 x,作一角 α(当作集合图形),使 $\sin \alpha = x$,角 α 有确定的弧度 y,我们就认为 $y = \arcsin x$,因为 $\sin y = x$. 但在数学分析教程中已经知道,对于给定的连续函数,在一定条件下恒可以做其逆函数,故逆圆函数可以不必借助几何来定义. 这里,我们不打算解决关于逆函数的定义问题,而仅研究由正弦值求角的问题.

定理 4.3.5 对于闭区间 $[0,1]$ 内的任何数 x,在闭区间 $\left[0, \frac{\pi}{2}\right]$ 内存在唯一的一个数 b,使得 $a = \sin b$.

证明 $f(x) = \sin x$ 在全部实数的集合上是连续的,因而在闭区间 $\left[0, \frac{\pi}{2}\right]$ 上也是连续函数. 因为

$$\sin 0 \leqslant a \leqslant \sin \frac{\pi}{2}$$

所以按照中间值定理,在 $\left[0, \frac{\pi}{2}\right]$ 内存在一个数 b,使得 $\sin b = a$. 为了证明 b 的唯一性. 我们需要应用正弦的性质,它的值随着角从 0 增加到 $\frac{\pi}{2}$ 而递增. 这是在三角学教程中已经证明过的,即如果

$$0 \leqslant x_1 < x_2 \leqslant \frac{\pi}{2}$$

那么,大角对的弧也大,另一方面

$$0 \leqslant 2x_1 < 2x_2 \leqslant \pi$$

而且对于这些弧来说,大弧所对的弦也较大. 长为 $2x$ 的弧所对的弦的一半是角 x 的正弦线,因而有

$$\sin x_1 < \sin x_2$$

如果 b' 是闭区间 $[0, \frac{\pi}{2}]$ 内与 b 不同的另一个数,那么,当 $b < b'$ 时,将有 $\sin b < \sin b'$,而当 $b' < b$ 时,将有 $\sin b' < \sin b$,因此,$\sin b' \neq a$.

在本节末,我们讨论作为连续有序域的实数域的某些性质.

定理 4.3.6 实数域 R 当保持加法和乘法的运算时只能有一种有序性,而且仅有一种映象于自身的同构(关于加法和乘法)对应,即恒等映象.

证明 设 R 是有通常顺序(定义 4.2.2)的实数域,R' 是一个域,其元素以及加法、乘法的运算与 R 完全一致,但有任意顺序. 由加法的一致性可知,R 中的零元也是 R' 中的零元. 其次,如果在 R 中 $a > 0$,那么按照定理 4.3.4,存在一个数 b,使 $a = b^2$(在 R 中),由乘法的一致性可知,在 R' 中也有 $b^2 = a$. 因为 R' 是有序域,所以作为 b^2 的元素 a 一定是非负的(《抽象代数基础》卷,第二章,§5,定理 5.1.7),但因 $a \neq 0$,故在 R' 中有 $a > 0$. 如果在 R 中有 $a < 0$,那么在 R 中 $-a > 0$,因此在 R' 中也有 $-a > 0$,即 $a < 0$. 由此可知,如果在 R' 中 $-a > 0$,那么在 R 中也有 $-a > 0$,因为在这种情形下在 R 中不能有 $a \leqslant 0$,因此,当且仅当在 R' 中是正元时,在 R 中也是正元,即 R' 的有序性与 R 的有序性是一致的,因而 R 仅有一种有序性.

设 $x' = f(x)$ 是实数域 R 映射于其子域 P 的某个同构对应(关于加法和乘法). 如果 $a > 0$,那么 $a = b^2$,此处 $b \neq 0$,由同构对应的性质,有

$$a' = f(a) = f(b^2) = [f(b)]^2 > 0$$

即在同构对应 f 下,正数的象仍是正数.

在两个不同的实数 a, b 之间,永远可找到一个有理数 c. 事实上,设 $a < b$,则 $b - a > 0$. 按照阿基米德公理,存在一个自然数 $n > \dfrac{1}{b-a}$,于是

$$\frac{1}{n} < b - a$$

其次,存在两个自然数 m_1, m_2,使得

$$m_1 \cdot \frac{1}{n} > a, \quad m_2 \cdot \frac{1}{n} > -a$$

即

$$(-m_2) \cdot \frac{1}{n} < a$$

因此,满足条件 $k \cdot \dfrac{1}{n} > a$ 的所有整数 k 的集合 A 是非空的(因为含有 m_1),

且有下界 $-m_2$,因而含有最小整数 m(第二章,§1,定理 1.3.5).于是

$$\frac{m-1}{n} \leqslant a < \frac{m}{n}$$

由此得

$$a < \frac{m}{n} = \frac{m-1}{n} + \frac{1}{n} < a + (b-a) = b$$

即有理数 $\frac{m}{n}$ 介于 a,b 之间.

在同构对应 f 下,R 中的有理数恒等地映象于自身(第三章,§2,定理 2.1.2),如果 f 不是 R 到自身的恒等映象,那么,将有一个实数 a 存在,使 $f(a)=b\neq a$.例如,设 $a<b$,按照前面已经证明过的,将有一个有理数 c 存在,$a<c<b$,由此得

$$a-c<0<b-c, c-a>0>c-b$$

但

$$f(c-a) = f(c) - f(a) = c - b$$

即数 $c-a>0$,而其象 $c-b<0$,这是不可能的.

我们已经定义了整数环 Z 作为含有自然数集 **N** 最小环(第二章,§1,定义 1.2.1),定义了有理数域 Q 作为含有整数环 Z 的最小域(第三章,§1,定义 1.1.1),我们也可以定义实数域 R 作为有理数域 Q 的最小连续域.

但是,这里最小性的条件是多余的,因为,就同构的意义来看,仅存在一个连续域(定理 4.1.2).虽然如此,实数域 R 就另一种意义来看,还具有另一种最小性(以及最大性),即下面的定理成立.

定理 4.3.7 实数域 R 就下面的意义来说是最小的完备域,即它的任意异于本身的子域,在保持 R 的顺序的条件下,都不是完备域.实数域 R 就下面的意义来说是最大阿基米德式有序域,即它的不同于本身的扩域(《抽象代数基础》卷,第三章,§1)都不是阿基米德式有序域.

证明 设 P 是 R 的子域,并且是完备域(P 保持 R 的顺序).从 R 中任取一数 a,则有一个有理数的序列 $\{a_n\}$ 收敛于 a(定理 4.1.1),即序列 $\{a_n\}$ 在 R 中是基本序列,由于 P 含有有理数域 Q(第三章,§2,定理 2.1.1),因此 $\{a_p\}$ 也是 P 中的基本序列(§3,定理 3.2.1),因 P 是完备域,故 $\{a_n\}$ 在 P 中有极限 b,但极限显然只能有一个(§3,定理 3.1.1),因而 $a=b$,即 a 含于 P,而 P 与 R 一致.

设 P 是阿基米德式有序域,并且是 R 的扩域.如果当且仅当 a 在 P 中是正元时,才认为是 R 中的正元,那么得到 R 的某种有序性.但 R 只有一种有序性(定理 4.3.6),即 R 的有序性在其扩域内仍保持.设 a 是 P 中的任意元,因为 P

167

是阿基米德式有序域,所以存在一个有理数序列$\{a_n\}$收敛于a(定理4.1.1),即该序列在P中是基本序列,因而在R中也是基本序列(§3,定理3.2.1),由于R是完备域,因此$\{a_n\}$在R内有极限b,按照极限的唯一性,得$a=b$,即a属于R,故P与R一致,定理即被证明.

§5 实数域的公理化定义

5.1 实数域的公理化定义

首先,我们借助于皮亚诺公理系统(第一章,§4,定义4.1.1)的基本关系"后面一个"定义了自然数集.这样建立数学理论叫作公理化的建立.其次,我们借助于自然数依次地定义了整数、有理数以及实数.在所有这三种情形中,新的数域是由旧的数域借助附加补充要求而定义的,并且这些补充要求要保证新数域的定义就同构的意义来说是唯一确定的.每一次我们都建立了被定义的数域的一个解释(具体的例子).由于满足该定义的所有集合都是同构的,因此,我们可以就解释本身作为所予数域的定义.数域这样的定义叫作建设的定义(或实构的定义).我们产生这样的问题,是否可以对上述的各个数域每一次都用公理化来定义?

扩张数域时,每一次都附加了新的要求(减法的可能性、除法的可能性以及连续性),并且要求扩张的极小性.在实数的情形中,极小性的要求是多余的,这就是说,对实数集所提出要求的这些性质,就同构的观点来说,已足以唯一确定地描述出实数集,因此,实数集的这些性质可以作为实数公理化的定义.这样一来,以连续的有序域作为实数定义的这个定义,就是它的公理化定义.总结包括在这个概念里的所有性质,我们得下面的定义.

定义 5.1.1 一个集合R为实数域,假如在R内,对于任意两个元a,b,有一个叫作和的元$a+b$与它们对应,并且有一个叫作积的元ab与它们对应,在R内定义了元素的正性,而且满足下面的条件:

Ⅰ.(加法交换律)$a+b=b+a$.

Ⅱ.(加法结合律)$a+(b+c)=(a+b)+c$.

Ⅲ.(加法有逆运算)对于R中的任意两个元素a,b,在R中存在一个c,满足$a+c=b$.

Ⅳ.(乘法交换律)$ab=ba$.

Ⅴ.(乘法结合律)$a(bc)=(ab)c$.

Ⅵ.(乘法对加法的分配律)$(a+b)c=ac+bc$.

这些性质表明,R 是一个环(如果 R 不是空集),因而 R 中的元和自然数相乘的乘法被定义,存在唯一的元素 0,使得对于 R 中的任意 a,均有 $a+0=0+a=a$;对于 R 中的每一个 a,存在唯一的负元 $-a$,使 $a+(-a)=(-a)+a=0$;以及对于任意 a,b,存在一个叫作 b 与 a 的差的唯一元 $b-a$,满足 $a+(b-a)=(b-a)+a=b$(《抽象代数基础》卷,第二章,§1,1.2).

Ⅶ.(乘法有逆运算) 对于 R 中的任意元 a,b,此处 $a\neq0$,在 R 中存在一个 q,满足 $aq=b$.

Ⅷ.(浓度公理)R 中至少含有两个不同的元素(即 R 是非空的).

条件 Ⅰ ～ Ⅷ 表明,R 是一个域(《抽象代数基础》卷,第二章,§1,定义 1.4.1),因而 R 的子域的概念被定义(《抽象代数基础》卷,第三章,§1).

Ⅸ. 对于 R 中的任意元 a,下面三种情形中有且仅有其一成立:a 是正的,$a=0,-a$ 是正的.

Ⅹ. 正元的和与积是正元.

条件 Ⅰ ～ Ⅹ 表明,R 是有序域,因而,以 $a-b$ 是正元作为 $a>b$ 的定义时,R 成为有序域(《抽象代数基础》卷,第二章,§5,定理 5.1.1).

Ⅺ.(阿基米德公理) 对于 R 中的任意元 $a,b>0$,存在一个自然数 n,使 $nb>a$.

条件 Ⅰ ～ Ⅺ 表明,R 是阿基米德式有序域,因而,在 R 中被定义了的序列的极限及基本序列的概念可不被变动地引入 R 的子域内(§3,定理 3.2.1).

Ⅻ.(完备公理)R 中的任意一个基本序列在 R 中有极限.

条件 Ⅰ ～ Ⅻ 表明,R 是连续域(§3,定义 3.2.1).

我们指出,在这个定义中需要预先假定自然数已被建立,否则阿基米德公理 Ⅺ 将失去意义.下面我们将引入不依靠自然数的概念的另一公理系统.

产生关于公理系统 Ⅰ ～ Ⅻ 无矛盾性、完备性、独立性的问题.

为了证明公理系统 Ⅰ ～ Ⅻ 的无矛盾性,只要为它建立一个解释即可(第一章,§4,定义 4.3.1,定义 4.3.2),而在 §4 中我们已经建立了域 R_0(定义 4.2.1,定理 4.2.1),就是这样的一个解释.显然,R_0 的建立是在有理数域基础上的,有理数域又是建立在整数环基础上的,而整数环又是建立在自然数基础上的(这里有理数域及整数坏是取它们的实数构造定义,参看第三章 §1 定义 1.2.1 与第二章 §1 定义 1.2.2),故最后,R_0 是建立在自然数集基础上的,因而实数公理系统 Ⅰ ～ Ⅶ 的无矛盾性归结为皮亚诺的自然数公理系统的无矛盾性(就存在解释的意义来说),而这是我们已经证明过的.

为了证明公理系统 Ⅰ ～ Ⅻ 的完备性,只要证明这个公理系统的任意两个解释都是同构的即可(第一章,§4,定义4.3.3).这是我们已经证明过的,因为,如果 P_1 和 P_2 是公理系统 Ⅰ ～ Ⅻ 的两个解释(即两个连续域),那么,对于有理数域的同一个解释 Q,就存在都包含 Q 作为其子域的两个域 R_1 与 R_2.它们(关于加法、乘法以及顺序)分别与 P_1 和 P_2 同构(第三章,定理2.1.2).由于这种同构性,域 R_1 与 R_2 便都是连续域,从而对于两种运算和顺序来讲,它们是同构的(本章,定理4.1.3).但是,这样一来,按照同构的性质,域 P_1 与 P_2 也是同构的(也关于加法、乘法及顺序),这就证明了公理系统 Ⅰ ～ Ⅻ 的完备性.

既然公理系统 Ⅰ ～ Ⅻ 的无矛盾性及完备性已被证明,那么这个公理系统精确地定义出实数域,而且可作为实数构造理论的基础.这样的构造是在 §4 中已被我们完成了的.

关于公理 Ⅰ ～ Ⅻ 的独立性(第一章,§4,定义4.3.4)的问题,没有这样带有原则性的意义,我们不打算逐个地讨论它们.这里仅限于证明公理 Ⅺ 和公理 Ⅻ 的每一个对其余所有公理的独立性.这两个公理联合在一起,构成域 R 的连续性,用另外一个公理表示这个性质,将是很有趣味的问题.

定理 5.1.1 公理 Ⅺ 和公理 Ⅻ 的每一个,对于公理 Ⅰ ～ Ⅻ 中其余公理来说是独立的.

证明 需要建立一个解释,使得这个解释满足除了 Ⅺ 或 Ⅻ 以外的所有公理.

有理数域指出了公理 Ⅻ 的独立性,因为有理数域是阿基米德式有序域(第三章,§2,定理2.1.3),但不是完备域(§3,定理3.1.4).

阿基米德公理的独立性的证明是比较复杂的,这需要建立一个非阿基米德式有序的完备域.

非阿基米德式有序的完备域的例子:设 P 是定义在全体整数集合 $\mathbf{Z}$ 上的所有这些函数 $f(n)$ 的集合,函数值是实数,并且这些函数具有这样的性质:对于每一个函数 $f(n)$,存在一个整数 n_0,对于任意 $n < n_0$,有 $f(n) = 0$.集合 P 中的和、积、正性等定义如下:函数 s 称为函数 f 与 g 的和,此处 s 的值被等式

$$s(n) = f(n) + g(n)$$

所确定,n 是任意整数.这个加法具有普通函数加法的所有性质(§4,4.3),因此,我们仍然用 $f + g$ 的记号表示和.函数 p 称为函数 f 与函数 g 的积,此处 p 的值被等式

$$p(n) = \sum_{k=-\infty}^{+\infty} f(k)g(n-k) \tag{1}$$

170

所确定,这里是对所有能使 $f(k)g(k) \neq 0$ 的 k 求和. 这样的数 k 有有限多个,因此,和永远有意义,即如果对于任意 $n < n_1, f(n) = 0$,且对于任意 $n < n_2, g(n) = 0$,那么对任意 $k < n_1$ 及 $k > n - n_2$,都有 $f(k)g(n-k) = 0$. 由此,我们也可以求得:对于任意 $n < n_1 + n_2, p(n) = 0$,因为 $n - n_2 < n_1$,所以,对于或者小于 n_1,或者大于 $n - n_2$ 的任何数 p,在式(1)中被加数全都等于零.

在这种意义下,函数 f 与 g 的积用记号

$$f \times g$$

表示.

函数 f 叫作正的,如果 $f(n) > 0$,此处 n 是使 $f(m) \neq 0$ 的所有 m 的集合 A 中的最小数. 如果 f 不恒等于零,这样的数是存在的,因为这时 A 是非空的,而且是有下界的(第二章,§1,定理1.3.5).

现在需要证明在 P 中公理 Ⅰ ～ Ⅹ 及 Ⅻ 都成立,但公理 Ⅺ 不成立.

因为函数的加法归结为实数的加法,所以公理 Ⅰ ～ Ⅲ 成立.

公理 Ⅳ 也成立,因为,如果 $f \times g = p$ 及 $g \times f = p_1$,那么,由(1),显然 $p(n)$ 与 $p_1(n)$ 是同样的一些数的和,只不过这些数的顺序是相反的.

我们来验证公理 Ⅴ,设给出三个函数 f, g, h,则

$$\begin{aligned}[(f \times g) \times h](n) &= \sum_{k=-\infty}^{+\infty} (f \times g)(k)h(n-k) \\ &= \sum_{k=-\infty}^{+\infty} \left[\sum_{r=-\infty}^{+\infty} f(r)g(k-r)\right] h(n-k) \\ &= \sum_{k=-\infty}^{+\infty}\sum_{r=-\infty}^{+\infty} f(r)g(k-r)h(n-k)\end{aligned}$$

在上面最后一个等式里,我们将 $h(n-k)$ 放入求和的符号内,因为这个数与求和的指标 r 无关,所以可以这样做. 另外,我们有

$$\begin{aligned}[f \times (g \times h)](n) &= \sum_{k=-\infty}^{+\infty} f(k)(g \times h)(n-k) \\ &= \sum_{k=-\infty}^{+\infty} f(k)\left[\sum_{r=-\infty}^{+\infty} g(r)h(n-k-r)\right] \\ &= \sum_{k=-\infty}^{+\infty}\sum_{r=-\infty}^{+\infty} f(r)g(r)h(n-k-r)\end{aligned}$$

因为这里的所有和都是有限的,所以可以调换求和的顺序. 令 $k=t, r=s-t$,即得 $k+r=s$,而且,当给定 t,按照 $r=s-t$ 从 $-\infty$ 到 $+\infty$ 求和,与按照 s 从 $-\infty$ 到 $+\infty$ 求和是一样的,因此

$$[f \times (g \times h)](n) = \sum_{r=-\infty}^{+\infty}\sum_{k=-\infty}^{+\infty} f(r)g(r)h(n-k-r)$$

$$= \sum_{s=-\infty}^{+\infty} \sum_{t=-\infty}^{+\infty} f(t)g(s-t)h(n-s)$$

但是,这个式子与前面式子的差别仅在于求和的指标不同,因此

$$(f \times g) \times h = f \times (g \times h)$$

这就证明了公理 V 也是成立的.

我们来验证公理 VI.

$$\begin{aligned}
[(f+g) \times h](n) &= \sum_{k=-\infty}^{+\infty} (f+g)(k)h(n-k) \\
&= \sum_{k=-\infty}^{+\infty} [f(k) + g(k)] h(n-k) \\
&= \sum_{k=-\infty}^{+\infty} f(k)h(n-k) + \sum_{k=-\infty}^{+\infty} g(k)h(n-k) \\
&= (f \times h)(n) + (g \times h)(n) \\
&= (f \times h + g \times h)(n)
\end{aligned}$$

即

$$(f+g) \times h = (f \times h + g \times h)$$

因此,P 是一个环,这个环的零元显然是恒等于零的函数,我们也用符号 "0" 来表示它.

我们来验证公理 VII. 设给定 f 及 h,且 $f \neq 0$.需要求一个 g 满足 $f \times g = h$. 如果 $h = 0$,那么 $g = 0$ 即为所求函数. 设 $h \neq 0$,且设 $f(t) \neq 0$,当 $n < s$ 时,$f(n) = 0$ 以及 $h(t) \neq 0$,但当 $n < s$ 时,$h(n) = 0$. 对于任意 $n < t-s$,令 $g(n) = 0$,由等式 $f(s) \cdot g(t-s) = h(t)$ 可求 $g(t-s)$. 设对于 $t-s \leqslant k < t-s+n$,此处,$n > 0$,已经求出 $g(k)$,于是由下面等式可确定 $g(t-s+n)$

$$f(s) \cdot g(t-s+n) + f(s+1)g(t-s+n-1) + \cdots + f(s+n)g(t-s)$$
$$= h(t+n)$$

或者

$$\sum_{k=-\infty}^{+\infty} f(k)g(t+n-k) = h(t+n)$$

由于 $f(s) \neq 0$,因此这是可能的,利用归纳法(第一章,§2,定理2.2.1),对于任意 $n > 0$,$g(t-s+n)$ 都被确定,即对于任何 k,$g(k)$ 被确定,显然有 $f \times g = h$.

公理 VIII 显然成立.

我们来验证公理 IX. 显然,$(-f)(n) = -f(n)$,因此,由实数的类似性质可知,公理 IX 在 P 中成立.

172

我们来验证公理 Ⅹ. 两个正函数的和显然是正函数. 如果 $f(s) > 0$ 及 $g(t) > 0$ 是 f,g 的最开始的两个异于零的值,那么 $f \times g$ 的最开始的异于零的值是

$$f \times g(s+t) = f(s)g(t) > 0$$

即公理 Ⅹ 成立.

阿基米德公理 Ⅺ 在 P 中不成立. 因为,如果 $f(0)=1$,且对于任意 $n \neq 0$ 有 $f(n)=0, g(1)=1$,且对于任意 $n \neq 1, g(n)=0$,那么对于任意自然数 k,有 $f - kg > 0$,即 $kg < f$,因为 $(f-kg)(0) = 1 > 0$,且对于任意 $n < 0$,有 $(f-kg)(n) = 0$.

我们来验证公理 Ⅻ. 设给定域 P 中元素的基本序列 $\{f_k\}$. 我们按照下面的方法建立一个函数 f:设 n 为给定的任意整数,取函数 ε_n,使 $\varepsilon_n(n+1)=1$,对于任意 $k \neq n+1, \varepsilon_n(k)=0$,因为 $\varepsilon_n > 0$,所以按照基本序列的定义(§3,定义 3.1.4),存在一个自然数 k_n,对于任意 $p,q > k_n$,有

$$| f_p - f_q | < \varepsilon_n$$

我们来证明,对于任意 $m \leqslant n$ 及任意 $p,q > k_n$,都有

$$f_p(m) = f_q(m) \tag{2}$$

如果这个事实不成立,那么,可设 s 是不大于 n 且使 $f_p(s) \neq f_q(s)$ 的第一个数,例如,设 $f_p(s) > f_q(s)$,因为对于任意 $m < s$,有 $(f_p - f_q - \varepsilon_n)(s) > 0$,且 $(f_p - f_q - \varepsilon_n)(m) = 0$,所以有

$$| f_p - f_q | = f_p - f_q > \varepsilon_n$$

这与 $\{f_k\}$ 为基本序列的假定矛盾,故(2)为真. 特殊情形,对于任意 $p,q > k_n$,有 $f_p(n) = f_q(n)$,即对于给定的 n,k,大于 k_n 的所有 f_k 的值都相同,我们就以这个共同的值作为函数 f 在点 n 的函数值,因此,对于任意整数 n,我们令

$$f(n) = f_k(n), n > k_n \tag{3}$$

证明 $\lim_{k \to \infty} f_k = f$. 设 $\varepsilon > 0$ 是域 P 中的任意元(函数),n 是使 $\varepsilon(n) \neq 0$ 的第一个整数. 由 $\varepsilon > 0$ 可知 $\varepsilon(n) > 0$,我们可证,对于任意 $k > k_n$,有 $| f_k - f | < \varepsilon$,对于任意 $m \leqslant n$,取 $h > k_n, h > k_m$,于是,当 $k > k_n$ 时,由(2)有

$$f_k(m) = f_h(m)$$

而由(3),有

$$f_h(m) = f(m)$$

即

$$f_k(m) = f(m)$$

因而,对于任意 $m \leqslant n$,有

$$f_k(m) - f(m) = 0$$

又由于 $\varepsilon(n) > 0$,因此对于任意 $k > k_n$,有 $\mid f_k - f \mid < \varepsilon$. 这就是说

$$\lim_{k \to \infty} f_k = f$$

因而公理 Ⅻ 在 P 中成立.

5.2　两种连续公理的统一

我们已经借助于分割的有界性(§1,定义 1.1.1)以及阿基米德公理与完备公理分别定义了有序域的连续性(§3,定义 3.2.1).本段我们要证明它们本质上是一样的.连续公理还有另外的形式,为此需要先引入新的概念.

有序集 P 中的元素 b 叫作集合 A 的极限元,如果对于满足关系 $b_1 < a < b_2$ 的任意元素 b_1, b_2,在 A 中存在无限多个元素 a,使得 $b_1 < b < b_2$.

很容易证明,P 是有序域时,这个定义与下面的定义是等效的.

元素 b 叫作集合 A 的极限元,如果对于 P 中的任意元素 $\varepsilon > 0$,在 A 中存在无限多个元素 a,使得 $\mid a - b \mid < \varepsilon$.

定理 5.2.1　有序域 P 的下面三个性质是等效的:

(1) 在 P 中公理 Ⅺ 和 Ⅻ 成立;

(2)(戴德金)P 的任一分割都有界;

(3)(维尔斯特拉斯)P 的元素的任一无限有界的集合都有极限元.

我们按照 (1) → (2) → (3) → (1) 的方案证明这个定理.

(1) → (2). 设给出 P 的一个分割 (X, Y),取元素 $x_0 \in X, y_0 \in Y$,因为 P 是阿基米德式有序的,所以对于任意自然数 n,存在整数 m_1, m_2,使得

$$\frac{m_1}{10^n} < x_0, \frac{m_2}{10^n} > y_0 \text{①}$$

显然,$\frac{m_1}{10^n} \in X, \frac{m_2}{10^n} \in Y$. 也就是说,使得 $\frac{m}{10^n}$ 属于 X 的这些整数 m 的集合 M 是非空的且有上界,因此,M 含有最大整数 m_n(第二章,§1,定理 1.3.5). 令 $b_n = \frac{m_n}{10^n}, n = 1, 2, \cdots$,则数 $c_n = b_n + 10^{-n}$ 属于 Y. 如果 A_n 是所有形如 $\frac{m}{10^n}$(m 是任意整数)的数的集合,那么 b_n 是在 X 中的 A_n 的最大数,而 c_n 是在 Y 中的 A_n 的最小数. 因为,当 $k < h$ 时永远有 $A_k \subset A_h$,所以应有

---

① 在这里以及下面,我们都假定域 P 已含有有理数域(第三章,§2,定理 2.1.2).

$$b_k \leqslant b_h, c_k \geqslant c_h \tag{4}$$

其次,对于任意 n,有

$$c_n - b_n = 10^{-n}, b_n \in X, c_n \in Y \tag{5}$$

序列 $\{b_n\}$ 是基本序列,因为对于 P 中的任意 $\varepsilon > 0$,存在一个自然数 n_0,使得 $10^{-n_0} < \varepsilon$,于是

$$| b_p - b_q | < c_{n_0} - b_{n_0} < \varepsilon$$

对于任意 $p, q > n_0$ 都成立. 按照公理 Ⅻ,这个序列在 P 中有极限 a,我们来证明 a 是分割 Y, X 的界. 由(5)知

$$\lim(c_n - b_n) = 0$$

即(§3,定理 3.1.2(1))

$$\lim b_n = \lim c_n = a$$

除此以外,对于任意 n,还有

$$b_n \leqslant a \leqslant c_n \tag{6}$$

事实上,如果 $b_{n_0} > a$,那么由(4)知,对于任意 $n > n_0$,有 $b_n \geqslant b_{n_0}$. 由此得

$$a = \lim b_n \geqslant b_{n_0} > a$$

(§3,定理 3.1.2(1)),这是不可能的. 同样可证明 $a \leqslant c_n$.

设 $x \in X$,而且 $x > a$. 取 n,使 $10^{-n} < x - a$,于是,由(5)及(6),有

$$c_n = b_n + 10^{-n} < a + (x - a) = x$$

这与分割的定义矛盾,因而,对于任意 $x \in X$,都有 $x \leqslant a$. 同样可证明,对于任意 $y \in Y$,都有 $y \geqslant a$. 如果 a 属于 X,那么 a 是 X 中的最大数. 于是,Y 中没有最小数. 因为,若 Y 中没有最小数 b,则 $a < b$. 由于有序域 P 是稠密的(《抽象代数基础》卷,第二章,§5,定理 5.2.2),因此存在一个元素 $c, a < c < b$(可取 $c = \frac{a + b}{2}$).

由 $c > a$ 可知,c 不属于 X,由 $c < b$ 可知,c 不属于 Y,这是不可能的,因为 X, Y 的并集是 P.

同样地可以证明,如果 $a \in Y$,那么 a 是 Y 中的最小数,且 X 中没有最大数. 也就是说,a 是分割 X, Y 的界. 我们指出,令

$$a_n = 10^n \cdot (b_n - b_{n-1})$$

很容易得出 a 的小数写法(参看 §5,(5)).

(2) → (3). 设 A 是域 P 的有界子集,而且对于 A 的任意元素 a,都有 $b_1 < a < b_2$. 以 X 表示 P 中所有这些元素 x 的集合,对于每一 x,在 A 中都存在无限多个元素 $a, a > x$,而以 Y 表示 P 中的其余元素的集合. 因为 $b_1 \in X, b_2 \in Y$,

所以 X 及 Y 都非空, 显然 $X \bigcup Y = P, X \bigcap Y = \varnothing$. 如果 $x \in X, y \in Y$, 那么 $x < y$, 因为, 若不是这样, 则 $x \geqslant y$, 因而在 A 中存在无穷多个元素 $a > x \geqslant y$, 即 $y \in X$, 这是不可能的. 所以 X, Y 是 P 的一个分割. 由 (2) 知, 这个分割是有界的, 设其界为 b, 我们证明 b 是 A 的极限元. 设 c_1, c_2 是 P 中的任意元素, 并且 $c_1 < b < c_2$, 于是 c_1 属于 X, 否则, 由 $c_1 \in X$ 将导出 $b \in Y$, 而且 b 不是 Y 的最小数, 因而 b 不是分割的界. 同样地可以证明 $c_2 \in Y$. 如果 A_1 是 A 中满足条件 $c_1 < a < c_2$ 的所有 a 的集合, A_2 是 A 中满足条件 $a \geqslant c_2$ 的所有 a 的集合, 那么, 由 $c_1 \in X$ 可知, $A_1 \bigcup A_2$ 是无限集, 而由 $c_2 \in Y$ 可知, c_2 是有限集, 因为两个有限集合的交集仍是有限集, 所以集合 A_1 是有限集, 这就是说, b 是 A 的极限元.

(3) → (1). 我们先证明, 在 P 中阿基米德公理 Ⅺ 成立. 假定它不成立, 于是, 存在两个元素 a, b, 此处 $b > 0$, 对于任意自然数 n, 都有 $n \cdot b < a$. 设 a 是包含所有 nb 形式的数的集合, 因为 $0 < nb < a$, 所以 A 是有界的. 因由 $n < m$ 应有 $nb < mb$, 故 A 是无限集. 由 (3) 知, A 有极限元 c. 我们再证明: 对于任意自然数 n, 均有 $nb < c$. 若不是这样, 则存在一个自然数 n_0, 使 $n_0 b \geqslant c$, 于是对于任意 $n > n_0$, 有 $nb > c$. 也就是说, 仅存在有限多个元素 nb, 使得

$$c - b < nb < (n_0 + 1)b$$

这里

$$c - b < c < (n_0 + 1)b$$

但这与极限元的定义矛盾. 因为对于任意自然数 $n, nb < c$, 且 c 是集合 A 的极限元, 所以存在一个 n, 使 $c - b < nb < c$, 于是

$$(n+1)b = nb + b > (c - b) + b = c$$

这是不可能的. 因此, P 是阿基米德式有序域.

现在我们来证明完备公理 Ⅻ. 设 $\{a_n\}$ 是 P 中的基本序列, 并设 A 是 P 中所有元素 a 的集合, 对于每一个 a, 存在一个 n, 使 $a_n = a$. 用 N_a 表示所有使 $a_n = a$ 的这样 n 的集合. 显然, 所有自然数集合 $\mathbf{N}$ 是集合 N_a 的并集, 此处 a 是 A 中任意元素. 如果集合 A 是有限集, 那么在 A 中存在一个元素 a, 对于它, N_a 是无限集 (否则, 有限集的并集仍是有限集, 这是不可能的). 我们证明 $\lim a_n = a$. 设给定 $\varepsilon > 0$, 因为 $\{a_n\}$ 是基本序列, 所以存在一个自然数 n_0, 对于任意 $p, q > n_0$, 有 $|a_p - a_q| < \varepsilon$. 因为集合 N_a 是无限集, 所以存在一个 $p > n_0$, 使 $a_p = a$. 于是

$$|a - a_q| = |a_p - a_q| < \varepsilon$$

对于任意 $q > n_0$ 都成立, 即

$$\lim a_n = a$$

设集合 A 是有限集, 则基本序列 $\{a_n\}$ 是有界的, 因为, 存在 m, 对于任意

$p > m, q > m$,使 $|a_p - a_q| < 1$,由此得

$$|a_p| = |(a_p - a_{m+1}) + a_{m+1}| \leqslant 1 + |a_{m+1}|$$

如果 b 是下面这些元素中的最大者

$$|a_1|, |a_2|, \cdots, |a_m|, 1 + |a_{m+1}|$$

那么 $-b < a_n < b$,对于任意 n 都成立,即 A 是有界的. 由(3)知,A 有极限元 a,我们证明,$\lim a_n = a$. 对于任意 $\varepsilon > 0$,存在一个自然数 n_0,当 $p > n_0, q > n_0$ 时,有

$$|a_p - a_q| < \frac{\varepsilon}{2}$$

因为 a 是 A 的极限元,所以 A 中满足条件 $|a - a'| < \frac{\varepsilon}{2}$ 的元素 a' 有无限多,因此,存在 $p > n_0$,使得

$$|a_p - a| < \frac{\varepsilon}{2}$$

于是,对于任意 $q > n_0$,有

$$|a_q - a| = |(a_q - a_p) + (a_p - a)|$$
$$\leqslant |a_q - a_p| + |a_p - a|$$
$$< \frac{\varepsilon}{2} + \frac{\varepsilon}{2} = \varepsilon$$

即

$$\lim a_n = a.$$

因此,性质(1)(2)(3)是等效的. 实数域的公理化定义,可以采取性质(1)(2)(3)中的任何一个以及性质 Ⅰ ~ Ⅹ.

我们指出,时常应用的定理,即任一闭区间①序列,这些区间一个包含着一个,而其长无限制地缩小,则有且仅有一个公共点,并不表示连续性,而仅表示有序域的完备性. 我们将证明下面的定理.

定理 5.2.2 有序域 P 的完备性质 Ⅻ 与下面的性质等效:

Ⅻ′ 对于有序域 P 的任意一个具有下面性质的闭区间序列 $[a_n, b_n]$,$n = 1$,$2, \cdots$,即对于任意 n,都有

$$a_n \leqslant a_{n+1}, b_n \geqslant b_{n+1} \tag{7}$$

且

$$\lim(a_n - b_n) = 0 \tag{8}$$

① 有序域(或者,一般的有序集)P 的以 a, b 为端点的闭区间,此处 $a \leqslant b$,是指 P 中满足条件 $a \leqslant c \leqslant b$ 的所有元素 c 的集合 $[a, b]$.

有且仅有一个元素 c 存在,属于这个序列中的所有闭区间,即对于任意 n,这个元素 c 都满足条件

$$a_n \leqslant c \leqslant b_n \qquad (9)$$

证明 设 P 是完备域.我们来证明 P 满足性质 XII'.由(8)知,对于 P 中的任意 $\varepsilon > 0$,存在一个自然数 n_0,当 $n > n_0$ 时,有 $b_n - a_n < \varepsilon$.于是当 $q \geqslant p > n_0$ 时,有

$$\mid a_p - a_q \mid = a_q - a_p \leqslant b_p - a_p < \varepsilon$$

这就是说,$\{a_n\}$ 是基本序列,由 XII 知,$\{a_n\}$ 在 P 中有极限 c.和定理 4.2.1 的证明$((1) \to (2))$一样,容易证明 $\lim a_n = c = \lim b_n$,然后,就可以得出关系(9).

假使还存在一个元素 $c_1 \neq c$,也具有条件(9),那么就应满足

$$b_n - a_n \geqslant \mid c - c_1 \mid > 0$$

这与(8)矛盾.

因此,在域 P 中性质 XII' 成立.

反之,设性质 XII' 在 P 中成立,我们来证明性质 XII 也成立,设给出 P 的任意基本序列 $\{c_n\}$,则有下面两种情形之一发生:

(1) 由于 $\lim \varepsilon_n = 0$,应有一个自然数 n_0 存在,对于任意 $n > n_0$,有 $\varepsilon_n = 0$.

(2) 存在一个序列 $\{\varepsilon_n\}$,$\lim \varepsilon_n = 0$ 且对于任意 n,有

$$\varepsilon_n > 0 \qquad (10)$$

事实上,如果(1)的情形不发生,那么存在一个序列 $\{\varepsilon_k\}$,$\lim\limits_{k \to \infty} \varepsilon_k = 0$,对于任意 k_0,都可求得一个 $k > k_0$,对于这个 k,有 $\varepsilon_k \neq 0$.取 k_1 使 $\varepsilon_{k_1} \neq 0$,然后再取 $k_2 > k_1$,使 $\varepsilon_{k_2} \neq 0$,等等.利用归纳法,建立一个序列 $\{\varepsilon_{k_n}\}$,$n = 1, 2, \cdots,$.令 $\varepsilon'_n = \pm \varepsilon_{k_n}$.此处"$\pm$"号这样取,以便使 $\varepsilon'_n > 0$.由于 $k_n \geqslant n$,应有 $\lim\limits_{k \to \infty} \varepsilon'_n = 0$.由 $\{c_n\}$ 是基本序列可知,$\lim\limits_{n \to \infty}(c_n - c_{n+1}) = 0$.在(1)的情形中,存在 n_0,当 $n > n_0$ 时,有 $c_n - c_{n+1} = 0$,即对于任意 $n > n_0$,有 $c_n = c_{n+1} = c$.

于是,显然有 $\lim c_n = c$.

在(2)的情形中,取具有条件(10)的序列 $\{\varepsilon_n\}$.可以认为 P 含有有理数(如果不是这样,可且把 P 换成与 P 同构的域),因此 P 中的无理数被整数除的除法有意义(第三章,§2,定理 2.1.2).于是,可以认为

$$\varepsilon_{n+1} < \frac{\varepsilon_n}{2} \qquad (11)$$

事实上,令 $k_1 = 1$,由 $\lim \varepsilon_n = 0$ 知,存在一个数 $k_2 (k_2 > k_1)$,使 $\varepsilon_{k_2} < \dfrac{\varepsilon_1}{2}$,存

在一个数 $k_3(k_3 > k_2)$，使 $\varepsilon_{k_3} < \dfrac{\varepsilon_{k_2}}{2}$，等等. 令 $\varepsilon'_n = \varepsilon_{k_n}$，我们得到一个具有所要求性质的序列.

由于 $\{c_n\}$ 是基本序列，因此存在着 k_n，对于任意 $k \geqslant k_n$，有

$$|c_k - c_{k_n}| < \frac{\varepsilon_n}{4} \tag{12}$$

对于任意 n，有

$$k_n < k_{n+1}$$

令

$$a_n = c_{k_n} - \frac{\varepsilon_n}{2}, b_n = c_{k_n} + \frac{\varepsilon_n}{2}$$

于是 $b_n - a_n = \varepsilon_n$，故 $\lim(b_n - a_n) = 0$，即(8)成立. 其次，由(11)和(12)，应有

$$a_n = c_{k_n} - \frac{\varepsilon_n}{2} = c_{k_{n+1}} + (c_{k_n} - c_{k_{n+1}}) - \frac{\varepsilon_n}{2}$$

$$< c_{k_{n+1}} + \frac{\varepsilon_n}{4} - \frac{\varepsilon_n}{2}$$

$$= c_{k_{n+1}} - \frac{\varepsilon_n}{4} < c_{k_{n+1}} - \frac{\varepsilon_n}{2} < a_{n+1}$$

同样可证明 $b_n > b_{n+1}$.

因此，闭区间序列 $[a_n, b_n]$ 具有性质(7)(8)，按照 Ⅻ′，存在一点 c，属于所有闭区间，即满足条件(9). 很容易看出，$\lim c_n = c$. 事实上，对于任意 $\varepsilon > 0$，可求得 $\varepsilon_n < \varepsilon$，但由(9)及(12)可知，数 c 及 $k \geqslant k_n$ 时的所有 c_k，都属于 $[a_n, b_n]$. 因此，对于任意 $k \geqslant k_n$，有

$$|c_k - c| < b_n - a_n = \varepsilon_n = \varepsilon$$

由此可知，完备公理 Ⅻ 在 P 中成立，定理即被证明.

有理数域的公理化定义可以简单地定义为特征数为零的素域，事实上，任意一个这样的域都与自己所含有的有理元所成的子域重合，也就是说，与有理数域 Q 是同构的(第三章，§2，定理2.1.2).

整数环的公理化定义可以定义为具有单位元 e 的环 R，对于任意自然数 n，均有 $ne \neq 0$，而且不含任何具有这样性质的有单位元的子环. 事实上，很容易证明，所有形如 ne 的元素的集合关于加法和乘法与自然数集 $\mathbf{N}$ 是同构的，即 R 含有子环 R_0 与整数环 Z 同构(第二章，§1，定理1.2.3). 但是，由于 R_0 含有单位元，因此与 R 重合，也就是说，R 与整数环 Z 同构.

§6　用小数书写实数

6.1　基本定理·第一部分的证明

前面,我们看到所谓实数就是有理数域内的分割或者是等价的有理数基本序列的类(在无理数的情形下),由于这样的描述相当麻烦,在实际应用上很不方便,因此,在实践上通常应用比较简单的而且直观的写法,即利用十进位制来书写实数,这里我们将详细地讨论这个问题[①].

大家都知道,数的十进位制写法可以形式地定义如下(把整数的写法与有限小数的写法放在一起并且去掉可约简的小数(十进分数)):

有限小数是指下面写法的数

$$\pm a_p a_{p+1} \cdots a_{-1} a_0 . a_1 a_2 \cdots a_q$$

此处,p,q 是整数,而且 $p \leqslant 0 \leqslant q$,所有 a_k 是满足下面条件的整数:

(1) $0 \leqslant a_k \leqslant 9, k = p, p+1, \cdots, q$;

(2) 若 $p < 0$,则 $a_p \neq 0$;

(3) 若 $q > 0$,则 $a_q \neq 0$.

这里,仅当 a_0 后面有数时,即当 $q > 0$ 时,才打上小数点.条件(2)是把整数部分前面多余的零去掉,而条件(3)是把小数部分后面多余的零去掉.

换言之,这个有限小数是指写成(或者表示成)下面形式的数

$$a = \pm (a_p \cdot 10^{-p} + a_{p+1} \cdot 10^{-p-1} + \cdots + a_{-1} \cdot 10 + a_0 +$$
$$a_1 \cdot 10^{-1} + a_2 \cdot 10^{-2} + \cdots + a_q \cdot 10^{-q})$$

$$= \pm \sum_{k=p}^{q} a_k \cdot 10^{-k}$$

无限小数是指写成下面形式的整数 a_k 的序列

$$\pm a_p a_{p+1} \cdots a_{-1} a_0 . a_1 a_2 \cdots a_q \cdots$$

此处 a_k 满足条件(1)(对于任意整数 $k \geqslant p$)及(2),以下面的条件(3′)代替(3):

(3′) 对于任意自然数 n_0,存在一个自然数 $n > n_0$,使得 $a_n \neq 0$.

如果

---

①　以下对于十进位制所说的,对于 n 进位制仍然正确(n 是大于1的任意自然数).差别在于:应以 n 进有理数(参看第四章 §2 定义 2.2.1)来替代十进有理数.

$$\lim_{n \to \infty}(\sum_{k=p}^{n} a_k \cdot 10^{-k})$$

的极限存在,设为 a,那么就说这个无限小数表示数 $\pm a$,也写为

$$\pm a = \pm \sum_{k=p} a_k \cdot 10^{-k}$$

因此,写成无限小数的正数等于写成有限小数的数的极限. 对于负数也容易证明,即如果

$$a = \lim_{n \to \infty}(\sum_{k=p}^{q} a_k \cdot 10^{-k})$$

这由我们已经证明过的极限的性质 $\lim(c_n d_n) = \lim c_n \cdot \lim d_n$ 即可得出. 令 $d_n = -1$,则 $\lim d_n = -1$,因而得到

$$\lim(-c_n) = \lim(c_n d_n) = \lim c_n \cdot \lim d_n = -\lim c_n$$

无限小数 $\pm a_p a_{p+1} \cdots a_{-1} a_0 . a_1 a_2 \cdots a_q \cdots$ 叫作循环小数,如果有一个整数 n_0 和一个自然数 h 存在,使得对于任意 $n > n_0$,都有 $a_n = a_{n+h}$.

基本定理 十进有理数(参看第三章 §2 的定义)且仅有十进有理数可以写成有限小数,而且只有一种写法;异于零的任意一个实数都可以写成无限小数,而且只有一种写法. 反之,任意一个无限小数都表示某个实数. 因此,对于异于零的每一个数,如果令它的无限小数的写法与它对应,我们就得到异于零的所有实数的集合与所有无限小数的集合之间的一个一一对应. 异于零的有理数,且仅有它们可以写成循环小数.

证明 因为由数 a 的有限小数或无限小数的写法简单地在前面加上"一"号,即得 $-a$ 的写法,只要对于非负的数证明定理即可.

我们先证明,定理中所说的数的小数写法是存在的. 对于数 0 来说,其小数写法是有限小数 0. 按照上面的定义,当 $p = q = a_0 = 0$ 时,即得出这个写法.

设给定实数 $a > 0$. 因为实数域 R 是阿基米德式有序域,且含有有理数域 Q,所以可应用第三章 §2 中关于 n 进有理数的定理 2.2.2 和定理 2.2.3. 取 $n = 10$,于是,对于任意整数 k,存在整数 m_k,使得

$$m_k \cdot 10^{-k} \leqslant a < (m_k + 1) \cdot 10^{-k} \tag{1}$$

(对于数 $-k$,我们应用第三章 §2 的定理 2.2.2). 令

$$b_k = m_k \cdot 10^{-k}, c_k = (m_k + 1) \cdot 10^{-k}$$

于是 b_k 和 c_k 是具有下面性质的十进有理数

$$0 \leqslant b_k \leqslant a < c_k, c_k - b_k = 10^{-k} \tag{2}$$

对于任意 k 都成立. 而且由 $k < h$,应有

$$b_k \leqslant b_h, c_k \geqslant c_h \tag{3}$$

因为,如果

$$b_k = m_k \cdot 10^{-k} < 0$$

那么,由于 $10^{-k} > 0$,应有 $m_k < 0$,又因为 m_k 是整数,所以

$$m_k + 1 \leqslant 0$$

即 $c_k \leqslant 0 < a$,这与(1)矛盾,即 $b_k \geqslant 0$. 由(1)立即可得出(2). 对于给定的整数 k,A_k 是所有形如 $m \cdot 10^{-k}$ 的数的集合. 如果 $k < h$,那么 A_k 含在 A_h 中. 因为 A_k 中的任意数都为

$$m \cdot 10^{-k} = (m \cdot 10^{h-k}) \cdot 10^{-h}$$

的形式,且由 $h - k > 0$,数 $m \cdot 10^{h-k}$ 为整数. 因而属于 A_h. 显然,b_k 是集合 A_k 中不大于 a 的最大数. 同时,c_k 是集合 A_k 中不大于 a 的最小数. 因此,由 $k < h$(这时,有 $A_k \subset A_h$)应有(3). 事实上,$b_k \leqslant a$ 且属于 A_h,但 b_h 是 A_h 中不大于 a 的最大数,因而有 $b_k \leqslant b_h$. 类似地,可证 $c_k \geqslant c_h$.

对于任意实数 $\varepsilon > 0$,存在一个自然数 k_0,使 $10^{-k_0} < \varepsilon$(第三章,§2,定理2.2.3),也就是说,当 $k > k_0$ 时

$$|b_k - a| = a - b_k \leqslant c_k - b_k = 10^{-k} < \varepsilon$$

类似地,有 $|c_k - a| < \varepsilon$,即

$$\lim b_k = a = \lim c_k \tag{4}$$

此处,序列 $\{a_n\}$ 及 $\{b_n\}$ 可以从任意整数 k 开始,因为,在序列前加上或者去掉有限多个项是与这个序列的收敛性和其极限无关的.

现在,对于任意整数 k,令

$$a_k = m_k - 10 m_{k-1}$$

于是 a_k 是整数,而且对于任意整数 k,有

$$a_k \cdot 10^{-k} = b_k - b_{k-1} \tag{5}$$

首先,我们来证明,a_k 满足有限小数定义中的条件(1). 由(3)和(5)可知,对于任意 k,均有 $a_k \geqslant 0$. 其次,由(2)和(3)应有

$$a_k \cdot 10^{-k} = b_k - b_{k-1} < c_k - b_{k-1} \leqslant c_{k-1} - b_{k-1} = 10^{-(k-1)}$$

两端同时消去 $10^{-k} > 0$,得 $a_k < 10$,即 $a_k \leqslant 9$.

其次,我们证明存在一个整数 r,对于它,有 $a_r \neq 0$,而对于任意 $k < r$,都有 $a_k = 0$. 事实上,因为 $\frac{1}{a} > 0$,所以存在 h,使得 $10^{-h} < \frac{1}{a}$,由此得 $10^h > a$. 由(1)可求得 $m_{-h} \cdot 10^h \leqslant a < 10^h$,因而 $m_{-h} < 1$,由于 m_{-h} 是整数,因此 $m_{-h} \leqslant 0$ 且 $b_{-h} \leqslant 0$. 由(2)知,$b_{-h} = 0$,又由(3)知,对于任意 $k < -h$,都有 $b_k = 0$. 同样可以证明,有一个自然数 h' 存在,对于它,有 $10^{h'} < a$,由此得 $m'_h > 1$ 且 $b'_h > 0$. 设 A

182

是使得 $b_k > 0$ 的所有整数 k 的集合. 因为 $h' \in A$, 所以 A 非空, 又由 $b_k > 0$ 应有 $k > -h$, 故 A 有下界. 因此, A 含有最小数 r(第二章, §1, 定理 1.3.5). 于是 $b_r > 0$, 且对于任意 $k < r$, 均有 $b_k = 0$, 即 $a_r = \dfrac{b_r - b_{r-1}}{10^{-r}} > 0$, 故 $a_r > 0$ 且对于任意 $k < r$, 均有 $a_k = 0$.

若 $r \leqslant 0$, 则令 $p = r$, 若 $r > 0$, 则令 $p = 0$. 于是 $p \leqslant 0$ 且满足条件(2), 因为由 $p < 0$ 应有 $a_p = a_r \neq 0$.

数 a_k 与 b_k 被关系式

$$b_n = \sum_{k=p}^{n} a_k \cdot 10^{-k} \tag{6}$$

联系着, 此处 n 为大于 p 的任意整数.

由于 $b_{p-1} = 0$, 利用式(5), 对于从 p 到 n 的所有 k 求和即得出这个关系式. 因此, 等式(4)可以改写为

$$a = \lim_{n \to \infty} \left(\sum_{k=p}^{n} a_k \cdot 10^{-k} \right) \tag{7}$$

这就是说, 数 a 可以用有限小数或无限小数写为

$$a = a_p a_{p+1} \cdots a_{-1} a_0 . a_1 a_2 \cdots$$

我们证明, 当且仅当 a 是十进有理数时, 它才能写成有限小数的形式.

设 a 可写成有限小数的形式, 则

$$a = \sum_{k=p}^{q} a_k \cdot 10^{-k} = \left(\sum_{k=p}^{q} a_k \cdot 10^{q-k} \right) \cdot 10^{-q}$$

因为括号中是整数, 所以数 a 是十进有理数.

反之, 设 a 是十进有理数, $a = m \cdot 10^n$. 因为

$$m \cdot 10^{-(-n)} = a < (m+1) \cdot 10^{-(-n)}$$

所以 $m = m_{-n}$ 且 $a = b_{-n}$. 于是, 对于任意 $k > -n$, 由(2)和(3)求得 $b_{-n} \leqslant b_k \leqslant a$, 即 $b_{-n} = b_k$, 由此可知, 对于任意 $k > -n$, 有 $a_k = 0$, 因而使得 $a_k > 0$ 的所有整数 k 的集合有上界, 我们已经证明过 $a_r > 0$, 故这个集合是非空的. 设 s 是其最大数, 若 $s \geqslant 0$, 则令 $q = s$, 若 $s < 0$, 则令 $q = 0$. 于是 $q \geqslant 0$ 且满足条件(3), 因为当 $q > 0$ 时, 将有 $a_q - a_s \neq 0$, 又因为对于任意 $k > q$, 有 $a_k = 0$, 所以代替式(7), 我们得到

$$a = \sum_{k=p}^{q} a_k \cdot 10^{-k}$$

这就是说, 数 a 被写成有限小数

$$a = a_p a_{p+1} \cdots a_{-1} a_0 . a_1 a_2 \cdots a_q \tag{8}$$

如果 a 不是十进有理数,那么,上面所建立的 a_k 满足条件(3′).不然的话,我们将求得一个自然数 n_0,对于任意 $k > n_0$,$a_k = 0$,于是数 a 是有限小数,这就是说,a 是十进有理数.

因此,式(7)表明,不是十进有理数的数 a 被写成无限小数

$$a = a_p a_{p+1} \cdots a_{-1} a_0 . a_1 a_2 \cdots a_n \cdots \qquad (9)$$

但是,任意十进有理数 $a > 0$ 也可写成无限小数.为此,只要利用无穷级数的公式即可.下面我们就来引入这个概念.大家都知道,无穷递降数是指序列 $\{aq^{n-1}\} = a, aq, \cdots, aq^{n-1}$,此处 a, q 是实数,且 $|q| < 1$.如果极限

$$\lim_{n \to \infty} \left(\sum_{k=1}^{n} aq^{k-1} \right)$$

存在,那么就称这个极限为这个级数的和,表示为

$$\sum_{k=1}^{\infty} aq^{k-1}$$

我们来证明,当 $|q| < 1$ 时,极限永远存在,而且可按公式

$$\sum_{k=1}^{\infty} aq^{k-1} = \frac{a}{1-q} \qquad (10)$$

求得.为了证明这个命题,先证明,对于任意自然数 n 和任意 $b > 0$,式

$$(1+b)^n > 1 + nb \qquad (11)$$

恒成立,对 n 用归纳法证明.

当 $n = 1$ 时,显然成立.假定

$$(1+b)^n \geqslant 1 + nb$$

已成立,于是

$$\begin{aligned}
(1+b)^{n+1} &= (1+b)^n \cdot (1+b) \\
&\geqslant (1+nb) \cdot (1+b) \\
&= 1 + (n+1)b + nb^2 \\
&> 1 + (n+1)b
\end{aligned}$$

其次,证明对于任意 q,只要 $|q| < 1$,就有

$$\lim_{n \to \infty} q^n = 0 \qquad (12)$$

当 $q = 0$ 时显然成立.设 $0 < |q| < 1$,则 $\frac{1}{|q|} > 1$,令 $\frac{1}{|q|} = 1 + b$,此处 $b > 0$.任意取 $\varepsilon > 0$,按照阿基米德公理(《抽象代数基础》卷,第二章,§5,定义5.1.3),存在一个自然数 n_0,使 $n_0 b > \frac{1}{\varepsilon}$.因而,对于任意 $n > n_0$,有

$$|q^n-0|=|q|^n=\frac{1}{\left(\frac{1}{|q|}\right)^n}=\frac{1}{(1+b)^n}\leqslant\frac{1}{1+nb}<\frac{1}{n_0b}<\varepsilon$$

这就证明了式(12).

由(12)及极限的性质(§3,定理 3.1.2),马上可得出(10).事实上,利用中学所熟知的几何级数的 n 项和公式,我们得到

$$\lim_{n\to\infty}(\sum_{k=1}^{n}aq^{k-1})=\lim_{n\to\infty}\frac{a-aq^n}{1-q}=\frac{\lim a-\lim a\cdot\lim q^n}{\lim(1-q)}=\frac{a}{1-q}$$

应用式(10),求得

$$0.999\cdots=\frac{\frac{9}{10}}{1-\frac{1}{10}}=1$$

因此,一般地,对于任意整数 m,有

$$\sum_{k=1}^{\infty}9\cdot10^{-k}=10^{-m+1}\tag{13}$$

现在设 $a(a>0)$ 是十进有理数,则 a 可以写成形式(8)的有限小数.因为 $a>0$,所以不是所有 a_k 都等于零.如上面已经证明过的,设 $a_s>0$,并且应用极限的性质 $c+\lim c_n=\lim(c+c_n)$(定理 3.1.2(2)),我们求得

$$a=\sum_{k=p}^{s}a_k\cdot10^{-k}=\sum_{k=p}^{s-1}a_k10^{-k}+(a_s-1)10^{-s}+10^{-s}$$
$$=\sum_{k=p}^{s-1}a_k10^{-k}+(a_s-1)10^{-s}+\sum_{k=s+1}^{\infty}9\cdot10^{-k}$$
$$=\sum_{k=p}^{\infty}a'_k\cdot10^{-k}$$

此处 $p\leqslant k\leqslant s-1,a'_k=a_k,a'_k=a_s-1$,对于任意 $k>s$,有 $a_k=9$.

因为 $a_s>0$,所以 $a'_s=a'_s-1\geqslant0$.这就是说,数 a 可以写成无限小数

$$a=a'_pa'_{p+1}\cdots a'_{-1}a'_0.a'_1a'_2\cdots a'_n\cdots\tag{14}$$

此处,对于任意 $n>s$,有 $a'_n=9$.

例如

$$2.5=2.4999\cdots,900=899.999\cdots$$

对于数 0 来说,上面的变换不能成立,因为它的有限小数写法为 $0=0$,仅含有一个数 $a_0=0$,不含 $a_s>0$.

以上我们证明了定理中所要求的小数写法的存在性.

185

6.2 第二部分的证明

现在证明:任意小数(有限的或无限的)都表示某个实数.

我们先证明,对于任意整数 m 及任意满足条件 $|c_k| \leqslant 9$ 的整数序列 $\{c_k\}$, $k \geqslant m$,极限

$$\lim_{n \to \infty} \left(\sum_{k=m}^{n} c_k \cdot 10^{-k} \right) = \sum_{k=m}^{\infty} c_k \cdot 10^{-k}$$

对于任意 $k \geqslant m$ 都是存在的,而且当且仅当下面三种情形之一发生时这个极限等于零:

(1) 对于任意 $k \geqslant m, c_k = 0$;

(2) 存在一个整数 $t \geqslant m$,对于 $m \leqslant k < t, c_k = 0, c_t = 1$,对于任意 $k > t$, $c_k = -9$;

(3) 存在一个整数 $t \geqslant m$,对于 $m \leqslant k < t, c_k = 0, c_t = -1$,对于任意 $k > t$, $c_k = 9$.

为了写法简短起见,对于任意整数 $n \geqslant m$,令

$$\sum_{k=m}^{n} c_k \cdot 10^{-k} = s_n$$

于是

$$|s_n| \leqslant \sum_{k=m}^{n} |c_k| \cdot 10^{-k} \leqslant 9 \cdot \sum_{k=m}^{n} 10^{-k} = 10^{-m+1} - 10^{-n}$$

(按照几何级数求和的公式).这里,当且仅当所有 c_k 有同一符号且 $|c_k| = 9$ 时,等号"="才能发生(《抽象代数基础》卷,第二章,定理 5.1.8).因为 $10^{-n} > 0$,所以

$$\left| \sum_{k=m}^{n} c_k \cdot 10^{-k} \right| \leqslant 10^{-m+1} - 10^{-n} < 10^{-m+1} \tag{15}$$

而且等号"="当且仅当对于满足条件 $m \leqslant k \leqslant n$ 的所有 k 有 $c_k = 9$,或者对于这些 k,有 $c_k = -9$ 时才能成立.

设给定任意 $\varepsilon > 0$.取自然数 $n_0 \geqslant m$,使 $10^{-k_0} < \varepsilon$ (第三章,§2,定理 2.2.3),于是对于任意 $p > n_0$ 及 $q > n_0$(此处,例如假设 $p \leqslant q$),有

$$|s_p - s_q| = \left| \sum_{k=m}^{q} c_k \cdot 10^{-k} \right| < 10^{-p} < \varepsilon$$

即 $\{s_n\}$ 是基本序列,由于实数域是完备域,因此 $\{s_n\}$ 有极限

$$c = \sum_{k=m}^{\infty} c_k \cdot 10^{-k}$$

186

由此可见,任意小数(有限的或无限的)都表示某个实数.

在不等式(15)中,当 $n \to \infty$ 时求极限,由定理 3.1.2(5),对于任意整数 m 及当 $k \geqslant m$ 时 $|c_k| \leqslant 9$ 的任意整数 c_k,有

$$\left| \sum_{k=m}^{n} c_k \cdot 10^{-k} \right| \leqslant 10^{-m+1} \tag{16}$$

我们证明,在不等式(16)中,等号"="当且仅当对于任意 $k \geqslant m, c_k = 9$,或者对于任意 $k \geqslant m, c_k = -9$ 时才能成立.因为,当这两种情形之一成立时,按照式(13),求得

$$\left| \sum_{k=m}^{\infty} c_k \cdot 10^{-k} \right| = \sum_{k=m}^{\infty} 9 \cdot 10^{-k} = 10^{-m+1}$$

如果这两种情形不发生,那么存在 $n' \geqslant m$ 及 $n'' \geqslant m$,使 $c_{n'} \neq 9$ 及 $c_{n''} \neq -9$. 设 n 是 n' 与 n'' 中的较大者,则由不等式(15),应有

$$\left| \sum_{k=m}^{n} c_k \cdot 10^{-k} \right| < 10^{-m+1} - 10^{-n}$$

由不等式(16)也有

$$\begin{aligned}
\left| \sum_{k=m}^{\infty} c_k \cdot 10^{-k} \right| &\leqslant \left| \sum_{k=m}^{n} c_k \cdot 10^{-k} \right| + \left| \sum_{k=n+1}^{\infty} c_k \cdot 10^{-k} \right| \\
&< 10^{-m+1} - 10^{-n} + 10^{-n} \\
&= 10^{-m+1}
\end{aligned}$$

也就是说,在不等式(16)中,等号"="不成立.

如果 c_k 满足条件(1)~(3)中之一,那么 $c = 0$,因为在(1)的情形下是显然的,在(2)的情形下,由(13),有

$$c = 10^{-t} - \sum_{k=m}^{\infty} 9 \cdot 10^{-k} = 10^{-t} - 10^{-t} = 0$$

类似地,在(3)的情形下,也有 $c = 0$.

反之,设 $c = 0$,如果情形(1)不发生,那么使得 $c_k \neq 0$ 的所有 $k \geqslant m$ 的集合是非空的,因而含有最小数 t. 于是,当 $m \leqslant k < t$ 时,有 $c_k = 0, c_t \neq 0$. 例如,设 $c_t > 0$,即 $c_t \geqslant 1$,则

$$0 = c_t \cdot 10^{-t} + \sum_{k=t+1}^{\infty} c_k \cdot 10^{-k}$$

再利用不等式(16),即得 $c_t = 1$ 及

$$\sum_{k=t+1}^{\infty} c_k \cdot 10^{-k} = -10^{-t}$$

于是,对于任意 $k > t, c_k = -9$.

类似地可以证明,当 $c_t < 0$ 时,应有 $c_t = -1$,且对于任意 $k > t, c_k = 9$.

因此,当 $c = 0$ 时,情形(1)(2)(3)之一发生.

如果 $0 = \sum\limits_{k=p}^{\infty} a_k \cdot 10^{-k}$,此处,对于任意 $k \geqslant p, 0 \leqslant a_k \leqslant 9$,则情形(2)(3)不发生,因此,对于任意 $k \geqslant p, a_k = 0$,这就是说,0 不可能写成无限小数,而且只有一种方法写成有限小数,即 $0 = 0$.

可以证明基本定理中的小数写法的唯一性了. 设 a 有两种小数(有限的、无限的)写法,即

$$a = a_p a_{p+1} \cdots a_{-1} a_0 . a_1 a_2 \cdots a_n \cdots = a'_p a'_{p+1} \cdots a'_{-1} a'_0 . a'_1 a'_2 \cdots a'_n \cdots$$

此处,从某个开始的所有 a_n 或者 a'_n 可以都等于零. 例如,设 $p \leqslant p'$,如果对于 $p \leqslant k < p'$,令 $a'_k = 0$,则

$$a = \sum_{k=p}^{\infty} a_k \cdot 10^{-k}, a = \sum_{k=p}^{\infty} a'_k \cdot 10^{-k}$$

这两个等式依项相减,并利用极限的性质 $\lim c_n - \lim d_n = \lim(c_n - d_n)$(定理 3.1.2(2))求得

$$0 = \sum_{k=p}^{\infty} (a_k - a'_k) \cdot 10^{-k}$$

由 $0 \leqslant a_k \leqslant 9, 0 \leqslant a'_k \leqslant 9$,应有(由这两个不等式的一个减去倒转顺序的另一个)

$$-9 \leqslant a_k - a'_k \leqslant 9$$

即 $|a_k - a'_k| \leqslant 9$.

按照上面已经证明过的,对于 $c_k = a_k - a'_k$ 应有情形(1)～(3)之一发生. 在(1)的情形下,对于任意 $k \geqslant p$,有 $a_k - a'_k = 0$,即 a 的两种写法是一致的. 在(2)的情形下,对于 $p \leqslant k < t$,有 $a_k - a'_k = 0, a_t - a'_t = 1$,且对于 $k > t$,有 $a_k - a'_k = -9$,于是,对于 $k < t, a_k = a'_k, a_t = a'_t + 1$,对于 $k > t$,有 $a_k = 0, a'_k = 9$. 在这种情形下,第一种写法是有限小数,而第二种写法是由第一种写法得出的无限小数. 对于十进有理数 a,可以有这样的情形,这是前面已经讨论过的. 在(3)的情形下,恰好与(2)相反,第二种写法是有限小数,而第一种写法是由第二种写法得出的无限小数.

因此,对于十进有理数,仅可能有两种写法:一种是有限小数,另一种是无限小数,对于其余的情形,仅可能有一种写法,即无限小数. 这就证明了定理所要求的写法的唯一性.

接下来证明定理关于无限小数的断言. 就其本质来说,需要论证中学生都

知道的关于化普通分数为有限小数或者无限循环小数的规则,以及反过来,化循环小数为普通分数的规则.

设 a 是大于零的有理数,且 $a = \dfrac{p}{q}$,此处 p,q 是自然数.设

$$a = a_m a_{m+1} \cdots a_{-1} a_0 . a_1 a_2 \cdots a_n \cdots$$

是 a 的小数写法,而且在 a 是十进有理数的情形中,取其有限小数的写法.于是对于任意 $k \geqslant m$,有 $0 \leqslant a_k \leqslant 9$.如果存在 t,使 $a_t < 9$,但当 $k > t$ 时 $a_k = 9$,那么,对于 a,我们将有有限小数的写法

$$a = a_m \cdots a_0 . a_1 a_2 \cdots a_{t-1} (a_t + 1)$$

如果对于任意 $k \geqslant m$,有 $a_k = 9$,那么

$$a = \sum_{k=m}^{\infty} 9 \cdot 10^{-k} = 10^{-m+1}$$

在这两种情形中,a 是十进有理数,且对于它,我们取其有限小数的写法,即在 a 的小数写法中,a_k 具有这样的性质:对于任意整数 n,可求得 $k > n$,使 $a_k < 9$. 因此,由上面证明过的不等式(16),应有

$$0 \leqslant \sum_{k=n+1}^{\infty} a_k \cdot 10^{-k} < 10^{-n} \tag{17}$$

对于任意 $n \geqslant m$ 都成立.

按照欧几里得算法(第二章,§2,定理 2.1.3),对于任意整数 b,有且仅有一对整数 c,r 存在,使 $b = cq + r$,此处 $0 \leqslant r < q$. 逐次地应用欧几里得算法,得出 c_n 和 r_n 的两个序列($n \geqslant 0$),使得

$$
\begin{aligned}
p &= c_0 q + r_0 \\
10 r_0 &= c_1 q + r_1 \\
10 r_1 &= c_2 q + r_2 \\
&\vdots \\
10 r_{n-1} &= c_n q + r_n \\
&\vdots
\end{aligned}
\tag{18}
$$

这里,对于任意

$$n \geqslant 0, 0 \leqslant r_n < q \tag{19}$$

应用归纳法定义(第一章,§2,定义 2.2.1 及定理 2.2.1),我们得出结论:关系式(18)和(19)唯一地确定两个整数序列 $\{c_n\}$ 和 $\{r_n\}$,$n \geqslant 0$.

我们证明,$c_0 = a_m a_{m+1} \cdots a_{-1} a_0$ 及对于任意 $n \geqslant 1, c_n = a_n$. 这就是说. c_0 是整数部分,而当 $n \geqslant 1$ 时,c_n 是 a 的小数写法中第 n 位小数的数码.

因为数 n 的小数写法是

$$a = a_m \cdots a_0 . a_1 a_2 \cdots a_n \cdots$$

所以

$$p = q \cdot \sum_{k=m}^{0} a_k \cdot 10^{-k} + q \cdot \sum_{k=1}^{\infty} a_k \cdot 10^{-k}$$

因 $m \leqslant 0$，故第一个被加数是整数，因而第二个被加数也是整数.为了写法简短起见，令

$$s_n = \sum_{k=n+1}^{\infty} a_k \cdot 10^{-k}, n \geqslant m+1$$

由不等式(17)求得 $0 \leqslant s_0 < 1$，由此得 $0 \leqslant q s_0 < q$. 由商和余数的唯一性，应有

$$c_0 = \sum_{k=m}^{0} a_k \cdot 10^{-k}, r_0 = q s_0$$

对 n 用归纳法：我们来证明，对于任意自然数 n，有

$$c_n = a_n, r_n = 10^n \cdot q \cdot s_n \qquad (20)$$

在等式 $r_0 = q s_0$ 的两端同乘以 10，得

$$10 r_0 = a_1 q + 10 q s_1$$

因为 $10 r_0$ 及 a_1 都是整数，所以 $10 q s_1$ 也是整数.由不等式(17)应有

$$0 \leqslant s_1 < 10^{-1}$$

由此得

$$0 \leqslant 10 q s_1 < q$$

由商和余数的唯一性，应有

$$c_1 = a_1, r_1 = 10 q s_1$$

因此，当 $n=1$ 时，式(20)是正确的.设式(20)对于某个 $n \geqslant 1$ 是正确的.在等式 $r_n = 10^n q s_n$ 的两端同乘以 10，得

$$10 r_n = a_{n+1} q + 10^{n+1} q s_{n+1}$$

和上面的证明一样，我们得出结论：第二个被加数应该是整数，而且

$$0 \leqslant 10^{n+1} q s_{n+1} < q$$

即

$$c_{n+1} = a_{n+1} \text{ 且 } r_{n+1} = 10^{n+1} q s_{n+1}$$

因此，式(20)被证明了.特别地，对于任意 $n \geqslant 1$，有 $c_n = a_n$.

我们指出，如果 c 是十进有理数，那么存在一个整数 $n_0 \geqslant 0$，对于任意 $n > n_0$，有 $a_n = 0$，于是，对于这些 n，也有 $s_n = 0$，而按照式(20)，也有 $c_n = r_n = 0$，也就是说，在利用 p 被 q 除求 a 的小数数码的过程中，求了有限次以后，其余的都是零.反之，如果对于某个 $n_0 \geqslant 0$，得到了没有余数的除法，$r_{n_0} = 0$，那么，显然有

$r_{n_0+1}=0$，按照归纳法（第一章，§2，定理 2.1.5），对于任意 $n \geqslant n_0$，$r_n=0$. 但由 $r_n=0$ 应有商 $c_{n+1}=0$，即按照式（20），对于任意 $n > n_0$，有 $a_n=0$，即数 a 是十进有理数. 因此，若 a 不是十进有理数，则除法永远有余数，即对于任意 $n \geqslant 0$，$r_n \neq 0$，于是，对于 a 得到全部新的小数数码. 如果我们把求 a 的小数数码的工作终止在某个 a_n 上（与 a 是否为十进有理数无关），那么就得到与 a 的误差小于 10^{-n} 的不足近似值，因为，按照不等式（17），有

$$a - \sum_{k=m}^{n} a_k \cdot 10^{-k} = \sum_{k=n+1}^{\infty} a_k \cdot 10^{-k} < 10^{-k}$$

也就是说，在最后一位数 a_n 上增加一个单位，我们将得到 a 的过剩近似值，同样精确到 10^{-n}.

由（19）知，余数 r_n 仅可能取 q 个值 $0,1,\cdots,q-1$. 因此，在 $q+1$ 个数 r_0，$r_1,\cdots,r_q$ 中一定有相同的[①].

设 $n_0 \geqslant 0$ 且 $h \geqslant 1$ 是 $0,1,\cdots,q$ 各数中使 $r_{n_0}=r_{n_0+h}$ 的最小者，按照商和余数的唯一性，有

$$r_{n_0+1}=r_{n_0+h+1}, c_{n_0+1}=c_{n_0+h+1}$$

一般地，对于任意 $n \geqslant n_0$，有

$$r_n=r_{n+h}, c_n=c_{n+h}$$

于是按照式（20），对于任意 $n > n_0 \geqslant 0$，也有 $a_n=a_{n+h}$，即数 a 被写成循环小数.

我们指出，循环节从 a_{n_0+1} 开始，且含有 h 个数码（h 叫作循环节的长度），而且 $1 \leqslant n_0+1 \leqslant n_0+h \leqslant q$，即得 $1 \leqslant h \leqslant q$. 因此，如果 $r_{n_0} \neq 0$，那么对于非十进有理数 $a = \dfrac{p}{q}$，就得到了它的循环小数写法.

如我们前面已经看到的，十进有理数 a 也可以写成循环小数（当然，如果 $a \neq 0$），即 $h=1$，循环节仅由一个 9 所组成.

反之，设某个实数 a 被写成循环小数

$$a = a_m \cdots a_0 . a_1 a_2 \cdots a_n (a_{n_0+1} \cdots a_{n_0+h})$$

此处，和通常一样，括号表示循环节. 于是，和 $\sum_{k=n_0+1}^{\infty} a_k \cdot 10^{-k}$ 可以分成 h 个一组的一些被加数的和. s 个这样的组的和等于 hs 个被加数的和. 因为，按照和的结

---

① 这个事实可以正式地证明如下：如果对于 $i \neq k$，均有 $r_i \neq r_k$，此处 $0 \leqslant i \leqslant q, 0 \leqslant k \leqslant q$，则 $n \to r_n$ 的映射将是一一对应，此处 $0 \leqslant n \leqslant k$，即集合 $\{0,1,2,\cdots,q\}$ 与其真子集 $\{0,1,2,\cdots,q-1\}$ 对等，这是不可能的（参阅《集合论》）.

合性质,有限多个被加数可以分组再求和(《抽象代数基础》卷,第一章,§1,定理 1.2.1). 由此得

$$\sum_{k=n_0+1}^{n_0+hs} a_k \cdot 10^{-k} = \sum_{i=1}^{s} \Big[\sum_{k=n_0+1}^{n_0+h} a_{k+h(i-1)} \cdot 10^{-k-h(i-1)} \Big]$$

为了写法简短起见,令

$$\sum_{k=n_0+1}^{n_0+h} a_k \cdot 10^{-k} = c$$

因为循环小数的条件 $a_k = a_{k+h(i-1)}$,所以等式右端被加数的和与 c 的差别仅在于所差的因数 $10^{-h(i-1)}$. 将共同的因子 c 提出在括号外,即放在和的符号外,我们求得

$$\sum_{k=n_0+1}^{n_0+hs} a_k \cdot 10^{-k} = c \sum_{i=1}^{s} 10^{-h(i-1)}$$

当 $s \to \infty$ 时,等式左端的极限是存在的,且等于

$$\sum_{k=n_0+1}^{\infty} a_k \cdot 10^{-k}$$

即与右端的极限相同. 但是,按照无穷递降级数求和公式(10),求得

$$\sum_{i=1}^{\infty} 10^{-h(i-1)} = \frac{1}{1-10^{-h}}$$

由此得

$$a = \sum_{k=m}^{\infty} a_k \cdot 10^{-k} = \sum_{k=m}^{n_0} a_k \cdot 10^{-k} + \frac{c}{1-10^{-h}}$$

这个式子表明,a 是有理数. 将 c 的表达式代入,得

$$a = \sum_{k=m}^{n_0} a_k \cdot 10^{-k} + \frac{10^{n_0} \cdot 10^2 \cdot c}{10^{n_0}(10^h-1)}$$

$$= \frac{10^{n_0} \cdot 10^h \cdot \sum_{k=m}^{n_0} a_k \cdot 10^{-k} - 10^{n_0} \cdot \sum_{k=m}^{n_0} a_k \cdot 10^{-k} + 10^{n_0} \cdot 10^h \cdot \sum_{k=n_0+1}^{n_0+i} a_k \cdot 10^{-k}}{10^{n_0}(10^h-1)}$$

将分子中第一个和与最后一个和合并,并将分母中的因子 10^h-1 分解为因式

$$10^h-1 = (10-1)(10^{h-1} + 10^{h-2} + \cdots + 1) = 9 \sum_{k=1}^{h} 10^{h-k}$$

故最后得到

$$a = \frac{\displaystyle\sum_{k=m}^{n_0+h} a_k \cdot 10^{n_0+h-k} - \sum_{k=m}^{n_0} a_k \cdot 10^{n_0-k}}{\displaystyle\sum_{k=1}^{h} 9 \cdot 10^{n_0+h-k}}$$

192

这个式子指出,中学生通常都知道的化循环小数为分数的一般规则:a 等于这样的分数,其分子等于第二个循环节以前的数与第一个循环节以前的数的差,而分母是这样构成的:循环节的长度是几就并列几个 9,第一个循环节以前到小数点有几个数码就放置几个零. 当 $n_0=0$ 时,循环节从 a_1 开始,即我们得到的是纯循环小数.

因而基本定理被完全地证明.

这个定理允许表示实数为小数的形式,这就给出了实数域的一个新的解释(即具体的例子). 这里,我们将不讨论这个解释中加法和乘法的运算以及顺序关系的意义. 在有限小数的情形中,此处应用中学课程中已知的小数运算规则. 为了实际计算,所有实数都可以写成精确到任意程度的有限小数,并且按照中学生所熟知的小数运算规则来计算它们. 这里仅需要考虑数的误差的大小与精确值的比较,这些问题属于近似计算理论的范围.

§7　连分数理论[①]

7.1　引言·连分数的基本概念

设想现在我们要求解二次方程式

$$x^2-3x-1=0 \tag{1}$$

首先,用 x 遍除各项,接着将这个方程式写成形式

$$x=3+\frac{1}{x}$$

未知量 x 仍出现在这个方程式的右边,因此可用与它相等的量,即 $3+\frac{1}{x}$ 来代替它. 这就给出

$$x=3+\frac{1}{x}=3+\cfrac{1}{3+\cfrac{1}{x}}$$

反复几次用 $3+\frac{1}{x}$ 来代替 x,就得到表达式

[①]　本节内容主要改编自 A. Я. 辛钦的《连分数》(刘诗俊、刘绍越译) 的部分章节.

$$x = 3 + \cfrac{1}{3 + \cfrac{1}{3 + \cfrac{1}{3 + \cfrac{1}{3 + \cfrac{1}{x}}}}} \tag{2}$$

因为 x 连续在右端这个"多层"分数中出现,所以它似乎并没有更接近于所求方程式的解.

但是让我们来更仔细地考察一下上面的那个"多层"分数. 每进行一步停止一次,我们看到,它包含一系列分数

$$3, 3 + \frac{1}{3}, 3 + \cfrac{1}{3 + \frac{1}{3}}, 3 + \cfrac{1}{3 + \cfrac{1}{3 + \cfrac{1}{3 + \frac{1}{3}}}}, \cdots \tag{3}$$

将它们化为简分数,并进而化为十进小数,便依次得出下面的数

$$3, \frac{10}{3} = 3.333\cdots, \frac{33}{10} = 3.3, \frac{109}{33} = 3.30303\cdots$$

如此我们发现,这些数(以后我们将它们叫作渐近分数)给出了二次方程式(1)的正根的越来越好的近似值. 二次方程式的求根公式指出,这个根实际上等于(1)

$$x = \frac{3 + \sqrt{13}}{2} = 3.302775\cdots$$

它约等于 3.303,与上面最后一个结果的前三位小数是一致的.

这些初步的计算引出了一些有趣的问题. 首先,如果我们算出越来越多的渐近分数(3),是否能不断得到 $x = \dfrac{3 + \sqrt{13}}{2}$ 的越来越好的近似值呢? 其次,假定我们将得出(2)的步骤无限继续下去,以至取代(2)而得出表达式

$$x = 3 + \cfrac{1}{3 + \cfrac{1}{3 + \cfrac{1}{3 + \cfrac{1}{\ddots}}}} \tag{4}$$

那么,式(4)右端的表达式等于 $\dfrac{3 + \sqrt{13}}{2}$ 吗? 这使我们想起了无限十进小数(例如,我们说无限小数 $0.333\cdots = \dfrac{1}{3}$ 是什么意思). 类似问题的研究在数学中形成了最令人感兴趣的篇章之一. 现在我们引进基本的定义.

按照本段的目的,我们将限于讨论最简连分数. 它们取如下的形式(或部分商):

$$a_0 + \cfrac{1}{a_1 + \cfrac{1}{a_2 + \cfrac{1}{a_3 + \ddots}}} \tag{5}$$

字母 $a_0, a_1, a_2, a_3, \cdots$ 在最一般的情形下理解为独立变量. 根据不同的需要,这些变量可以在不同的域中取值. 例如,可以认为 $a_0, a_1, a_2, a_3, \cdots$ 是实数或复数. 按照本段的目的,我们假定 $a_1, a_2, a_3, \cdots$ 都是正数,a_0 为任意实数. 我们称这些数为给定连分数的元素. 元素的个数可以有限或者无限. 在第一种情形中,我们可以将此连分数表示为如下形式

$$a_0 + \cfrac{1}{a_1 + \cfrac{1}{a_2 + \cfrac{1}{a_3 + \cfrac{\ddots}{a_{n-2} + \cfrac{1}{a_{n-1} + \cfrac{1}{a_n}}}}}} \tag{6}$$

并且称之为有限连分数,或者很确切地称之为 n 项连分数(所以 n 项连分数有 $n+1$ 个元素);在第二种情况下,我们将连分数表示为(5)的形式并称之为无限连分数.

每个有限连分数都是对其元素进行有限次有理运算的结果,因此,按照我们对其元素所做的假设,任何有限连分数都表示某个实数. 特别地,若此连分数的元素皆是有理数,则此连分数本身也是有理数.

反之,我们不能直接认为无限连分数代表某个数值. 至少,在获得进一步的结论之前,它只是一种形式上的记号,就像无穷级数,在它的收敛性问题还未提出时,也只是一种形式上的记号. 但是,它应当是数学研究的对象.

为了方便起见,我们约定,今后将无限连分数(5)写成如下形式

$$[a_0; a_1, a_2, \cdots] \tag{7}$$

又将有限连分数(6)写成

$$[a_0; a_1, a_2, \cdots, a_n] \tag{8}$$

这样,有限连分数的项数就等于位于分号后的记号(指元素)的个数.

我们约定,将连分数

$$s_k = [a_0; a_1, a_2, \cdots, a_k]$$

称为连分数(8)的节,在此,$0 \leqslant k \leqslant n$;同样地,当 $k \geqslant 0$ 时,我们称 s_k 为无限连

分数(7)的节. 显然,任何(有限或无限) 连分数的节都是有限连分数.

其次,我们约定,将连分数

$$r_k = [a_k; a_{k+1}, a_{k+2}, \cdots, a_n]$$

称为(有限)连分数(8)的余式;类似地,将连分数

$$r_k = [a_k; a_{k+1}, a_{k+2}, \cdots]$$

称为(无限)连分数(7)的余式. 显然有限连分数的一切余式也是有限连分数,无限连分数的一切余式都是无限连分数.

对于有限连分数,按其定义推出关系式

$$[a_0; a_1, a_2, \cdots, a_n] = [a_0; a_1, a_2, \cdots, a_{k-1}, r_k] \quad (0 \leqslant k \leqslant n) \qquad (9)$$

对于无限连分数,类似的关系式

$$[a_0; a_1, a_2, \cdots] = [a_0; a_1, a_2, \cdots, a_{k-1}, r_k] \quad (k \geqslant 0)$$

目前只有形式的意义,因为等式右端的元素 r_k 是无限连分数,它现在还不是任何确定的数值.

7.2   渐近分数

每一个有限连分数

$$[a_0; a_1, a_2, \cdots, a_n]$$

都是对其元素进行有限次有理运算的结果,是其元素的有理函数,因而可表示为关于 $a_0; a_1, a_2, \cdots, a_n$ 的两个整系数多项式之商

$$\frac{p}{q} = \frac{p(a_0, a_1, \cdots, a_n)}{q(a_0, a_1, \cdots, a_n)} ①$$

例如,$[a_0; a_1] = a_0 + \dfrac{1}{a_1} = \dfrac{a_0 a_1 + 1}{a_1}$, $[a_0; a_1, a_2] = [a_0; a_1 + \dfrac{1}{a_2}] =$

$\dfrac{a_0 \left(a_1 + \dfrac{1}{a_2}\right)}{a_1 + \dfrac{1}{a_2}} = \dfrac{(a_0 a_1 + 1) a_2 + a_0}{a_1 a_2 + 1}$. 但有限连分数的这种表示法不是唯一的. 事

实上,$[a_0; a_1]$ 又可表示为

$$[a_0; a_1] = [a_0; a_1 - 1, 1] = \frac{(a_0 (a_1 - 1) + 1) + a_0}{(a_1 - 1) a_2 + 1}$$

对于我们来说,重要的是它的某个确定的简单分式表示式 —— 我们称之为标准式,此表示式我们用归纳法确定.

———————————

① 如果这些元素取定了数值,则此连分数可表示为普通分数 $\dfrac{p}{q}$ 的形式.

我们采用分数 $\dfrac{a_0}{1}$ 作为零项连分数 $[a_0]=a_0$ 的标准式. 现在假定对于项数小于 n 的连分数都已确定了其标准式,那么按照式(5),我们可将 n 项连分数 $[a_0;a_1,a_2,\cdots,a_n]$ 写为

$$[a_0;a_1,a_2,\cdots,a_n]=[a_0;r_1]=a_0+\frac{1}{r_1}$$

这里 $r_1=[a_1;a_2,a_3,\cdots,a_n]$ 是 $n-1$ 项连分数,所以它的标准式已经确定. 设它可表示为

$$r_1=\frac{p'}{q'}$$

这时

$$[a_0;a_1,a_2,\cdots,a_n]=a_0+\frac{p'}{q'}=a_0+\frac{a_0 p'+q'}{p'}$$

我们用此分数表示连分数 $[a_0;a_1,a_2,\cdots,a_n]$ 的标准式. 这样,设

$$[a_0;a_1,a_2,\cdots,a_n]=\frac{p}{q},r_1=[a_1;a_2,a_3,\cdots,a_n]=\frac{p'}{q'}$$

则对于这些标准式的分子与分母,有关系式

$$p=a_0 p'+q',q=p' \tag{10}$$

同时可以看出,对于项数为任意的有限连分数,我们已唯一地确定了它的标准式.

在连分数理论中,连分数(有限或无限) $\alpha=[a_0;a_1,a_2,\cdots,a_n]$ 的节的标准式起着特别重要的作用. 节

$$s_k=[a_0;a_1,a_2,\cdots,a_k]$$

的标准式我们用 $\dfrac{p_k}{q_k}$ 来表示,并称之为连分数 α 的 k 阶渐近分数. 此概念对于有限或无限的连分数 α 都是以同一个方式确定的. 不同之处仅仅在于,有限连分数只有有限个渐近分数,而无限连分数的渐近分数形成无穷集合. 对于 n 项连分数,显然

$$\frac{p_n}{q_n}=\alpha$$

这样的连分数共有 $n+1$ 个渐近连分数(阶数为 $0,1,2,\cdots,n$).

在接下来的工作中,我们将需要渐近分数的一些性质,现在,我们以一个渐近分数的构成规律作为开始,推导出这些性质.

定理 7.2.1(渐近分数递归公式) 有限连分数 $[a_0;a_1,\cdots,a_n]$ 的第 $k(k\geqslant 2)$ 个渐近分数的分子 p_k 和分母 q_k 满足递归等式

$$\begin{cases} p_k = a_k p_{k-1} + p_{k-2} \\ q_k = a_k q_{k-1} + q_{k-2} \end{cases} \tag{11}$$

证明　当 $k=2$ 时,式(11)容易直接验证.假设当 $k<n$ 时式(11)都成立.观察连分数

$$[a_1; a_2, a_3, \cdots, a_n]$$

并且用 $\dfrac{p'_r}{q'_r}$ 表示它的 r 阶渐近分数,根据式(10),有

$$p_n = a_0 p'_{n-1} + q'_{n-1}, q_n = p'_{n-1}$$

又因为按照我们的假设

$$p'_{n-1} = a_n p'_{n-2} + p'_{n-3}, q'_{n-1} = a_n q'_{n-2} + q'_{n-3}$$

(这里写的是 a_n 而不是 a_{n-1},因为连分数 $[a_1; a_2, a_3, \cdots, a_n]$ 从 a_1 开始,而不是从 a_0 开始),所以根据式(10),有

$$\begin{aligned} p_n &= a_0(a_n p'_{n-2} + p'_{n-3}) + (a_n q'_{n-2} + q'_{n-3}) \\ &= a_n(a_0 p'_{n-2} + q'_{n-2}) + (a_0 p'_{n-3} + q'_{n-3}) \\ &= a_n p_{n-1} + p_{n-2} \end{aligned}$$

$$q_n = a_n p'_{n-2} + p'_{n-1} = a_n q_{n-1} + q_{n-2}$$

定理由此得证.

我们所建立的递推公式(11),它以元素 a_n 及前两个渐近分数的分子与分母来表示 n 阶渐近连分数的分子与分母,这是连分数全部理论中的基本公式.

注　在研究中引入 -1 阶渐近分数并且设 $p_{-1} = 1, q_{-1} = 0$ 有时是方便的.显然,在此约定(而且仅仅在此约定)之下,式(11)当 $k=1$ 时保持有效.

下面是渐近分数的另一个重要性质.

定理 7.2.2(相邻渐近分数之差定理)　设 $\dfrac{p_0}{q_0}, \dfrac{p_1}{q_1}, \dfrac{p_2}{q_2}, \cdots$ 为连分数 $[a_0; a_1, a_2, \cdots, a_n]$ 的各阶渐近分数,则

$$q_k p_{k-1} - p_k q_{k-1} = (-1)^k \quad (k \geqslant 0) \tag{12}$$

证明　将式(11)中的两式分别乘以 q_{k-1} 及 p_{k-1},然后由第二式减去第一式,我们得到

$$q_k p_{k-1} - p_k q_{k-1} = -(q_{k-1} p_{k-2} - p_{k-1} q_{k-2})$$

又因为 $q_0 p_{-1} - p_0 q_{-1} = 1$,所以定理得证.

等式(12)两端各除以 $q_k q_{k-1}$,得到下面的有用推论:

推论 1　对于一切 $k \geqslant 1$,有

$$\frac{p_{k-1}}{q_{k-1}} - \frac{p_k}{q_k} = \frac{(-1)^k}{q_k q_{k-1}} \tag{13}$$

198

定理 7.2.3 对于一切 $k \geqslant 1$,有

$$q_k p_{k-2} - p_k q_{k-2} = (-1)^k a_k$$

证明 将式(11)中的两式分别乘以 q_{k-2} 及 p_{k-2},然后由第二式减去第一式,我们根据定理 7.2.2 得到

$$q_k p_{k-2} - p_k q_{k-2} = a_k(q_{k-1} p_{k-2} - p_{k-1} q_{k-2}) = (-1)^k a_k$$

定理由此得证.

推论 2 对于一切 $k \geqslant 2$,有

$$\frac{p_{k-2}}{q_{k-2}} - \frac{p_k}{q_k} = \frac{(-1)^k a_k}{q_k q_{k-2}} \tag{14}$$

已经得到的这一系列简单的结果,使我们很容易做出关于连分数的渐近分数之间相互关系的最重要结论. 事实上,式(14)指出,偶数阶渐近分数形成递增序列,而奇数阶渐近分数形成递减序列,所以这两个序列彼此相向靠近(当然这些结论是在从 a_1 起所有元素为正数的前提下做出的). 因为根据式(13),每一个奇数阶分数都大于紧接着它的那个偶数阶分数,所以显然,任何奇数阶渐近分数必大于任何偶数阶渐近分数,从而我们得到下列结论:

定理 7.2.4 偶数阶渐近分数是递增序列,奇数阶渐近分数是递减序列,同时任何奇数阶渐近分数大于任何偶数阶渐近分数.

显然,就特例而言,对于有限连分数 α,其所有偶数阶渐近分数都小于 α,其所有奇数阶渐近分数都大于 α(当然,最后一个等于 α 的渐近分数是例外).

在结束本小节时,我们来证明关于渐近分数的分子与分母的两个简单而又重要的性质.

定理 7.2.5 对于任何 $k(1 \leqslant k \leqslant n)$,有

$$[a_0 ; a_1 , a_2 , \cdots , a_n] = \frac{p_{k-1} r_k + p_{k-2}}{p_{k-1} r_k + q_{k-2}} \tag{15}$$

(这里的 p_i , q_i , r_i 皆属于等式左端的连分数).

证明 根据式(9),有

$$[a_0 ; a_1 , a_2 , \cdots , a_n] = [a_0 ; a_1 , a_2 , \cdots , a_{k-1} , r_k]$$

这个等式右端的连分数显然有 $k-1$ 阶渐近分数 $\frac{p_{k-1}}{q_{k-1}}$,其 k 阶渐近分数 $\frac{p_k}{q_k}$ 就是它自己. 又按式(11)可得

$$p_k = p_{k-1} r_k + p_{k-2} , \quad q_k = q_{k-1} r_k + q_{k-2}$$

所以定理得到证明.

定理 7.2.6 对于任何 $k \geqslant 1$,有

$$\frac{q_k}{q_{k-1}} = [a_k; a_{k-1}, a_{k-2}, \cdots, a_1]$$

若 $a_0 \neq 0$，则 $\dfrac{p_k}{p_{k-1}} = [1 a_k; a_{k-1}; \cdots, a_1, a_0]$.

证明　仅证明第一个等式，第二个读者自行完成. 当 $k = 1$ 时，此关系成立是显然的，因为它就是

$$\frac{q_1}{q_0} = a_1$$

设 $k > 1$，且设已证明

$$\frac{q_k}{q_{k-1}} = [a_{k-1}; a_{k-2}, a_{k-3}, \cdots, a_1] \tag{16}$$

根据式(11)，有

$$q_k = a_k q_{k-1} + q_{k-2}$$

故我们有

$$\frac{q_{k-1}}{q_{k-2}} = a_k + \frac{q_{k-2}}{q_{k-1}} = \left[a_k; \frac{q_{k-1}}{q_{k-2}}\right]$$

因此，按照式(9)及式(16)，有

$$\frac{q_k}{q_{k-1}} = [a_k; a_{k-1}, a_{k-2}, \cdots, a_1]$$

定理由此得到证明.

7.3　无限连分数

每一个无限连分数

$$[a_0; a_1, a_2, \cdots] \tag{17}$$

都对应着一个渐近分数的无穷序列

$$\frac{p_0}{q_0}, \frac{p_1}{q_1}, \cdots, \frac{p_k}{q_k}, \cdots \tag{18}$$

每个渐近分数都是某个实数. 当序列(18)收敛，即它具有唯一确定的极限 α 时，很自然地可以认为，此数 α 是连分数(17)的"值"，并写成

$$\alpha = [a_0; a_1, a_2, \cdots]$$

此时连分数(17)称为收敛的. 如果序列(18)无确定的极限，那么我们称连分数(17)是发散的.

收敛的无限连分数有许多类似于有限连分数的性质. 下面的命题使我们能充分地引申这些类似性，因而它是一条基本性质.

定理 7.3.1　设无限连分数(17)收敛，则其所有余式都收敛；反之，若连分

数(17)的某一个余式收敛,则此连分数收敛.

证明 我们约定以 $\dfrac{p_k}{q_k}$ 表示连分数(17)的渐近分数,又以 $\dfrac{p'_k}{q'_k}$ 表示它的任何余式(例如 r_n)的渐近分数.

根据式(15),显然有

$$\frac{p_{n+k}}{q_{n+k}}=[a_0;a_1,a_2,\cdots,a_{k+k}]=\frac{p_{n-1}\dfrac{p'_k}{q'_k}+p_{n-2}}{q_{n-1}\dfrac{p'_k}{q'_k}+q_{n-2}} \quad (k=0,1,\cdots) \qquad (19)$$

由此直接得到,若余项 r_n 收敛,即分数 $\dfrac{p'_k}{q'_k}$ 当 $k\to\infty$ 时趋于某极限,这个极限我们也用 r_n 表示,则分数 $\dfrac{p_{n+k}}{q_{n+k}}$ 此时也趋于极限 α,即

$$\alpha=\frac{p_{n-1}r_n+p_{n-2}}{q_{n-1}r_n+q_{n-2}} \qquad (20)$$

从关系式(19)中解出 $\dfrac{p'_k}{q'_k}$,我们可以用完全相同的方式证明逆命题的正确性,这样就完成了定理 7.3.1 的证明.

注意,我们对于收敛的无限连分数所建立的式(20),完全类似于以前对于有限连分数所证得的式(15),因而定理 7.2.5 对于收敛的无限连分数也成立①.

从上节定理 7.2.4 显然可得关于收敛的无限连分数的下述命题.

定理 7.3.2 收敛无限连分数的值大于其任何偶数阶渐近分数而小于其任何奇数阶渐近分数.

其次,上节定理 7.2.2 的推论引导我们从定理 7.3.2 得出下到结果,它在连分数的算术理论中起着基本作用.

定理 7.3.3 对任何 $k\geqslant0$,收敛无限连分数(17)的值 α 满足不等式②

$$\left|\alpha-\frac{p_k}{q_k}\right|<\frac{1}{q_kq_{k+1}}$$

显然,当 $k<n$ 时,定理 7.3.3 对于有限连分数

$$\alpha=[a_0;a_1,a_2,\cdots,a_n]$$

也成立,并且仅仅在 $k=n-1$ 时不等式变为等式,因为 $\alpha=\dfrac{p_n}{q_n}$.

---

① 只需将定理 7.2.5 中的 r_k 理解为无限连分数的值.

② 我们指出,按照我们的假设,对于一切 $k\geqslant0$,都有 $q_k>0$,因为 $q_0=1,q_1=a_1$,我们借助于归纳法并按照式(11)的第二个式子,可得 $q_k>0$ 对于一切 $k>0$ 都成立.

若 α 为收敛无限连分数(17)的值,则以下我们也将此连分数的元素称为数 α 的元素;同样地,我们将连分数(17)的渐近分数、节及余式称为数 α 的渐近分数、节及余式.按照定理 7.3.1,收敛无限连分数(17)的一切余式具有确定的实数值.

类似于无穷级数,对于无限连分数自然会提出关于其收敛性的判别法问题:在我们所考虑的情形中(即当 $i \geqslant 1$ 时,有 $a_i > 0$),能够提出非常简便的收敛性判别法.

定理 7.3.4 连分数(17)收敛的必要且充分条件是级数

$$\sum_{n=1}^{\infty} a_n \tag{21}$$

发散.

证明 显然,根据定理 7.2.4,无限连分数收敛的必要且充分条件为此定理所指出的两个序列具有同一极限(当然,根据定理 7.2.4,在一切情况下,这两个序列都有极限).而式(13)指出,这种情形当且仅当

$$q_k q_{k+1} \to \infty \quad (k \to \infty) \tag{22}$$

时才会发生.

这样,条件(22)即为所给连分数收敛的必要充分条件.

假设级数(21)收敛,根据式(11)中的第二式,有

$$q_k > q_{k-2} \quad (k \geqslant 1)$$

因此对于任何 k,$q_k > q_{k-1}$ 及 $q_{k-1} > q_{k-2}$ 两式中至少有一式成立.在第一种情况下,式(11)的第二式指出

$$q_k < a_k q_k + q_{k-2}$$

因此对于充分大的 k(根据级数(21)的收敛性,当 $k > k_0$ 时,有 $a_k < 1$),有

$$q_k < \frac{q_{k-2}}{1 - a_k}$$

在第二种情况下,当 $a_k < 1$ 时上一式指出

$$q_k < (1 + a_k) q_{k-1} < \frac{q_{k-1}}{1 - a_k}$$

这样,对于一切 $k > k_0$,我们有

$$q_k < \frac{1}{1 - a_k} q_h$$

这里 $h < k$,如果 $h \geqslant k_0$,那么可对 q_h 再用此不等式.继续这些讨论,显然,我们得到不等式

202

$$q_k < \frac{1}{(1-a_k)(1-a_h)\cdots(1-a_r)} \qquad (23)$$

这里 $k > h > \cdots > r \geqslant k_0$，而 $s < k_0$．但因为级数(21)收敛，所以无穷乘积

$$\prod_{n=k_0}^{\infty}(1-a_n)$$

收敛，也就是说，这个乘积具有正数值，我们记之为 λ．显然

$$(1-a_k)(1-a_h)\cdots(1-a_r) \geqslant \prod_{n=k_0}^{\infty}(1-a_n) = \lambda$$

因此，若记 $q_0, q_1, \cdots, q_{k_0-1}$ 中的最大值为 Q，我们可以从不等式(23)断定

$$q_k < \frac{Q}{\lambda} \quad (k \geqslant k_0)$$

于是

$$q_k q_{k+1} < \frac{Q^2}{\lambda^2} \quad (k \geqslant k_0)$$

从而关系式(22)不成立，故连分数为发散的．

现在设级数(21)发散．因为对一切 $k \geqslant 2$，有 $q_k > q_{k-2}$，以 c 表示 q_0, q_1 中的最小数，则对于任何 $k \geqslant 0$，有 $q_k \geqslant c$，因而式(11)的第二式给出

$$q_k \geqslant q_{k-2} + c a_k \quad (k \geqslant 2)$$

逐次地应用这个不等式，得到

$$q_{2k} > q_0 + c \sum_{n=1}^{k} a_{2n}$$

和

$$q_{2k+1} > q_1 + c \sum_{n=1}^{k} a_{2n+1}$$

因此

$$q_{2k} + q_{2k+1} > q_0 + q_1 + c \sum_{n=1}^{2k+1} a_n$$

换句话说，对一切 k[①]，有

$$q_k + q_{k-1} > c \sum_{n=1}^{k} a_n$$

以上我们证明了此不等式当 k 为奇数时成立，但是显然用同样的方式可以证明当 k 为偶数时也成立．

---

① 设 k 为奇数，且 $k \geqslant 1$．

由此可见,在乘积 $q_k q_{k-1}$ 中至少有一个因子大于 $\dfrac{c}{2}\sum\limits_{n=1}^{k} a_n$,而另一个因子在任何情况下都不会小于 c,所以我们得到

$$q_k q_{k-1} > \frac{c^2}{2}\sum_{n=1}^{k} a_n$$

根据级数(21)发散这一假设,得到关系式(22),因此所给的连分数为收敛的.这就完全证明了定理 7.3.4.

7.4 以自然数为元素的连分数

从现在开始,我们将假定所给连分数的元素 $a_1;a_2,\cdots$ 都是自然数,即正整数.至于 a_0,也是整数,但不一定是正整数.这样的连分数称为简单连分数.

如果简单连分数是无限连分数,那么按照定理 7.3.4 可知它一定收敛.因此,今后我们可以无条件地认为一切无限简单连分数皆收敛,并且可以谈论它们的"值".

如果简单连分数是有限的,且其最后一个元素 $a_n = 1$,那么显然有 $r_{n-1} = a_{n-1}+1$ 为整数.这时,我们可以将此 n 项连分数 $[a_0;a_1,a_2,\cdots,a_{n-1},1]$ 写成 $n-1$ 项连分数 $[a_0;a_1,a_2,\cdots,a_{n-1}+1]$,而且在此新形式下最后一个元素显然大于 1.

由于这一注解,以后我们可以不考虑最后一个元素是 1 的有限连分数(当然,零项连分数是例外).这一注解在数的连分数表示式的唯一性问题中起着重要的作用(参考下一小节).

显然,在我们所研究的情形中,渐近分数的分子和分母都是整数(对于 p_{-1},q_{-1},p_0,q_0 这一点可直接看出,对于其余的数可以从式(11)中得到结论).因此,我们有以下的极重要的命题.

定理 7.4.1 简单连分数的一切渐近分数都是既约的.

证明 可直接由式(12)得到,因为 p_n 与 q_n 的公因子同时也是表达式 $p_n q_{n-1} - q_n p_{n-1}$ 的因子.

式(11)的第二式指出,对任何 $k \geqslant 2, q_k > q_{k-1}$.这样,序列

$$q_1,q_2,\cdots,q_k,\cdots$$

总是递增的.我们还能够说出关于数 q_k 增加的阶和更强的结果.

定理 7.4.2 对于任何 $k \geqslant 2$[①],有

---

① 自然地,在这里及以后各处都意味着:当连分数为有限时,仅仅指能使 q_k 有意义的那些 k 的值.

$$q_k \geqslant 2^{\frac{k-1}{2}}$$

证明 当 $k \geqslant 2$ 时

$$q_k = a_k q_{k-1} + q_{k-2} \geqslant q_{k-1} + q_{k-2} \geqslant 2q_{k-2}$$

继续运用此不等式可得

$$q_{2k} \geqslant 2^k q_0 = 2^k, q_{2k+1} \geqslant 2^k q_1 \geqslant 2^k$$

显然,这些不等式证明了此定理.

所以渐近分数中分母的增加不慢于几何级数.

中间分数 设 $k \geqslant 2, i$ 是任意非负整数.容易看出,差数

$$\frac{p_{k-1}(i+1)+p_{k-2}}{q_{k-1}(i+1)+q_{k-2}} - \frac{p_{k-1}i+p_{k-2}}{q_{k-1}i+q_{k-2}} = \frac{(-1)^k}{[q_{k-1}(i+1)+q_{k-2}][q_{k-1}i+q_{k-2}]}$$

对一切 $i \geqslant 0$ 有同一符号[①],其符号仅由 k 的奇偶性决定.由此可见,分数

$$\frac{p_{k-2}}{q_{k-2}}, \frac{p_{k-2}+p_{k-1}}{q_{k-2}+q_{k-1}}, \frac{p_{k-2}+2p_{k-1}}{q_{k-2}+2q_{k-1}}, \cdots, \frac{p_{k-2}+a_k p_{k-1}}{q_{k-2}+a_k q_{k-1}} = \frac{p_k}{q_k} \tag{24}$$

当 k 为偶数时构成递增序列,当 k 为奇数时构成递减序列(参看定理 7.2.4).此序列两端的两项为奇偶性相同的渐近分数;中间的那些项(如果它们存在,也就是当 $a_k > 1$ 时)我们称之为中间分数.这些中间分数在算术应用中起着相当大的作用,虽然其作用不及渐近分数.为了更清楚地说明它们的相互关系及序列的形成规律,我们引入所谓两个分数的中位数这个概念.

分数 $\dfrac{a+c}{b+d}$ 称为具有正数分母的两分数 $\dfrac{a}{b}$ 和 $\dfrac{c}{d}$ 的中位数.

引理 两分数的中间数恒界于这两分数之间.

证明 为确定起见,设 $\dfrac{a}{b} \leqslant \dfrac{c}{d}$. 这时,$bc - ad \geqslant 0$,所以

$$\frac{a+c}{b+d} - \frac{a}{b} = \frac{bc-ad}{b(b+d)} \geqslant 0$$

$$\frac{a+c}{b+d} - \frac{c}{d} = \frac{ad-bc}{d(b+d)} \leqslant 0$$

引理由此证明.

我们直接看出,数列(24)的每个中间分数都是它的前一个分数和分数 $\dfrac{p_{k-1}}{q_{k-1}}$ 的中位数.这样,我们用逐次构成中位数的办法,在数列(24)中,从渐近分数 $\dfrac{p_{k-2}}{q_{k-2}}$ 向 $\dfrac{p_{k-1}}{q_{k-1}}$ 推进.当构成的中位数与 $\dfrac{p_k}{q_k}$ 重合时,就完成了推进的最后一步.所以

---

① 当 k 固定时.

最后一个分数介于 $\dfrac{p_{k-1}}{q_{k-1}}$ 与 $\dfrac{p_{k-2}}{q_{k-2}}$ 之间,这一点我们从定理 7.2.4 已经知道了. 我们也知道这个连分数的值 α 介于 $\dfrac{p_{k-1}}{q_{k-1}}$ 与 $\dfrac{p_k}{q_k}$ 之间,由于分数 $\dfrac{p_{k-2}}{q_{k-2}}$ 与 $\dfrac{p_k}{q_k}$ 的阶数同为奇数或同为偶数,因此这两分数必位下 α 的同侧. 由此可见,序列(20)完全位于数 α 的同一侧,而分数 $\dfrac{p_{k-1}}{q_{k-1}}$ 位于其另一侧. 特别是分数 $\dfrac{p_{k-1}+p_{k-2}}{q_{k-1}+q_{k-2}}$ 与 $\dfrac{p_{k-1}}{q_{k-1}}$ 总是位于 α 的异侧. 换句话说,连分数的值总是介于其任一个渐近分数及此渐近分数与其前一渐近分数的中位数之间(我们建议读者自己绘图描述所有这些数的相对位置).

这一注解指出一个简便方法,当我们只知道渐近分数 $\dfrac{p_{k-2}}{q_{k-2}}$ 及 $\dfrac{p_{k-1}}{q_{k-1}}$ 而不知道元素 a_k 时,可用此法找到后一渐近分数 $\dfrac{p_k}{q_k}$(但是要利用连分数的值 α). 事实上,先做出这两个分数的中位数,再做此中位数与 $\dfrac{p_{k-1}}{q_{k-1}}$ 的中位数,等等,每一次都做出已得到的中位数和分数 $\dfrac{p_{k-1}}{q_{k-1}}$ 的中位数. 我们已知此中位数序列向 α 逼近,在此序列中,与最初的分数 $\dfrac{p_{k-2}}{q_{k-2}}$ 位于 α 的同侧的最后一个中位数就是 $\dfrac{p_k}{q_k}$. 事实上,我们已知 $\dfrac{p_k}{q_k}$ 位于这些中位数之间且与 $\dfrac{p_{k-2}}{q_{k-2}}$ 等位于 α 的同侧,因此我们只需再指出 $\dfrac{p_k}{q_k}$ 以后的中位数位于 α 的另一侧即可. 但其后一个中位数即为 $\dfrac{p_k+p_{k-2}}{q_k+q_{k-2}}$,按照上面的注解,它位于 α 的另一侧.

另外,从下述理由中我们得到说明 α 及其渐近分数、中间分数的相互位置的更重要的推论.

中间分数 $\dfrac{p_k+p_{k+1}}{q_k+q_{k+1}}$ 总是介于 $\dfrac{p_k}{q_k}$ 与 α 之间,所以它比 α 更接近 $\dfrac{p_k}{q_k}$,即

$$\left|\, \alpha-\frac{p_k}{q_k}\,\right| > \left|\,\frac{p_k+p_{k+1}}{q_k+q_{k+1}}-\frac{p_k}{q_k}\,\right| = \frac{1}{q_k(q_k+q_{k+1})}$$

(在此式中不能取等号,因而若写成等式就表示为

$$\alpha=\frac{p_k+p_{k+1}}{q_k+q_{k+1}}=\frac{p_{k+2}}{q_{k+2}}, a_{k+2}=1$$

也就是说,α 是末元素为 1 的有限连分数,这是我们从一开始就不考虑的).

这样,我们得到下述重要的命题.

定理 7.4.3　对于一切 $k \geqslant 0$,有

$$\left| \alpha - \frac{p_k}{q_k} \right| > \frac{1}{q_k(q_{k-1} + q_k)} \tag{25}$$

不等式(25)给出了差 $\alpha - \dfrac{p_k}{q_k}$ 的下界,显然它补充了定理 7.3.3 中的不等式,后者给出此差数的上界.

7.5　用连分数表示实数

定理 7.5.1　每一个实数 α 都对应着唯一的以这个数为值的连分数. 如果数 α 是有理的,那么这个连分数是有限的;如果它是无理的,那么是无限的[①].

证明　用 a_0 表示不超过 α 的最大整数,如果 α 不是整教,那么关系式

$$\alpha = a_0 + \frac{1}{r_1} \tag{26}$$

能够确定数 r_1. 显然这时 $r_1 > 1$,因为

$$\frac{1}{r_1} = \alpha - a_0 < 1$$

一般地,若 r_n 不是整数,则以 a_n 表示不超过 r_n 的最大整数.

由关系式

$$r_n = a_n + \frac{1}{r_{n+1}} \tag{27}$$

确定数 r_{n+1}.

显然,这个过程可一直继续到任何一个 r_n 不是整数的时候,这时,$r_n > 1$ ($n \geqslant 1$).

关系式(26)指出

$$\alpha = [a_0; r_1]$$

一般地,设

$$\alpha = [a_0; a_1, a_2, \cdots, a_{n-1}, r_n] \tag{28}$$

则由关系式(27)和式(9)得到

$$\alpha = [a_0; a_1, a_2, \cdots, a_{n-1}, a_n, r_{n+1}]$$

这样,式(28)对所有 n 正确(自然地,假设 $r_1, r_2, \cdots, r_n$ 不是整数).

若数 α 是有理数,则显然所有的 r_n 是有理数. 容易看到,在这种情况下,我

---

①　我们提醒:考虑以整数为元素的连分数,且设 $a_i > 0$(对 $i \geqslant 1$),同时任何有限连分数的最后元素应当不等于 1.

们的过程在有限次以后就完结了. 事实上, 若 $r_n = \dfrac{a}{b}$, 则

$$r_n - a_n = \frac{a - ba_n}{b} = \frac{c}{b}$$

这里 $c < b$, 因为 $r_n - a_n < 1$. 关系式 (27) 给出

$$r_{n+1} = \frac{b}{c}$$

(只假设 $c \neq 0$, 即设 r_n 不是整数, 因为在 r_n 是整数的情况下, 我们的论断已经证明). 因而, r_{n+1} 有比 r_n 更小的分母, 由此推得, 有限次以后在序列 $r_1, r_2, \cdots$ 中应当得到整数 $r_n = a_n$. 但在这种情况下, 式 (28) 表示数 α 由有限连分数表示出, 其最后元素 $a_n = r_n > 1$.

若数 α 是无理数, 则所有 r_n 是无理数, 并且我们的过程是无限的. 设

$$[a_0; a_1, a_2, \cdots, a_n] = \frac{p_n}{q_n}$$

(这里分数 $\dfrac{p_n}{q_n}$ 不可约, 且 $q_n > 0$), 根据式 (28) 及式 (20), 有

$$\alpha = \frac{p_{n-1}r_n + p_{n-2}}{q_{n-1}r_n + q_{n-2}} \quad (n \geqslant 2)$$

另外, 显然

$$\frac{p_n}{q_n} = \frac{p_{n-1}a_n + p_{n-2}}{q_{n-1}a_n + q_{n-2}}$$

由此得

$$\alpha - \frac{p_n}{q_n} = \frac{(p_{n-1}q_{n-2} - q_{n-1}p_{n-2})(r_n - a_n)}{(q_{n-1}r_n + q_{n-2})(q_{n-1}r_n + q_{n-2})}$$

因此

$$\left| \alpha - \frac{p_n}{q_n} \right| < \frac{1}{(q_{n-1}r_n + q_{n-2})(q_{n-1}a_n + q_{n-2})} < \frac{1}{q_n^2}$$

这样, 当 $n \to \infty$ 时

$$\frac{p_n}{q_n} \to \alpha$$

但这显然意味着无限连分数 $[a_0; a_1, a_2, \cdots, a_n]$ 以给定的数 α 为自己的值.

因而, 我们证明了数 α 总是可以用连分数表示. 若数 α 是有理数, 则这个连分数是有限的; 若它是无理数, 则这个连分数是无限的. 接下来我们要证明所得展开式的唯一性. 我们注意到, 实际上唯一性已经由 6.4 小节中的论证推得, 在那里我们已经看到, 在知道了所给定的连分数的值后, 我们可以逐个地做出它

208

的所有渐近分数,因而做出它的所有元素.然而,我们可以很简单地建立所要求的唯一性.事实上,设

$$\alpha = [a_0;a_1,a_2,\cdots] = [a'_0;a'_1,a'_2,\cdots]$$

并且这些连分数可以是有限的,也可以是无限的.我们约定,$[x]$表示不超过 x 的最大整数.首先,显然 $a_0=[\alpha]$,$a'_0=[\alpha]$,所以 $a_0=a'_0$.其次,若已经建立

$$a_i = a'_i \quad (i=0,1,2,\cdots,n)$$

则

$$\begin{cases} p_i = p'_i \\ q_i = q'_i \end{cases} \quad (i=0,1,2,\cdots,n)$$

并根据 7.3 小节式(20),有

$$\alpha = \frac{p_n r_{n+1} + p_{n-1}}{q_n r_{n+1} + q_{n-1}} = \frac{p'_n r'_{n+1} + p'_{n-1}}{q'_n r'_{n+1} + q'_{n-1}} = \frac{p_n r'_{n+1} + p_{n-1}}{q_n r'_{n+1} + q_{n-1}}$$

由此,$r_{n+1}=r'_{n+1}$.因为 $a_{n+1}=[r_{n+1}]$,$a'_{n+1}=[r'_{n+1}]$,所以 $a_{n+1}=a'_{n+1}$,即所给的两个连分数完全一样,定理由此得证.

注意,如果允许有以 1 为最后元素的有限连分数,那么后一个论证就不可能了.事实上,例如,若 $a_{n+1}=1$ 是这样的最后元素,则 $r_n=a_n+1$,而 $a_n \neq [r_n]$.

这样,我们深信,实数可以用连分数唯一地表示.自然地,这样表示的主要意义在于,当知道了表示实数 α 的连分数后,我们可以确定这个数到任意预先给定的精确度.由于这点,连分数工具在实数的表示中至少在原则上起着非常重要的作用,例如像十进位系统或者更一般系统的(即建立在这样或那样的计数系统上)小数那样的作用.

作为表示实数的工具,连分数和更通行的进位系统小数比较,其主要优缺点是什么呢? 为了回答这个问题,首先需要了解对这种工具能够和应当提出什么样的要求.显然,第一个基本的理论上的要求应当是,工具能尽量完满地反映出它所表达的数的性质,使这些性质在用这个工具表示数的任何场合下,可以尽量完满和尽量简单地显露出来.

在第一个要求方面,连分数比其他系统小数(特别是十进位小数)有无可怀疑的和相当大的优点.在某种程度上,由以下先验性的设想,这一点将是明显的,即任何系统的小数都与确定的计数系有关,因此不可避免地反映出一些与其说是它所表示的数的绝对性质,不如说是此数与其选取的计数系的相互关系,而连分数无论同怎样的计数系都无关,并且用它所表示实数的性质,在很纯粹的形式中就表达出来了.比如,我们已经看到,所表示实数的有理性或无理性找到了自己相应的有限或无限的连分数的完全表达式.我们都知道,对于各系

统小数,相应的特征很复杂,表示小数的有限性或无限性除了与所表示的数的性质有关外,主要与选取的计数系有关.

但是,除了我们所指出的基本理论的要求外,对于表示数的任何工具,自然应当提出实用性的要求(其实,这些要求中的某些还可能有一定的理论价值).例如,使工具尽可能简单地预定精确度,求出所表示的数的近似值,这个要求也是很重要的.连分数工具在很高程度上满足这个要求,并且在任何情况下比各种计数系统的小数工具要好.此外,我们很快就会相信,用这种工具所给出的近似值,在某种意义上,非常简单并有重要意义,且具有最佳逼近的性质.

但是,另外还有更主要的实用要求,这个工具完全不能满足.计算的需要迫使我们希望任何表示工具,在知道了几个数的表示时,可以相当容易地找出这些数间的最简单函数关系和表示式(首先是它们的和与积).简单地说,适用于实用方面的工具应当服从充分简单的算术运算法则,没有这一点它就不可以作为计算工具.大家知道,系统小数在这方面是多么便利.相反,对于连分数,不存在任何实际可行的算术运算法则.寻找由连分数构成的和的连分数的问题,非常复杂并且在计算实践中是做不到的.

我们所指出的连分数和系统小数相比较的优缺点在很大程度上预先决定了这两种表示工具的应用范围的划分.可是正如在计算实践中几乎只用系统小数一样,在理论研究中,当研究实数域的算术规律和部分无理数的算术性质时,连分数工具找到了自己的重大应用,它是这类研究最好的和不可缺少的工具.

7.6 渐近分数作为最佳逼近

当希望以某种精确度表示无理数 α 为通常的有理分数时,自然地,为了这个目的,我们可以利用表示 α 的连分数的渐近分数.这时,所达到的精确度被定理 7.3.3 与定理 7.4.3 所确定,即我们有

$$\frac{1}{q_n(q_n + q_{n+1})} < \left| \alpha - \frac{p_n}{q_n} \right| \leqslant \frac{1}{q_n q_{n+1}}$$

无理数用既约有理分数来逼近(近似表示)的问题通常是这样提出的,找出具有最小(正的)分母的有理分数,使与给出的无理数的差不超过某一个预先给定的值.其实,用这样方法所提出的问题,当给出的数 α 是有理数时也有意义.比如,如果 α 是分子、分母都很大的分数,那么可以提出关于用分子、分母都比它小的分数来近似表示它的问题.从纯粹的实用观点来看,这两种情况(有理的和无理的 α)之间并没有本质的不同,因为在实际中任何数都只确定到某种精确程度.

很明显,为了解决这个问题,系统小数这类工具完全不适用.因为用它所给出的逼近分数有仅由所选取的计数系(在十进小数时,分母是数 10 的幂)所确定的完全不依赖于所表示的数的算术性质的分母.相反,在连分数的情况下,渐近分数的分母完全用这个分数所表示的数来确定,因此我们有足够的根据预测,渐近分数因它与所表示的数有密切的和自然的联系而被所表示的数完全确定,所以它在解决用有理分数最佳逼近这个数的问题中应当起着重要的作用.

我们约定称有理分数 $\dfrac{a}{b}(b>0)$ 为实数 α 的最佳逼近,如果任何其他具有分母不超过它的分母的有理分数与 α 有更大的距离,换言之,如果 $0<d\leqslant b$,$\dfrac{a}{b}\neq\dfrac{c}{d}$,那么必须推得

$$\left|\alpha-\frac{c}{d}\right|>\left|\alpha-\frac{a}{b}\right|$$

定理 7.6.1 数 α 的任何最佳逼近,都是这个数的连分数的渐近分数,或中位数.

预先指出,为了使这个问题没有例外,像我们 7.2 小节约定的那样,必须在研究中引入 -1 阶的渐近分数.设 $p_{-1}=1,q_{-1}=0$.事实上,容易相信,分数 $\dfrac{1}{3}$ 是数 $\dfrac{1}{4}$ 的最佳逼近,但它没有包含在数 $\dfrac{1}{4}$ 的渐近分数和中位数之列,因为,如果从零阶渐近分数开始,这些分数的全体只有两项:$\dfrac{0}{1}$ 和 $\dfrac{1}{4}$;反之,如果取分数 $\dfrac{1}{0}$ 作为 -1 阶渐近分数,那么这些分数的全体为如下形式

$$\frac{1}{0},\frac{0}{1},\frac{1}{1},\frac{1}{2},\frac{1}{3},\frac{1}{4}$$

因而包含了分数 $\dfrac{1}{3}$.

证明 设 $\dfrac{a}{b}$ 是数 α 的最佳逼近,则 $\dfrac{a}{b}\geqslant a_0$.事实上,在 $\dfrac{a}{b}<a_0$ 的情况下,异于 $\dfrac{a}{b}$ 且分母小于 b 的分数 $\dfrac{a_0}{1}$ 比 $\dfrac{a}{b}$ 距离 α 更近,因而 $\dfrac{a}{b}$ 不可能是最佳逼近了.

由完全类似的推导我们可以证明

$$\frac{a}{b}\leqslant a_0+1$$

因而,我们有权假设,$a_0<\dfrac{a}{b}<a_0+1$(当 $\dfrac{a}{b}=a_0$ 或 $\dfrac{a}{b}=a_0+1$ 时定理已经证得,

因为 $\dfrac{a_0}{1} = \dfrac{p_0}{q_0}$ 是数 α 的渐近分数,而 $\dfrac{a_0+1}{1} = \dfrac{p_0+p_{-1}}{q_0+q_{-1}}$ 是数 α 的中位数).

如果分数 $\dfrac{a}{b}$ 不等于数 α 的任何一个渐近分数或中位数,那么它应当在这种分数的两个序列之间,即在适当选取 k 和 r 时($k>0, 0 \leqslant r < a_{k+1}$ 或 $k=0, 1 \leqslant r < a_1$),它在分数

$$\frac{p_k r + p_{k-1}}{q_k r + q_{k-1}} \text{ 和 } \frac{p_k(r+1) + p_{k-1}}{q_k(r+1) + q_{k-1}}$$

之间,由此

$$\left| \frac{a}{b} - \frac{p_k r + p_{k-1}}{q_k r + q_{k-1}} \right| < \left| \frac{p_k(r+1) + p_{k-1}}{q_k(r+1) + q_{k-1}} - \frac{p_k r + p_{k-1}}{q_k r + q_{k-1}} \right|$$

$$= \left| \frac{1}{[q_k(r+1) + q_{k-1}][q_k r + q_{k-1}]} \right|$$

另外,显然

$$\left| \frac{a}{b} - \frac{p_k r + p_{k-1}}{q_k r + q_{k-1}} \right| = \frac{m}{b(q_k r + q_{k-1})}$$

这里 m 是至少等于 1 的某个正整数,因而

$$\frac{1}{b(q_k r + q_{k-1})} < \frac{1}{[q_k(r+1) + q_{k-1}][q_k r + q_{k-1}]}$$

由此得

$$q_k(r+1) + q_{k-1} < b$$

这样,分数

$$\frac{p_k(r+1) + p_{k-1}}{q_k(r+1) + q_{k-1}} \tag{29}$$

的分母小于 b,且比分数

$$\frac{p_k r + p_{k-1}}{q_k r + q_{k-1}} \tag{30}$$

更接近数 α(因为根据 6.4 小节的结果,一般地说,任何后面的中位数比前面的更接近 α),而这意味着,比界于(29)和(30)之间的分数 $\dfrac{a}{b}$ 更接近 α. 但这与最佳逼近的定义矛盾,因而定理 7.6.1 成立.

在作为这个定理基础的最佳逼近概念的定义中,我们已经估计了差 $\alpha - \dfrac{a}{b}$ 这个微量(按绝对值),并用它来表示有理分数 $\dfrac{a}{b}$ 与数 α 的接近程度,当然,这是很自然的. 然而,在数论中为了这个目的考虑差 $b\alpha - a$ 常常是更重要或方便的,

它不同于前者的只是一个因子 b,因此它的微量(按绝对值)也可以作为分数 $\frac{a}{b}$ 与 α 的接近程度的标准.从一种鉴定法过渡到另一种鉴定法,骤然看来,似乎是不必证明的,实际上在多数情况下是这样的.然而并不总是那样,我们马上就会深信这点,问题在于,区别于这两个差的因子 b 不是常数,而是同逼近的分数有关,且随分数的变化而变化.

现在我们约定称在定理 7.6.1 中讲述过的那种最佳逼近为第一类型的最佳逼近;其次,我们约定称有理分数 $\frac{a}{b}(b>0)$ 为数 α 的第二类型的最佳逼近,如果由 $\frac{c}{d} \neq \frac{a}{b}, 0<d \leqslant b$ 必然推得

$$| d\alpha - c |>| b\alpha - a |$$

因而,第二类型的最佳逼近借助于特征 $| b\alpha - a |$ 来确定,完全类似于第一类型的最佳逼近借助于特征 $| \alpha - \frac{a}{b} |$ 来确定.

不难证明,任何第二类型的最佳逼近同时一定是第一类型的最佳逼近.

事实上,如果我们已经有

$$\left| \alpha - \frac{c}{d} \right| \leqslant \left| \alpha - \frac{a}{b} \right| \quad (\frac{a}{b} \neq \frac{c}{d}, d \leqslant b)$$

那么将两个不等式逐项地连乘后[①],得到

$$| d\alpha - c | \leqslant | b\alpha - a |$$

换句话说,如果分数 $\frac{a}{b}$ 不是第一类型的最佳逼近,那么它就不可能是第二类型的最佳逼近,由此定理得到证明.

然而,逆命题不正确:第一类型的最佳逼近可能不是第二类型的最佳逼近.事实上,很容易相信,例如,分数 $\frac{1}{3}$ 是数 $\frac{1}{5}$ 的第一类型的最佳逼近,但它不是第二类型的最佳逼近.由不等式

$$\left| 1 \cdot \frac{1}{5} - 0 \right| < \left| 3 \cdot \frac{1}{5} - 1 \right|, 1 < 3$$

可以看出这一点.

由所作的附注及定理 7.6.1 推得,一切第二类型的最佳逼近是渐近分数或

---

① 将 $\left| \alpha - \frac{c}{d} \right| \leqslant \left| \alpha - \frac{a}{b} \right|$ 与 $d \leqslant b$ 不等式的左端连乘,且右端也连乘.

中位数. 然而,我们可以建立更精确得多的命题,连分数工具对于第二类型的最佳逼近所起作用的主要保证就在这里.

定理 7.6.2 任何第二类型的最佳逼近是渐近分数.

证明 设分数 $\dfrac{a}{b}$ 是数

$$\alpha = [a_0; a_1, a_2, \cdots]$$

的第二类型的最佳逼近,α 的渐近分数以 $\dfrac{p_k}{q_k}$ 表示. 如果 $\dfrac{a}{b} < a_0$,那么我们有

$$|1 \cdot \alpha - a_0| < \left| \alpha - \frac{a}{b} \right| \leqslant |b\alpha - a|, 1 \leqslant b$$

即 $\dfrac{a}{b}$ 不是第二类型的最佳逼近,因而 $\dfrac{a}{b} \geqslant a_0$. 但在这种情况下,如果分数 $\dfrac{a}{b}$ 不等于任何一个渐近分数,就应当或者在两个有相同奇偶性的渐近分数 $\dfrac{p_{k-1}}{q_{k-1}}$ 与 $\dfrac{p_{k+1}}{q_{k+1}}$ 之间,或者大于 $\dfrac{p_1}{q_1}$. 在第一种情况下

$$\left| \frac{a}{b} - \frac{p_{k-1}}{q_{k-1}} \right| \geqslant \frac{1}{bq_{k-1}}$$

和

$$\left| \frac{a}{b} - \frac{p_{k-1}}{q_{k-1}} \right| < \left| \frac{p_k}{q_k} - \frac{p_{k-1}}{q_{k-1}} \right| = \frac{1}{q_k q_{k-1}}$$

由此得

$$b > q_k \tag{31}$$

另外

$$\left| \alpha - \frac{a}{b} \right| \geqslant \left| \frac{p_{k+1}}{q_{k+1}} - \frac{a}{b} \right| \geqslant \frac{1}{bq_{k+1}}$$

可知

$$|b\alpha - a| \geqslant \frac{1}{q_{k+1}}$$

同时

$$|q_k\alpha - p_k| \leqslant \frac{1}{q_{k+1}}$$

由此得

$$|q_k\alpha - p_k| \leqslant |b\alpha - a| \tag{32}$$

关系(31)与(32)表明,$\dfrac{a}{b}$ 不是第二类型的最佳逼近.

在第二种情况下（即如果 $\dfrac{a}{b} > \dfrac{p_1}{q_1}$），我们有

$$\left| \alpha - \frac{a}{b} \right| > \left| \frac{p_1}{q_1} - \frac{a}{b} \right| \geqslant \frac{1}{bq_1}$$

由此得

$$| b\alpha - a | \geqslant \frac{1}{q_1} = \frac{1}{a_1}$$

另外，显然

$$| 1 \cdot \alpha - a_0 | \leqslant \frac{1}{a_1}$$

所以

$$| b\alpha - a | > | 1 \cdot \alpha - a_0 |, 1 \leqslant b$$

又与第二类型的最佳逼近概念矛盾. 因而, 定理 7.6.2 完全证明.

现在我们研究定理 7.6.1 和定理 7.6.2 的逆的可能性问题. 首先, 容易看出, 定理 7.6.1 不可逆, 中位数可以不是第一类型的最佳逼近. 比如, 容易看出, 对于数 $\alpha = \dfrac{4}{5}$, 分数 $\dfrac{1}{2}$ 是中位数. 但它不是最佳逼近, 因为

$$\left| \frac{4}{5} - \frac{1}{1} \right| < \left| \frac{4}{5} - \frac{1}{2} \right|, 1 < 2$$

可以做出任意多少个类似的例子, 读者自己可以毫无困难地相信这些.

相反, 定理 7.6.2 允许几乎完全的逆定理, 自然, 这也就特别地增加了它的意义.

定理 7.6.3　任何渐近分数是第二类型的最佳逼近, 唯一的（明显的）例外是

$$\alpha = a_0 + \frac{1}{2}, \frac{p_0}{q_0} = \frac{a_0}{1}$$

预先指出在情况 $\alpha = a_0 + \dfrac{1}{2}$ 时, 分数 $\dfrac{p_0}{q_0} = \dfrac{a_0}{1}$ 实际上不是第二类型的最佳逼近, 因为

$$| 1 \cdot \alpha - (a_0 + 1) | = 1 | 1 \cdot \alpha - a_0 |$$

证明　我们研究形式

$$| y\alpha - x | \tag{33}$$

这里 y 取值 $1, 2, \cdots, q_k$, 而 x 可以取任意整数值. 用 y_0 表示 y 的这样的值, 在 y 取这个值时, 相应的选取 x 后, 式(33)为最小可能值（如果这样的 y 值有几个, 那么取其中最小者作为 y_0）. 用 x_0 表示使 $| y_0 \alpha - x |$ 达到最小值的 x 值. 容易

相信,这个值是唯一的.事实上,如果我们有

$$\left| \alpha - \frac{x_0}{y_0} \right| = \left| \alpha - \frac{x'_0}{y_0} \right| \quad (x_0 \neq x'_0)$$

那么,显然有

$$\alpha = \frac{x_0 + x'_0}{2y_0}$$

我们断定,这个分数不可约.其实,若 $x_0 + x'_0 = hp, 2y_0 = hq(h > 1)$,则在 $h > 2$ 的情况下,我们有

$$q < y_0, \alpha = \frac{p}{q}, \ | \ q\alpha - p \ | = 0$$

这与 y_0 的定义矛盾;若 $h = 2$,则 $q = y_0$

$$| \ q\alpha - p \ | = | \ y_0\alpha - p \ | = 0 < | \ y_0\alpha - x_0 \ |$$

这与 x_0 的定义矛盾.

将有理数 α 展成连分数,有

$$\alpha = \frac{p_n}{q_n}, p_n = x_0 + x'_0, q_n = 2y_0 = a_n q_{n-1} + q_{n-2}, a_n \geq 2$$

因此,若 $a_n > 2$,或 $a_n = 2, n > 1$,则我们有 $q_{n-1} < y_0$,但

$$| \ q_{n-1}\alpha - p_{n-1} \ | = \frac{1}{q_n} = \frac{1}{2y_0} \leq \frac{1}{2} \leq | \ y_0\alpha - x_0 \ |$$

与 y_0 定义矛盾;若 $n = 1, a_n = 2$,则 $\alpha = a_0 + \frac{1}{2}, y_0 = 1$,这恰是被我们除去的情况.

于是,值 y_0 和 x_0 被给定的条件以唯一形式确定.由此直接推得,$\frac{x_0}{y_0}$ 是数 α 的第二类型的最佳逼近,因为不等式

$$| \ b\alpha - a \ | \leq | \ y_0\alpha - x_0 \ | \quad (\frac{a}{b} \neq \frac{x_0}{y_0}, b \leq y_0)$$

显然,与数 x_0 和 y_0 的定义矛盾.因此,根据定理 7.6.2,我们有

$$x_0 = p_s, y_0 = q_s \quad (s \leq k)$$

如果 $s = k$,那么定理得证,但如果 $s < k$,那么有

$$| \ q_s\alpha - p_s \ | > \frac{1}{q_s + q_{s+1}} \geq \frac{1}{q_{k-1} + q_k}$$

$$| \ q_k\alpha - p_k \ | \leq \frac{1}{q_{k+1}}$$

而因为根据数 $p_s = x_0, q_s = y_0$ 的定义有

$$| \ q_s\alpha - p_s \ | \leq | \ q_k\alpha - p_k \ |$$

所以

$$\frac{1}{q_{k-1} + q_k} < \frac{1}{q_{k+1}}$$

即

$$q_{k+1} < q_k + q_{k-1}$$

根据数 q_k 的构成规律,这是不可能的.因而,定理 7.6.3 得证.

在本小节中我们所确立的连分数工具的这些性质,在历史上是发现和研究这些工具的第一个原因.荷兰物理学家惠更斯(Huygens,1629—1695)立意借助于齿轮来建立太阳系的模型后,在决定齿数的问题之前提出了,要使两个彼此相连的轮子的齿数之比(等于它们完全回转一周所需的时间之比)尽可能接近于相应的行星转动时间的比 α.同时由于技术原因,当然,齿数不能过多.因而,提出了关于寻求这样的有理分数的问题,它的分子和分母不超过已给的界限,并且它同时尽量地接近于已知数 α(在理论上这个数可能是无理数,在实践上在这种情况下则可取认为 α 是分子和分母不是很大的有理分数).我们已经看到,连分数理论给出了完全解决按这种方式提出的问题的可能性.

7.7　二次无理数和循环连分数

实数 α 称为二次无理数,如果 α 是一个无理数,并且它满足一个整系数二次方程.

对于二次无理数 α,刘维尔(Liouville)定理(参阅第六章)表明,存在这样的(依赖于 α 的)正数 C,使不等式

$$\mid \alpha - \frac{q}{p} \mid < \frac{C}{q^2}$$

没有整数解 p 和 $q(q > 0)$.然而,远在刘维尔之前,对于二次无理数,拉格朗日(Lagrange)已找到了表示它们的连分数所特有的更丰富的性质.原来,二次无理数的元素序列总是循环的;反之,任何循环连分数表示某一个二次无理数.这个命题的证明在本小节给出.

我们约定,称连分数

$$\alpha = [a_0 ; a_1 , a_2 , \cdots]$$

是循环的,如果存在这样的正整数 k_0 和 h,使对于任意 $k \geqslant k_0$,有

$$a_{k \pm h} = a_k$$

类似于十进小数,我们将用下述方法表示这样的循环分数

$$\alpha = [a_0 ; a_1 , a_2 , \cdots , a_{k_0-1} , \overline{a_{k_0} , a_{k_0+1} , \cdots , a_{k_0+h-1}}] \tag{34}$$

定理 7.7.1　任何循环分数表示二次无理数；反之，任何二次无理数可以用循环连分数表示.

证明　第一个论断用几句话就可以证明. 事实上，很显然，循环连分数(34)的余数满足关系式

$$r_{k\pm h} = r_k \quad (k \geqslant k_0)$$

根据 7.6 小节式(20)，对于 $k \geqslant k_0$，我们有

$$\alpha = \frac{p_{k-1}r_k + p_{k-2}}{q_{k-1}r_k + q_{k-2}} = \frac{p_{k+h-1}r_{k+h} + p_{k+h-2}}{q_{k+h-1}r_{k+h} + q_{k+h-2}} = \frac{p_{k+h-1}r_k + p_{k+h-2}}{q_{k+h-1}r_k + q_{k+h-2}} \tag{35}$$

由此得

$$\frac{p_{k-1}r_k + p_{k-2}}{q_{k-1}r_k + q_{k-2}} = \frac{p_{k+h-1}r_k + p_{k+h-2}}{q_{k+h-1}r_k + q_{k+h-2}}$$

因而，数 r_k 满足具有整数系数的二次方程，所以它是二次无理数. 但在这样的情况下，式(35) 的第一式指出，α 是二次无理数.

相反论断的证明比较复杂. 设数 α 满足具有整数系数的二次方程

$$a\alpha^2 + b\alpha + c = 0 \tag{36}$$

将表达式

$$\alpha = \frac{p_{n-1}r_n + p_{n-2}}{q_{n-1}r_n + q_{n-2}}$$

代入式(36)，用 n 表示余数的阶，我们得到，r_k 满足方程

$$A_n r_n^2 + B_n r_n + C_n = 0 \tag{37}$$

这里 A_n, B_n, C_n 为

$$A_n = ap_{n-1}^2 + bp_{n-1}q_{n-1} + cq_{n-1}^2$$
$$B_n = 2ap_{n-1}p_{n-2} + b(p_{n-1}q_{n-2} + p_{n-2}q_{n-1}) + 2cq_{n-1}q_{n-2} \tag{38}$$
$$C_n = ap_{n-2}^2 + bp_{n-2}q_{n-2} + cq_{n-2}^2$$

确定的整数. 特别地，由此推得

$$C_n = A_{n-1} \tag{39}$$

借助于这些式子容易直接验证

$$B_n^2 - 4A_nC_n = (b^2 - 4ac)(p_{n-1}q_{n-2} - q_{n-1}p_{n-2})^2 = b^2 - 4ac \tag{40}$$

即方程(37) 的判别式对于所有 n 都等于方程(36) 的判别式.

因为

$$\left| \alpha - \frac{p_{n-1}}{q_{n-1}} \right| < \frac{1}{q_{n-1}^2}$$

所以

代数学教程

$$p_{n-1} = \alpha q_{n-1} + \frac{a\delta_{n-1}^2}{q_{n-1}^2} \quad (\mid \delta_{n-1} \mid < 1)$$

因此,由式(38)中的第一式得

$$A_n = a(\alpha q_{n-1} + \frac{\delta_{n-1}}{q_{n-1}})^2 + b(\alpha q_{n-1} + \frac{a\delta_{n-1}^2}{q_{n-1}^2})q_{n-1} + cq_{n-1}^2$$

$$= (a\alpha^2 + b\alpha + c)q_{n-1}^2 + 2a\alpha\delta_{n-1} + \frac{\delta_{n-1}^2}{q_{n-1}^2} + b\delta_{n-1}$$

由此根据方程(36)得

$$\mid A_n \mid = \mid 2a\delta_{n-1} + a\frac{\delta_{n-1}^2}{q_{n-1}^2} + b\delta_{n-1} \mid < 2 \mid a\alpha \mid + \mid a \mid + \mid b \mid$$

根据等式(39)得

$$\mid C_n \mid = \mid A_{n-1} \mid < 2 \mid a\alpha \mid + \mid a \mid + \mid b \mid$$

因而,方程(37)的系数 A_n 和 C_n 的绝对值有界,于是,当 n 变化时,A_n 和 C_n 只取有限个不同的值.根据式(40)推得,B_n 也只能取有限个不同的值.

所以,当 n 从 1 增加到 ∞ 时,我们只能遇到有限个不同的方程(37).但在这种情况下,r_n 只能取有限个不同的值,因此对于适当选取的 k 和 h,有

$$r_k = r_{k+h}$$

这说明,表示 α 的连分数是循环的.于是我们论断的第二部分得到证明.

对于更高次的代数无理数,我们还不知道描述它们的连分数有任何类似于在此所证明过的性质.一般地,关于用有理分数逼近于高次代数无理数,都限于刘维尔定理和它的某些更新的、更强的命题的初等推论.有趣的是,到现在还不知道任何一个高于二次的代数数的连分数分解式,不知道这样的分解式是否可能为有界的元素序列;相反地,也不知道它是否可以具有无界的元素序列,等等.一般来说,与高于二次的代数数分解成连分数相联系的问题非常困难,并且几乎还没有研究过.

7.8 连分数的几何解释

一个无理数的连分数的渐近分数 $c_0, c_1, \cdots, c_n, \cdots$ 收敛到已给的数,这一事实的一个引人注目的几何解释是在 1897 年由 F. 克莱因(Klein,1849—1925)给出的.F. 克莱因不仅是一位卓越的数学家,而且是一个最通俗的数学解释者.

设 α 是一个无理数,它的连分数展式是

$$[a_0; a_1, a_2, \cdots, a_n, \cdots]$$

它的渐近分数是

$$c_0 = \frac{p_0}{q_0}, c_1 = \frac{p_1}{q_1}, \cdots, c_n = \frac{p_n}{q_n}, \cdots$$

为简单起见,设 α 是正的. 在图纸上标出横坐标 x 和纵坐标 y 都是整数的点 (x, y),这些点称为格点. 想象在这些点处钉上一个钉子,接着画一条线

$$y = \alpha x$$

这条线不会通过任何一个格点. 因为,如果有一个坐标为整数的点 (x, y) 满足方程式 $y = \alpha x$,那么 $\alpha = \frac{y}{x}$ 是有理数. 这是不可能的,因为 α 是无理数.

现在,想象把一条细黑线的一端绑在直线 $y = \alpha x$ 的无限遥远的一点上,而把另一端拿在我们的手中,把线拉紧,使得手中的一端位于原点. 保持线是拉紧的,从原点出发向左移动我们的手,这条线就会从它的上面碰到一些钉子. 如果向另一个方向移动,这条线就会碰到另一些钉子(图 1).

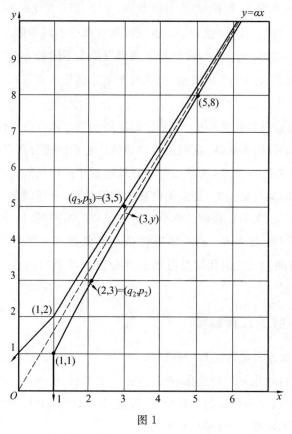

图 1

从下面触及这条线的那些钉子位于具有坐标

$$(q_0, p_0), (q_2, p_2), (q_4, p_4), \cdots$$

220

的格点上. 它们分别对应于偶数阶渐近分数

$$c_0 = \frac{p_0}{q_0}, c_2 = \frac{p_2}{q_2}, c_4 = \frac{p_4}{q_4}, \cdots$$

这些分数都比 α 小.

从上面触及这条线的那些钉子位于格点

$$(q_1, p_1), (q_3, p_3), (q_5, p_5), \cdots$$

上, 它们分别对应于奇数阶渐近分数

$$c_1 = \frac{p_1}{q_1}, c_3 = \frac{p_3}{q_3}, c_5 = \frac{p_5}{q_5}, \cdots$$

这些分数都比 α 大.

这两条线中的每一条都是折线, 我们向外走得越远, 它们就越逼近于直线 $y = \alpha x$.

例 画出数

$$\alpha = \frac{1 + \sqrt{5}}{2} = [1; 1, 1, \cdots, 1, \cdots]$$

的连分数展式的克莱因图示.

渐近分数是

$$\frac{1}{1}, \frac{2}{1}, \frac{3}{2}, \frac{5}{3}, \frac{8}{5}, \frac{13}{8}, \cdots$$

对应于偶数阶渐近分数的点是 $(1,1), (2,3), (5,8), \cdots$, 它们都在线的下面(图 1), 对应于奇数阶渐近分数的点是 $(1,2), (3,5), (8,13), \cdots$, 它们都在线的上面.

例如, 我们证明点 $(q_3, p_3) = (3,5)$ 对应于奇数阶渐近分数 $\frac{p_3}{q_3} = \frac{5}{3}$, 它比 α 大. 考虑图 1 中已经标出的点 $(3, y)$, 因为它在直线 $y = \alpha x$ 上, 所以 $y = \alpha \cdot 3$, 或 $\alpha = \frac{y}{3}$, 又因为点 $(3, 5)$ 在这条直线的上面, 所以 $5 > y$, 或者 $\frac{5}{3} > \frac{y}{3} = \alpha$, 因此渐近分数 $\frac{5}{3} > \alpha$.

连分数的大部分基本性质都有几何上的解释. 实际上, 简单连分数的理论可以从几何上发展起来.

221

复数域

§1 复 数

1.1 引言·复数域的定义

在古代解二次方程（这是用现代的语言来说的）问题时，就已经达到了方程有虚根的情形，这种情形在当时认为是不可能的. 到了 16 世纪前半叶，意大利数学家发现了用根式解三次方程问题（卡丹(Cardan) 公式，参阅《代数方程式论》卷），引用了负数的开平方来表示实系数方程的根. 这就使得当时的数学家利用了这种新数，将这种数叫作"虚的""不可能的"，"想象中的" 数，等等，并且对于它们也应用了实数所用的运算规则. 然而新数的定义仍然是模糊的，这可以从它所采用的名称上看出，例如，卡丹称新数为"虚假的""真正诡辩的" 数. 第一次在代数上给予复数运算正式论据的是意大利数学家蓬贝利(Bombelli,1526—1572). 然而这些数的直观的几何表示（例如当作平面上的点或向量）直到二百年后才出现. 此后复数的研究进展非常迅速，到了现代，复变函数论已成为数学分析的一个基础部分，这个理论在科学的各种领域内，包括具有特别实用价值的（例如在流域力学中）在内，有着广泛的应用. 可以说复数与前几章已经建立起的有理数或者实数比较起来，毫无虚幻之处.

在实数域内，求方根的运算不是经常可能的，例如，负数的偶数次方根没有实数值，换言之，对于实数 $a < 0$ 及偶自然数 n，

不存在实数 b,满足 $b^n = a$(第四章,§4,定理 4.3.4).按照在第二章 §1 中提出的扩张数域的一般计划,我们现在将扩张实数域 R 至复数域 C,使得在 C 中要求方根的运算永远可能,而且,对于在 R 中已能完成的运算情形来说,得到本质上新的结果,即在新的域 C 内,对于任意 $a \neq 0$ 及任意自然数 n,运算 $\sqrt[n]{a}$ 将有 n 个值①.

正如我们将看到的,只要扩张域 R 至这样的域,使得在这里,$\sqrt{-1}$ 至少有一个值即可,即存在元素 i,对于它,有 $\text{i}^2 = -1$ 即可.我们将寻求就下面定义来说最小的扩张.

定义 1.1.1   含有实数域 R 及含有具有性质 $\text{i}^2 = -1$ 的元素 i 的最小域 C 叫作复数域,即具有下面性质的集合 C 叫作复数域:

(1)C 是一个域,它具有实数域作为其子域和含有具有性质 $\text{i}^2 = -1$ 的元素 i;

(2)域 C 不含任何不同于本身的而且具有这样性质的子域.

域 C 的元素叫作复数.

我们先证明,这样定义的域 C 是唯一的(就同构的意义来说).

定理 1.1.1   含有实数 R② 和具有性质 $\text{i}^2 = -1$ 的元素 i 的域 C 当且仅当其每一个元素 x 都可以写成下面的形式

$$x = a + b\text{i} \tag{1}$$

(此处 a,b 是实数)时才是最小的(即是复数域).而且这样的表示法是唯一的,即对于 C 中的给定元素 x,存在且仅存在一对实数 a,b(取一定的顺序),满足等式(1).

证明   (a)设域 C 中的每一元素 x 都可以表示成(1)的形式,且 a,b 是实数,并设 P 是 C 的任意子域,它含有实数域 R 和某个元素 j,$\text{j}^2 = -1$.因为 $\text{i}^2 = \text{j}^2 = -1$,所以

$$(\text{i}+\text{j})(\text{i}-\text{j}) = \text{i}^2 - \text{ij} + \text{ji} - \text{j}^2 = 0$$

但域 C 中没有零因子(《抽象代数基础》卷,第二章,§1,定理 1.4.1),所以,或者 $\text{i}+\text{j}=0$ 或者 $\text{i}-\text{j}=0$,由此得 $\text{j} = \pm\text{i}$.于是对于 C 中的任意 x,有

$$x = a + b\text{i} = a \pm b\text{j}$$

---

① $\sqrt[n]{a}$ 的各值显然是方程式 $x^n - a = 0$ 的根,这类方程叫作二项方程.因此,在复数域内所有二项方程永远是可解的.在复数域内还有更有力的正确论断:所有代数方程都是可解的,所谓代数方程,即形如 $f(x) = 0$ 的方程,这里 $f(x)$ 是任意具有复系数的 $n(n \geqslant 1)$ 次多项式.详见《多项式理论》卷.

② 和前面一样,当我们说到一个域含有另一个域时,永远意味着在较小的域内的运算,与在较大的域内同名的运算是一致的.

即 x 属于 P,故 P 与 C 重合. 这就证明了域 C 的极小性.

(b) 反之,设域 C 是最小的. 我们来证明,C 中的任意元素 x 都可以表示成(1) 的形式. 设 M 是域 C 中表示成式(1) 的所有元素的集合,我们证明形式(1) 元素的相等和运算具有下述性质:

(1) 当且仅当 $a=c,b=d$ 时,$a+bi=c+di$;

(2) $(a+bi) \pm (c+di) = (a \pm c) + (b \pm d)i$;

(3) $(a+bi)(c+di) = (ac-bd) + (ad+bc)i$;

(4) $\dfrac{a+bi}{c+di} = \dfrac{ac+bd}{c^2+d^2} + \dfrac{bc-ad}{c^2+d^2}i$,这里 $c+di \neq 0$.

事实上,如果 $a=c,b=d$,由于域 C 中和与积的唯一性,应有

$$a+bi=c+di$$

反之,如果 $a+bi=c+di$,那么,由 $b=d$ 应有 $bi=di$,因此,$a=c$. 如果 $b \neq d$,那么

$$i = \frac{a-c}{d-b}$$

即 i 属于实数域 R,这是不可能的,因为 $i^2 = -1 < 0$,而实数域 R 中任何数的平方都是非负的(《抽象代数基础》卷,第二章,§7,定理 7.1.7),所以

$$b=d, a=c$$

这就证明了性质(1).

因为,由零的性质,显然有 $0+0 \cdot i = 0$,所以由(1) 应有:当且仅当 $a=b=0$ 时,$a+bi=0$.

性质(2) 和(3) 由域 C 的加法和乘法的性质直接得出.

如果 $c+di \neq 0$,那么,或者 $c \neq 0$,或者 $d \neq 0$. 按照我们上面证明过的,也一定有 $c-di \neq 0$,在这种情形下,也有 $c^2+d^2 > 0$(《抽象代数基础》卷,第二章,§5,定理 5.1.7). 用不等于零的数 $c-di$ 同乘 $\dfrac{a+bi}{c+di}$ 的分子和分母,这样不改变这个商的值,故有性质(4).

由性质(1) 可知,x 表示为形式(1) 的唯一性.

由(2)(3)(4) 可知,集合 M 中任意两个元素的和、差、积、商(当除数不为零时)仍然属于 M,即 M 是 P 的子域(《抽象代数基础》卷,第三章,§1,定理1.1.1). 因为 $a=a+0 \cdot i$ 且 $i=0+1 \cdot i$,故任意实数和 i 都属于 M,又因为 C 是最小的. 故 $C=M$,即 C 的任意元素都可以表示为(1) 的形式.

定理 1.1.2 所有复数域彼此都是同构的,即复数域就同构的意义来说是唯一的.

证明   设 C_1, C_2 是两个复数域, 而且 C_1 含有元素 i_1, C_2 含有元素 i_2, i_1 和 i_2 具有性质: $i_1^2 = -1$, $i_2^2 = -1$. 按照定理 1.1.1 知, C_1 中的每一元素均可以写成 $a + bi_1$ 的形式, C_2 中的每一元素均可以写成 $a + bi_2$ 的形式, 这里 a, b 是实数, 而且表示法是唯一的. 由此很容易得出, 对应 $f(a + bi_1) = a + bi_2$ 是 C_1 与 C_2 之间的一一对应. 由性质(2)(3)可知, C_1 以及 C_2 中元素的加法和乘法归结为实数上的同样运算. 由此可导出 f 是同构对应. 现在需要证明: 对于 C_1 中的任意 x_1, y_1, 有

$$f(x_1 + y_1) = f(x_1) + f(y_1)$$
$$f(x_1 y_1) = f(x_1) f(y_1)$$

我们仅验证第一个等式, 因为第二个等式的验证是类似的.

设

$$x_1 = a + bi, \quad y_1 = c + di$$

于是

$$f(x_1) = a + bi, \quad f(y_1) = c + di$$

即

$$\begin{aligned}
f(x_1 + y_1) &= f[(a + bi_1) + (c + di_1)] \\
&= f[(a + c) + (b + d)i_1] \\
&= (a + c) + (b + d)i_2 \\
&= (a + bi_2) + (c + di_2) \\
&= f(x_1) + f(y_1)
\end{aligned}$$

定理即被证明.

注意: 在同构映象 f 下, 任意实数 a 映象于自身, 而元素 i_1 映象于 i_2.

定理 1.1.3   含有实数域 R 和具有性质 $i^2 = -1$ 的元素的任意域 P 都含有复数域.

证明   设 C 是域 P 中可以表示成 $a + bi$ (a, b 是实数) 形式的所有数的集合. 正如定理 1.1.1 的证明(b)中已经看到的, C 是 P 的子域, 域 C 含有实数域 R 及元素 i. 因为 C 中的任何元素均有 $a + bi$ 的形式, 所以按照定理 1.1.1, 域 C 符合定义 1.1.1 所说的极小性, 即 C 是复数域.

1.2   复数域的构造

现在我们来证明复数域的存在性. 和在整数、有理数、实数的情形一样, 我们只要建立满足定义 1.1.1 的域的一个解释(具体的例子)即可. 有人认为, 可以简单地用符号 $a + bi$ 当作这个域的元素, 此处 a, b 是实数, 而 i 满足 $i^2 = -1$ 的

符号,然而这时需要证明,可以把所有实数包括在这个域内,使得在新域内的符号 $a+bi$ 将与 a 和 b 与 i 乘积的和是一致的.这样建立的复数域,由于其赋予符号 i 的意义不明显,因而是非常形式的,因此,我们将采取另外一种方法,就其基本思想来说,非常接近上面所说的,但是,在这里应用的所有符号,都将有其具体意义.

定理 1.1.1 暗示给我们各同构的复数域之一的建立方法.本来,所求域的每一元素都应有 $a+bi$ 的形式,即被实数序偶 a,b 确定,而且不同的元素对应不同的实数序偶.因此,在现在这种情形下,我们不需要和整数及有理数的情形那样定义序偶的等价关系,并且转入等价序偶的类的讨论.

定义 1.2.1 设 C_0 是所有形如 (a,b) 实数序偶的集合.在集合 C_0 中,按照下面的公式定义加法和乘法

$$(a,b)+(c,d)=(a+c,b+d) \tag{2}$$

$$(a,b)(c,d)=(ac-bd,ad+bc) \tag{3}$$

在 C_0 中运算被这样定义,为的是使得在所求域中的运算满足性质(2)和(3).

定理 1.2.1 具有式(2)(3)所定义的运算的集合 C_0 是一个域.

证明 需要验证在 C_0 中性质 Ⅰ ～ Ⅳ(《抽象代数基础》卷,第二章,§1,定义 1.1.1,定义 1.4.1)都成立.

因为序偶的加法归结为相应元素的加法,所以由实数的相应性质直接导出序偶的加法满足性质 Ⅰ(a) ～ Ⅰ(c).

性质 Ⅲ(a) ～ Ⅲ(b) 可直接验证.例如,我们来验证乘法对加法的分配律 Ⅲ(a),即

$$[(a,b)+(c,d)](e,f)=(a+c,b+d)(e,f)$$
$$=[(a+c)e-(b+d)f,(a+c)f+(b+d)e]$$
$$=(ae+ce-bf-df,af+cf+be+de)$$

且

$$(a,b)(e,f)+(c,d)(e,f)=(ae-bf,af+be)+(ce-df,cf+de)$$
$$=(ae-bf+ce-df,af+be+cf+de)$$

最后得到的两个序偶是相同的,这就证明了性质 Ⅳ.

因此,C_0 是一个环,很容易看出,这个环中的零元就是序偶 $(0,0)$,而序偶的负元和差被下面等式所确定

$$-(a,b)=(-a,-b)$$
$$(a,b)-(c,d)=(a-c,b-d)$$

226

我们来验证乘法的有逆性 Ⅱ(b′). 设 $(a,b)(c,d)$ 是任意两个序偶,而且 $(a,b)\neq(0,0)$,也就是说,或者 $a\neq0$,或者 $b\neq0$[①].

因为 a,b 是实数,所以 $a^2+b^2>0$(《抽象代数基础》卷,第二章,§5,定理 5.1.7).现在需要求一个序偶 (x,y),使之满足条件

$$(a,b)(x,y)=(c,d). \tag{4}$$

我们先假定这样的序偶是存在的,于是

$$(ax-by,ay+bx)=(c,d)$$

由此得

$$ax-by=c,ay+bx=d$$

对 x,y 解这个方程组,求得

$$x=\frac{ac+bd}{a^2+b^2},y=\frac{ad-bc}{a^2+b^2}$$

这就证明了,如果满足条件(4)的序偶 (x,y) 是存在的,那么只能存在一个,即是 x,y 为上面写出的式子所决定的.很容易验证,这个序偶的确满足条件(4),因为

$$(a,b)\left(\frac{ac+bd}{a^2+b^2},\frac{ad-bc}{a^2+b^2}\right)=\left(\frac{a^2c+abd-bad+b^2c}{a^2+b^2},\frac{a^2d-abc+bac+b^2d}{a^2+b^2}\right)$$
$$=(c,d)$$

这就证明了 Ⅶ.

因为 C_0 不止含有一个元素,所以性质 Ⅷ 成立,因而定理被证明.

我们指出,序偶 $(1,0)$ 是 C_0 中的单位元,因为

$$(a,b)(1,0)=(a\cdot1-b\cdot0,a\cdot0+b\cdot1)=(a,b)$$

我们将看到,C_0 是与复数域同构的,但是这个域不满足定义 1.1.1,因为它不含有实数.

让我们设去把实数域 R 包括在 C_0 内.设 R' 是 C_0 中所有形如 $(a,0)$ 的序偶的集合.由定义序偶的加法和乘法的式(2)(3),很容易看出,映象 $a\rightarrow(a,0)$ 是实数域 R 到集合 R' 的一个同构映象.因而 R' 是一个域(《抽象代数基础》卷,第二章,§1,定理 1.6.5).其次,存在与 C_0 同构且含有 R 作为其子域的域 C,使得 R 中的每一个数 a,在这个同构映象下对应与 R' 中的序偶 $(a,0)$(《抽象代数基础》卷,第二章,§1,定理 1.6.6).

①　序偶的相等与不相等,正如对于任意集合的元素一样,我们理解为恒等或者不同,因此,当且仅当 $x=z,y=t$ 时,$(x,y)=(z,t)$.

定理 1.2.2 域 C 是复数域.

证明 按照 C 的建立, C 含有 R, 其次 C 含有序偶 $(0,1)$. 我们用符号 i 表示这个序偶, 即令 $i=(0,1)$. 在 C_0 中我们有

$$(0,1)^2 = (0,1)(0,1) = (0 \cdot 0 - 1 \cdot 1, 0 \cdot 1 + 1 \cdot 0) = (-1,0)$$

但是, 我们上面所建立的 C 是与 C_0 同构的, 而且与 C_0 中元素 $(-1,0)$ 对应的是 C 中的数 -1, 因此, 在 C 中应有 $i^2 = -1$, 故 C 具有定义 1.1.1 中的性质 (1).

其次, 应该证明 C 的极小性. 为此, 按照定理 1.1.1, 只要证明 C 中的每一个元素 x 均能表示成 $x = a + bi$ (a, b 是实数) 的形式即可. 设在上面提到的同构映象下, C 中的元素 x 对应于 C_0 中的序偶 (a, b). 很容易验证, 在 C_0 中下面的等式成立

$$(a,b) = (a,0) + (b,0)(0,1)$$

因此, 利用 C 与 C_0 之间的同构对应, 有

$$x = a + bi$$

定理即被证明.

和在前面建立整数、有理数、实数时的情形一样, 产生这样的问题: 将这样的建立方法用于复数域, 将得到什么结果? 我们指出, 在定理 1.2.1 的证明中 (即在证明乘法有逆性 Ⅶ 时), 我们利用了这个事实, 即由 $(a,b) \neq (0,0)$, 应有 $a^2 + b^2 \neq 0$. 但对于复数序偶来说这已经不再是正确的, 例如, $(1,i) \neq (0,0)$, 但 $1^2 + i^2 = 0$. 也就是说, 定义 1.2.1 所谈到的集合 H_0 (此处以复数序偶代替实数序偶) 仅仅是环, 而不是域. H_0 诚然不是域, 因为由等式 $(1,i)(x,y) = (1,0)$ 导出了不可共存的方程组

$$x - iy = 1, \quad ix + y = 0$$

然而, 可以稍加改变这样的建立方法, 使得重新得出域来, 并且与应用实数域建立复数域的方法是一致的. 我们仅指出这种建立的思想. 在复数域内, 每一个复数 $a + bi$ 可以有这样形式的许多写法. 例如, 对于任意复数 a, b, c, 有

$$a + bi = (a + ci) + (b - c)i$$

如果 $a + bi = c + di$, 那么就认为两个复数序偶 $(a,b), (c,d)$ 是等价的. 这个条件对于实数序偶来说, 与序偶的相等是一致的. 在复数域内, 这种等价关系引到所有序偶的集合为等价序偶的类. 与证明定理 1.2.1 的讨论一样, 不难证明, 这些类的集合形成一个域, 并且与复数域同构. 在这种意义上, 应用上述建立方法于复数域, 将得不出什么新的东西来.

§2 复数的性质

2.1 复数的三角形式与几何表示法

复数域具有《抽象代数基础》卷第二章里所讨论过的环和域的所有性质. 因为复数域含有有理数域,所以其特征数等于零.因为在任意有序域内,对于任意元素 a,均有 $a^2 \geqslant 0$(《抽象代数基础》,第二章,§5,定理5.1.7),而在复数域内有 $i^2 = -1$,所以复数域不可能使之成为有序域.

除了直接给定的与实数偶有关的复数的标准形式($(a,b) = a + bi$)外,通常还有一种非常便利的形式,就是所谓的三角形式.这种形式是与复数可以用模与幅角来确定这一性质有关联的.

定义 2.1.1 复数 z 的三角形式是指它的下面写法

$$z = r \cdot (\cos \alpha + i\sin \alpha)$$

此处 r,α 是实数,而且 $r \geqslant 0$,r 叫作 z 的模,α 叫作 z 的幅角.

定理 2.1.1 任意一个复数 z 都可以写成三角形式,而且 z 的模是唯一确定的.当且仅当 $z=0$ 时,z 的模才能等于零;当 $z=0$ 时,z 的幅角可以是任意数,而当 $z \neq 0$ 时,z 的幅角被确定了,所差仅仅是 2π 的倍数[①].

证明   如果 $z=0$,那么

$$0 \cdot (\cos \alpha + i\sin \alpha)$$

对于任意 α,都是 z 的三角形式.反之,如果

$$r \cdot (\cos \alpha + i\sin \alpha) = 0$$

那么,由

$$\sin^2 \alpha + \cos^2 \alpha = 1$$

应有

$$\cos \alpha + i\sin \alpha \neq 0$$

即 $r=0$,这就是说,涉及 $z=0$ 情形的定理的论断都已被证明.

---

① 这在几何上(参看下面的内容),也是容易了解的.如果两角彼此之间相差 2π 或 2π 的整数倍,那么它们在平面上的对应点将彼此重合.如此,复数 a 的幅角可以有无穷多个值,彼此之间只有 2π 的整数倍的差异.从两个已经给出它们的模和幅角的相等复数可以得出这样的结论,它们的幅角相差一个 2π 的整数倍,但是它们的模相等.只有对于数零,幅角是不确定的,但是这一个数是被 $|0| = 0$ 所完全确定.

设

$$z = a + bi \neq 0$$

于是，a，b 不同时等于零，即

$$a^2 + b^2 > 0$$

在实数域内，$\sqrt{a^2 + b^2}$ 有两个值：一正一负（第四章，§4，定理 4.3.4）. 设 r 是这个根的正值. 因为

$$a^2 \leqslant r^2, b^2 \leqslant r^2$$

所以

$$\left| \frac{a}{r} \right| \leqslant 1, \left| \frac{b}{r} \right| \leqslant 1$$

这就存在一个数 α_0，使得

$$0 \leqslant \alpha_0 \leqslant \frac{\pi}{2}, \sin \alpha_0 = \left| \frac{b}{r} \right|$$

（第五章，§4，定理 4.3.5），因为

$$\left(\frac{a}{r} \right)^2 + \left(\frac{b}{r} \right)^2 = 1$$

所以

$$\frac{a}{r} = \pm \cos \alpha_0, \frac{b}{r} = \pm \sin \alpha_0$$

若 $\frac{a}{r} = -\cos \alpha_0$，则令 $\alpha_0 = \pi - \alpha_1$；若 $\frac{b}{r} = \pm \sin \alpha_1$，则令 $\alpha_1 = -\alpha$，于是得到一个数 α，使得

$$\frac{a}{r} = \cos \alpha, \frac{b}{r} = \sin \alpha$$

即

$$z = a + bi = r \cdot \left(\frac{a}{r} + i \cdot \frac{b}{r} \right) = r \cdot (\cos \alpha + i \sin \alpha)$$

因此，z 被写成三角形式. 显然，加 $2k\pi$ 到 α 上去（此处 k 是任意整数），我们仍然得到 z 的三角形式.

接下来我们证明模的唯一性. 设

$$a + bi = r \cdot (\cos \alpha + i \sin \alpha)$$

于是

$$a = r\cos \alpha, b = r\sin \alpha \tag{1}$$

将这两个等式各自平方，并相加，求得

$$a^2 + b^2 = r^2$$

230

即

$$r = \sqrt{a^2 + b^2}$$

因为 $r > 0$,所以我们取根的正值.这就证明了 r 的唯一性.

最后,如果给出了 r 的两种三角形式

$$r \cdot (\cos \alpha_1 + i\sin \alpha_1) = r \cdot (\cos \alpha_2 + i\sin \alpha_2)$$

那么当 $z \neq 0$ 时,也有 $r \neq 0$,由此得

$$\cos \alpha_1 = \cos \alpha_2, \sin \alpha_1 = \sin \alpha_2$$

由三角学可知,这时应有

$$\alpha_1 = \alpha_2 + 2k\pi$$

(k 为整数),定理即被证明.

转入到复数的几何表示法.在上一节,我们是把复数当作向量(有序对)引入的,这样,很自然地得出一个用有向线段来表示复数的便利方法.要指出的是,与此同时也用到了一个几何上的解释.

在平面上,我们取互相垂直的两条直线:水平轴 Ox 和垂直轴 Oy,它们相交于点 O.其次,取某个线段 MN 作为测量单位.于是所有复数均可由 xOy 平面上的点表示出,即对于复数 $z = a + bi$,在 Ox 轴上从点 O 起,截取线段 OA,使其长等于 $|a|$,而且当 $a > 0$ 时,点 A 取在点 O 的右边,当 $a < 0$ 时,点 A 取在点 O 的左边;在 Oy 轴上从点 O 起截取线段 OB,使其长等于 $|b|$,而且当 $b > 0$ 时,点 B 取在点 O 的上面,当 $b < 0$ 时,点 B 取在点 O 的下面.过点 A 引直线平行于 Oy 轴,而过点 B 引直线平行于 Ox 轴,设这两条直线的交点为 Z,我们就以 Z 表示复数 z.很容易证明,xOy 上的任意一点都表示某个复数,而且上述的复数集与 xOy 平面上点集之间的对应是一一对应.熟悉坐标概念的读者可以认为复数 $a + bi$ 被直角坐标为 a, b 的点 $Z(a,b)$ 表示出(图 1).

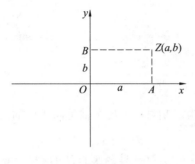

图 1

实数且仅有实数,是用直线 Ox 的点来表示;被叫作虚数的形如 $bi(b \neq 0)$

的数,也仅有它们,是用直线 Oy 上的点来表示.因此,称直线 Ox 为实轴,称直线 Oy 为虚轴.Ox 轴从左向右的方向算作正向,从右向左的方向算作负向,Oy 轴从下向上的方向算作正向,从上向下的方向算作负向.直线 Ox 与 Oy 的交点 O 叫作坐标轴的原点.

以后对于复数某些性质的证明,我们将不利用复数的几何表示法,引进复数几何表示法也仅为了使读者有关于这些性质的直观形象.

现在我们来阐明模和幅角的几何意义.设 $z = r(\cos\alpha + i\sin\alpha)$ 对应于 xOy 平面上的点 Z(图 2).将点 Z 与原点联成线段,并且从点 Z 向实轴 Ox 作垂线 ZP.如果 $z = a + bi$,那么线段 OP 的长度等于 $|a|$,而 ZP 的长等于 $|b|$.因此

$$OZ^2 = OP^2 + ZP^2 = a^2 + b^2 = r^2$$

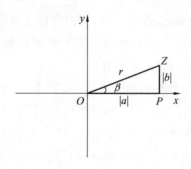

图 2

由此得 $r = OZ$.所以,复数 z 的模等于其所对应的点 Z 与原点的距离.如果 β 是射线 OZ 与实轴 OX 正方向所成角的弧度(这个角度是从实轴的正向开始沿逆时针方向来度量的),那么,当引出半径为 r,圆心在原点 O 的圆周时,我们将看到 a,b 的绝对值以及其符号都分别与角 β 的余弦线和正弦线一致.也就是说,由于等式(1)的缘故,应有

$$\cos\beta = \frac{a}{r} = \cos\alpha, \ \sin\beta = \frac{b}{r} = \sin\alpha$$

由此得

$$\alpha = \beta + 2k\pi$$

所以,复数 z 的幅角等于射线 OZ 与实轴正向所成的角,不过它们可以相差 2π 的倍数.

复数的幅角可以看作是实数符号的很自然的推广.事实上,正实数的幅角等于零,负实数的幅角等于 π.在实数轴上,从原点仅能引出两个方向,故可用两个符号"+"和"−"来区别它们.至于在复数平面(参看下面的内容)上,从点

232

O 所出发的方向是无穷的,所以用它们同正实轴所成的角来区别.

我们举出一些例子.

将复数

$$z = -45 - 15\sqrt{3}\,\mathrm{i}$$

写成三角形式.首先,我们必须求出 z 的模和幅角.由

$$z = -45, b = -15\sqrt{3}$$

得

$$r = \sqrt{a^2 + b^2} = \sqrt{(-45)^2 + (-15\sqrt{3})^2} = 30\sqrt{3}$$

$$\cos\varphi = \frac{a}{r} = \frac{-45}{30\sqrt{3}} = -\frac{\sqrt{3}}{2}$$

$$\sin\varphi = \frac{b}{r} = \frac{-15\sqrt{3}}{30\sqrt{3}} = -\frac{1}{2}$$

显然,$\varphi = \dfrac{7\pi}{6}$①,所以

$$z = 30\sqrt{3}\left(\cos\frac{7\pi}{6} + \mathrm{i}\sin\frac{7\pi}{6}\right)$$

另外,复数

$$z_1 = (-2)\left(\cos\frac{\pi}{5} + \mathrm{i}\sin\frac{\pi}{5}\right)$$

$$z_2 = 3\left(\cos\frac{2\pi}{3} - \mathrm{i}\sin\frac{2\pi}{3}\right)$$

$$z_3 = \sin\frac{3\pi}{4} + \mathrm{i}\cos\frac{3\pi}{4}$$

$$z_4 = 2\left(\cos\frac{\pi}{3} + \mathrm{i}\sin\frac{3\pi}{4}\right)$$

都不是三角形式,前面三个数的三角形式的写法是这样的

$$z_1 = 2\left(\cos\frac{6\pi}{5} + \mathrm{i}\sin\frac{6\pi}{5}\right)$$

$$z_2 = 3\left(\cos\frac{4\pi}{3} + \mathrm{i}\sin\frac{4\pi}{3}\right)$$

$$z_3 = \cos\frac{7\pi}{4} + \mathrm{i}\sin\frac{7\pi}{4}$$

---

① 自然,我们也可以取 $\varphi = \dfrac{7\pi}{6} + 2\pi$,或一般地,取 $\varphi = \dfrac{7\pi}{6} + 2k\pi$ 去代替 $\varphi = \dfrac{7\pi}{6}$(这里 k 为整数).

讨论 z_4 的三角形式遇到了困难,这在化复数的平常写法为三角形式或化三角形式为平常写法时几乎是常常遇到的,除不多的场合以外,从给出的角的余弦和正弦的数值求出角的确值,或从给出的角来写出它的余弦和正弦的确值,都是不可能的.

将复数写成三角形式后,我们就容易研究它的乘法和除法的规则了.

定理 2.1.2 对于任意有限多个复数的乘法,乘积的模等于各个因子的模的积,而乘积的幅角等于各个因子的幅角的和.

证明 我们仅限于讨论两个因子的情形.因为引进归纳法不是困难的事.所以应该证明

$$[r_1(\cos \alpha_1 + i\sin \alpha_1)] \cdot [r_2(\cos \alpha_2 + i\sin \alpha_2)]$$
$$= (r_1 \cdot r_2)[\cos (\alpha_1 + \alpha_2) + i\sin (\alpha_1 + \alpha_2)] \tag{2}$$

但是,由于

$$(\cos \alpha_1 + i\sin \alpha_1) \cdot (\cos \alpha_2 + i\sin \alpha_2)$$
$$= (\cos \alpha_1 \cos \alpha_2 - \sin \alpha_1 \sin \alpha_2) + i(\cos \alpha_1 \sin \alpha_2 - \sin \alpha_1 \cos \alpha_2)$$
$$= \cos (\alpha_1 + \alpha_2) + i\sin (\alpha_1 + \alpha_2)$$

因此很容易导出(2).因为 $r_1 \geqslant 0, r_2 \geqslant 0$,应有 $r_1 r_2 \geqslant 0$,所以 $r_1 r_2$ 也是乘积的模,$\alpha_1 + \alpha_2$ 是乘积的幅角,这就证明了当因子是两个的情形的定理.

定理 2.1.3 两个复数的商(除数不为零)的模等于模的商,而其幅角等于幅角的差,即

$$\frac{r_1(\cos \alpha_1 + i\sin \alpha_1)}{r_2(\cos \alpha_2 + i\sin \alpha_2)} = \frac{r_1}{r_2}[\cos (\alpha_1 - \alpha_2) + i\sin (\alpha_1 - \alpha_2)] \tag{3}$$

证明 因为任意复数都可以写成三角形式,所以可以把这两个复数的商写成三角形式,设为 $r_0(\cos \alpha_0 + i\sin \alpha_0)$.按照商的定义,于是有

$$r_1(\cos \alpha_1 + i\sin \alpha_1) = r_2(\cos \alpha_2 + i\sin \alpha_2) \cdot r_0(\cos \alpha_0 + i\sin \alpha_0)$$
$$= r_2 \cdot r_0[\cos (\alpha_2 + \alpha_0) + i\sin (\alpha_2 + \alpha_0)]$$

把若干倍 2π 这个被加数算在 α_0 内,就有

$$r_1 = r_2 r_0, \alpha_1 = \alpha_2 + \alpha_0$$

即

$$r_0 = \frac{r_1}{r_2}, \alpha_0 = \alpha_1 - \alpha_2$$

这就证明了定理.

在定理 2.1.2 中,当因子都相同时,我们就得到了所谓的棣莫弗[①]公式

$$[r(\cos \alpha + \mathrm{i}\sin \alpha)]^n = r^n(\cos n\alpha + \mathrm{i}\sin n\alpha) \qquad (4)$$

由棣莫弗公式可得出下述简单规则:复数自乘 n 次,幅角等于乘 n 倍.

利用棣莫弗公式,倍角 $n\alpha$ 的正弦和余弦可用 $\cos \alpha$ 和 $\sin \alpha$ 来表示.事实上,用牛顿(Newton)的二项式定理把式(4)的左端展开后,再令两端的实数部分和虚数部分分别相等,则得

$$\cos (n\alpha) = \cos^n \alpha - \mathrm{C}_n^2\cos^{n-2}\alpha\sin^2\alpha + \mathrm{C}_n^4\cos^{n-4}\alpha\sin^4\alpha - \cdots$$

$$\sin (n\alpha) = n\cos^{n-1}\alpha\sin \alpha - \mathrm{C}_n^3\cos^{n-3}\alpha\sin^3\alpha + \mathrm{C}_n^5\cos^{n-5}\alpha\sin^5\alpha - \cdots$$

式中的 C_n^k 代表二项式系数

$$\mathrm{C}_n^k = \frac{n(n-1)\cdots(n-k+1)}{k!}.$$

例如,令 $n=2$ 和 $n=3$,则依次可得

$$\cos 2\alpha = \cos^2 \alpha - \sin^2 \alpha, \sin 2\alpha = 2\sin \alpha\cos \alpha$$

$$\cos 3\alpha = \cos^3 \alpha - 3\cos \alpha\sin^2 \alpha, \sin 3\alpha = 3\sin \alpha\cos^2 \alpha - \sin^3 \alpha$$

2.2　复数的开方

我们来转入考察开方这个问题.

定义 2.2.1　设给出了一个复数 t,假如有一个复数 z,它的 n 次乘幂等于 t,即

$$z^n = t$$

(这里,n 是自然数),那么数 z 叫作 t 的 n 次根.

在这种情况下,采用下面的记法

$$z = \sqrt[n]{t}$$

但是用这样的记法时,必须用得小心.因为给定的一个数的根可以有几个数值,所以可能碰到这样的情况,即

$$z_1 = \sqrt[n]{t}, z_2 = \sqrt[n]{t}$$

而 $z_1 \neq z_2$.

事实上,例如

$$1^4 = 1, \mathrm{i}^4 = 1$$

因此可以写为

[①]　棣莫弗(de Moivre,1667—1754),法国数学家.

$$1 = \sqrt[4]{1}, i = \sqrt[4]{1}$$

因为这个缘故,等式

$$z = \sqrt[n]{t}$$

一般说来,不应当看作两个确定的数之间的等式.假如没有特别确定的限制,这个式子只表示下面的关系式

$$z^n = t$$

或者,不这样的话,就表示为 z 是数 t 的 n 次根的数值中的一个.

在实数范围内,正数的偶次开方有不确定的情形发生.通常在根号前放上正负号来避免那种可能发生的误会,即

$$\pm \sqrt[2k]{t}$$

这就表示,我们所讨论的不是一个数,而是相互间仅差一个因子 -1 的两个数.在复数范围中,我们以后会看到的,问题就更复杂些,因此应当记得上面所做的有关运用根号的注意.

但是,为了减少附带条件与化简写法,通常规定如下:在任何一个论证的范围内,给定数 t 的表达式 $\sqrt[n]{t}$ 时,总是指数 t 的 n 次根中的同一数值(假如没有特别限制,则指一个任意确定的值).

例如,我们可以写出下面等式

$$(\sqrt{2}+1)(\sqrt{2}-1) = 1$$

其中 $\sqrt{2}$ 表示任何一个确定的数,它有这样的性质,即它的平方等于 2. 显然,假如我们把不同括号内的 $\sqrt{2}$ 看作不同的根值,则上面等式就不会成立了.

应当注意,当 t 是正实数时,$\sqrt[n]{t}$ 常常不是指任意的一个根值,而总是指那个正实数的根值.当然,预先说明这样特殊的根号用法是有好处的,但有时候不是这样,而从上下文中可以看出所讲到的是指哪一个根值.

我们要从复数的三角形式出发来考察开方的问题.事实上,只有采用这种形式才能把这个问题说得十分清楚.

定理 2.2.1 设 z 是复数,n 是自然数.在复数域内,当 $z = 0$ 时,$\sqrt[n]{z}$ 有唯一的值零,当 $z \neq 0$ 时,$\sqrt[n]{z}$ 有 n 个值.如果

$$z = r(\cos \alpha_0 + i \sin \alpha_0)$$

那么这 n 个值可由

$$z_k = \sqrt[n]{r}\left(\cos \frac{\alpha + 2k\pi}{n} + i \sin \frac{\alpha + 2k\pi}{n}\right) \tag{1}$$

236

求出 $,k=0,1,2,\cdots,n-1$.

证明 $0^n=0$ 及由 $x^n=0$ 应得出 $x=0$(因为在域 C 内无零因子,《抽象代数基础》卷,第二章,§1,定理 1.3.1),故知当 $z=0$ 时 $,\sqrt[n]{z}$ 有唯一的值零.

设
$$z=r(\cos\alpha+\mathrm{i}\sin\alpha)\neq 0$$
于是 $r\neq 0$ 且幅角 α 被相差 2π 倍数确定.

假定 $\sqrt[n]{z}$ 在复数域内有值 x,即 $x^n=z$.按照定理 2.1.1,可以把 x 写成三角形式
$$x=r'(\cos\alpha'+\mathrm{i}\sin\alpha'),r'>0$$
于是,按照 2.1 小节棣莫弗公式(4),有
$$r'^n(\cos n\alpha'+\mathrm{i}\sin n\alpha')=r(\cos\alpha+\mathrm{i}\sin\alpha)$$
由此得
$$r'^n=r,n\alpha'=\alpha+2k\pi$$
即
$$r'=\sqrt[n]{r},\alpha'=\frac{\alpha+2k\pi}{n}$$

可以认为,整数 k 适合条件 $0\leqslant k\leqslant n-1$.因为,用 n 去除 k,得 $k=nq+k_1$,此处 $,q$ 及 k_1 是整数,且 $0\leqslant k_1\leqslant n-1$(第二章,§3,定理 3.1.3).于是
$$\alpha'=\frac{\alpha+2k\pi}{n}=\frac{\alpha+2k_1\pi}{n}+2q\pi$$

但是,因为复数 x 的模仅是相差 2π 倍数地被确定,所以可以认为它等于 $\frac{\alpha+2k_1\pi}{n}$,因此
$$x=\sqrt[n]{r}\left(\cos\frac{\alpha+2k_1\pi}{n}+\mathrm{i}\sin\frac{\alpha+2k_1\pi}{n}\right),0\leqslant k_1\leqslant n-1$$

我们证明了,如果 $\sqrt[n]{z}$ 的值存在,那么它与被式(1)所确定的 n 个 z_k 之一重合.

很容易证明,被式(1)所确定的所有数 z_k,实际上都是 $\sqrt[n]{z}$ 的值,并且,甚至对于任意整数 k 都正确.因为
$$z_k^n=(\sqrt[n]{r})^n\left(\cos n\cdot\frac{\alpha+2k\pi}{n}+\mathrm{i}\sin n\cdot\frac{\alpha+2k\pi}{n}\right)$$
$$=r(\cos\alpha+\mathrm{i}\sin\alpha)=z$$

最后,我们来证明,当 $k=0,1,2,\cdots,n-1$ 时,所有 n 个数 z_k 彼此都不相同.

如果 $k \neq h$，那么，由定理 2.1.1，由 $r \neq 0$ 及 $z_k = z_h$，应有

$$\frac{\alpha + 2k\pi}{n} = \frac{\alpha + 2h\pi}{n} + 2m\pi \quad （m \text{ 是整数}）$$

由此得

$$k - h = mn$$

但由 $0 \leqslant k \leqslant n, 0 \leqslant h \leqslant n$，应有 $|k-h| < n, |mn| < n, |m| < 1$，因为 m 是整数，所以 $m = 0$，因此，$k = h$，这是不可能的，故定理即被证明.

由式(1)可以清楚地看出，当 $z \neq 0$ 时，$\sqrt[n]{z}$ 的值的几何意义. 因为所有 z_k 的模都是同样的，所以表示这些数的点位于圆心在圆点且以 $\sqrt[n]{r}$ 为半径的圆周上，相邻的两个数 z_k 和 z_{k+1} 的幅角相差 $\frac{2\pi}{n}$，即表示 z_k 的点位于上面提到的圆的内接正 n 边形的顶点上，而且这些顶点之一表示以 $\frac{\alpha}{n}$ 为幅角的数 z_0，因此其余各点的位置就被唯一确定了.

在阐明了 $\sqrt[n]{z}$ 的值的几何意义以后，前面(第四章，§4，定理 4.3.4)求出的实数的根的性质就得到了直观的解释.

设需要求实数 $z \neq 0$ 的实数值 $\sqrt[n]{z}$. 这些值位于正 n 边形的顶点，另外，又位于实数轴上，由此可以看出，$\sqrt[n]{z}$ 的实数值不能多于两个，而且，如果是两个，它们必然是绝对值相等而符号相反的. 如果 $z > 0$，那么它的幅角 $\alpha = 0$，且表示 z_0 的顶点位于正的实半轴上. 当 n 是偶数时，对顶点也在实数轴上，因此就得到两个实根；当 n 是奇数时，对顶点不可能在实轴上，因此仅能得到一个实根. 如果 $z < 0$，那么 z 的幅角 $\alpha = \pi$. 如果数 z_k 的幅角是 π 的倍数，那么这个点将是实数. 当 n 是奇数时，幅角 $\frac{\pi + 2k\pi}{n} = \pi \frac{1 + 2k}{n}$，当 $k = \frac{n-1}{2}$ 时是 n 的倍数，因此，我们得到了以 π 为幅角的一个实根，即负实数，而当 n 是偶数时，幅角 $\pi \frac{2n+1}{n}$ 不可能是 π 的倍数，因此，我们得不到任何实根.

2.3 共轭复数·复数的模

在讨论那些应用到复数的许多问题中，下面这一概念占着很重要的地位.

定义 2.3.1 两个复数

$$z = a + bi, \bar{z} = a - bi$$

叫作共轭复数.

通常在数学书中用一短划作为其共轭的记号：$\bar z$ 表示共轭于 z 的数. 由于这样的记法，z 也共轭于 $\bar z$ 这一事实就表示成：$\overline{(\bar z)}=z$. 在几何上，相互共轭的两个复数是用对横轴对称的两个向量来表示的(图3).

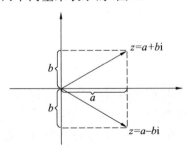

图 3

共轭的两个复数有相等的模
$$z=a+bi,\bar z=a-bi$$
$$|z|=\sqrt{a^2+b^2}$$
$$|\bar z|=\sqrt{a^2+(-b)^2}=\sqrt{a^2+b^2}$$

它的幅角的绝对值是相等的，而符号是相反的.这些是可以由确定 z 的幅角 α 与 $\bar z$ 的幅角 β 的公式推出来
$$\cos\alpha=\frac{a}{r},\cos\beta=\frac{a}{r},\sin\alpha=\frac{b}{r},\sin\beta=-\frac{b}{r}$$

(这里 $r=|z|=|\bar z|$).因此推得 $\alpha=-\beta$(其中幅角相差 2π 的整数倍不计).

下面是共轭复数的一些重要的简单性质：

共轭数的性质 两个共轭数的和与积是实数.

证明 因为
$$z=a+bi=r(\cos\alpha+i\sin\alpha)$$
$$\bar z=a-bi=r[\cos(-\alpha)+i\sin(-\alpha)]$$

所以 $z+\bar z=2a$.

两个共轭数相乘，得
$$z\bar z=r^2[\cos(\alpha-\alpha)+\sin(\alpha-\alpha)]=r^2$$

于是我们得到
$$|z|=\sqrt{z\bar z} \tag{1}$$

利用刚才共轭数的性质，能使我们更简洁地来做复数的除法，而不必把它们化成三角形式.

239

试计算下式

$$z = \frac{a_1 + b_1 \mathrm{i}}{a_2 + b_2 \mathrm{i}}$$

（假定分母不等于零，也就是说，数 a_2 与 b_2 中至少有一个不等于零）．分子与分母同乘以分母的共轭数，得

$$z = \frac{(a_1 + b_1 \mathrm{i})(a_2 - b_2 \mathrm{i})}{(a_2 + b_2 \mathrm{i})(a_2 - b_2 \mathrm{i})} = \frac{a_1 a_2 + b_1 b_2}{a_2^2 + b_2^2} - \frac{b_1 a_2 - a_1 b_2}{a_2^2 + b_2^2}\mathrm{i}$$

我们得到了求线性形式的复数的商的表达式．

还要指出共轭数的一个性质如下：

共轭数的运算   一些给定数的共轭数经过加、减、乘、除、乘方和开方运算所得到的数是共轭于原来这些给定数经过同样的运算所得的数，即

$$\overline{z_1} + \overline{z_2} = \overline{(z_1 + z_2)}, \overline{z_1} - \overline{z_2} = \overline{(z_1 - z_2)}, \overline{z_1} \cdot \overline{z_2} = \overline{(z_1 \cdot z_2)}$$

$$\frac{\overline{z_1}}{\overline{z_2}} = \overline{\left(\frac{z_1}{z_2}\right)}\ (z_1 \neq 0), (\overline{z_1})^n = \overline{(z_1^n)}$$

如果 $z_0, z_1, \cdots, z_{n-1}$ 是 $\sqrt[n]{t}$ 所有不同的根值，那么 $\overline{z_0}, \overline{z_1}, \cdots, \overline{z_{n-1}}$ 是 $\sqrt[n]{\overline{t}}$ 所有不同的根值．

证明   设

$$z_1 = a_1 + b_1 \mathrm{i}, z_2 = a_2 + b_2 \mathrm{i}$$

则

$$\overline{z_1} = a_1 - b_1 \mathrm{i}, \overline{z_2} = a_2 - b_2 \mathrm{i}$$

由此立刻得到

$$\overline{z_1} + \overline{z_2} = (a_1 + a_2) - (b_1 + b_2)\mathrm{i} = \overline{(z_1 + z_2)}$$

$$\overline{z_1} - \overline{z_2} = (a_1 - a_2) - (b_1 - b_2)\mathrm{i} = \overline{(z_1 - z_2)}$$

$$\overline{z_1} \cdot \overline{z_2} = (a_1 a_2 - b_1 b_2) - (a_1 b_2 + a_2 b_1)\mathrm{i} = \overline{(z_1 \cdot z_2)}$$

$$\frac{z_1}{z_2} = z_3, z_1 = z_2 \cdot z_3, \overline{z_1} = \overline{z_2} \cdot \overline{z_3}, \overline{z_3} = \frac{\overline{z_1}}{\overline{z_2}}$$

乘方是乘法的特殊情形，因此不需要进行单独证明．

因为 $z_0, z_1, \cdots, z_{n-1}$ 是 $\sqrt[n]{t}$ 所有不同的根值，所以

$$z_0^n = z_1^n = \cdots = z_{n-1}^n = t$$

这时，根据上面所证，推得

$$(\overline{z_0})^n = (\overline{z_1})^n = \cdots = (\overline{z_{n-1}})^n = \overline{t}$$

这就是说，$\overline{z_0}, \overline{z_1}, \cdots, \overline{z_{n-1}}$ 都是 $\sqrt[n]{\overline{t}}$ 的根值．所有这些数都是彼此不同的（因为共

240

轭于这些数的数 $z_0 = \overline{(z_0)}, z_1 = \overline{(z_1)}, \cdots, z_{n-1} = \overline{(z_{n-1})}$ 都是彼此不同的). 但是我们知道, $\sqrt[n]{t}$ 只能有 n 个不相同的值, 所以 $\overline{z_0}, \overline{z_1}, \cdots, \overline{z_{n-1}}$ 是 $\sqrt[n]{t}$ 的所有不同的根值.

例 试求 $\dfrac{1+i}{1-i}$ 的商.

首先利用复数的三角形式来做除法, 有

$$1+i = \sqrt{2}\left(\cos\frac{\pi}{4} + i\sin\frac{\pi}{4}\right)$$

$$1-i = \sqrt{2}\left(\cos\frac{7\pi}{4} + i\sin\frac{7\pi}{4}\right)$$

因此

$$\frac{1+i}{1-i} = \frac{\sqrt{2}\left(\cos\dfrac{\pi}{4} + i\sin\dfrac{\pi}{4}\right)}{\sqrt{2}\left(\cos\dfrac{7\pi}{4} + i\sin\dfrac{7\pi}{4}\right)} = \cos\frac{\pi}{2} + i\sin\frac{\pi}{2} = i$$

我们也可以不化成三角形式, 而利用共轭数的性质得

$$\frac{1+i}{1-i} = \frac{(1+i)(1+i)}{(1-i)(1+i)} = \frac{2i}{1+1} = i$$

注意, 根据刚才计算的结果: $\dfrac{1+i}{1-i} = i$, 立刻得到上面两数的共轭数商

$$\frac{1-i}{1+i} = -i$$

在从实数领域扩充到复数领域的过程中, 虽然在运算性质方面并没有什么损失, 但是在其他方面损失还是有的. 在实数理论中, 实数可以比较大小的这一个性质占有很重要的地位. 对于任意两个实数 a 与 b, 总有下面三个关系中的一个成立

$$a > b, a < b, a = b$$

同时, 用符号"$<$"所表示的实数间的关系有许多重要的性质. 但是在复数领域内, 没有任何合适的方法, 来比较任何复数间的大小, 与要求它们能适合上面所提到的所有这些有用的重要性质. 原则上, 这样做是不可能的.

在一定程度上, 复数间的比较, 可以用它们的模的大小比较来代替. 我们已经知道复数 z 的模用记号 $|z|$ 表示. 这个记号当 z 是实数时与表示绝对值的符号是一致的, 而不致引起矛盾, 因为, 如果 $z = a + bi$ 是实数, 那么 $b = 0$, 这时求得 z 的值是

$$|z| = \sqrt{a^2 + b^2} = \sqrt{a^2} = |a|$$

即实数的模与它的绝对值是一致的. 但这仅是局部的代替, 因为不相等的复数

可以有相同的模. 这种例子是不难找到的. 例如

$$|1|=|i|=|\frac{\sqrt{2}}{2}+\frac{\sqrt{2}}{2}i|$$

一般来说, $|\cos\alpha+i\sin\alpha|=1$, 其中 α 可取任何实数值.

复数的模具有与有序域的元素的绝对值相类似的性质(《抽象代数基础》卷, 第二章, §5, 定理 5.1.8), 即对于任意复数 x,y, 都有

$$|xy|=|x|\cdot|y| \tag{2}$$

$$|x+y|\leqslant|x|+|y| \tag{3}$$

事实上, 式(2)包含在定理 2.1.2 中. 如果不利用复数的三角形式, 而采用式(1)作为模 $|z|$ 的定义, 那么, 式(2)可以进行如下的证明

$$|xy|=\sqrt{(xy)\overline{(xy)}}=\sqrt{xy\,\overline{x}\,\overline{y}}=\sqrt{x\overline{x}}\sqrt{y\overline{y}}=|x|\cdot|y|^{①}$$

为了证明式(2), 我们先证明不等式

$$|1+z|\leqslant1+|z| \tag{4}$$

设 $z=a+bi$, 于是有

$$|z|=\sqrt{a^2+b^2}\geqslant\sqrt{a^2}=|a|$$

$$|1+z|^2=(1+z)(\overline{1+z})=1+(z+\overline{z})+z\overline{z}=1+2a+|z|^2$$

$$\leqslant1+2\cdot|z|+|z|^2=(1+|z|)^2$$

由此得

$$|1+z|\leqslant1+|z|$$

即式(4)被证明.

现在让我们来证明式(3). 当 $x=0$ 时, 式(3)显然成立. 如果 $x\neq0$, 那么

$$|x+y|=|x(1+x^{-1}y)|=|x|\cdot|1+x^{-1}y|$$

$$\leqslant|x|\cdot(1+|x^{-1}y|)=|x|+|x|\cdot|x^{-1}y|$$

$$=|x|+|xx^{-1}y|=|x|+|y|$$

这就证明了式(3).

复数的一般理论, 到此算是讲完了. 不过我们还要指出, 复数的概念直到 19 世纪才得到充分的认识. 之所以被公认得这么晚的原因, 就是因为唯心论的哲学家常把复数用来进行许多纯粹的哲学的思索. 直到 18 世纪末叶和 19 世纪初叶才有了一些对于复数做具体解释的工作. 即使这样, 几乎经过半个世纪的时间, 复数在数学上才取得它的合法地位.

---

① 参考共轭数的运算.

代数学教程

第三卷·数论原理

§3 超 复 数

3.1 超复数系

我们已经知道,复数是由扩张实数的范围而得到的. 很自然地,我们会提出这样一个问题:是否能用某种方法,再做出某种"超复数",使数的领域得到更进一步的扩大,并且使这种"超复数"所成的集合仍旧包含所有复数在内,并且要使它具有所有实数集合所具有的一些最重要的性质. 特别地,看起来好像十分自然,可以从空间中的向量得到这种数,正如我们可以从平面上的向量得到复数那样. 我们要指出,这一问题的答案依赖于我们要求这种新的更广泛的数的领域仍然要保持实数中怎样的一些性质而定. 我们可以找到这样一些实数的性质,它们在复数领域内仍然成立,但是在任何包含所有复数而比复数领域更广泛的数的领域内不成立. 在这种意义下,所有复数的范围与所有可能的数的范围比较起来,是最广泛的数的范围. 当然,在数学中,常常有许多原因必须超出复数领域之外来进行讨论. 但是,由于这时破坏了一些惯用的重要性质,因此论证就常有更复杂的与原则上不同的性质.

为了叙述在近世代数中起着重要作用的那些更广泛的数系,我们在这一节中将考虑比域更广泛的系统 —— 除环,或者叫作体(详见《抽象代数基础》卷,第二章,§1,定义 1.4.1),也就是说,我们要放弃乘法的交换律.

一个体的异于零的所有元素组成一个群(一般说,是非交换群),所以,像在域的情形一样,体有单位元素,它的每一个异于零的元素都有逆元素.

定义 3.1.1 集合 D 叫作已知体 P 上的一个 n 维向量空间[①],如果在 D 内定义了加法运算,对于该运算 D 是一个可交换群,除此之外,又定义了 D 元素与域 P 的元素的乘法,它具有如下各性质:

(1)P 的任何一个元素 a 与 D 的任一元素 α 的乘积 $a\alpha$ 是 D 的一个元素;

(2) 对于 P 的任何 a 以及 D 的任何元素 α 和 β,$a(\alpha+\beta)=a\alpha+a\beta$;

(3) 对于 P 的任何 a,b 以及 D 的任何 α,$(a+b)\alpha=a\alpha+b\alpha$;

(4) 对于 P 的任何 a,b 以及 D 的任何 α,$(ab)\alpha=a(b\alpha)$;

[①] 在这一节中,我们必须用到向量空间的许多概念和基本性质,我们将用到的性质给以确切的陈述,它们的证明可以参阅《线性代数原理》卷.

（5）在 D 内存在这样的 n 个元素 $\varepsilon_1,\varepsilon_2,\cdots,\varepsilon_n$（称为 D 的基），使得 D 的任一元素 α 可被唯一地表示成

$$\alpha=a_1\varepsilon_1+a_2\varepsilon_2+\cdots+a_n\varepsilon_n$$

其中 $a_1,a_2,\cdots,a_n$ 是体 P 的元素，叫作向量 α 的分量.

从此容易推知，两个向量的加法可以化为它们分量的加法，而向量与体 P 的元素的乘法可化成分量与已给元素的乘法. 因此，体 P 上的 n 维向量空间也可以定义为体 P 上的所有 n 个元素的有序组 $(a_1,a_2,\cdots,a_n)$ 所组成的集合，这个集合具有上述加法及与 P 的元素的乘法.

定义 3.1.2 域 P 上的一个 n 维向量空间 D 叫作秩数为 n 的域 P 上的超复数系，如果在 D 内除加法外还定义了乘法，而且对这两种运算来说，D 是一个环（不必是可交换的），而且 D 内的乘法以及 D 的元素与域 P 的元素的乘法由如下条件所联系：对于 P 的任何 a 以及 D 的任何 α,β，有：

（6）$(a\alpha)\beta=\alpha(a\beta)=a(\alpha\beta)$.

如果同时环 D 是一个域，那么 D 就叫作可除超复数系.

从（6）推知，对于 P 的任何 a,b 以及 D 的任何 α,β，总有

$$(a\alpha)(b\beta)=(ab)(\alpha\beta) \tag{1}$$

由分配律即可推知，D 的任何元素的乘积完全由基元素的乘积来确定，因为，如果

$$\alpha=\sum_{i=1}^{n}(a_i\varepsilon_i),\beta=\sum_{j=1}^{n}(b_j\varepsilon_j)$$

那么

$$\alpha\beta=\left(\sum_{i=1}^{n}(a_i\varepsilon_i)\right)\left(\sum_{j=1}^{n}(b_j\varepsilon_j)\right)=\sum_{i,j=1}^{n}(a_ib_j)(\varepsilon_i\varepsilon_j) \tag{2}$$

由（5）可知，每一个乘积 $\varepsilon_i\varepsilon_j$ 均可利用基线性表示出来

$$\varepsilon_i\varepsilon_j=\sum_{k=1}^{n}c_{ijk}\varepsilon_k \tag{3}$$

其中 c_{ijk} 是由乘积 $\varepsilon_i\varepsilon_j$ 唯一确定的域 P 的元素.

这样一来，D 的任何元素的乘积就由条件（2）和（3）完全确定了，而且分配律是自然就能实现的. 要使 D 的元素的乘积满足结合律，只要基元素的乘法满足结合律就够了. 这就给出条件

$$\varepsilon_i(\varepsilon_j\varepsilon_k)=(\varepsilon_i\varepsilon_j)\varepsilon_k \quad (i,j,k=1,2,\cdots,n) \tag{4}$$

在这里，当按照式（3）计算基元素的乘积时，我们就得到联系着元素 c_{ijk}，使乘法结合律在 D 内成立的条件. 因此，一个秩为 n 的体 P 上的超复数系，在给定

244

秩为 n 的体 P 以及体 P 的满足条件(3)和(4)的 n^3 个元素 $c_{ijk}(i,j,k=1,2,\cdots,n)$ 之后就被完全确定,这里 $\varepsilon_1,\varepsilon_2,\cdots,\varepsilon_n$ 是已给空间 D 的基,体 P 的 n^3 个元素 c_{ijk} 叫作已给超复数系 D 的构造常量或乘法常量.

为了解释超复数系这一概念,我们举几个具体的例子.

例1 实数体 R 是以 1 为基、同一体 R 上的 1 维向量空间. 当把向量 x 与数 a 的乘积 ax 算作数 a 和 x 的普通乘法时,我们得到秩数为 1 的体 R 上的超复数系. 在基元素为 1 的情形下,唯一的一个构造常量 $c_{111}=1$. 如果把任何一个数 $a\neq0$ 取作基元素,则从 $a^2=a\cdot a$ 就推知新的构造常量 $c'_{111}=a$. 显然,体 R 是可除超复数系,而且是可交换的.

讨论秩数等于 2 的超复数系 D. 在一个已知的基底 $\varepsilon_1,\varepsilon_2$ 下,它的乘法可以写成下式

$$\varepsilon_1^2=c_{111}\varepsilon_1+c_{112}\varepsilon_2,\varepsilon_2^2=c_{221}\varepsilon_1+c_{222}\varepsilon_2$$
$$\varepsilon_1\varepsilon_2=c_{121}\varepsilon_1+c_{122}\varepsilon_2,\varepsilon_2\varepsilon_1=c_{211}\varepsilon_1+c_{212}\varepsilon_2 \tag{5}$$

给定系数 c_{ijk} 以不同实值,我们就得出不同的秩数等于 2 的超复数系. 但是,必须注意,给以 c_{ijk} 的值不能是完全任意的,我们必须选择这些系数,而使它满足乘法结合律的条件(4).

例2 设 P 是实数域 R,并设在式(5)中

$$c_{111}=c_{122}=c_{212}=1,c_{221}=-1,c_{112}=c_{222}=c_{121}=c_{211}=0$$

由此我们得出如下的乘法表

$$\varepsilon_1^2=\varepsilon_1,\varepsilon_2^2=-\varepsilon_1,\varepsilon_1\varepsilon_2=\varepsilon_2\varepsilon_1=\varepsilon_2 \tag{5'}$$

我们容易证明,这个乘法表并不和条件(4)相抵触. 事实上

$$\varepsilon_1(\varepsilon_1\varepsilon_1)=\varepsilon_1\varepsilon_1^2=\varepsilon_1\varepsilon_1=\varepsilon_1^2=\varepsilon_1,(\varepsilon_1\varepsilon_1)\varepsilon_1=\varepsilon_1^2\varepsilon_1=\varepsilon_1\varepsilon_1=\varepsilon_1^2=\varepsilon_1$$
$$\varepsilon_2(\varepsilon_1\varepsilon_1)=\varepsilon_2\varepsilon_1^2=\varepsilon_2\varepsilon_1=\varepsilon_2,(\varepsilon_2\varepsilon_1)\varepsilon_1=\varepsilon_2\varepsilon_1=\varepsilon_2$$
$$\varepsilon_1(\varepsilon_2\varepsilon_2)=\varepsilon_1\varepsilon_2^2=-\varepsilon_1\varepsilon_1=-\varepsilon_1^2=-\varepsilon_1,(\varepsilon_1\varepsilon_2)\varepsilon_2=\varepsilon_2\varepsilon_2=\varepsilon_2^2=-\varepsilon_1$$

其余类推[①].

现在要阐明我们所讨论的这个超复数系究竟是什么样的超复数系.

设 $\alpha=a\varepsilon_1+b\varepsilon_2,\beta=c\varepsilon_1+d\varepsilon_2$ 是这个超复数系的任意两个元素. 根据这个超复数系的元素的加法和乘法的定义,有

$$\alpha+\beta=(a+c)\varepsilon_1+(b+d)\varepsilon_2$$
$$\alpha\beta=(a\varepsilon_1+b\varepsilon_2)(c\varepsilon_1+d\varepsilon_2)=ac\varepsilon_1^2+ad\varepsilon_1\varepsilon_2+bc\varepsilon_2\varepsilon_1+bd\varepsilon_2^2$$

---

① 共有八个关系 $(\varepsilon_i\varepsilon_j)\varepsilon_k=\varepsilon_i(\varepsilon_j\varepsilon_k)$.

由乘法表($5'$)知，α 和 β 的乘积可写成

$$\alpha\beta = (ac - bd)\varepsilon_1 + (ad + bc)\varepsilon_2$$

现在我们在复数域和上面讨论的超复数系 D 之间建立一个对应关系如下：令复数 $z = a + bi$ 和超复数系 D 的元素 $\alpha = a\varepsilon_1 + b\varepsilon_2$ 对应. 这个对应显然是域 C 和超复数系 D 的一个一一对应

$$z = a + bi \leftrightarrow \alpha = a\varepsilon_1 + b\varepsilon_2$$

("$\leftrightarrow$"代表一一对应的记号).

随意另取一个复数 $z' = c + di$，由

$$z' = c + di \leftrightarrow \beta = c\varepsilon_1 + d\varepsilon_2$$

得

$$z + z' = (a + c) + (b + d)i \leftrightarrow (a + c)\varepsilon_1 + (b + d)\varepsilon_2 = \alpha + \beta$$
$$zz' = (ac - bd) + (ad + bc)i \leftrightarrow (ac - bd)\varepsilon_1 + (ad + bc)\varepsilon_2 = \alpha\beta$$

换句话说，复数域 C 和超复数系 D 是一一同构的. 由于这个结果，超复数系 D 也可以叫作复数域. 因为

$$1 \leftrightarrow \varepsilon_1, \quad i \leftrightarrow \varepsilon_2$$

所以 ε_1 可以看作带单位 1，ε_2 可以看作单位虚数 i. 乘法表($5'$)可以证实这一说法.

3.2 四元数

为了讲述另外的例子，我们先证明：

定理 3.2.1 若超复数系 D 具有单位元素 ε，则体 P 含于 D 内，同时超复数系 D 的元素和体 P 的元素的乘法变成 D 的元素自身的乘法.

证明 试讨论含于超复数系 D 内，形式如 $a\varepsilon$ 的元素的全体，a 代表体 P 的任一个元素. 令体 P 的每一个元素 a 和 $a\varepsilon$ 对应，即

$$a \rightarrow a\varepsilon \tag{1}$$

我们先证明它是一个一一对应. 事实上，假若体 P 内不同的元素 a 和 b 对应 D 内相同的元素 $a\varepsilon$ 和 $b\varepsilon$，则有

$$a\varepsilon - b\varepsilon = (a - b)\varepsilon = 0^*$$

因为 $\varepsilon \neq 0^*$，所以 $a - b = 0$，这显然和 $a \neq b$ 的假设相矛盾.

根据上述，对应(1)是体 P 的元素和含于 D 内形式如 $a\varepsilon$ 的元素的一个一一对应

$$a \leftrightarrow a\varepsilon$$

在体 P 内另取元素 b，由

246

$$b \leftrightarrow b\varepsilon$$

得

$$a + b \leftrightarrow (a + b)\varepsilon = a\varepsilon + b\varepsilon$$

$$ab \leftrightarrow (ab)\varepsilon = (ab)\varepsilon^2 = a(b\varepsilon^2) = a(\varepsilon b\varepsilon) = (a\varepsilon)(b\varepsilon)$$

（根据定义 3.2.2 条件(6)）.

这样,我们就证明了体 P 的元素和含于超复数系 D 内形式如 $a\varepsilon$ 的元素的集合 P' 同构. 由此,包含 P 并且与环 D 同构的环 D' 存在. 我们将 P 的元素 a 与 D' 的元素 α' 的乘积 $a\alpha'$,定义成与 D 中元素 $a\alpha$ 对应的 D' 中的元素. 不难证明,这样一来,D' 就是体 P 上的一个超复数系,而且对于 P 中元素 α',上面确定的乘积 $a\alpha'$,与给定在体 P 内的元素 a 和 α' 的乘积是相同的. 所以体 P 的单位元素同时也是超复数系 D' 的单位元素.

现在再研究以下的关于超复数系的一些例子.

例 3 试讨论某一个体 P 上秩数等于 2 的超复数系. 假设这个超复数系的乘法表是

$$\varepsilon_1^2 = \varepsilon_1, \varepsilon_2^2 = \varepsilon_1, \varepsilon_1\varepsilon_2 = \varepsilon_2\varepsilon_1 = \varepsilon_2 \tag{2}$$

由式(2)可知,这个超复数系的元素的乘法满足交换律,即我们所研究的超复数系是一个可交换超复数系. 因为 ε_1 是这个超复数系的单位元素,所以这个超复数系含有体 P.

这个超复数系和 3.1 小节的例 1 不一样,它并不是一个体,因为它含有零因子,例如 $\varepsilon_1 + \varepsilon_2 \neq 0^*, \varepsilon_1 - \varepsilon_2 \neq 0^*$,但是

$$(\varepsilon_1 + \varepsilon_2)(\varepsilon_1 - \varepsilon_2) = \varepsilon_1^2 - \varepsilon_2^2 = \varepsilon_1 - \varepsilon_1 = 0^*$$

不仅如此,我们还可以确定元素 $\alpha = a_1\varepsilon_1 + a_2\varepsilon_2$ 在怎样的条件下才是这个超复数系的零因子. 设 $\xi = x_1\varepsilon_1 + x_2\varepsilon_2$,并且设 ξ 满足方程式 $\alpha\xi = 0^*$. 由 $\alpha\xi = 0^*$ 得

$$\alpha\xi = a_1 x_1 \varepsilon_1^2 + a_1 x_2 \varepsilon_1\varepsilon_2 + a_2 x_1 \varepsilon_2\varepsilon_1 + a_2 x_2 \varepsilon_2^2 = 0^*$$

再由乘法表(2),上式就可以写成

$$\alpha\xi = (a_1 x_1 + a_2 x_2)\varepsilon_1 + (a_2 x_1 + a_1 x_2)\varepsilon_2 = 0^*$$

ε_1 和 ε_2 既然线性无关,那么由最后这个关系式得出一个含有两个未知量和两个方程式的齐次线性方程组

$$\begin{cases} a_1 x_1 + a_2 x_2 = 0 \\ a_2 x_1 + a_1 x_2 = 0 \end{cases} \tag{3}$$

假若

$$\Delta = \begin{vmatrix} a_1 & a_2 \\ a_2 & a_1 \end{vmatrix} = a_1^2 - a_2^2 = 0$$

或 $a_2 = \pm a_1$，则方程组(3)具有非零解. 将 $a_2 = \pm a_1$ 代入方程组(3)，再解出 x_1，x_2，得 $x_2 = \mp x_1$. 根据上述，我们证明了元素 α 只有等于 $a_1(\varepsilon_1 \pm \varepsilon_2)(a_1 \neq 0)$ 时才是这个超复数系的零因子，此时 $\xi = x_1(\varepsilon_1 \mp \varepsilon_2)$. 事实上

$$\alpha\xi = a_1 x_1 (\varepsilon_1^2 - \varepsilon_2^2) = a_1 x_1 (\varepsilon_1 - \varepsilon_1) = 0^*$$

现在，我们要举例说明一个超复数系，它是在实数域上秩数等于 4 的超复数系的一个重要特例，这就是通常所谓的四元数超复数系 $\overline{Q}$[①]. $\overline{Q}$ 的乘法表是由以下各式定义的

$$\begin{cases} \varepsilon_1^2 = \varepsilon_1, \varepsilon_2^2 = \varepsilon_3^2 = \varepsilon_4^2 = -\varepsilon_1 \\ \varepsilon_1\varepsilon_2 = \varepsilon_2\varepsilon_1 = \varepsilon_2, \varepsilon_1\varepsilon_3 = \varepsilon_3\varepsilon_1 = \varepsilon_3, \varepsilon_1\varepsilon_4 = \varepsilon_4\varepsilon_1 = \varepsilon_4 \\ \varepsilon_2\varepsilon_3 = \varepsilon_4, \varepsilon_3\varepsilon_4 = \varepsilon_2, \varepsilon_4\varepsilon_2 = \varepsilon_3 \\ \varepsilon_3\varepsilon_2 = -\varepsilon_4, \varepsilon_4\varepsilon_3 = -\varepsilon_2, \varepsilon_2\varepsilon_4 = -\varepsilon_3 \end{cases} \tag{4}$$

由式(4)首先知道，超复数系 $\overline{Q}$ 具有单位元素，ε_1 就是它的单位元素. $\overline{Q}$ 既然有单位元素，那么根据上面的定理 3.2.1，实数域含在超复数系 $\overline{Q}$ 内. 我们可以假设 $\varepsilon_1 = 1$. 除此之外，我们用 i 代表 ε_2，j 代表 ε_3，k 代表 ε_4，这样，四元数的乘法表就可以写成下式

$$\begin{cases} 1^2 = 1, i^2 = j^2 = k^2 = -1 \\ 1 \cdot i = i \cdot 1 = i, 1 \cdot j = j \cdot 1 = j, 1 \cdot k = k \cdot 1 = k \\ ij = k, jk = i, ki = j \\ ji = -k, kj = -i, ik = -j \end{cases} \tag{5}$$

同时，$\overline{Q}$ 的元素可以写成一个四项的形式 $a + bi + cj + dk$.

由式(5)知道，四元数(超复数系 $\overline{Q}$ 的元素)的乘法不满足交换律. 例如，$ij = k$，但 $ji = -k$. 虽然如此，但是四元数有很多性质是和复数一样的. 我们证明，在四元数环内，正如在复数域内一样，除法是可以施行的[②]. 因为四元数的乘法不满足交换律，所以我们不得不区分两个情形 —— 左除和右除. 为了证明除法可以施行，先定义共轭四元数和范数的概念.

设 $q = a + bi + cj + dk$ 是某一个四元数，仅仅 i, j, k 的系数的符号相反的四元数 $\bar{q} = a - bi - cj - dk$ 叫作 q 的共轭四元数，q 的共轭四元数用同样字母上画一横线 $\bar{q}$ 代表. 根据这个定义，q 显然是 $\bar{q}$ 的共轭四元数.

---

①　这个例子首先由 19 世纪中叶英国数学家哈密尔顿(William Rowan Hamilton，1805—1865) 所提出.

②　以零作除数自然不允许.

四元数 q 的系数的平方叫作 q 的范数, q 的范数常用 $N(q)$ 表示,即

$$N(q) = a^2 + b^2 + c^2 + d^2$$

显然,范数 $N(q)$ 等于零的充分必要条件是 $q = 0$.

现在我们容易证明,方程式

$$xq = q_1, qy = q_1 \quad (q \neq 0)$$

的解存在. 事实上,若以 $\dfrac{\bar{q}}{N(q)}$ 右乘第一个方程式,$\dfrac{\bar{q}}{N(q)}$ 左乘第二个方程式,得

$$x \frac{q\bar{q}}{N(q)} = \frac{q_1 \bar{q}}{N(q)}, \frac{\bar{q}q}{N(q)} y = \frac{\bar{q}q_1}{N(q)}$$

直接令 q 和 $\bar{q}$ 相乘,不难证明

$$q\bar{q} = \bar{q}q = N(q)$$

由

$$\frac{q\bar{q}}{N(q)} = 1, \frac{\bar{q}q}{N(q)} = 1$$

所以立即得出

$$x = \frac{q_1 \bar{q}}{N(q)}, y = \frac{\bar{q}q_1}{N(q)}$$

由上所述,我们证明了所给的方程式是可解的. x 叫作左商,x 叫作右商.

为了举例解释,试以 $q = 1 - i + j - k$ 右除 $q_1 = 1 + 2i - j + k$. 在此有

$$\bar{q} = 1 + i - j + k, N(q) = 1^2 + (-1)^2 + 1^2 + (-1)^2 = 4$$

$$\bar{q}q_1 = (1 - i + j - k)(1 + 2i - j + k)$$

$$= 1 + 2i - j + k + i + 2i^2 - ij + ik -$$

$$j - 2ji + j^2 - jk + k + 2ki - kj + k^2$$

利用乘法表(5)再结合同类项,得

$$\bar{q}q_1 = -3 + 3i - j + 3k$$

由此,所求的右商等于

$$y = \frac{\bar{q}q_1}{N(q)} = -\frac{3}{4} + \frac{3}{4}i - \frac{1}{4}j + \frac{3}{4}k$$

在结束这小节之前,我们还要介绍秩数是无限的超复数系的概念,并且不仅是在一个体上,而且是在一个具有单位元素且无零因子的环 D 上[①].

为了这个目的,试讨论在环 D 上维数 n 是任意数,并且最后一个坐标不等

----

① 我们可以定义在环 D 上秩数是有限的超复数系.

于零的所有向量. 换句话说, 我们讨论在 D 上所有可能的有序的 n 个元素组
$$\boldsymbol{\alpha} = (a_1, a_2, \cdots, a_n), a_n \neq 0, n \text{ 为任意正整数} \tag{6}$$

在向量(6)中含有一维向量 (a_1), 坐标 a_1 是 D 的非零元素. 设 A 代表所有的向量(6)和以 D 的零元素为坐标的向量(0)所构成的集合. 现在我们定义这个集合的元素的加法运算.

设
$$\boldsymbol{\alpha} = (a_1, a_2, \cdots, a_n), \boldsymbol{\beta} = (b_1, b_2, \cdots, b_m), a_n \neq 0, b_m \neq 0$$
是 A 的任意两个向量. $\boldsymbol{\alpha}$ 和 $\boldsymbol{\beta}$ 的和 $\boldsymbol{\alpha} + \boldsymbol{\beta}$ 可以定义如下: 若 $n > m$, 则令
$$\boldsymbol{\alpha} + \boldsymbol{\beta} = (a_1 + b_1, a_2 + b_2, \cdots, a_m + b_m, a_{m+1}, \cdots, a_n)$$
若 $n < m$, 则令
$$\boldsymbol{\alpha} + \boldsymbol{\beta} = (a_1 + b_1, a_2 + b_2, \cdots, a_n + b_n, a_{n+1}, \cdots, a_m)$$
若 $n = m$, 且 $a_n + b_m \neq 0$, 则令
$$\boldsymbol{\alpha} + \boldsymbol{\beta} = (a_1 + b_1, a_2 + b_2, \cdots, a_n + b_n)$$
若 $n = m, a_h + b_h \neq 0, a_{h+1} + b_{h+1} = 0, \cdots, a_n + b_n = 0 (1 \leqslant h \leqslant n)$, 则令
$$\boldsymbol{\alpha} + \boldsymbol{\beta} = (a_1 + b_1, a_2 + b_2, \cdots, a_h + b_h)$$
最后, 若 $n = m, a_1 + b_1 = 0, a_2 + b_2 = 0, \cdots, a_n + b_n = 0$, 则令
$$\boldsymbol{\alpha} + \boldsymbol{\beta} = (0)$$

除此之外, 对于向量(0), 我们假设
$$(0) + (0) = (0 + 0) = (0)$$
$$(a_1, a_2, \cdots, a_n) + (0) = (a_1 + 0, a_2, \cdots, a_n)$$
$$= (a_1, a_2, \cdots, a_n) \quad (n \geqslant 1)$$
$$(0) + (a_1, a_2, \cdots, a_n) = (0 + a_1, a_2, \cdots, a_n) = (a_1, a_2, \cdots, a_n)$$

例如, 就整数环上的向量
$$\boldsymbol{\alpha} = (1, 0, 2, 4), \boldsymbol{\beta} = (1, 2, -2, -4)$$
来说, 则有
$$\boldsymbol{\alpha} + \boldsymbol{\beta} = (1 + 1, 0 + 2) = (2, 2)$$
因为 $2 + (-2) = 0, 4 + (-4) = 0$.

根据上面的定义, 不难证明集合 A 的向量的加法运算满足交换律和结合律, 为了简单起见, 先根据 $n > m$ 的情形证明这种运算满足交换律. 由 $\boldsymbol{\alpha} + \boldsymbol{\beta}$ 的定义有
$$\boldsymbol{\alpha} + \boldsymbol{\beta} = (a_1 + b_1, a_2 + b_2, \cdots, a_m + b_m, a_{m+1}, \cdots, a_n)$$
$$\boldsymbol{\beta} + \boldsymbol{\alpha} = (b_1 + a_1, b_2 + a_2, \cdots, b_m + a_m, a_{m+1}, \cdots, a_n)$$
因为

$$a_1 + b_1 = b_1 + a_1, a_2 + b_2 = b_2 + a_2, \cdots, a_m + b_m = b_m + a_m$$

所以

$$\boldsymbol{\alpha} + \boldsymbol{\beta} = \boldsymbol{\beta} + \boldsymbol{\alpha}$$

同样地,就其余的情形而论,用类似的方法可以验证交换律也成立.

向量(0)可以看作集合A的零元素,因为

$$(0) + (0) = (0)$$

$$(a_1, a_2, \cdots, a_n) + (0) = (a_1 + 0, a_2, \cdots, a_n) = (a_1, a_2, \cdots, a_n) \quad (n \geqslant 1)$$

以后我们用$\boldsymbol{0}^*$代表向量(0)(为了避免和环D的零元素混淆,因此不用记号0).

集合A的每一个向量$\boldsymbol{\alpha} = (a_1, a_2, \cdots, a_n)$的逆向量$-\boldsymbol{\alpha}$是存在的,事实上

$$-\boldsymbol{\alpha} = (-a_1, -a_2, \cdots, -a_n)$$

总之,我们看到,集合A关于上面定义的加法构成一个加法群.

对于环D的任意元素$c(c \neq 0)$和A的任意向量$\boldsymbol{\alpha}$,可令

$$c\boldsymbol{\alpha} = \boldsymbol{\alpha}c = (ca_1, ca_2, \cdots, ca_n), c\boldsymbol{0}^* = \boldsymbol{0}^* c = (0) = \boldsymbol{0}^*$$

但是就环D的零元素0而论,可令$0 \cdot \boldsymbol{\alpha} = \boldsymbol{\alpha} \cdot 0 = \boldsymbol{0}^*$.

我们不难证明,A的向量和环D的元素的乘法具有下述各性质

$$(ab)\boldsymbol{\alpha} = a(b\boldsymbol{\alpha}) \quad (a, b \text{ 为 } D \text{ 的元素})$$

$$a(\boldsymbol{\alpha} \pm \boldsymbol{\beta}) = a\boldsymbol{\alpha} \pm a\boldsymbol{\beta}, (a \pm b)\boldsymbol{\alpha} = a\boldsymbol{\alpha} \pm b\boldsymbol{\alpha}$$

$$e\boldsymbol{\alpha} = \boldsymbol{\alpha}, (-e)\boldsymbol{\alpha} = -\boldsymbol{\alpha} \quad (e \text{ 为 } D \text{ 的单位元素})$$

若$a\boldsymbol{\alpha} \neq \boldsymbol{0}^*$而$\boldsymbol{\alpha} \neq \boldsymbol{0}^*$,则有$a = 0$.

在所有这些性质中,我们只证明最后一个.设$\boldsymbol{\alpha}$是A的向量但不是$\boldsymbol{0}^*$,即

$$\boldsymbol{\alpha} = (a_1, a_2, \cdots, a_n), a_n \neq 0$$

若$a \neq 0$,则有

$$a\boldsymbol{\alpha} = (aa_1, aa_2, \cdots, aa_n) \neq \boldsymbol{0}^*$$

因为已经假设D不含零因子,所以由$a \neq 0$和$a_n \neq 0$,有$aa_n \neq 0$.这样,我们就证明了,在$a\boldsymbol{\alpha} = \boldsymbol{0}^*$和$\boldsymbol{\alpha} \neq \boldsymbol{0}^*$的假定下必定有$a = 0$.

最后,我们再定义乘法的运算.为了这个目的,先将含于A的任意向量

$$\boldsymbol{\alpha} = (a_1, a_2, \cdots, a_n), a_n \neq 0$$

分解成另外一些向量的和.由A的向量的加法定义和向量与环D的元素的乘法定义,我们可以将$\boldsymbol{\alpha}$写成下式

$$\boldsymbol{\alpha} = (a_1) + (0, a_2) + (0, 0, a_3) + \cdots + (0, 0, \cdots, a_n)$$

或

$$\boldsymbol{\alpha} = a_1\boldsymbol{\varepsilon}_1 + a_2\boldsymbol{\varepsilon}_2 + a_3\boldsymbol{\varepsilon}_3 + \cdots + a_n\boldsymbol{\varepsilon}_n$$

式中 $\varepsilon_1,\varepsilon_2,\cdots,\varepsilon_n$ 依次代表

$$\varepsilon_1=(1),\varepsilon_2=(0,1),\varepsilon_3=(0,0,1),\cdots,\varepsilon_n=(0,0,\cdots,1)$$

因为 n 是任意数,所以得出一个无限序列的向量 $\varepsilon_1,\varepsilon_2,\cdots$. 这个序列叫作加法群 A 的基底,ε_i 叫作基底元素.

综上所述,我们证明了每一个向量 $\boldsymbol{\alpha}\neq\boldsymbol{0}^*$ 可以用环 D 的元素 $a_i(a_n\neq0)$ 为系数表示为有限个基底元素 $\varepsilon_1,\varepsilon_2,\cdots,\varepsilon_n$ 的线性组合. 至于向量 $\boldsymbol{0}^*$,我们可以将它写成 $0\cdot\varepsilon_1$ 或 $0\cdot\varepsilon_2,0\cdot\varepsilon_3$ 或 $0\cdot\varepsilon_{i_1}+0\cdot\varepsilon_{i_2}+\cdots+0\cdot\varepsilon_{i_k}$.

现在可以定义 A 中向量的乘法运算了. 和秩数有限的超复数系一样,我们规定的乘法和多项式的乘法类似.

1. $\boldsymbol{\alpha\beta}=(a_1\varepsilon_1+a_2\varepsilon_2+\cdots+a_n\varepsilon_n)(b_1\varepsilon_1+b_2\varepsilon_2+\cdots+b_n\varepsilon_n)=a_1b_1\varepsilon_1^2+a_1b_2\varepsilon_1\varepsilon_2+\cdots+a_1b_m\varepsilon_1\varepsilon_m+\cdots+a_nb_m\varepsilon_n\varepsilon_m$[①].

由这个条件就可以保证分配律的成立. 为了使乘法运算的唯一性和对集合 A 的向量可以施行,我们还假设下面的条件:

2. 使基底元素的每一个序对 $(\varepsilon_i,\varepsilon_j)$ 和集合 A 内一个完全确定了的同样的元素对应,这个元素可以取作乘积 $\varepsilon_i\varepsilon_j$.

3. 每三个基底元素必须满足乘法的结合律,就是说,对于任意下标 i,j,k,有 $\varepsilon_i(\varepsilon_i\varepsilon_j)=(\varepsilon_i\varepsilon_j)\varepsilon_i$.

假若集合 A 的元素的加法和乘法运算满足上述条件,A 就构成了一个环. 我们把这个环叫作环 D 上秩数无限的(结合)超复数系.

假若在环 D 上秩数无限的超复数系 A 具有单位元素,则 D 含于 A 内. A 的元素和 D 的元素的乘法也就变成了 A 的元素的自身的乘法. 这个证明和在体 P 上秩数有限的超复数系的情形一样.

3.3　弗罗贝尼乌斯[②]定理

我们知道,实数域的自身可以看作秩数等于 1 的可交换除法超复数系. 另外一个例子就是复数域,复数域可以看作在实数域上秩数等于 2 的可交换除法超复数系. 在实数域上另一个除法超复数系的例子就是四元数超复数系,但是,这个超复数系已经不是一个可交换超复数系了. 试图构造这种类型的其他超复数系是不可能的,因为下面的著名定理是正确的,即这种类型的其他超复数系是不存在的. 更确切地说,任何一个实数域上的可除超复数系必与上述三个超

---

① 由条件(1)得 $a(\alpha\beta)=(a\alpha)\beta=\alpha(a\beta)$,式中 α,β 代表 A 的任意元素,a 代表环 D 的任意元素.
② 弗罗贝尼乌斯(Frobenius,1849—1917),德国数学家.

复数系中的一个同构.

为了证明这个事实,我们先给出几个有关任意域 P 上的超复数系的结论.

1. 域 P 上的超复数系 D 的每一个元素 α 必是一个以 P 的元素为系数且次数不大于 n 的超复数系方程式的根.

事实上,如果 n 是 D 的秩,那么 D 的任何 $n+1$ 个元素特别是 α 的 $n+1$ 个幂
$$\alpha^0=e,\alpha,\alpha^2,\cdots,\alpha^n$$
(e 代表域 P 的单位元素)必然线性相关(关于域 P),所以可得
$$a_0+a_1\alpha+a_2\alpha^2+\cdots+a_n\alpha^n=0$$
式中 a_i 代表域 P 的元素且不全为零,这就表示元素 α 是系数为 P 的元素的多项式 $a_0+a_1x+a_2x^2+\cdots+a_nx^n$ 的根.

2. 设 $f(x),g(x),h(x)$ 是域 P 上关于未知量 x 多项式,则若在等式
$$f(x)+g(x)=h(x)(f(x)\cdot g(x)=h(x))$$
中以(P 上的)超复数系 D 的任一元素 α 替代未知量 x 时,等式仍然成立.

事实上,从定义 3.1.1 的(3)即可推知 $f(\alpha)+g(\alpha)=h(\alpha)$. 其次,因为 D 对其乘法构成环,所以 $\alpha^m\cdot\alpha^n=\alpha^{m+n}$,于是依分配律 Ⅵ,定义 3.1.1 中的(3)和本节 3.1 关系式(1),即知
$$f(\alpha)\cdot g(\alpha)=h(\alpha)$$
成立.

3. 可除超复数系没有零因子.

这件事情的证明可仿照域的情形的证明那样来进行:如果 $\alpha\beta=0,\alpha\neq0$,那么在等式两端左乘 α^{-1} 时,我们就得到 $\beta=0$.

定理 3.3.1 任意实数域 R 上的可除超复数系 D 必与实数域 R 或复数域 C 同构,而且秩数为 1 或 2. 反之,任意实数域 R 上的秩为 1 或 2 的可除超复数系 D,必分别与实数域 R 或复数域 C 同构,而且是可以交换的.

证明 (1)设 D 是实数域 R 上的可除超复数系,并且它包含 D 但与 D 不同.

我们证明,对于不含在 D 内的任意一元素 α,必存在这样的实数 a 和 b,其中 $a\neq0$,使得元素 $i=ax+b$ 具有性质 $i^2=-1$(为了今后的使用,要注意,这时我们不利用超复数系 D 的可交换性).按照前面的结论 1,元素 α 具有不全为零的实系数多项式 $f(x)$ 的根.但是,众所周知,任一这样的多项式均可分解为具有实系数的一次或二次因子的乘积[①].设

---
① 参看《多项式理论》卷.

$$f(x) = f_1(x)f_2(x)\cdots f_k(x)$$

就是这样的一个分解式.于是,按照结论2,有

$$f(\alpha) = f_1(\alpha)f_2(\alpha)\cdots f_k(\alpha)$$

但是 $f(\alpha) = 0$.根据结论3,超复数系 D 没有零因子,所以,对于某一个 $h \leqslant k$,必有 $f_h(\alpha) = 0$.如果 α 是一次多项式 $x - c$ 的根,那么 $x - \alpha = 0$,$\alpha = c$,也就是说,α 属于域 R,这与假设矛盾.因此,α 是二次多项式 $x^2 + px + q = 0$ 的根,其中 p,q 均为实数,而且 $\dfrac{p^2}{4} - q < 0$,因为不然的话,α 就是一次多项式的根了.当令

$$\frac{p^2}{4} - q = -t^2$$

时,其中 t 为实数,我们得

$$\left(x + \frac{p}{2}\right)^2 = \frac{p^2}{4} - q = -t^2$$

当以 t^2 除两端时,我们便有

$$\left(\frac{x + \dfrac{p}{2}}{t}\right)^2 = -1$$

令 $a = \dfrac{1}{t}$,$b = \dfrac{p}{2t}$ 时,我们得到一个元素 $i = a\alpha + b$,对于它有 $i^2 = -1$,这正是需要证明的.

(2)设 D 是实数域 R 上的一个可交换的可除超复数系,它包含 R.如果 $D \neq R$,那么,根据已经证明了的结果,在 D 内必存在这样的元素 i,使得 $i^2 = -1$.所以,元素 i 不包含在 R 内,而且元素 1,i 是线性无关的.设 D_0 是超复数系 D 中具有实系数 a,b 的形如 $\alpha = a + bi$ 的所有元素 α 所构成的集合.显然 D_0 是 R 上秩为 2 的超复数系,它与复数域同构.

我们来证明 $D_0 = D$.当在等式 $\alpha = a + bi$ 内令 $b = 0$ 时,我们得到 $\alpha = a$.因此 D_0 包含实数域 R.设 α 是不含在 R 内的超复数系 D 的任一元素.根据(1)内已经证明的结果,必存在这样的实数 c,d,其中 $c \neq 0$,使得元素 $j = c\alpha + d$ 具有性质 $j^2 = -1$.从 D 的可交换性推知,$ij = ji$.由此可见

$$(i + j)(i - j) = i^2 - ij + ji - j^2 = 0$$

因此根据结论3,在 D 内没有零因子,所以,$i - j = 0$ 或 $i + j = 0$,这就是说,$j = \pm i$,因而

$$\alpha = -\frac{d}{c} + \frac{1}{c}j = -\frac{d}{c} + \frac{1}{c}i$$

所以 α 属于 D_0,从而 $D_0 = D$.

因此,超复数系 D 或是与 R 相同,或是与复数域 C 同构.根据定理3.2.1,任一实数域上的可交换的可除超复数系必与某一个超复数系 D 同构(显然,D 也是可交换的可除超复数系),也就是说,或是与实数域 R 同构,或是与复数域 C 同构.

(3) 设 D 是任一实数域 R 上的秩为1的可除超复数系,而且包含 R. 当把数1取成基元素之后,我们便得到 D 的任一元素 α 具有形式 $\alpha = a \cdot 1 = a$,其中 a 为实数,因此,$D = R$. 根据定理3.2.1可知,任一 R 上的秩为1的可除超复数系与实数域 R 同构.

(4) 设 D 是任一实数域 R 上的秩为2的可除超复数系,而且包含 R. 于是 $D \neq R$. 按照(1)中已经证明的结果,于是必存在具有性质 $i^2 = -1$ 的元素 i. 元素 i 和 1 是线性无关的,因为不然的话,具有不为零的实系数 a_1, a_2 的关系式 $a_1 \cdot 1 + a_2 \cdot i = 0$ 成立(a_1, a_2 全不为零,因为没有零因子,从 $a_1 = 0$ 即推知 $a_2 = 0$,反过来也对),于是,$i = -\dfrac{a_1}{a_2}$,这就是说,i 属于 R,由于 $i^2 = -1$,因此这是不可能的(《抽象代数基础》卷,第二章,§5,定理5.1.7). 因为,在 n 维向量空间中,任意 n 个线性无关的向量都组成一个基,而 D 的秩又等于2,所以元素 1 和 i 就组成一个基. 这样一来,D 的任意一个元素 α 便可唯一地表示成 $\alpha = a + bi$,其中 a, b 都是实数. 如果 $\alpha = a + bi$ 和 $\beta = c + di$ 是 D 的任何两个元素,那么从元素的乘法表我们容易得到

$$\alpha + \beta = (a + c) + (b + d)i$$
$$\alpha\beta = (ac - bd) + (ad + bc)i$$

因此,超复数系 D 与复数域 C 同构. 于是,按照定理3.2.1即知,任何实数域 R 上的秩为2的可除超复数系必与复数域 C 同构. 定理证完.

如果我们放弃乘法的交换律,那么,还存在一个域 R 上的可除超复数系——四元数超复数系,这就是下面的定理.

定理 3.3.2(弗罗贝尼乌斯定理) 实数域 R 上的任一可除超复数系与实数域 R 同构,或是与复数域 C 同构,或是与四元数超复数系 $\overline{Q}$ 同构,而且具有秩1,2 或 4.

证明 设 D 是实数域 R 上秩数等于 n 的可除超复数系,并且包含 R. 根据定理3.3.1,如果 $n = 1$,那么 D 与 R 同构;如果 $n = 2$,那么 D 与复数域 C 同构. 设 D 的秩大于2,于是 $D \neq R$. 按照定理3.3.1的(1)中已经证明的结果,在 D 内必有元素 i,对于它有 $i^2 = -1$.

像在定理3.3.1的(4)中那样,我们可以证明元素 1 和 i 是线性无关的. 因

为 D 的秩大于 2,所以在 D 中必有不能表示成 $a+bi$ 这样形式的元素 α,这里 a 和 b 都是实数.按照定理 3.3.1 的(1),必存在这样的实数 a' 和 b',其中 $a'\neq0$,使得元素 $\alpha_1=a'+b'i$ 具有性质 $\alpha_1^2=-1$.元素 α_1 不能表示成具有实系数 a 和 b 的这样的形式 $a+bi$,因为不然的话,元素

$$\alpha=\frac{1}{a'}\alpha_1-\frac{b'}{a'}$$

便也可以表示为上述的那种形式了.所以元素 $1,i,\alpha_1$ 是线性无关的.因为,如果

$$a_1\cdot1+a_2\cdot i+a_3\cdot\alpha_1=0$$

其中 a_1,a_2,a_3 都是实数,那么便有 $a_3=0$(因为不然的话,α_1 就可以用 $1,i$ 线性表示出来了),而由 1 和 i 的线性无关性,于是便有 $a_1=a_2=0$.像在定理 3.3.1 的(1)中那样论证,我们将得到,元素 $1+\alpha_1$ 和 $i-\alpha_1$ 都是实系数二次方程的根,从而

$$(i+\alpha_1)^2=p(i+\alpha_1)+q$$
$$(i-\alpha_1)^2=r(i-\alpha_1)+s$$

所以

$$\begin{cases}-2+i\alpha_1+\alpha_1 i=p(i+\alpha_1)+q\\-2-i\alpha_1-\alpha_1 i=r(i-\alpha_1)+s\end{cases}\tag{7}$$

其中 p,q,r,s 都是实数.

将这些等式加起来,我们得到

$$-4=(p+r)i+(p-r)\alpha_1+(q+s)$$

由元素 $1,i,\alpha_1$ 的线性无关性,我们得到

$$p+r=0,p-r=0$$

即

$$p=r=0$$

于是从(7)即推知

$$i\alpha_1+\alpha_1 i=2t\tag{8}$$

其中 $t=\frac{1}{2}(q+2)$ 是实数.现在,我们令 $\alpha_2=\alpha_1+ti$,元素 $1,i,\alpha_2$ 是线性无关的,因为不然的话,元素 $1,i,\alpha_2$ 就要线性相关了.从(8)推知

$$\alpha_2^2=-1+t(i\alpha_1+\alpha_1 i)-t^2=t^2-1$$

数 t^2-1 是负实数,因为,如果 $t^2-1>0$,那么 $t^2-1=u^2$,其中 u 是实数.由于 α_2 和 u 可以互换,因此得

$$(\alpha_2+u)(\alpha_2-u)=\alpha_2^2-u^2=0$$

256

也就是说，$\alpha_2 = \pm u$ 是实数，这和元素 $1, i, \alpha_2$ 的线性无关性相矛盾.

令 $\alpha_2^2 = -c^2$，其中 c 是一个实数，并设 $j = \dfrac{1}{c}\alpha_2$. 于是 $j^2 = -1$，而且元素 1, i, j 是线性无关的，因为 $1, i, \alpha_2$ 是线性无关的.

其次，由(8)可得

$$ij + ji = i \cdot \frac{1}{c}(\alpha_1 + ti) + \frac{1}{c}(\alpha_1 + ti)i$$

$$= \frac{1}{c}(i\alpha_1 + ti^2 + \alpha_1 i + ti^2)$$

$$= \frac{1}{c}(2t - t - t) = 0$$

由此可见

$$ij = ji \tag{9}$$

我们令 $k = ij$，并来证明 k 不能用 $1, i, j$ 线性表示出来. 如果 $k = a + bi + cj$，其中 a, b, c 是实数，那么，当以 i 左乘这个等式时，我们得到

$$ik = i(ij) = -j = ai - b + ck = ai - b + c(a + bi + cj)$$

由此

$$(ac - b) + (a + bc)i + (c^2 + 1)j = 0$$

并由元素 $1, i, j$ 的线性无关性，就应当有：$c^2 + 1 = 0, c^2 = -1$，这是不可能的，因为 c 是一个实数. 类似上面那样的论证(对于 $1, i, \alpha_1$ 的论证)，我们可以证明元素 $1, i, j, k$ 是线性无关的. 这样一来，超复数系 D 的秩就不小于 4.

我们来证明，元素 i, j, k 具有乘法表(1)那样的性质. 我们已经得到：$i^2 = j^2 = -1, ij = k$. 其次，由(9)，我们有

$$k^2 = (ij)(ij) = i(ji)j = i(-ij)j = -1$$

$$jk = j(ij) = j(-ji) = i, ki = (ij)i = (-ji)i = j$$

$$ji = -ij = -k, kj = (ij)j = -i, ik = i(ij) = -j$$

这样一来，四元数域的乘法表(5)中所有的关系全被实现. 像在定理 3.2.1 的末尾已经指出的那样，数 1 是超复数系 D 的单位元素，所以 D 中具有 $\alpha = a + bi + cj + dk$ 这样形式的所有的 α(其中 a, b, c, d 均为实数)所构成的集合 $\bar{Q}$ 是四元数域. 我们来证明 $D = \bar{Q}$. 在相反的情形下，D 内便有不属于 $\bar{Q}$ 的元素 β. 根据(1)中已经证明的结果，必存在这样的实数 a, b，其中 $a \neq 0$，使得元素 $h = a\beta + b$ 具有性质 $h^2 = -1$. 元素 h 不在 $\bar{Q}$ 内，因为不然的话，$\beta = \dfrac{1}{a}h - \dfrac{b}{a}$ 就要属于 $\bar{Q}$ 了. 像导出式(8)时那样论证，我们得到

$$ih + hi = a, jh + hj = b, kh + hk = c$$

其中 a, b, c 都是实数. 从而有

$$hk = h(ij) = (hi)j = (a - ih)j$$
$$= aj - i(hj) = aj - i(b - jh)$$
$$= aj - bi + kh = aj - bi + c - hk$$

就是说

$$2hk = c - bi + aj$$

用 k 右乘这个等式, 得到

$$-2h = ai + bj + ck$$

即是说, 元素 h 属于 $\overline{Q}$, 这是不可能的, 故 $D = \overline{Q}$. 因此, 或是 $D = R$, 或是 $D = C$, $D = \overline{Q}$. 根据定理 3.2.1, 实数域 R 上的任一可除超复数系同构于包含 R 的一个超复数系 D (也是可除的), 这就是说, 或是同构于实数域 R, 或是同构于复数域 C, 或是同构于四元数域 $\overline{Q}$. 定理证明完毕.

在上述例子中, 当把实数域 R 换成有理数域 Q 时, 我们又可得到三个可除超复数系, 但那已经是有理数域 Q 上的可除超复数系了, 具体地说, 这三个可除超复数系就是: 有理数域本身, 形如 $a + bi$ (其中 a, b 都是有理数) 的复数构成的域 (所谓高斯 (Gauss) 数域), 以及有理四元数域, 即域中的元素具有 $a + bi + cj + dk$ 的形式, 其中 a, b, c, d 都是有理数.

要注意, 当在例子 1~3 中把实数域 R 换成复数域 C 时, 在例 1 中我们得到域 C, 而在例 2 和例 3 中我们将得到 C 上的超复数系, 它们都不是可除超复数系. 事实上, 根据结论 1, C 上的超复数系 D 包含 C, 它的任一元素 α 都是复系数多项式 $f(x)$ 的根. 众所周知, 任一复系数多项式总可以分解成一次的复系数因子的乘积. 如果 D 是可除超复数系, 那么, 像在 (1) 中那样论证时, 我们便知道: α 是一次复系数多项式的根, 故它是复数, 所以 $D = C$.

因此, 如果 D 是域 C 上的秩大于 1 的超复数系 (如在例 2 和例 3 中的那样), 那么它就不是一个可除超复数系.

§4   复数的历史发展

4.1   复数的起源

数系的历史发展完全没有按照教科书所描述的逻辑连续性, 人们没有等待

实数的逻辑基础建立之后,才去尝试新的征程.15 世纪,此时的欧洲人尚未完全理解负数、无理数,然而他们的智力又面临一个新的"怪物"的挑战.

复数的产生起源于代数方程的求解."复数"这一术语是由高斯于 1831 年首次给出,在这以前它被称为"虚数"或"不可能的数".1484 年,法国数学家丘凯(N. Chuquet,约 1445—1500)在《算术三编》中指出,二次方程 $4+x^2=3x$ 的根 $x=\dfrac{3}{2}\pm\sqrt{2\dfrac{1}{4}-4}$ 没有意义.这是历史上首次形式上出现负数的平方根.

1545 年,意大利数学家卡丹(G. Cardano,1501—1576)在《大术》中解二次方程时,提出"把 10 分为两部分,使其乘积为 40"的问题,并给出 $5+\sqrt{-15}$ 和 $5-\sqrt{-15}$ 两个虚根,但他同时指出"这确实令人费解".另外,他在求解三次方程 $x^3=ax+b$ 时还发现一个求方程正根的算法,其解用现代符号可以表示为

$$x=\sqrt[3]{\frac{1}{2}b+\sqrt{(\frac{1}{2}b)^2-(\frac{1}{3}a)^3}}+\sqrt[3]{\frac{1}{2}b-\sqrt{(\frac{1}{2}b)^2-(\frac{1}{3}a)^3}}$$

他举例说明该公式的应用时,仍很小心地避免了"不可约"(即判别式 $(\dfrac{1}{2}b)^2-(\dfrac{1}{3}a)^3<0$)情形的出现.

与卡丹同时代的意大利数学家蓬贝利是第一个认真看待虚数并认识到虚数应用价值的人.他在《代数》中求解不可约三次方程时,正确使用了虚数,并建立了虚数的运算法则.如对于 $x^3=15x+4$,蓬贝利首先发现此方程有一个根 $x=4$.利用卡丹的公式,他得到

$$x=\sqrt{2+11\sqrt{-1}}+\sqrt{2-11\sqrt{-1}}$$

蓬贝利说:"我发现了另一种三次方程根的复合表达式,它与其他类型截然不同. …… 因为当那个量的 $\dfrac{1}{3}$ 的立方大于那个数的一半的平方时,超出量既不能叫作正的,也不能叫作负的.但是,若需要把它加上时,我称它为负之正,若要减去它时,我称它为负之负[①]. …… 这种根看起来像是人造的而不是真实的,除非找到其几何的证据(即在平面上对上述情形给予证明)".随后,蓬贝利进一步讨论了虚数的运算法则,如两个虚数单位的乘积为:负之正乘以负之正得负(现代符号表示为 $(+i)(+i)=-1$).接着,他证明了 $\sqrt{2+11\sqrt{-1}}=2\pm\sqrt{-1}$,由

---

① 负之正和负之负分别相当于 $+i$ 和 $-i$,蓬贝利尚无虚数名称.虚数名称是 1637 年笛卡儿(Descartes)在《几何学》中首创的,用 $+i$ 表示 $\sqrt{-1}$,由欧拉在 1777 年最先引用.

此得到 $x = 4$.

4.2 复数的发展

复数自从通过解方程引进后,直到 1700 年都无人理睬.后来,用部分分式求积分时又用到复数,才又重新引起数学家的重视.

（一）复数与函数的关系

1702 年,约翰·伯努利(J. Bernoull,1667—1748)通过积分得到 $\tan^{-1}z = \frac{1}{2i}\ln\frac{i-z}{i+z}$,他的工作引起了数学家对负数和复数的对数性质的讨论.欧拉(L. Euler,1707—1783)通过类推确立了负数的对数:$\ln(-x) = \ln x + i\pi (x > 0)$,虚数在这里起着重要作用.对复数 $a + bi \neq 0$,令 $c = \sqrt{a^2 + b^2}$,欧拉选择 θ,使 $\sin\theta = \frac{b}{c}$,则有 $\ln(a + bi) = \ln c + i(\theta \pm 2k\pi)(k = 0, 1, 2, \cdots)$.这样,欧拉又给出了复数对数的适当定义.欧拉在 1746 年 6 月给哥德巴赫(C. Goldbach,1690—1764)的一封信中还提到一个虚数的虚次幂.1748 年,欧拉首次发表了对复数的发展具有重要作用的欧拉公式:$e^{ix} = \cos x + i\sin x$,并用这个结果处理了大量问题.欧拉像使用实数一样有效地使用复数,数学家们也因此对复数产生了一些信心.

另外,同时期的科茨(R. Cotes,1682—1716)在计算旋转椭圆的表面积时已得到公式:$ix = \ln(\cos x + i\sin x)$.显然,欧拉公式和科茨的公式是等价的.在 18 世纪,尽管一些数学家已较为广泛地使用复数,但无论欧拉还是其他数学家对这些数都还不是很清楚.

复数在 19 世纪受到的攻击和非议并不亚于 18 世纪.如 1801 年剑桥大学的伍德豪斯(R. Woodhouse,1773—1827)指出复数是不可用的,就连柯西(A. L. Cauchy,1789—1851)也不赞同将复数看作一个确切的数.即使复变函数论在流体动力学中发展、应用了很长时间后,剑桥大学的教授们仍然顽固地反对有争议的 $\sqrt{-1}$,而且不惜采用各种烦琐、拙笨的方法避免复数的出现和任何可能的使用.

由于复数的概念与当时人们传统的数的概念相差太大,因此不易被人们接受.使数学家们相信复数的不是逻辑,而是韦塞尔(C. Wessel,1745—1818)、阿尔冈(J. R. Argand,1768—1822)和高斯(C. F. Gauss,1777—1855)等人对复数的几何表示.

260

（二）复数的几何表示

瓦利斯(J. Wallis,1616—1703)在 1673 年给出复数几何解释的第一个尝试.他认为虽然要使任何一个实数的平方成为负数是不可能的,但当正确理解它时并不是没用的或荒唐的,然而他对虚根的解释并没有获得完全成功.

一个多世纪后,挪威的韦塞尔于 1799 年首次发表了对复数的正确的几何解释(《关于方向的分析表示:一个尝试》).不幸的是,韦塞尔的文章直到 1897 年用法文翻译后才引起欧洲数学家的注意.韦塞尔的主要兴趣是,如何同时用解析的方法表示未知线段的长度和方向,其复数的表示从属于这个目的.尽管如此,后者起了一个基本作用,正如他所说:"形成它的原因是寻找一种方法,由此避免一种不可能的运算 ……".

事实上,韦塞尔在 1787 年的三角测量报告中已详细说明了怎样给出在一个平面上的方向的解析表示.在 1799 年的论文里,韦塞尔从定义平面的有向线段(复数)的加法和乘法开始,通过平行四边形法则对应于复数的加法而给出了向量的加法定义.他的向量乘法如下定义:"设$+1$表示正的直线单位,$+\varepsilon$表示某个垂直于正单位且有共同原点的相同的单位,那么$+1$的方向角等于$90°$,-1的方向角等于$180°$,$+\varepsilon$的方向角等于$90°$,$-\varepsilon$的方向角等于$-90°$和$270°$.根据法则即得,乘积的方向角等于因子方向角之和,从而有$(+1)(+1)=+1,\cdots,$$(-\varepsilon)(-\varepsilon)=-1$,由此可得出$\varepsilon=\sqrt{-1}$."这表明,他已经给出$\sqrt{-1}$的一个几何解释.

随后,韦塞尔进一步发现,通常的有向线段可以写成$a+\varepsilon b$,并且当它有方向v和长度r时,则有$a+\varepsilon b=r(\cos v+\varepsilon\sin v)$.从加法和乘法的几何定义开始,他用代数的方法推导了有向线段的乘法,并得到和复数乘法同样的规则.韦塞尔认为,这种新的符号和规则并没有加重记忆的负担.他还注意到,乘法定义隐含着$(\cos\frac{v}{m}+\varepsilon\sin\frac{v}{m})^m=\cos v+\varepsilon\sin v$,事实上这是棣莫弗公式的又一推导.总之,他给出了有向线段的和、积、商及幂,并通过一些具体的例子说明了这些方法的应用.

在 19 世纪早期,与复数几何表示有关的另一个著名人物是瑞士人阿尔冈,他给出了复数的一个稍微不同于韦塞尔的几何解释.1806 年,阿尔冈私人出版了一本没有署名的小书 ——《试论几何作图中虚量的表示法》,之后 7 年,该书和韦塞尔的工作一样不为人所知.然而,阿尔冈在发表之前写给勒让德(A. M. Legendre,1752—1833)的一封信,却使得他的书意想不到地引起了人们的注意.

261

阿尔冈创造性地讨论了$\sqrt{-1}$的几何表示.这项工作最早可追溯到瓦利斯.瓦利斯曾建议,既然$\sqrt{-1}$是$+1$和-1之间的比例中项,那么,它的几何表示就是两个相反单位线段之间的比例中项的线段.阿尔冈用术语"绝对值"表示距离,以此与方向分开.如果取KA作正单位(K是中心),方向是从K到A,那么可以写成$\overline{KA}$,以与线段KA相区别,而线段KA表示绝对值距离,负单位是$\overline{KI}$.阿尔冈指出,比例的条件可以通过垂直于$\overline{KA}$和$\overline{KI}$的垂线$\overline{KE}$和$\overline{KN}$得到满足,它们分别表示$\sqrt{-1}$和$-\sqrt{-1}$.他认为,应用加法的平行四边形法则,任何有向线段都可以表示成$\pm a \pm b\sqrt{-1}$的形式,反之,任何形如$\pm a \pm b\sqrt{-1}$的数均表示有向线段.由此,他宣称$\pm a \pm b\sqrt{-1}$是存在的,因为有向线段有这个特点.

随后,阿尔冈对有向线段的积做了几何解释,并用几何方法得到和韦塞尔的表达式一样的乘积.阿尔冈还用这种几何思想证明了三角、几何及代数的一些定理.阿尔冈承认自己的推理不严密,但他同时强调,其目的仅仅是为几何研究提供一个新工具,并在此意义上考虑虚数.

早期复数发展历史中有一个引人注意的现象:在三个不同场合,均有两人独立和同时发现了复数的几何表示.就在阿尔冈的小书出版的同一年,布耶(A. Buée)的论文《关于虚数量的注记》也公开发表,其中提出了明确的虚数思想.1828年,华伦(J. Warren)的题为《负数平方根的几何表示》与穆雷(C. V. Mourey,1791—1830,法国数学家)的题为《一些负数和复数的真正理论》的论文在这一年同时发表.华伦意识到复数的交换律、结合律及分配律的重要性,在有关复数几何表示的工作中,他的思想独立于其他数学家.然而,更令人惊奇的是,高斯和韦塞尔可能同时发现了复数的几何表示.高斯第一次发表有关复数几何表示的论文是在1831年,在此高斯注释说他有这种思想已好多年了,其迹象隐含地存在于1799年他关于代数基本定理的证明中.在1831年4月15日高斯为其论文《双二次剩余理论》所做的第二个说明,以及1831年4月23日为《哥廷根学报》所写的这篇论文的摘要中,他对复数的几何表示是很清楚的.为了使双二次剩余定理优美简单,他提到与复数相联系的一个平面表示,将他的思想限制到形如$m+ni$的复数上(m,n是整数或零).他介绍了在平面里的一种无限方块格,并且将这些数字作为方块的顶点来考虑.高斯指出,通过一个临近点意味着按照方向去加$+1,-1,+i$或者$-i$,而且i可以认为是在1与-1之间的一个比例中项.另外,高斯不仅将复数表示为复平面上一点,而且阐述了复数的几何加法与乘法.他指出数的每一次扩充在最初时都伴随着担心与彷徨,虚量因为与实量相对而被认为是一种空洞无物的符号游戏,即使那些承认它有巨大作用的人,也否认其有可想象的物质基础.高斯说,他本人多年来就从另一个观点来看待这个数学中极其重要的分支,认为虚数也可以赋予客观存在性,并指出"复数的直观意义已完全建立起来,并且不需要再增加什么,就可以在算术领域中采用这些量".他还说,如果 $1,-1$ 和 $\sqrt{-1}$ 原来不称为正、负和虚数单位,而称为直、反和侧单位,那么人们对这些数就可能不会产生种种阴暗神秘的印象.他说,几何表示可以使人们对虚数真正有一个新的看法,他引进术语"复数"以与虚数相对立,并用 i 代替 -1.

在澄清复数概念的工作中,爱尔兰数学家哈密尔顿是非常重要的.哈密尔顿所关心的是算术的逻辑,并不满足于几何直观.他指出,复数 $a+bi$ 不是 $2+3$ 意义上的一个真正的和,加号的使用是历史的偶然,而 bi 不能加到 a 上去.复数 $a+bi$ 只不过是实数的有序数对 (a,b),并给出了有序数对的四则运算,同时,这些运算满足结合律、交换律和分配律.在这样的观点下,不仅复数被逻辑地建立在实数的基础上,而且至今还有点神秘的 $\sqrt{-1}$ 也完全消除了.

纵观复数的整个产生和发展过程,我们可以看出,复数的产生是人们传统思想上的一次真正的变革.由于它的概念最初与人们传统的数的概念格格不入,长期以来一直被认为是"不可能的数"或者数中的"怪物",但是,正是这种被看作是空洞的符号游戏的复数,却完全服从算术上的所有规律,并能完美地表达平面上的点,是一种将平面上的图形之间的复杂关系变成数的语言的很理想的工具,且很奇妙地推出了种种真实的结果.复数表现为理性和理想之间的某种神秘结合,反映了自由创造领先于形式化和逻辑基础的一种一般现象.复数的接受过程艰难曲折,最终确立它在数学中的地位的并不是逻辑,而是其几何解释.复数在数学界接受不到一个世纪就被应用于物理学.另外,它在电工学、力学、地图学和航天技术等许多领域中也已得到广泛应用.

代数数域

第 六 章

§1 代数数与超越数

1.1 代数数与超越数

虽然人们很早就知道了无理数的存在,但是在很长时间内都没能清楚地认识它们.无理数究竟是些什么样的数呢?当我们说 $\sqrt{2}$ 是无理数时,实际上是断言多项式 x^2-2 没有有理根.类似地,对素数 p, $\sqrt{p}$ 的无理性同样说明 x^2-p 没有有理根.一般地,一个整数系数的多项式可能有许多无理根,尽管求这些根通常很困难.

定理 1.1.1 整系数多项式
$$f(x)=x^n+a_1x^{n-1}+\cdots+a_n$$
的任何非整数实根,均为无理数.

证明 假设 $f(x)$ 有有理根 $x=\dfrac{a}{b}$,其中 a,b 互质, $b\geqslant 1$.

我们证明必有 $b=1$. 将 $\dfrac{a}{b}$ 代入方程 $f(x)=0$,可得

$$a^n=-b(a_1a^{n-1}+a_2a^{n-2}b+\cdots+a_nb^{n-1})$$

由此即知, b 的任何素数因子 p 必可整除 a^n,因此 p 必可整除 a,从而 p 为 a,b 的公因数,由 a,b 既约的假设,可知 $p=1$,这就推出 $b=1$,于是 $x=\dfrac{a}{b}=a$ 必为整数.

264

作为上述定理的特殊情形,考虑多项式 $x^n - a$,其中 a 为正整数,由定理的结论知,其根 $\sqrt[n]{a}$ 当 a 不为整数的 n 次幂时,必为无理数. 由此可知,平常所见的用根式表示的数,都是无理数.

按照代数学基本定理,有理数域 Q 上的每一个 n 次多项式在复数域中都有 n 个根. 如前所述,可能它们有一部分或全部落在数域 Q 的外面. 但是马上我们就会看到,并不是每一个复数或实数都可以为系数在 Q 中的多项式的根.

定义 1.1.1   如果复数 z 是有理数域 Q 上某一个非零次多项式的根,那么称它为对域 Q 而言的代数数;如果一个复数对域 Q 而言不是代数数,那么称它为对域 Q 而言的超越数[①].

例如,数 $\dfrac{2}{7}$,$\sqrt{2}$,$\sqrt[3]{7}$,$\sin\left(\dfrac{\pi}{6}\right)$,甚至 $\sqrt{11}+\sqrt[3]{2+\sqrt{7}}$[②] 都是代数数. 注意每个有理数 $\dfrac{a}{b}$ 都是代数数,因为它是多项式 $bx - a$ 的根. 因此代数数的概念显然是有理数概念的自然推广. 但是,正如我们看到的,许多代数数不是有理数. 另外,一切用根式表示的数,都是代数数. 但是因为代数方程的根并不都能用根式来表示[③],所以代数数还包含许多不能用根式表示的数.

有了代数数表面上的丰富性,我们或许会期望每个无理数都是代数数,也就是说,期望每个无理数都是一个整系数多项式的根. 举个特殊的例子,我们熟悉的数 $\pi = 3.141\,592\,6\cdots$ 是一个代数数吗? 在 18 世纪中叶,欧拉认为不是[④].

欧拉和他同时代的人不能证明 π 是超越数,事实上,在 1882 年德国数学家林德曼(F. Lindemann,1852—1939)证明 π 的超越性之前已经过去了 100 多年(这个事实的证明我们将在下一节完成). 找出一个具体的超越数确实一点儿都不容易. 第一个给出超越数的人是法国数学家刘维尔(Joseph Liouville,1809—1882),他是在 1840 年给出的. 我们沿用刘维尔的方法,取一个特殊的数,然后证明它是超越的. 刘维尔以非循环小数的形式给出

---

① 意指它超出了整系数多项式的根的范围.
② 这个看上去有些"可怕"的数是多项式
$$x^{12} - 66x^{10} - 8x^9 + 1\,815x^8 - 26\,610x^6 + 5\,808x^5 +$$
$$218\,097x^4 - 85\,160x^3 - 971\,388x^2 + 352\,176x + 1\,742\,288$$
的一个根.
③ 这个事实,我们将在《代数方程式论》中给出.
④ 欧拉(在 1755 年)写道:"看起来相当肯定的是圆周率构成了一个非常奇怪的超越的量,它无法与其他量相比较,无论是根还是其他的超越数." 勒让德在 1794 年证明了 π^2 是无理数,并指出:"可能 π 根本不包含在代数无理数中 …… 但似乎很难严格地证明这一点."

位数：　　1 2　　　6　　　　　　　　24　　　120　　　720
　　　　　↓ ↓　　↓　　　　　　　　↓　　　↓　　　↓
ξ ＝ 0. 1 1 000 1 000 000 000 000 000 00 1 00 … 00 1 00 … 00 1 00 …

更精确地说，ξ 的小数表达式中第 n 个"1"出现在小数点后第 $n!$ 位，小数中的其余各位数字均为零. ξ 的另一种表示方法是

$$\xi = \frac{1}{10} + \frac{1}{10^2} + \frac{1}{10^6} + \frac{1}{10^{24}} + \frac{1}{10^{120}} + \frac{1}{10^{720}} + \cdots$$

或者利用无穷级数的求和符号写成

$$\xi = \sum_{k=1}^{\infty} 10^{-k!}$$

为证明 ξ 是超越的，我们需要证明 ξ 不是任何整系数多项式的根. 正如 $\sqrt{2}$ 的无理性的证明一样，我们用反证法. 假设

$$f(x) = c_0 x^n + c_1 x^{n-1} + \cdots c_{n-1} x + c_n$$

是一个满足 $f(\xi) = 0$ 的整系数多项式. 刘维尔奇妙的想法是：如果一个无理数是多项式的根，那么它不可能与一个有理数太接近. 因此，在研究刘维尔数之前，我们先简短地讨论用有理数逼近无理数的问题.

定义 1.1.2　对于实数 α，若存在无限多个有理数 $\dfrac{k}{h}$（其中 h,k 互质，$k>0$）和常数 c，使得

$$\left| \alpha - \frac{k}{h} \right| < \frac{c}{k^n}$$

则称 α 具有 n 阶的有理逼近.

定理 1.1.2（刘维尔定理）　设代数数 α 是 n 次整系数多项式的根，那么 α 不可能有高于 n 阶的有理逼近.

证明　设 α 所满足的整系数多项式为

$$f(x) = a_0 x^n + a_1 x^{n-1} + \cdots + a_n \quad （a_i \text{ 为整数}）$$

记 I 为区间 $|x - \alpha| \leqslant 1, A = \max\limits_{x \in I} |f'(x)|$. 令 $\dfrac{h}{k}$ 为逼近 α 的任一有理数，不妨假设 $\dfrac{h}{k} \in I$. 因为 $f(x)$ 是不可约多项式，所以当 $n \geqslant 2$ 时，不可能有有理根，因而，$f\left(\dfrac{h}{k}\right) \neq 0$. 当 $n = 1$ 时，α 为一有理数，故若选取 k 超过 α 的分母，则 $\dfrac{h}{k} \neq \alpha$，亦有 $f\left(\dfrac{h}{k}\right) \neq 0$. 于是有

$$\left| f\left(\frac{h}{k}\right) \right| = \frac{|a_0 h^n + a_1 h^{n-1} + \cdots + a_n k^{n-1}|}{k^n} \geqslant \frac{1}{k^n}$$

另外,由多项式的拉格朗日中值定理(参看《多项式理论》卷),得

$$f\left(\frac{h}{k}\right) = f\left(\frac{h}{k}\right) - f(\alpha) = f'(\eta)\left(\frac{h}{k} - \alpha\right)$$

其中 η 为 $\frac{h}{k}$ 与 α 之间的某个值. 于是可得

$$\left| \frac{h}{k} - \alpha \right| = \left| \frac{f\left(\frac{h}{k}\right)}{f'(\eta)} \right| \geqslant \frac{1}{Ak^n}$$

上述不等式足以说明 α 不可能有高于 n 次的有理逼近,因为不可能存在常数 c,使得对于无限多个 k 满足 $\frac{1}{Ak^n} < \frac{1}{k^{n+1}}$.

刘维尔定理断定:代数数不允许用有理分数来做这样的逼近,使其精确度超过主要依赖于所给代数数的某一确定的阶. 这个定理的主要历史意义在于,它第一次使证明超越数的存在和做出这种数的具体例子成为可能.

定理 1.1.3　数 $\xi = \sum\limits_{k=1}^{\infty} 10^{-k!}$ 是一个超越数.

证明　任取一正整数 m,我们证明 ξ 具有 m 阶的有理逼近. 令 $r_m = \sum\limits_{k=1}^{m} 10^{-k!}$,它是一个分母等于 $10^{m!}$ 的有理数. 以它作为 ξ 的逼近数,则得

$$|\xi - r_m| = 10^{-(m+1)!} + 10^{-(m+2)!} + \cdots < 2 \cdot 10^{-(m+1)!} < (10^{-m!})^m$$

显然,对于一切 $n \geqslant m$ 的 r_n,都有

$$|\xi - r_n| < (10^{-n!})^n \leqslant (10^{-n!})^m$$

这就说明了 ξ 具有 m 阶的有理逼近. 而 m 可以选得任意大,于是根据定理1.2.1,ξ 不可能是代数数,必为超越数.

人们把上述的数 ξ,以及类似于 ξ 的那种具有任意阶有理逼近的数,称之为刘维尔数.

1.2　数 e 和 π 的超越性·代数数域的可数性

继刘维尔之后,1873 年法国数学家厄尔米特(Charles Hermite, 1822—1901)应用微积分的工具,证明了数 e 是超越数. 关于数 e,欧拉于 1737 年即已用连分数的方法,证明了它是一个无理数. 但 e 的超越性,证明则困难得多. 在厄尔米特之前,刘维尔曾证明 e 不是二次代数数(1840 年). 今将他们的工作简介如下:

定理 1.2.1　e 不是二次代数数.

证明　假若不然,设 e 满足整系数的二次方程

$$a_0 + a_1 e + a_2 e^2 = 0$$

方程两端同乘以 $n!\ e^{-1}$,并将 e, e^{-1} 用无穷级数表示,则得

$$a_0 n!\ \left(\frac{1}{2!} - \frac{1}{3!} + \cdots + \frac{(-1)^n}{n!} + \frac{(-1)^{n+1}}{(n+1)!} + \cdots\right) +$$

$$n!\ a_1 + n!\ a_2\left(2 + \frac{1}{2!} + \cdots + \frac{1}{n!} + \frac{1}{(n+1)!} + \cdots\right) = 0$$

将上式右端分为两部分,记作

$$S_n + R_n = 0$$

其中

$$S_n = a_0 n!\ \left(\frac{1}{2!} - \frac{1}{3!} + \cdots + \frac{(-1)^n}{n!}\right) + n!\ a_1 + n!\ a_2\left(2 + \frac{1}{2!} + \cdots + \frac{1}{n!}\right)$$

$$R_n = a_0 n!\ \left(\frac{(-1)^{n+1}}{(n+1)!} + \cdots\right) + n!\ a_2\left(\frac{1}{(n+1)!} + \cdots\right)$$

$$= n!\ \left(\frac{(-1)^{n+1} a_0 + a_2}{(n+1)!} + \cdots\right)$$

如此,S_n 是一个整数,而对 R_n 的绝对值我们有

$$|R_n| \leqslant n!\ (|a_0| + |a_2|)\left(\frac{1}{(n+1)!} + \frac{1}{(n+2)!} + \cdots\right)$$

$$< \frac{2(|a_0| + |a_2|)}{n+1}$$

由上式可知,当 n 充分大时,可使 $|R_n| < 1$. 下面证明 $R_n \neq 0$ 至少对无穷多个 n 成立. 假若不然,则在 $R_n = 0$ 的两端同乘以 $n+1$,可得

$$(-1)^n a_0 - a_2 = \frac{(-1)^{n+2} a_0 + a_2}{n+2} + \frac{(-1)^{n+3} a_0 + a_2}{(n+2)(n+3)} + \cdots$$

与上同理可证明上式右端当 n 充分大时,绝对值小于 1,而等式左端当 $|a_0| \neq |a_2|$ 时,对一切 n 都是非零整数,当 $|a_0| = |a_2|$ 时,也可以适当选取 n 使等式左端为非零整数(因为 a_0, a_2 不能同时为 0),这就导致矛盾. 因此总有充分大的 n,使 R_n 为一绝对值小于 1 的非零实数,这样 $S_n + R_n = 0$ 便不可能成立. 这个矛盾证明了 e 不能是二次代数数.

定理 1.2.2　e 不满足有理数域上任何次的代数方程,即 e 是超越数.

证明　反证法. 如果 e 满足一个有理系数代数方程式

$$a_m x^m + a_{m-1} x^{m-1} + \cdots + a_1 x + a_0 = 0 \quad (m \geqslant 1, a_m \neq 0)$$

即

$$a_m \mathrm{e}^m + a_{m-1} \mathrm{e}^{m-1} + \cdots + a_1 \mathrm{e} + a_0 = 0 \tag{1}$$

设 $u = f(x)$ 是任一 n 次多项式，$v = (-1)^{n+1} \mathrm{e}^{-x}$，在分部积分的递推公式

$$\int_a^b u v^{(n+1)} \mathrm{d}x = \left[u v^{(n)} - u' v^{(n-1)} + \cdots + (-1)^n u^{(n)} \right] \Big|_a^b - (-1)^{n+1} \int_a^b u^{(n+1)} v \mathrm{d}x$$

中，取 $a = 0$，又因为 $f^{(n+1)}(x) = 0$，所以

$$\int_0^b f(x) \mathrm{e}^{-x} \mathrm{d}x = - \mathrm{e}^{-x} \left[f(x) + f'(x) + \cdots + f^{(n)}(x) \right] \big|_0^b$$

或者

$$\mathrm{e}^b F(0) = F(b) + \mathrm{e}^b \int_0^b f(x) \mathrm{e}^{-x} \mathrm{d}x$$

这里 $F(x) = f(x) + f'(x) + \cdots + f^{(n)}(x)$.

在上面那个等式中顺次取 $b = 0, 1, 2, \cdots, m$，然后以 $a_0, a_1, \cdots, a_m$ 分别乘所得到的这些等式的两边，我们将得到一系列等式

$$a_0 \mathrm{e}^0 F(0) = a_0 F(0) + a_0 \mathrm{e}^0 \int_0^0 f(x) \mathrm{e}^{-x} \mathrm{d}x$$

$$a_1 \mathrm{e}^1 F(0) = a_1 F(1) + a_1 \mathrm{e}^1 \int_0^1 f(x) \mathrm{e}^{-x} \mathrm{d}x$$

$$\vdots$$

$$a_m \mathrm{e}^m F(0) = a_m F(m) + a_m \mathrm{e}^m \int_0^m f(x) \mathrm{e}^{-x} \mathrm{d}x$$

现在再把这 $m+1$ 个等式的两端分别相加，并且注意到(1)，我们有

$$0 = a_0 F(0) + a_1 F(1) + \cdots + a_m F(m) + \sum_{k=0}^m a_k \mathrm{e}^k \int_0^k f(x) \mathrm{e}^{-x} \mathrm{d}x \tag{2}$$

既然式(2)对于任意的 n 次多项式都是成立的，因此如果能找出一个使式(2)不能成立的多项式便可得出矛盾，定理也就证明了.

为此，我们取

$$f(x) = \frac{1}{(p-1)!} x^{p-1} (x-1)^p (x-2)^p \cdots (x-m)^p$$

其中 p 是大于 m 与 $|a_0|$ 的素数. 现在来证明 $f(x)$ 具有下述性质：

①$f(x), f'(x), \cdots, f^{(p-1)}(x)$ 当 $x = 1, 2, \cdots, m$ 时都等于 0；

②$f^{(p)}(x), f^{(p+1)}(x), \cdots, f^{(mp+p-1)}(x)$ 各多项式的系数都是整数，并且可以被 p 整除.

这是因为任一 $(x-t)^p$ 均是多项式 $f(x)$ 的因子(这里 $t = 1, 2, \cdots, m$)，因此 $f(x), f'(x), \cdots, f^{(p-1)}(x)$ 都能被 $x-t$ 整除，因而性质 ① 成立. 又由于 p 个连续自然数的积总能被 $p!$ 整除，所以 $f(x)$ 的 p 阶以及 p 阶以上的导数具有整系

数,并且这些整系数能被 p 整除,即性质 ② 成立.

由 ①② 可知

$$F(1), F(2), \cdots, F(m)$$

都是整数,并且是 p 的倍数. 但是 $F(0)$ 的情形不同. 因为

$$F(0) = f(0) + f'(0) + \cdots + f^{(p-2)}(0) + f^{(p-1)}(0) +$$

$$f^{(p)}(0) + \cdots + f^{(mp+p-1)}(x)$$

这个式子右边前 $p-1$ 项等于 0(因为 $f(x)$ 的每一项都不小于 $p-1$),第 $p+1$ 项以后的所有项都是 p 的倍数. 但第 p 项为 $f^{(p-1)}(0)$,由著名的乘积导数的莱布尼茨(Leibniz)公式,可得

$$f^{(p-1)}(0) = [(-1)^m m!\ ]^p$$

因为 p 是大于 m 的整数,所以 $f^{(p-1)}(0)$ 不能被 p 整除,从而 $F(0)$ 也就不能被 p 整除. 又因为 p 大于 $|a_0|$,所以 a_0 不能被 p 整除. 因此,$a_0 F(0)$ 不能被 p 整除. 由于已经证明 $F(1), F(2), \cdots, F(m)$ 都是 p 的倍数,所以式(2)右边的和数

$$a_0 F(0) + a_1 F(1) + \cdots + a_m F(m)$$

不能被 p 整除. 因而它不等于 0.

下面讨论式(2)右边的第二和数,在区间 $[0, m]$ 上,显然有

$$|f(x)| = \left| \frac{1}{(p-1)!} x^{p-1} (x-1)^p (x-2)^p \cdots (x-m)^p \right|$$

$$< \frac{1}{(p-1)!} m^{p-1} m^p \cdots m^p = \frac{m^{mp+p-1}}{(p-1)!}$$

所以

$$\left| \int_0^k f(x) e^{-x} dx \right| \leqslant \int_0^k |f(x)| e^{-x} dx < \int_0^k \frac{m^{mp+p-1}}{(p-1)!} e^{-x} dx$$

$$= \frac{m^{mp+p-1}}{(p-1)!} \int_0^k e^{-x} dx$$

又

$$\int_0^k e^{-x} dx = -e^{-x} \Big|_0^k = 1 - e^{-k} < 1$$

所以

$$\left| \int_0^k f(x) e^{-x} dx \right| < \frac{m^{mp+p-1}}{(p-1)!}$$

如果记 $c = |a_0| + |a_1| + \cdots + |a_m|$,那么

$$\left| \sum_{k=0}^m a_k e^k \int_0^k f(x) e^{-x} dx \right| \leqslant \sum_{k=0}^m |a_k| \cdot e^k \cdot \left| \int_0^k f(x) e^{-x} dx \right|$$

$$< \sum_{k=0}^{m} |a_k| \cdot e^k \cdot \frac{m^{mp+p-1}}{(p-1)!}$$

$$= ce^m \frac{m^{mp+p-1}}{(p-1)!} = ce^m \cdot m^m \cdot \frac{(m^{m+1})^{p-1}}{(p-1)!}$$

既然 $\lim\limits_{p\to\infty} ce^m \cdot m^m \cdot \dfrac{(m^{m+1})^{p-1}}{(p-1)!} = 0$，于是存在充分大的 p，使得

$$\left| \sum_{k=0}^{m} a_k e^k \int_0^k f(x)e^{-x}dx \right| < |a_0 F(0) + a_1 F(1) + \cdots + a_m F(m)|$$

由此即知式(2)的右边不等于 0，所以式(2)对我们选取的上述 $f(x)$ 不成立. 这是一个矛盾，因此 e 是超越数.

这样，我们就找到了两个超越数 $\xi = \sum\limits_{k=1}^{\infty} 10^{-k!}$ 以及 e. 事实上，超越数是无穷多的. 1874 年德国年青数学家康托发表了题为《关于所有实代数数所成集合的一个性质》的论文，用集合论的方法证明了所有代数数组成一个可数集，这就是说几乎所有的实数都是超越数！

定理 1.2.3 全体代数数是一个可数集.

具体证明细节参看《集合论》卷.

1882 年德国数学家林德曼在厄尔米特证明了 e 为超越数的基础上，进一步推广他的方法，证明了 π 的超越性. 我们先来证明下面的预备定理.

预备定理 设整系数代数方程

$$ax^m + a_1 x^{m-1} + \cdots + a_{m-1} x + a_m = 0 \quad (m \geq 1, a \neq 0) \tag{3}$$

的根是 $\omega_1, \omega_2, \cdots, \omega_m$，而 $\alpha_1, \alpha_2, \cdots, \alpha_n$ 代表

$$\omega_1, \omega_2, \cdots, \omega_m; \omega_1 + \omega_2, \omega_1 + \omega_3, \cdots, \omega_{m-1} + \omega_m; \cdots; \omega_1 + \omega_2 + \cdots + \omega_m \tag{4}$$

中所有不等于零的数，则 $a\alpha_1, a\alpha_2, \cdots, a\alpha_n$ 的每一整系数对称多项式是整数.

证明 首先(4)中共有

$$C_m^1 + C_m^2 + \cdots + C_m^m = 2^m - 1$$

个数，今以

$$\alpha_1, \alpha_2, \cdots, \alpha_n, \alpha_{n+1}, \cdots, \alpha_{2^m-1} \tag{5}$$

表示它们，于是按照题设

$$\alpha_{n+1} = \alpha_{n+2} = \cdots = \alpha_{2^m-1} = 0$$

设 $f(a\alpha_1, a\alpha_2, \cdots, a\alpha_n)$ 是 $a\alpha_1, a\alpha_2, \cdots, a\alpha_n$ 的任一整系数对称多项式，则由对称多项式基本定理（参看《多项式理论》卷），$f(a\alpha_1, a\alpha_2, \cdots, a\alpha_n)$ 能表示成 $a\alpha_1, a\alpha_2, \cdots, a\alpha_n$ 的基本对称多项式的整系数多项式. 而 $a\alpha_1, a\alpha_2, \cdots, a\alpha_n$ 的基本对称多项式即为 $a\alpha_1, a\alpha_2, \cdots, a\alpha_n, a\alpha_{n+1}, \cdots, a\alpha_{2^m-1}$ 的基本对称多项式，因而是

$a\omega_1, a\omega_2, \cdots, a\omega_m$ 的对称多项式,于是 $f(a\alpha_1, a\alpha_2, \cdots, a\alpha_n)$ 能表示成

$$\sigma_1 = \sum_{i=1}^{m} a\omega_i, \sigma_2 = \sum_{i \neq j}(a\omega_i)(a\omega_j), \cdots, \sigma_m = (a\omega_1)(a\omega_2)\cdots(a\omega_m)$$

的整系数多项式. 但由根与系数的关系(韦达定理,参看《多项式理论》卷)可知, $\sigma_1 = -a_1, \sigma_2 = aa_2, \cdots, \sigma_m = (-1)^m a^{m-1} a_m$ 都是整数,故 $f(a\alpha_1, a\alpha_2, \cdots, a\alpha_n)$ 是整数.

定理 1.2.4 π 是一个超越数.

证明 采用反证法. 假设 π 是代数数,则存在某个整系数多项式以 π 为其根,即

$$d_0 \pi^{m'} + d_1 \pi^{m'-1} + \cdots + d_{m'} = 0 \quad (d_0 \neq 0)$$

因此

$$\{d_0(\mathrm{i}\pi)^{m'} - d_2(\mathrm{i}\pi)^{m'-2} + \cdots\} + \mathrm{i}\{d_1(\mathrm{i}\pi)^{m'-1} - d_3(\mathrm{i}\pi)^{m'-3} + \cdots\} = 0$$

或者

$$(d_0(\mathrm{i}\pi)^{m'} - d_2(\mathrm{i}\pi)^{m'-2} + \cdots)^2 + (d_1(\mathrm{i}\pi)^{m'-1} - d_3(\mathrm{i}\pi)^{m'-3} + \cdots)^2 = 0$$

这就是说 $\mathrm{i}\pi$ 是一个代数数. 设 $\mathrm{i}\pi$ 满足整系数代数方程

$$ax^m + a_1 x^{m-1} + \cdots + a_{m-1} x + a_m = 0 \quad (a > 0)$$

其根为 $\omega_1 = \mathrm{i}\pi, \omega_2, \cdots, \omega_n$. 由于 $1 + \mathrm{e}^{\omega_1} = 0$,因此

$$(1 + \mathrm{e}^{\omega_1})(1 + \mathrm{e}^{\omega_2})\cdots(1 + \mathrm{e}^{\omega_n}) = 0$$

乘开即得

$$c + \sum_{k=1}^{n} \mathrm{e}^{\alpha_k} = 0 \quad (c > 0) \tag{6}$$

其中 $\alpha_1, \alpha_2, \cdots, \alpha_n$ 为预备定理所定义的各数,而 $c-1$ 即为(4)中等于零的数的个数.

设 $f(x)$ 为任意一个 h 次多项式,既然函数 $f(x)$ 与 e^{-x} 都在整个复平面上解析,所以定理 1.2.3 的证明过程中所得到的等式

$$\mathrm{e}^b F(0) = F(b) + \mathrm{e}^b \int_0^b f(x)\mathrm{e}^{-x}\,\mathrm{d}x$$

对于 $\alpha_k(k=1,2,\cdots,n)$ 仍然成立. 因此

$$F(\alpha_k) = \mathrm{e}^{\alpha_k} F(0) - \mathrm{e}^{\alpha_k} \int_0^{\alpha_k} f(x)\mathrm{e}^{-x}\,\mathrm{d}x$$

其中 $F(x) = f(x) + f'(x) + \cdots + f^{(h)}(x)$,而积分路线可取 0 到 α_k 的直线. 由式(6)可得

$$cF(0) + \sum_{k=1}^{n} F(\alpha_k) = -\sum_{k=1}^{n} \mathrm{e}^{\alpha_k} \int_0^{\alpha_k} f(x)\mathrm{e}^{-x}\,\mathrm{d}x \tag{7}$$

272

需要指出的是,式(7)对任意的多项式 $f(x)$ 来说都成立. 如果我们能找到某一个多项式使式(7)不成立,就得出了矛盾,定理也就证明了. 为此,取

$$f(x) = \frac{1}{(p-1)!}(ax)^{p-1}\left[(ax - a\alpha_1) \cdot (ax - a\alpha_2) \cdot \cdots \cdot (ax - a\alpha_m)\right]^p$$

其中 p 是素数,并且 $p > \max\{a, c, |a^n\alpha_1\cdots\alpha_n|\}$. 由预备定理可知,$(p-1)!\ f(x)$ 是关于 ax 的整系数多项式,并且同定理 1.2.3 的证明类似,$f(x)$ 具有下面的性质:

①$f(x), f'(x), \cdots, f^{(p-1)}(x)$ 当 $x = \alpha_1, \alpha_2, \cdots, \alpha_n$ 时都等于零;

②$f^{(p)}(x), f^{(p+1)}(x), \cdots, f^{((n+1)p-1)}(x)$ 都是关于 ax 的整系数多项式,且这些系数都被 p 整除.

由 ① 可得

$$F(\alpha_k) = f^{(p)}(\alpha_k) + \cdots + f^{((np+p-1)}(\alpha_k)$$

由 ② 可知,$F(\alpha_k)$ 可以写成 $(a\alpha_k)$ 的整系数多项式,且系数都是 p 的倍数,即

$$F(\alpha_k) = p\sum_{t=0}^{np-1} b_t(a\alpha_k)^t$$

因此有

$$\sum_{k=1}^{n} F(\alpha_k) = p\sum_{t=0}^{np-1} b_t(\sum_{k=0}^{n} a\alpha_k)^t$$

由预备定理知,$\sum_{k=1}^{n}(a\alpha_k)^t(t = 0, 1, \cdots, np-1)$ 都是整数,故 $\sum_{k=1}^{n} F(\alpha_k)$ 是整数且能被 p 整除,即 $\sum_{k=1}^{n} F(\alpha_k) \equiv 0 \pmod{p}$.

现在来看 $F(0)$,由定义可知

$$F(0) = f(0) + f'(0) + \cdots + f^{(p-1)}(0) + f^{(p)}(0) + \cdots + f^{((n+1)p-1)}(0)$$

上式右端中前 $p-1$ 项为零,从 $p+1$ 项以后各项都是 p 的倍数,而

$$f^{(p-1)}(0) = (-1)^{np}a^{p-1}(a\alpha_1 a\alpha_2\cdots a\alpha_n)^p$$

故

$$F(0) \equiv (-1)^{np}a^{p-1}(a\alpha_1 a\alpha_2\cdots a\alpha_n)^p p \pmod{p}$$

进一步,我们得到

$$cF(0) + \sum_{k=1}^{n} F(\alpha_k) \equiv ca^{p-1}\left[(-1)^n(a\alpha_1)(a\alpha_2)\cdots(a\alpha_n)\right]^p \pmod{p}$$

但素数 $p > \max\{a, c, |a\alpha_1 a\alpha_2\cdots a\alpha_n|\}$,从而有

$$(p, a) = (p, c) = (p, |a\alpha_1 a\alpha_2\cdots a\alpha_n|) = 1$$

所以 $ca^{p-1}\left[(-1)^n(a\alpha_1)(a\alpha_2)\cdots(a\alpha_n)\right]^p$ 不能被 p 整除,进而 $cF(0)+\sum\limits_{k=1}^{n}F(\alpha_k)$

不能被 p 整除,由此可知 $cF(0)+\sum\limits_{k=1}^{n}F(\alpha_k)$ 为非零整数,从而有

$$\mid cF(0)+\sum_{k=1}^{n}F(\alpha_k)\mid\geqslant 1 \tag{8}$$

另外,设 $M=\max\{\mid\alpha_1\mid,\mid\alpha_2\mid,\cdots,\mid\alpha_n\mid\}$,那么当 $\mid x\mid\leqslant M$ 时,有

$$\mid f(x)\mid\leqslant\frac{\mid a\mid^{np+p-1}M^{p-1}(2M)^{np}}{(p-1)!}$$

$$\mid\mathrm{e}^{-x}\mid\leqslant\mathrm{e}^{\mid x\mid}\leqslant\mathrm{e}^{M}\mid$$

又因为积分路线的长 $\mid\alpha_k\mid\leqslant M$,所以

$$\mid\int_0^{\alpha_k}f(x)\mathrm{e}^{-x}\mathrm{d}x\mid\leqslant\frac{2^{np}a^{np+p-1}M^{(n+1)p}}{(p-1)!}\cdot\mathrm{e}^{M}$$

由此得

$$\mid\sum_{k=1}^{n}\mathrm{e}^{\alpha_k}\int_0^{\alpha_k}f(x)\mathrm{e}^{-x}\mathrm{d}x\mid\leqslant 2^{np}a^{np+p-1}n\mathrm{e}^{2M}\cdot\frac{M^{(n+1)p}}{(p-1)!}$$

当 $p\rightarrow+\infty$ 时,上式右端趋于零,故对于充分大的素数 p,可以得到

$$\mid\sum_{k=1}^{n}\mathrm{e}^{\alpha_k}\int_0^{\alpha_k}f(x)\mathrm{e}^{-x}\mathrm{d}x\mid\leqslant 1$$

可是这个式子与式(8)矛盾,故 π 是超越数.

1.3 代数数的极小多项式

在研究关于有理数域 Q 的代数数的性质时,自然要用到 Q 上的以此代数数为根的多项式.但是对于同一个数 z,在 Q 上存在几个(甚至无限多个)多项式,使 z 是它们的根.为了避免这种不定性,自然要选出一个确定的多项式来.下面的定理就是为了这个目的.

定理 1.3.1 如果数 z 是关于域 Q 的代数数,则在 Q 上存在唯一的不可约多项式 $p(x)$,其最高系数等于 1,而 z 是它的根.Q 上每个以 z 为根的多项式都能被多项式 $p(x)$ 整除.

证明 设 $f(x)$ 是 Q 上任意一个以 z 为根的多项式,把 $f(x)$ 分解为一个常数与在 Q 上不可约的几个多项式的乘积(参阅《多项式理论》卷),其中各多项式的最高系数都等于 1,即

$$f(x)=ap_1(x)p_2(x)\cdots p_m(x)$$

令 $x=z$,得

$$f(z)=ap_1(z)p_2(z)\cdots p_m(z)=0$$

如果 $a \neq 0$,就是说,$f(x)$ 不等于常数零,那么各因子中的 $p_i(x)$ 应等于零.这样,我们就得到 Q 上的不可约多项式 $p_i(x)$,它的最高项系数等于1,而 z 是它的根.同时,原来在 Q 上的以 z 为根的多项式被这个 $p_i(x)$ 整除.还要证明的是,如果 $p(x)$ 与 $q(x)$ 都是 Q 上的不可约多项式,其最高项系数都等于1,而 z 是它们中每一个的根,那么 $p(x)=q(x)$.事实上,试观察多项式 $p(x)$ 与 $q(x)$ 的最高公因式 $D(x)$,而 $D(x)$ 的最高项系数等于1. $D(x)$ 是 Q 上的多项式(参阅《多项式理论》卷),并且是 $p(x)$ 的因式.因 $p(x)$ 不可约,而 $p(x)$ 与 $D(x)$ 的最高项系数都等于1,数 $D(x)$ 或者等于1,或者是 $p(x)$ 本身,但是第一种情况是不可能的,因为 $D(x)$ 应被 $p(x)$ 与 $q(x)$ 的每个公因式整除,但 z 是两个多项式的根,所以 $x-z$ 是它们的公因式(参阅《多项式理论》卷),因此 $D(x)$ 应被 $x-z$ 整除.故 $D(x)=p(x)$.同理可以证明,$D(x)=q(x)$.因此 $p(x)$ 与 $q(x)$ 相等.

定理 1.3.1 的证明自然给出下面的概念:

定义 1.3.1 设代数数 z 是某个在域 Q 上不可约多项式的根,且此多项式的最高系数等于1,则此多项式称为代数数 z 在域 Q 上的极小多项式;极小多项式的次数称为代数数 z 关于域 Q 的次数.

特别地,有理数可以看作一次代数数;数 $\sqrt{2}$,因为它是不可约多项式 $x^2-2=0$ 的根,所以它是二次代数数,也称为二次无理数;类似地可以定义三次的、四次的无理数,等等.

我们知道,特征为 ∞ 的域上不可约多项式没有重根,特别地,有理数域 Q 上不可约多项式也无重根.两个关于 Q 的代数数,如果是同一个(域 Q 上)不可约多项式的根,则称它们是彼此共轭的.

这样一来,全部代数数的集合可以分解为没有公共元素的类,每类含有有限个代数数,都是互相共轭的.每一个域 Q 中的数都是一次多项式的根,没有和它自身不相同的共轭数,而且这一性质是域 Q 中数的特征:每一个不在 Q 中的(对 Q 而言)代数数都是次数大于1的不可约多项式的根,因而对于它来说有和它自己不相同的共轭数存在.

现在我们来指出代数数的一些性质.这些性质是直接由定义 1.3.1 与定理 1.3.1 得到的.

(1)设已知数 z 是关于域 Q 的代数数,则它们关于 Q 的各不相同的共轭数的个数等于它关于 Q 的次数(这时 z 本身也看作 z 的一个共轭数).

事实上,我们知道,在任何域上不可约的多项式,它所有的根都是单根(参阅《多项式理论》卷). 因此这种多项式的各不相同的根的个数等于它的次数(参阅《多项式理论》卷). 但是按照定义, 在 Q 上不可约的多项式, 当其最高项系数是 1, 且以 z 为根时, 它的次数就是数 z 的次数.

(2) 如果数 z 是有理数域 Q 上 n 次多项式 $f(x)$ 的根, 则 z 关于 Q 的次数不超过 n.

实际上, 根据定理 1.3.1, $f(x)$ 应被在 Q 上不可约的多项式 $p(x)$ 整除, 而 $p(x)$ 的次数等于 z 的次数, 因而 z 的次数小于 n.

1.4 代数数的性质

我们知道, 有理数集是实数轴上的一个稠密集. 读者容易自行证明, 二次实代数数在实数轴上也是稠密的. 这个事实, 可以推广到一般的情形.

定理 1.4.1 任何 $n(n \geqslant 1)$ 次的实代数数均在实数轴上稠密.

证明 设 α, β 为任两实数, $\alpha < \beta$. 要证明存在一个 n 次实代数数 γ, 满足 $\alpha < \gamma < \beta$. 由于在第三章中已经证明了有理数的稠密性(第三章, §2, 定理 2.2.1), 因此下面证明仅对于 $n \geqslant 2$ 的情形进行.

应用二项展开定理, 易证下述不等式

$$(x+\beta)^n - (x+\alpha)^n = [(x+\alpha) + (\beta-\alpha)]^n - (x+\alpha)^n$$
$$> n(x+\alpha)^{n-1}(\beta-\alpha)$$

对于一切满足 $x + \alpha > 0$ 的 x 成立. 注意到不等式右端当 x 趋于无穷时可取任意大的值, 因此必有自然数 j, 使 $j + \alpha > 0, j + \beta > 0$, 并满足

$$(j+\beta)^n - (j+\alpha)^n > 5$$

上述不等式表明, 在实数 $(j+\alpha)^n$ 和 $(j+\beta)^n$ 之间, 至少存在四个连续排列的正整数, 因此其中必有一个可以表示为 $4k+2(k$ 为正整数) 的形式. 于是由连续函数关于中间值的定理(第四章, §4, 定理 4.3.3), 在 α 和 β 之间必存在一个实数 γ, 使 $(j+\gamma)^n = 4k+2$. 就是说 γ 满足整系数代数方程

$$f(x) = (x+j)^n - (2k+1) = 0$$

所以它是一个代数数. 再根据爱森斯坦不可约准则(参看《多项式理论》卷) 知, $f(x)$ 为不可约多项式, 故 γ 为 n 次代数数.

上述定理说明, 各次代数数的数目, 都是"很多"的, 而有理数只是代数数中的一个很小的部分而已.

一个数域, 假如它所包含的数全是代数数, 则称它是有理数域的一个代数扩张. 例如我们来看由所有形如 $a + b\sqrt{2}$(其中 a, b 为有理数) 的数构成的集合,

容易验证这个集合关于通常的加法及乘法构成一个域. 这个数域是将代数数 $\sqrt{2}$ 添加到有理数域中去,然后与所有有理数一起实行加减乘除运算而生成的一个域,我们把它记作 $Q(\sqrt{2})$.

像 $Q(\sqrt{2})$ 这样添加一个(或有限个)代数数到有理数域中而生成的代数扩张域,称为有理数域的单扩张. 一个有理数域的单扩张域,虽然它所包含的数,比起有理数域是扩大了,但其"完备"性质,却并不比有理数域来得好些. 我们知道,有理数域上的多项式,它的根会跑出有理数域之外,这个性质,我们称之为代数不完备性. 有理数域的这个代数不完备性,对于它的任何单扩张域,仍无改变. 例如在 $Q(\sqrt{2})$ 上的多项式 $x^2-\sqrt{2}$,它的根就不在 $Q(\sqrt{2})$ 之内. 那么,是否存在代数完备的代数扩张域呢?

我们考虑由所有代数数组成的集合.

定理 1.4.2 任两个代数数经过加、减、乘、除运算后仍为代数数.

证明 若 $\alpha_1,\alpha_2,\cdots,\alpha_n$ 为 α 关于 Q 的共轭数及 $\beta_1,\beta_2,\cdots,\beta_m$ 为 β 关于 Q 的共轭数,则 α 的初等对称函数与 β 的初等对称函数都是 Q 中的数. 乘积

$$H(x)=\prod_{k=1}^{m}\prod_{i=1}^{n}(x-(\alpha_i+\beta_k))$$

是 α 亦是 β 的一个对称多项式,则由对称多项式的基本定理可知它是 Q 上的一个多项式,$\alpha+\beta$ 是它的一个根,所以它是 Q 上的一个代数数. 同理可知,$\alpha-\beta$ 与 $\alpha\beta$ 亦是代数数.

对于 $\dfrac{\alpha}{\beta}$,则这一方法就不起作用了,这是由于这一乘积不是 β 的一个多项式,从而基本定理不能应用. 若 $\beta\neq 0$,则在 β 在 Q 上的极小多项式

$$x^m+c_{m-1}x^{m-1}+\cdots+c_1x+\cdots+c_0$$

中令 $x=\dfrac{1}{y}$,并乘以 y^m,所以由这一方法得到的 y 的多项式有根 $\dfrac{1}{\beta}$,它是 Q 上的一个代数数. 由刚才的证明可知,乘积 $\alpha\cdot\dfrac{1}{\beta}=\dfrac{\alpha}{\beta}$ 亦为 Q 上的一个代数数. 定理证毕.

定理 1.4.2 说明代数数在四则运算下是封闭的,从而组成一个域. 显然它是有理数域的最大代数扩张. 同时,从刚才所证明的定理推知,任何有理数和根式的和,例如 $1+\sqrt[3]{2}$;任何根式的和,例如 $\sqrt{3}+\sqrt[7]{5}$,都是代数数. 但是,我们还不能断定写为"两层"根式形状的数,例如 $\sqrt{1+\sqrt{2}}$,是否为代数数,下面的定理提供了依据:

定理 1.4.3 设 $u_0, u_1, \cdots, u_n$ 均为代数数,则方程

$$u_n x^n + u_{n-1} x^{n-1} + \cdots + u_1 x + u_0 = 0$$

的所有根仍为代数数.

证明 设 $f(x) = u_n x^n + u_{n-1} x^{n-1} + \cdots + u_1 x + u_0$. 我们证明,如果 $f(\alpha) = 0$,那么 α 是代数数. 既然 $u_0, u_1, \cdots, u_n$ 均为代数数,于是对于每一个数 $u_i (i=0, 1, \cdots, n)$,存在有理数域上的多项式 $g_i(x)$,使得 $g_i(u_i) = 0$. 今设 $g_i(x)$ 的次数为 m_i,而它的 m_i 个根分别为

$$u_i^{(1)} = u_i, u_i^{(2)}, \cdots, u_i^{(m_i)}$$

现在我们来构造一个多项式 $F(x)$,而 $F(\alpha) = 0$. 考虑多项式

$$F(x) = \prod_{k_n=1}^{m_n} \cdots \prod_{k_0=1}^{m_0} f_0(x; u_0^{(k_0)}, u_1^{(k_1)}, \cdots, u_n^{(k_n)})$$

这里

$$f_0(x; u_0^{(k_0)}, u_1^{(k_1)}, \cdots, u_n^{(k_n)}) = u_n^{(k_n)} x^n + u_{n-1}^{(k_{n-1})} x^{n-1} + \cdots + u_1^{(k_1)} x + u_0^{(k_0)}$$

由对称多项式的基本定理(参看《多项式理论》卷),多项式

$$\prod_{k_0=1}^{m_0} f_0(x; u_0^{(k_0)}, u_1^{(k_1)}, \cdots, u_n^{(k_n)})$$

的系数是 $u_1^{(k_1)}, u_2^{(k_2)}, \cdots, u_n^{(k_n)}$ 的有理系数多项式,所以可记作 $f_1(x; u_1^{(k_1)}, u_2^{(k_2)}, \cdots, u_n^{(k_n)})$. 完全同样的理由可依次推出多项式

$$\prod_{k_i=1}^{m_i} f_i(x; u_i^{(k_i)}, \cdots, u_n^{(k_n)}) \quad (i=1, 2, \cdots, n)$$

的系数是 $u_{i+1}^{(k_{i+1})}, \cdots, u_n^{(k_n)}$ 的有理系数多项式,所以可记作 $f_{i+1}(x; u_{i+1}^{(k_{i+1})}, u_{i+2}^{(k_{i+2})}, \cdots, u_n^{(k_n)})$. 最后推得

$$F(x) = \prod_{k_n=1}^{m_n} f_n(x; u_n^{(k_n)}) = f_{n+1}(x)$$

是有理系数多项式. 由于 $F(x)$ 含有因子 $f(x)$,于是 $F(\alpha) = 0$,这就推出了我们的结论.

应用这个定理到数 $\beta = \sqrt{1 + \sqrt{2}}$. 由前面的定理已经知道,数 $\alpha = 1 + \sqrt{2}$ 是一个代数数,故系数为代数数的多项式 $x^2 - \alpha$ 的根 β 是一个代数数. 一般地说,重复应用刚才证明的两个定理,读者不难得出下面的结论:

每一个可以写为有理数域上根式(也就是经过有限多个根式,一般是"多层的"组合所表出的) 的数,都是代数数.

§2 高斯整数的整除性理论[①]

2.1 高斯整数环·高斯整数的整除性·高斯整数的范数

在第二章中,我们研究了整数集合的一些性质.有意思的是,在其他一些数集中也存在类似于整数的一些关于整除、素数和因子分解的性质.

首先我们研究高斯整数,即其分量 a,b 都为整数的复数 $a+bi,i=\sqrt{-1}$.任意这样的高斯整数满足整系数的首一多项式方程 $x^2-2ax+(a^2+b^2)=0$,因此它是代数数.注意到,若 n 是一个整数,则 $n=n+0\cdot i$ 也是高斯整数.当我们讨论高斯整数的时候,将通常的整数称为有理整数.我们通常使用希腊字母来表示高斯整数,例如, α,β,γ 和 δ.

高斯整数是以伟大的德国数学家高斯的名字命名的,他是第一位深入研究这类数性质的数学家.

两个高斯整数的和、差、积仍然是高斯整数,因此全体高斯整数构成交换环 $Z[i]$,称为高斯整数环.但是高斯整数环在除法下并不封闭,这一点与有理整数相似.

我们可以像研究有理整数那样去研究高斯整数.整数的许多基本性质可以直接类推到高斯整数上.要讨论高斯整数的这些性质,我们需要介绍高斯整数类似于通常整数的一些概念.特别地,我们需要说明一个高斯整数整除另一个高斯整数的意义.然后,我们将定义高斯素数、一对高斯整数的最大公因数以及其他一些重要概念.

定义 2.1.1 设 α 和 β 是高斯整数,我们称 α 整除 β,是指存在一个高斯整数 γ 使得 $\beta=\alpha\gamma$.若 α 整除 β,记作 $\alpha\mid\beta$;若 α 不整除 β,记作 $\alpha\nmid\beta$.

例如,由于 $(2-i)(5+3i)=13+i$,故有 $2-i\mid 13+i$;但是 $3+2i\nmid 6+5i$,因为

$$\frac{6+5i}{3+2i}=\frac{(6+5i)(3-2i)}{(3+2i)(3-2i)}=\frac{28+3i}{13}=\frac{28}{13}+\frac{3}{13}i$$

不是高斯整数.

---

① 本节内容引自罗森(Kenneth H. Rosen)的《初等数论及其应用》(机械工业出版社出版,夏鸿刚译),部分内容做了微小的改动.

高斯整数的整除也满足有理整数整除的一些相同的性质.例如,若 α,β 和 γ 是高斯整数,$\alpha \mid \beta,\beta \mid \gamma$,则 $\alpha \mid \gamma$.再者,若 α,β,γ,μ 和 ν 是高斯整数,$\gamma \mid \alpha,\gamma \mid \beta$,则 $\gamma \mid (\mu\alpha + \nu\beta)$.这些性质留给读者自行验证.

对任意复数 α,有时候引进"范数"是方便的.对于任意复数 $z = x + yi$,它的模 $|z| = \sqrt{x^2 + y^2}$.而它的范数 $N(z)$ 定义为

$$N(z) = |z|^2 = x^2 + y^2$$

如此,范数 $N(z)$ 是 z 与它的共轭复数 $\bar{z} = x - yi$ 的乘积

$$N(z) = (x + yi)(x - yi) = x^2 + y^2$$

这个范数永远是非负的,并且 $N(z) = 0$ 当且仅当 $z = 0$.

如果 z 和 w 是两个复数,那么 zw 的共轭是 z 和 w 的共轭的乘积,即 $\overline{zw} = \bar{z} \cdot \bar{w}$,于是

$$N(zw) = (zw)\overline{zw} = (zw)(\bar{z} \cdot \bar{w}) = (z\bar{z})(w\bar{w}) = N(z)N(w)$$

这个等式意味着,对应 $z \to N(z)$ 保持乘积,换句话说,它是由非零的数 z 组成的乘法群到实数的乘法群上的同态映射.特别地,高斯整数的范数是(有理)整数.

2.2 高斯整数环的单位·高斯素数

在有理整数中,恰有两个整数是1的因子,就是1和 -1.现在我们要决定哪些高斯整数是1的因子.首先,我们给出下述定义.

定义 2.2.1 若 $\varepsilon \mid 1$,则称高斯整数 ε 是单位.若 ε 是单位,则称 $\varepsilon\alpha$ 为高斯整数 α 的一个相伴.

下面我们用便于计算的方法来刻画高斯整数是单位的条件.

定理 2.2.1 一个高斯整数 ε 是单位当且仅当 $N(\varepsilon) = 1$.

证明 首先假设 ε 是单位,则存在一个高斯整数 ν 使得 $\varepsilon\nu = 1$,由范数的性质可知,$N(\varepsilon\nu) = N(\varepsilon)N(\nu)$.因为 ε 和 ν 都是高斯整数,所以 $N(\varepsilon)$ 和 $N(\nu)$ 都是正整数,于是 $N(\varepsilon) = N(\nu) = 1$.

反之,假设 $N(\varepsilon) = 1$,则 $\varepsilon \cdot \bar{\varepsilon} = N(\varepsilon) = 1$.从而 $\varepsilon \mid 1$,ε 是单位.

定理 2.2.1 使我们能够决定哪些高斯整数是单位.

定理 2.2.2 高斯整数的单位为 $1,-1,i$ 和 $-i$.

证明 由定理 2.2.1 可知,高斯整数 $a + bi$ 是单位当且仅当 $N(a + bi) = 1$.因为 $N(a + bi) = a^2 + b^2$,所以 $a + bi$ 是单位当且仅当 $a^2 + b^2 = 1$.而 a,b 都是有理整数,所以我们有 $a + bi$ 是单位当且仅当 $(a,b) = (1,0),(-1,0),(0,1)$ 或

$(0,-1)$. 从而 $a+bi$ 是单位当且仅当 $a+bi=1,-1,i$ 或 $-i$.

现在我们已经知道哪些高斯整数是单位,所以对于一个高斯整数 α 来说,它的全部相伴是四个高斯整数 $\alpha,-\alpha,i\alpha$ 和 $-i\alpha$.

现在来考虑高斯整数分解成素因子的问题.一个有理整数是素数当且仅当它不能被除了 $1,-1$,它自身及其相反数以外的其他整数整除.为了定义高斯素数,我们希望整除性能够忽略单位和相伴.

定义 2.2.2 若非零高斯整数 π 不是单位,而且只能够被单位和它的相伴整除,则称之为高斯素数.

由高斯素数的定义可知,一个高斯整数 π 是素的当且仅当它恰有 8 个因子——4 个单位和它的 4 个相伴,即 $1,-1,i,-i,\pi,-\pi,i\pi$ 和 $-i\pi$(高斯整数中的单位恰有 4 个因子,也就是 4 个单位.既不是单位也不是素数的高斯整数必有多于 8 个的相异因子).

整数集合中的素数被称为有理素数.下面我们将会看到有些有理素数仍然是高斯素数,但是有些就不再是高斯素数了.在给出高斯素数的例子之前,我们先证明一个有用的结论,可以用来帮助我们判断一个高斯整数是否为素数.

定理 2.2.3 若 π 是高斯整数,而且 $N(\pi)=p$,其中 p 是有理素数,则 π 和 $\bar{\pi}$ 是高斯素数,而 p 不是高斯素数.

证明 假设 $\pi=\alpha\beta$,其中 α,β 是高斯整数,则 $N(\pi)=N(\alpha)N(\beta)$,因此 $p=N(\alpha)N(\beta)$.因为 $N(\alpha)$ 和 $N(\beta)$ 是正整数,所以 $N(\alpha)=1$ 且 $N(\beta)=p$,或者 $N(\alpha)=p$ 且 $N(\beta)=1$.由定理 2.2.1 可知,或者 α 是单位,或者 β 是单位.这意味着 π 不能分解成两个非单位的高斯整数的乘积,因此它必然是一个高斯素数.

注意到 $N(\pi)=\pi\cdot\bar{\pi}$.因为 $N(\pi)=p$,从而有 $p=\pi\cdot\bar{\pi}$,这说明 p 不是高斯素数而 $N(\bar{\pi})=p$,所以 $\bar{\pi}$ 也是高斯素数.

现在我们给出高斯素数的一些例子.

我们可以用定理 2.2.3 来证明 $2-i$ 是高斯素数,因为 $N(2-i)=2^2+1^2=5$,而 5 是有理素数.再由 $5=(2+i)(2-i)$ 可知,5 不是高斯素数.类似地,$2+3i$ 是高斯素数,因为 $N(2+3i)=2^2+3^2=13$,而 13 是有理素数.进而 13 不是高斯素数,因为 $13=(2+3i)(2-3i)$.

定理 2.2.3 的逆命题不成立.我们立刻看到,存在高斯素数,它的范数不是有理素数.

整数 3 是高斯素数(下面会给出证明),但是 $N(3)=N(3+0\cdot i)=3^2+0^2=9$ 不是有理素数.

为了证明 3 是高斯素数,我们假设 $3=(a+bi)(c+di)$,其中 $a+bi$ 和 $c+di$ 不是单位. 等式两边同时取范数,我们有 $N(3)=N((a+bi)\cdot(c+di))$. 于是 $9=N(a+bi)\cdot N(c+di)$. 因为 $a+bi$ 和 $c+di$ 都不是单位,$N(a+bi)\neq 1$,$N(c+di)\neq 1$,所以 $N(a+bi)=N(c+di)=3$. 也就是说 $N(a+bi)=a^2+b^2=3$,而这是不可能的,因为 3 不是两个有理整数的平方和. 从而证明了 3 是高斯素数.

通过刚才的例子,我们发现有些有理素数仍然是高斯素数,例如 3;但是有些有理素数 $5=(2+i)(2-i)$ 就不再是高斯素数.

2.3 高斯整数的带余除法和最大公因数

在第二章中,我们介绍了有理整数的带余除法,也就是用正整数 b 去除整数 a,可得到一个小于 b 的非负整数 r(余数);而且我们所得到的商和余数都是唯一的. 对于高斯整数,我们也希望有类似的结论,但是在高斯整数中,说一个除式中的余数小于除数是没有意义的. 我们利用范数,可以让除式中余数的范数小于除数的范数,从而得到推广的带余除法,进而克服这个困难. 但是,不像有理整数的情况那样,我们计算得到的商和余数并不是唯一的,这一点我们将会通过后面的例子来说明.

定理 2.3.1(高斯整数的带余除法)   对于给定的高斯整数 α 和 $\beta(\beta\neq 0)$,存在高斯整数 γ 和 ρ 适合

$$\alpha=\beta\gamma+\rho,0\leqslant N(\rho)<N(\beta)$$

定理中的 γ 被称为商,ρ 被称为余数.

证明   我们从商 $\dfrac{\alpha}{\beta}=r+si$ 出发,选取 r' 和 s' 是与有理数 r 和 s 最接近的整数(事实上,只要令 $r'=[r+\frac{1}{2}],s'=[s+\frac{1}{2}]$ 就行了). 那么

$$\frac{\alpha}{\beta}=(r'+s'i)+[(r-r')+(s-s')i]=\gamma+\delta,\gamma=r'+s'i,\delta=(r-r')+(s-s')i$$

这里 $|r-r'|\leqslant\dfrac{1}{2}$,$|s-s'|\leqslant\dfrac{1}{2}$,所以

$$N(\delta)=(r-r')^2+(s-s')^2\leqslant\frac{1}{4}+\frac{1}{4}<1$$

现在把等式 $\dfrac{\alpha}{\beta}=r+si$ 写成 $\alpha=\beta\gamma+\beta\delta$,其中 $\alpha,\beta\gamma$ 都是高斯整数,因此 $\beta\delta$ 也是高斯整数,而且这里 $N(\beta\delta)=N(\beta)N(\delta)<N(\beta)$. 证毕.

注 在刚才的证明中,用非零高斯整数 β 去除高斯整数 α,我们构造了一个余数 ρ 使得 $0 \leqslant N(\rho) \leqslant \dfrac{N(\beta)}{2}$. 也就是说,余数的范数不超过除数范数的 $\dfrac{1}{2}$.

下面的例子说明了如何计算定理 2.3.1 的证明过程中的商和余数. 这个例子也表明,这些取值并非是唯一的,从而意味着存在其他可能的值也满足定理的结论.

令 $\alpha = 13 + 20i, \beta = -3 + 5i$. 我们按照定理 2.3.1 证明中的步骤来找 γ 和 ρ,使得 $\alpha = \beta\gamma + \rho$,而且 $N(\rho) < N(\beta)$. 也就是 $13 + 20i = (-3 + 5i)\gamma + \rho$ 且 $0 \leqslant N(\rho) < N(-3 + 5i) = 34$. 首先,用 β 去除 α 可得

$$\frac{13 + 20i}{-3 + 5i} = \frac{61}{34} - \frac{125}{34}i.$$

然后,我们找到最接近 $\dfrac{61}{34}$ 和 $\dfrac{-125}{34}$ 的整数,分别是 2 和 -4. 因此,我们可取 $\gamma = 2 - 4i$ 作为商. 对应的余数为 $\rho = \alpha - \beta\gamma = (13 + 20i) - (-3 + 5i)\gamma = (13 + 20i) - (-3 + 5i)(2 - 4i) = -1 - 2i$. 通过计算 $N(-1 - 2i) = 5$ 小于 $N(-3 + 5i) = 34$,可知 $N(\rho) < N(\beta)$.

除了按照定理 2.3.1 的证明构造出来的 γ 和 ρ 外,还可以选择其他的值,同样也满足带余除法的结论. 例如,我们可以取 $\gamma = 2 - 3i, \rho = 4 + i$,这是因为 $13 + 20i = (-3 + 5i)(2 - 3i) + (4 + i)$,而且 $N(4 + i) = 17$ 小于 $N(-3 + 5i) = 34$.

在整数环中,利用最大公因数的性质,我们证明了若一个素数整除两个整数的乘积,则它必然整除其中一个整数. 由此事实,我们证明了任何一个整数都能够唯一地表示成一些素因子乘积的形式(不计素因子排列顺序). 下面对高斯整数我们将得到类似的结论. 首先,我们给出高斯整数最大公因数的定义. 我们将说明,任意一对不全为零的高斯整数都有最大公因数. 然后证明,若一个高斯素数整除两个高斯整数的乘积,则它必然整除其中一个. 我们将利用这些结论得出高斯整数的唯一因子分解定理.

我们不能直接照搬整数最大公因数的原始定义,因为说一个高斯整数比另一个大是没有意义的. 但是,利用第二章中定理 2.2.3 描述的两个有理整数最大公因数的方法(没有用整数大小的序关系),我们可以定义出两个高斯整数的最大公因数.

定义 2.3.1 设 α 和 β 是两个高斯整数,α 和 β 的最大公因数是满足如下两个性质的高斯整数 γ:

(1) $\gamma \mid \alpha$ 且 $\gamma \mid \beta$;

(2) 若 $\delta \mid \alpha$ 且 $\delta \mid \beta$,则 $\delta \mid \gamma$.

若 γ 是高斯整数 α 和 β 的最大公因数,则可直接证明 γ 的所有相伴也都是 α 和 β 的最大公因数.因此,若 γ 是 α 和 β 的最大公因数,则 $-\gamma$,$\mathrm{i}\gamma$,和 $-\mathrm{i}\gamma$ 也都是 α 和 β 的最大公因数.反之也成立,即任意两个高斯整数的最大公因数是相伴的,这一点将在后面给出证明.

现在,我们证明任意两个高斯整数都存在最大公因数.

定理 2.3.2 若 α 和 β 是不全为零的高斯整数,则:

(1) 存在高斯整数 γ 是 α 和 β 的最大公因数;

(2) 若 γ 是 α 和 β 的最大公因数,则存在高斯整数 μ 和 ν,使得 $\gamma = \mu\alpha + \nu\beta$.

证明 令 $S = \{N(\mu\alpha + \nu\beta) \mid$ 其中 μ,ν 为高斯整数,并且 $\mu\alpha + \nu\beta \neq 0\}$.因为当 μ 和 ν 是高斯整数时,$\mu\alpha + \nu\beta$ 也是高斯整数,而非零高斯整数的范数都是正整数,所以 S 中的元素都是正整数.显然 S 非空,因为 $N(1 \cdot \alpha + 0 \cdot \beta) = N(\alpha)$ 和 $N(0 \cdot \alpha + 1 \cdot \beta) = N(\beta)$ 不全为 0,所以至少有一个在 S 中.

因为 S 是个非空的正整数集,由良序性质可知,S 中必有最小元.因此,存在非零高斯整数 $\gamma = \mu_0\alpha + \nu_0\beta$,其中 μ_0,ν_0 为高斯整数,使得对任意高斯整数 μ,ν,当 $\mu\alpha + \nu\beta \neq 0$ 时,均有 $N(\gamma) \leqslant N(\mu\alpha + \nu\beta)$.

下面我们来证明 γ 就是 α 和 β 的最大公因数.为此假设 δ 是 α 和 β 的任一公因数,于是存在高斯整数 σ 和 τ 使得 $\alpha = \delta\sigma$,$\beta = \delta\tau$,从而由

$$\gamma = \mu_0\alpha + \nu_0\beta = \mu_0\delta\sigma + \nu_0\delta\tau = \delta(\mu_0\sigma + \nu_0\tau)$$

可知 $\delta \mid \gamma$.

要证明 γ 是 α 和 β 的公因数,我们只需证明 γ 整除任意形如 $\mu\alpha + \nu\beta$ 的高斯整数.因此我们假设 $\kappa = \mu_1\alpha + \nu_1\beta$,其中 μ_1 和 ν_1 都是高斯整数.由定理 2.3.1 即高斯整数的带余除法可知

$$\kappa = \gamma\eta + \rho$$

其中 η 和 ρ 都是高斯整数,并且 $0 \leqslant N(\rho) < N(\gamma)$.此外,$\rho$ 也是形如 $\mu\alpha + \nu\beta$ 的高斯整数,这可由下式看出

$$\rho = \kappa - \gamma\eta = (\mu_1\alpha + \nu_1\beta) - (\mu_0\alpha + \nu_0\beta)\eta = (\mu_1 - \mu_0\eta)\alpha + (\nu_1 - \nu_0\eta)\beta$$

注意到 γ 的取法,取的是所有形如 $\mu\alpha + \nu\beta$ 的非零高斯整数中范数最小的.由于 ρ 也有此形式,且 $0 \leqslant N(\rho) < N(\gamma)$,所以只有 $N(\rho) = 0$.由范数的性质可知 $\rho = 0$.因此 $\kappa = \gamma\eta$.从而我们得出任意形如 $\mu\alpha + \nu\beta$ 的高斯整数都能被 γ 整除.

下面我们来证明前面提到的那个结论:

定理 2.3.3 若 γ_1 和 γ_2 都是不全为零的高斯整数 α 和 β 的最大公因数,则 γ_1 和 γ_2 彼此相伴.

证明 假设 γ_1 和 γ_2 都是 α 和 β 的最大公因数.由最大公因数定义,$\gamma_2 \mid \gamma_1$.

从而存在高斯整数 ε 和 η,使得 $\gamma_2 = \varepsilon \gamma_1, \gamma_1 = \eta \gamma_2$.结合两式,可得

$$\gamma_1 = \varepsilon \eta \gamma_1$$

两边同时除以 $\gamma_1(\gamma_1 \neq 0$,因为 0 不是两个不全为零的高斯整数的最大公因数),可得

$$\varepsilon \eta = 1$$

即 ε 和 η 都是单位.由于 $\gamma_1 = \eta \gamma_2$,所以 γ_1 和 γ_2 相伴.

定理2.3.3的逆命题同样也成立,我们将其作为习题留给读者来验证.

定义 2.3.2 若 1 是高斯整数 α 和 β 的最大公因数,则称 α 和 β 互素.

注意,1 是 α 和 β 的最大公因数当且仅当 1 的相伴 $-1, i, -i$ 也都是 α 和 β 的最大公因数.例如,若 i 是 α 和 β 的最大公因数,则这两个高斯整数互素.

我们可以仿照欧几里得算法来计算几个高斯整数的最大公因数.

定理 2.3.4(高斯整数的欧几里得算法) 令 $\rho_0 = \alpha$ 和 $\rho_1 = \beta$ 为非零高斯整数.若连续使用高斯整数带余除法,得到

$$\rho_j = \rho_{j+1} \gamma_{j+1} + \rho_{j+2}$$

其中 $N(\rho_{j+2}) < N(\rho_{j+1}), j = 0, 1, 2, \cdots, n-2$,并且 $\rho_{n+1} = 0$,则最后一个非零余数 ρ_n 就是 α 和 β 的最大公因数.

我们将定理2.3.4的证明留给读者,可参考第一章定理3.2.1的证明思路.我们可将高斯整数的欧几里得的步骤倒推回去,从而将求出的最大公因数表示为两个高斯整数的线性组合的形式.下面用例子来说明这一点.

例 假设 $\alpha = 97 + 210i, \beta = 123 + 16i$.利用欧几里得算法(基于定理2.3.1的证明过程中给出的带余除法)可以按下列几个步骤来找出 α 和 β 的最大公因数.

$$97 + 210i = (123 + 16i)(1 + 2i) + (6 - 52i)$$
$$123 + 16i = (6 - 52i)(2i) + (19 + 4i)$$
$$6 - 52i = (19 + 4i)(-3i) + (-6 + 5i)$$
$$19 + 4i = (-6 + 5i)(-2 - 2i) + (-3 + 2i)$$
$$-6 + 5i = (-3 + 2i)2 + i$$
$$-3 + 2i = i(2 + 3i) + 0$$

我们得出 i 是 $97 + 210i$ 和 $123 + 16i$ 的最大公因数.因此,这两个高斯整数的所有最大公因数为i的相伴 $1, -1, i$ 和 $-i$.从而可知 $97 + 210i$ 和 $123 + 16i$ 互素.

因为 $97 + 210i$ 和 $123 + 16i$ 是互素的,所以我们可以将i表示成这两个高斯整数的线性组合的形式.对上述步骤倒推,然后两边同时乘以 $-i$,可以找到高

斯整数 μ 和 ν，使得 $1 = \mu\alpha + \nu\beta$. 这些计算都留给读者来完成. 最终结果是

$$(97 + 210i)(-24 + 21i) + (123 + 16i)(57 + 17i) = 1$$

2.4 高斯整数的唯一因子分解

算术基本定理表明，任意一个有理整数都能唯一地分解成素数的乘积. 这个定理的证明依赖于这样一个性质：若一个有理素数 p 整除两个有理整数的乘积 ab，则 $p \mid a$ 或者 $p \mid b$. 下面证明高斯整数的一个类似的性质，它在证明高斯整数的唯一分解定理中起着重要的作用.

定理 2.4.1 若 π 是高斯素数，α 和 β 是高斯整数，且 $\pi \mid \alpha\beta$，则 $\pi \mid \alpha$ 或者 $\pi \mid \beta$.

证明 假设 π 不整除 α，下面证明 π 必然整除 β. 因为 $\pi \nmid \alpha$，则知 $\varepsilon\pi \nmid \alpha$，其中 ε 为单位. 因为 π 的因子只有 $1, -1, i, -i, \pi, -\pi, i\pi$ 和 $-i\pi$. 从而 π 和 α 的最大公因数只能是单位. 也就是说，1 是 π 和 α 的最大公因数. 由定理 2.3.2 知，存在高斯整数 μ 和 ν，使得 $1 = \mu\pi + \nu\alpha$. 等式两边同时乘以 β，有 $\beta = \pi(\mu\beta) + \nu(\alpha\beta)$.

由定理假设 $\pi \mid \alpha\beta$，知 $\pi \mid \nu(\alpha\beta)$，又 $\beta = \pi(\mu\beta) + \nu(\alpha\beta)$，从而可得 $\pi \mid \beta$.

定理 2.4.1 是证明高斯整数具有唯一因子分解性的关键. 而其他的一些代数整数集，例如 $Z[\sqrt{-5}]$（形如 $a + b\sqrt{-5}$ 的二次整数全体）并不具有类似定理 2.4.1 的性质，从而也不具有唯一因子分解性.

我们可以将定理 2.4.1 推广到多个数乘积的情形：

定理 2.4.2 若 π 是不可分解的高斯素数，$\alpha_1, \alpha_2, \cdots, \alpha_m$ 是高斯整数，且 $\pi \mid \alpha_1\alpha_2\cdots\alpha_m$，则存在一个整数 $j, 1 \leqslant j \leqslant m$，使得 $\pi \mid \alpha_j$.

证明 可以用数学归纳法来证明这个结论. 当 $m = 1$ 时，结论是显然的. 现在设对 $m = k$ 时结论成立，其中 k 是正整数. 也就是说，如果假设

$$\pi \mid \alpha_1\alpha_2\cdots\alpha_k$$

其中 α_i 是高斯整数，$i = 1, 2, \cdots, k$，则 $\pi \mid \alpha_i$ 对某个整数 $i (1 \leqslant i \leqslant k)$ 成立. 现在假设

$$\pi \mid \alpha_1\alpha_2\cdots\alpha_k\alpha_{k+1}$$

其中 α_i 是高斯整数，$i = 1, 2, \cdots, k+1$，则 $\pi \mid \alpha_1(\alpha_2\cdots\alpha_k\alpha_{k+1})$. 由定理 2.4.1，有 $\pi \mid \alpha_1$ 或者 $\pi \mid \alpha_2\cdots\alpha_k\alpha_{k+1}$. 若 $\pi \mid \alpha_2\cdots\alpha_k\alpha_{k+1}$，则由归纳假设可知，$\pi \mid \alpha_j$ 对某个整数 $j (2 \leqslant j \leqslant m)$ 成立. 从而可知，存在整数 $j, 1 \leqslant j \leqslant k+1$，使得 $\pi \mid \alpha_j$. 证毕.

下面我们陈述并证明高斯整数的唯一因子分解定理. 当然，高斯首先给出

了此定理的证明.

定理 2.4.3(高斯整数的唯一因子分解定理)   假设 γ 是非零高斯整数,且 γ 不是单位,则:

(1)γ 能够表示成一些高斯素数的乘积;

(2)该分解在下面的意义下是唯一的,也就是说,若

$$\gamma = \pi_1\pi_2\cdots\pi_s = \rho_1\rho_2\cdots\rho_t$$

其中 $\pi_1,\pi_2,\cdots,\pi_s,\rho_1,\rho_2,\cdots,\rho_t$ 都是高斯素数,则有 $s=t$,并且对这些因子重新标号(如果有必要的话),可使得 π_i 和 ρ_i 是相伴的,其中 $i=1,2,\cdots,s$.

证明   我们用第二数学归纳法对 γ 的范数 $N(\gamma)$ 进行归纳来证明(1).首先 $\gamma\neq0$ 而且 γ 不是单位,由定理 2.2.1 可知,$N(\gamma)\neq1$,从而 $N(\gamma)\geqslant2$.

当 $N(\gamma)=2$ 时,由定理 2.2.3 可得 γ 是高斯素数.因此,在这种情况下,γ 恰为一个高斯素数(它自身)的乘积.

现在假设 $N(\gamma)>2$.我们假定任意范数小于 $N(\gamma)$ 的高斯整数 δ 都可以写成高斯素数的乘积,这是归纳法的假设.若 γ 是高斯素数,则它显然可以表示成高斯素数的乘积,就是它自身.否则,$\gamma=\eta\theta$,其中 η 和 θ 都是高斯整数,而且不是单位.因为 η 和 θ 不是单位,由定理 2.1.1 可知,$N(\eta)>1,N(\theta)>1$.进而,由 $N(\gamma)=N(\eta)N(\theta)$,我们有 $2\leqslant N(\eta)\leqslant N(\gamma),2\leqslant N(\theta)\leqslant N(\gamma)$.由归纳假设可知,$\eta$ 和 θ 均为一些高斯素数的乘积 $\eta=\pi_1\pi_2\cdots\pi_s,\theta=\rho_1\rho_2\cdots\rho_t$,其中 $\pi_1,\pi_2,\cdots,\pi_s,\rho_1,\rho_2,\cdots,\rho_t$ 都是高斯素数.因此

$$\gamma = \eta\theta = \pi_1\pi_2\cdots\pi_s\rho_1\rho_2\cdots\rho_t$$

是一些高斯素数的乘积.从而也就证明了任意非零高斯整数都可以写成高斯素数乘积的形式.

下面我们再用第二数学归纳法来证明定理第二部分,即在定理描述的意义下分解是唯一的.假设 γ 是非零高斯整数,且不是单位.由定理 2.2.1 知 $N(\gamma)\geqslant2$.下面开始归纳法的证明.首先,当 $N(\gamma)=2$ 时,γ 是高斯素数,因此 γ 表示成高斯素数乘积只有一种方式,即乘积中只有一项 γ.

现在假定定理的第二个结论对所有范数小于 $N(\gamma)$ 的高斯整数 δ 都成立.假设 γ 能够以两种方式表示为高斯素数的乘积,即

$$\gamma = \pi_1\pi_2\cdots\pi_s = \rho_1\rho_2\cdots\rho_t$$

其中 $\pi_1,\pi_2,\cdots,\pi_s,\rho_1,\rho_2,\cdots,\rho_t$ 都是高斯素数.显然 $s>1$;否则 γ 为高斯素数,此时已知表示法唯一.

因为 $\pi_1\mid\pi_1\pi_2\cdots\pi_s$,而且 $\pi_1\pi_2\cdots\pi_s=\rho_1\rho_2\cdots\rho_t$,所以有 $\pi_1\mid\rho_1\rho_2\cdots\rho_t$.由定理 2.4.2 知,有 $\pi_1\mid\rho_k$ 对某个整数 $k(1\leqslant k\leqslant t)$ 成立.我们可以对 $\rho_1,\rho_2,\cdots,\rho_t$ 重

287

新排序（如果有必要的话），使得 $\pi_1 \mid \rho_1$. 由于 ρ_1 是高斯素数，它只能被单位和它的相伴整除，因此 π_1 和 ρ_1 必然相伴. 所以 $\rho_1 = \varepsilon\pi_1$，其中 ε 为单位. 这表明

$$\pi_1\pi_2\cdots\pi_s = \rho_1\rho_2\cdots\rho_t = \varepsilon\pi_1\rho_2\cdots\rho_t$$

对上式两边同时除以 π_1，可得

$$\pi_2\pi_3\cdots\pi_s = (\varepsilon\rho_2)\rho_3\cdots\rho_t$$

由于 π_1 是高斯素数，我们有 $N(\pi_1) \geqslant 2$. 因此

$$1 \leqslant N(\pi_2\pi_3\cdots\pi_s) < N(\pi_1\pi_2\cdots\pi_s) = N(\gamma)$$

由归纳假设以及 $\pi_2\pi_3\cdots\pi_s = (\varepsilon\rho_2)\rho_3\cdots\rho_t$，我们可以推出 $s-1 = t-1$，并且通过重新排序（如果有必要的话），可使得 ρ_i 是 π_i 的相伴，这里 $i = 2, 3, \cdots, s$. 从而定理的第二部分得证.

将高斯整数分解成高斯素数的乘积可以通过计算范数来完成. 由于这些范数是有理整数，从而可以分解成一些素数的乘积. 对分解式中的每一个素数，我们来寻找以此为范数的高斯整数的可能高斯素因子. 可以用每一个可能的高斯素因子做除法. 因此来判断它是否能够整除该高斯整数.

例 将 20 分解成高斯素数的乘积. 计算可得 $N(20) = 20^2 = 400$，因此 20 的高斯素因子的范数可能是 2 或 5. 我们发现，用 $(1+i)^4$ 去除 20，可得商为 -5. 而 $5 = (1+2i)(1-2i)$，故有 $20 = -(1+i)^4(1+2i)(1-2i)$.

§3　代数整数的整除性理论

3.1　代数整数环

从推广高斯整数的概念开始，我们来研究一下高斯整数所满足的多项式方程. 如果 $\alpha = a + bi$ 是高斯整数，而不是有理整数，那么 $b \neq 0$，并且 α 一定满足一个二次方程，这就是

$$[x - (a+bi)][x - (a-bi)] = x^2 - 2ax + (a^2 + b^2) = 0$$

它是以整数为系数的首项系数为 1 的代数方程. 一般地，我们引入：

定义 3.1.1 如果复数 α 满足一个整系数且首项系数为 1 的代数方程，那么称 α 是有理数域 Q 上的代数整数.

按定义，代数整数一定是代数数，但反之不一定成立. 另外，任意一个整数 $m(m \in \mathbf{Z})$ 一定是代数整数，因为可以取 $f(x) = x - m$ 使得 $f(m) = 0$；反之，如

果有理数 $a = \dfrac{s}{t}(s, t \in \mathbf{Z})$ 是代数整数,那么 a 一定是整数,因为由定义知有首

一整系数多项式 $f(x) = x^n + a_{n-1}x^{n-1} + \cdots + a_0$ 使 $f(a) = 0$. 可以假定 s 和 t 互

素,$t \geq 1$,这样就有

$$0 = t^n f(\frac{s}{t}) = s^n + a_{n-1}ts^{n-1} + \cdots + a_1 t^{n-1}s + a_0 t^n$$

由此推出 $t \mid s^n$,因为 $(s, t) = 1, t \geq 1$,所以必有 $t = 1$,即 $a = s \in \mathbf{Z}$. 因此一个有
理数是代数整数当且仅当它是一个普通意义下的整数. 于是 $\mathbf{Z}$ 的(普通)整数称
为有理整数,以便同其他代数整数相区别. 又代数整数的共轭数亦为代数整数,
这是因为一个代数整数及其共轭数满足同一个首一的整系数多项式.

对于代数整数,首先可以建立重要的定理:

定理 3.1.1　两个代数整数的和、差、积仍为代数整数.

证明　设 α, β 是任意的两个代数整数,并且分别满足

$$\alpha^n + a_1 \alpha^{n-1} + \cdots + a_n = 0 \quad (a_i \in \mathbf{Z})$$
$$\beta^m + b_1 \beta^{m-1} + \cdots + b_m = 0 \quad (b_i \in \mathbf{Z})$$

为了证明 α, β 的和 $\alpha + \beta$ 还是代数整数,令

$$\gamma_1 = \alpha^0 \beta^0, \gamma_2 = \alpha^0 \beta^1, \cdots, \gamma_m = \alpha^0 \beta^{m-1}$$
$$\gamma_{m+1} = \alpha^1 \beta^0, \gamma_{m+2} = \alpha^1 \beta^1, \cdots, \gamma_{2m} = \alpha^1 \beta^{m-1}$$
$$\vdots$$
$$\gamma_{(n-1)m+1} = \alpha^{n-1} \beta^0, \gamma_{(n-1)m+2} = \alpha^{n-1} \beta^1, \cdots, \gamma_h = \alpha^{n-1} \beta^{m-1}$$

其中 $h = nm$ 并且规定 $\alpha^0 = 1$,于是可写

$$(\alpha + \beta)\gamma_1 = C_{11}\gamma_1 + C_{12}\gamma_2 + \cdots + C_{1h}\gamma_h$$
$$(\alpha + \beta)\gamma_2 = C_{21}\gamma_1 + C_{22}\gamma_2 + \cdots + C_{2h}\gamma_h$$
$$\vdots$$
$$(\alpha + \beta)\gamma_h = C_{h1}\gamma_1 + C_{h2}\gamma_2 + \cdots + C_{hh}\gamma_h$$

这里 C_{ij} 都是确定的整数(例如,在第一方程式里面,$C_{12} = C_{1(m+1)} = 1$,其余系数
C_{1j} 均为零).

因为 γ_i 不全为零,换句话说,上述方程组有非零解,所以系数行列式

$$\begin{vmatrix} C_{11}-(\alpha+\beta) & C_{12} & \cdots & C_{1h} \\ C_{21} & C_{22}-(\alpha+\beta) & \cdots & C_{2h} \\ \vdots & \vdots & & \vdots \\ C_{h1} & C_{h2} & \cdots & C_{hh}-(\alpha+\beta) \end{vmatrix} = 0$$

由此得出

$$(\alpha + \beta)^h + d_1(\alpha + \beta)^{h-1} + \cdots + d_h = 0 \quad (d_i \in \mathbf{Z})$$

由此可知,$\alpha + \beta$ 是代数整数.

类似地,可以证明 $\alpha - \beta, \alpha\beta$ 是代数整数,由此得出所有代数整数构成一个整环.

下面的定理指出了代数整数这种特别的代数数的极小多项式的特征:

定理 3.1.2 代数整数的极小多项式的系数是有理整数.

我们给出两个证明,一是利用定理 3.1.1,另一是利用本原多项式的高斯引理(参阅《多项式理论》卷).

证明 1 设 α 是代数整数,按定义,存在首一的有理整系数多项式 $f(x)$,使得 $f(\alpha) = 0$. 若 $g(x)$ 是 α 的极小多项式,那么在有理数域 $\mathbf{Q}$ 中,$g(x) \mid f(x)$. 因此 $g(x)$ 的根都是 $f(x)$ 的根,因而都是代数整数. 这样,按韦达定理以及定理 3.1.1,$g(x)$ 的系数都是代数整数,而已经知道 $g(x)$ 的系数都是有理数,如前所述,这样的系数只能是有理整数.

证明 2 利用上面的记号,我们有
$$f(x) = q(x)g(x), q(x) \in \mathbf{Q}[x]$$
进而有 $a, b, c, d \in \mathbf{Z}$,使
$$g(x) = \frac{a}{b}g^*(x), q(x) = \frac{c}{d}q^*(x)$$
其中 $g^*(x), q^*(x) \in \mathbf{Z}[x]$ 都是本原多项式. 于是
$$f(x) = \frac{ac}{bd}q^*(x)g^*(x)$$
由本原多项式的高斯引理知,乘积 $q^*(x)g^*(x)$ 还是本原多项式. 又 $f(x)$ 是首一的 $\mathbf{Z}[x]$ 中的本原多项式,所以必有 $\frac{ac}{bd} = 1$,及 $g^*(x)$ 的首项系数也为 1. 进而从 $g(x), g^*(x)$ 的首项系数均为 1 推出 $\frac{a}{b} = 1$,即 $g(x) = g^*(x) \in \mathbf{Z}[x]$.

相应于定理 1.4.3,下面的定理成立:

定理 3.1.3 最高系数为 1,以代数整数为系数的代数方程式的根一定是代数整数.

证明 设数 α 满足方程式
$$f(x) = x^n + \gamma_{n-1}x^{n-1} + \cdots + \gamma_0 = 0$$
其中 γ_i 为代数整数. 我们来证明 α 亦为代数整数.

令 $\gamma_j^{(i_j)}$ 为代数整数 γ_j 的共轭数($j = 0, 1, \cdots, n-1; i_j = 1, 2, \cdots, m_j$),做多项式

$$h(x) = \prod_{i_0=1}^{m_0} \prod_{i_1=1}^{m_1} \cdots \prod_{i_{n-1}=1}^{m_{n-1}} (x^n + \gamma_{n-1}^{(i_{n-1})} x^{n-1} + \gamma_{n-2}^{(i_{n-2})} x^{n-2} + \cdots + \gamma_0^{(i_0)})$$

由对称多项式基本定理知, $h(x)$ 的系数均在 Q 中. 因为 $h(x)$ 的系数由各 $\gamma_j^{(i)}$ 通过乘法和加法运算得来且各 $\gamma_j^{(i)}$ 均为代数整数, 故 $h(x)$ 的系数实际上是代数整数. 既然 $f(x)$ 是 $h(x)$ 的一个因子且 $f(\alpha)=0$, 所以 $h(\alpha)=0$; 又 $h(x)$ 是首一的, 由定义知 α 是代数整数.

定理 3.1.4 如果 ξ 满足方程式

$$f(x) = a_0 x^n + a_1 x^{n-1} + \cdots + a_n = 0$$

其中各系数 a_i 为代数整数, 则 $a_0 \xi$ 是代数整数.

证明 由 $a_0 \xi^n + a_1 \xi^{n-1} + \cdots + a_n = 0$ 可知

$$(a_0 \xi)^n + a_1 (a_0 \xi)^{n-1} + \cdots + a_n a_0^{n-1} = 0$$

由定理 3.1.3 知, $a_0 \xi$ 是代数整数.

推论 对于任意代数数 α, 存在有理整数 a, 使得 $a\alpha$ 是代数整数.

证明 既然 α 是代数数, 则存在有理整数系数的 $f(x) = a_0 x^n + a_1 x^{n-1} + \cdots + a_n$, 使得 $f(\alpha)=0$, 故由定理 3.1.4 立即知 $a\alpha$ 是代数整数.

3.2 有理数域上的代数数域

在代数数论中, 主要研究数域 A 的某个子域, 以及某个子域中的全体代数整数. 下面定理给出的代数数域是重要的.

定理 3.2.1 设 θ 是一个 n 次代数数, 所有形如

$$a_0 + a_1 \theta + \cdots + a_{n-1} \theta^{n-1} \qquad (a_i \in Q) \tag{1}$$

的数集对于通常复数的加法和乘法构成一个域.

证明 设 $f(x)$ 为 θ 所适合的不可约多项式, 又设

$$\alpha = a(\theta) = a_0 + a_1 \theta + \cdots + a_{n-1} \theta^{n-1}$$
$$\beta = b(\theta) = b_0 + b_1 \theta + \cdots + b_{n-1} \theta^{n-1}$$

显然

$$\alpha \pm \beta = \sum_{i=0}^{n-1} (a_i \pm b_i) \theta^i$$

也为(1)中的数. 再由多项式带余除法知, 存在有理系数多项式 $q(x)$ 和 $r(x)$ 满足

$$a(x) b(x) = f(x) q(x) + r(x)$$

其中 $r(x) = 0$ 或次数 $(r(x))$ 小于次数 $(f(x)) = n$, 故

$$\alpha\beta = a(\theta) b(\theta) = r(\theta)$$

仍为(1)中的数.

最后,设 $\beta \neq 0$,则多项式 $b(x)$ 与 $f(x)$ 互素:$(b(x), f(x)) = 1$,则存在有理系数多项式 $s(x)$ 及 $t(x)$,且 $s(x)$ 的次数低于 $f(x)$ 的次数,使 $s(x)b(x) + t(x)f(x) = 1$,故有 $\beta^{-1} = s(\theta)$. 证毕.

定义 3.2.1 定理 3.2.1 中所得到的域称为有理数域 Q 上添加 θ 所得的单扩域,记为 $Q(\theta)$. 称 θ 的次数为域 $Q(\theta)$ 的次数.当 θ 为 n 次代数数时,称 $Q(\theta)$ 为 n 次代数数域.

定理 3.2.2 域 $Q(\theta)$ 中每一个数的表达式(1)是唯一的.

证明 设数 α 具有两种表达式:$\alpha = g(\theta)$,$\alpha = h(\theta)$,这里 $g(\theta)$ 与 $h(\theta)$ 是 Q 上次数至多为 $n-1$ 的多项式.于是差 $g(\theta) - h(\theta)$ 亦为 Q 上的多项式,它以 θ 为根,但其次数小于 n,因为 θ 的次数是 n,因此 $g(\theta) - h(\theta)$ 只能是零多项式,即 $g(\theta)$ 与 $h(\theta)$ 的系数全同.唯一性得证.

定理 3.2.3 域 $Q(\theta)$ 中每一个数的次数都是域的次数的因子.

证明 设 θ 的次数为 n,而 $\theta_1, \theta_2, \cdots, \theta_n$ 为 θ 关于 Q 的共轭数.因为 $\alpha \in Q(\theta)$,所以 $\alpha = g(\theta)$,其中 $g(x)$ 是系数在 Q 中的多项式.现在做乘积

$$F(x) = \prod_{i=1}^{n} (x - g(\theta_i))$$

这个多项式的系数为 $\theta_1, \theta_2, \cdots, \theta_n$ 的整有理组合,且关于 $\theta_1, \theta_2, \cdots, \theta_n$ 是对称的,因此 $F(x)$ 是一个 Q 上的多项式,而 $\alpha_i = g(\theta_i)$ 为关于 Q 的代数数.

令 α 的次数为 m,而 $h(x)$ 是它的极小多项式,那么

$$h(\alpha_i) = h(F(\theta_i)) = 0 \quad (i = 1, 2, \cdots, n)$$

即 $F(x)$ 的每一个根也是 $h(x)$ 的根,由 $h(x)$ 的既约性知,$h(x)$ 是 $F(x)$ 的一个因子.设 $h^q(x)$ 为 $h(x)$ 能整除 $F(x)$ 的最高幂.若 $\dfrac{F(x)}{h^q(x)}$ 不是常数,则它将有 $F(x)$ 的一个根 α_i 为其根,从而它仍可被 $h(x)$ 整除,这与 q 的假设矛盾,即存在某 q 使

$$F(x) = h^q(x)$$

如此,我们得出次数的关系:$n = qm$.这就证明了定理.

从证明过程还可看出,n 个数

$$\alpha_i = g(\theta_i) \quad (i = 1, 2, \cdots, n)$$

包含了数 α 的所有共轭,每一个共轭数出现了 q 次.所以 n 是 $Q(\theta)$ 中元素可能有的关于 Q 的最大次数.

由于这个定理,我们现在可以将共轭的概念做如下修改:

定义 3.2.1 若 n 是 $Q(\theta)$ 关于 Q 的次数及若 $\alpha = g(\theta)$ 是 $Q(\theta)$ 中有次数 $\dfrac{n}{q}$ 的一个数,则 n 个数系 $\alpha_i = g(\theta_i)(i=1,2,\cdots,n)$ 称为 α 在域 $Q(\theta)$ 中关于 Q 的共轭.

因此,这些共轭系作为一个整体,它仅依赖于 α,基域 Q 及域 $Q(\theta)$. 由于以后我们仅处理这个定义的共轭,为了简单起见,一般说来我们就取消了"在域 $Q(\theta)$ 中关于 Q"这个语句.

一旦我们给予生成元 θ 的共轭一个确定次序 $\theta_1,\theta_2,\cdots,\theta_n$,则 $Q(\theta)$ 中任意数 α 的共轭就也有一个固定的次序,它取决于定理 3.2.2 中唯一确定 α 的表示 $g(\theta)$. 然后算出各数 $g(\theta_i)$ 就是 α 的共轭,我们将考虑这样的决定,然后证明:

定理 3.2.4 在 $Q(\theta)$ 中的数 $\alpha,\beta,\gamma,\cdots$ 之间并以 Q 中元素为系数的有理方程 $R(\alpha,\beta,\gamma,\cdots)=0$ 中,若将 $\alpha,\beta,\gamma,\cdots$ 换成同样指标的共轭数,则方程仍成立.

证明 作为 $\alpha,\beta,\gamma,\cdots$ 的一个有理函数,R 恒等于两个 $\alpha,\beta,\gamma,\cdots$ 的整有理表达式 P 与 Q 的商

$$R(\alpha,\beta,\gamma,\cdots)=\frac{P(\alpha,\beta,\gamma,\cdots)}{Q(\alpha,\beta,\gamma,\cdots)}$$

若在 R 中将 $\alpha,\beta,\gamma,\cdots$ 用它的 θ 多项式表示式

$$\alpha=g(\theta),\beta=h(\theta),\gamma=r(\theta),\cdots$$

代入,则 Q 变成 θ 的一个多项式. 它等于 $Q(\alpha,\beta,\gamma,\cdots)$ 及将 θ 代入后不为 0. 因此用任何共轭 $\theta_1,\theta_2,\cdots,\theta_n$ 代入也非 0,但 $R=0$,所以分子的数值

$$P(g(\theta),h(\theta),r(\theta),\cdots)=0$$

因此对于所有共轭 θ_i,这个 θ 的多项式也必须为 0,即

$$P(\alpha_i,\beta_i,\gamma_i,\cdots)=0,Q(\alpha_i,\beta_i,\gamma_i,\cdots)\neq 0 \quad (i=1,2,\cdots,n)$$

从而有 n 个数值使

$$R(\alpha_i,\beta_i,\gamma_i,\cdots)=0 \quad (i=1,2,\cdots,n)$$

定理证完.

特别对于 $Q(\theta)$ 的两个数 α,β,我们有

$$\alpha_i \pm \beta_i=(\alpha \pm \beta)_i,\alpha_i\beta_i=(\alpha\beta)_i,\frac{\alpha_i}{\beta_i}=\left(\frac{\alpha}{\beta}\right)_i$$

例如,对于 $\alpha=g(\theta)$ 及 $\beta=h(\theta)$,有

$$g(\theta)h(\theta)=r(\theta)$$

这里 $g(x),h(x),r(x)$ 均为次数小于或等于 $n-1$ 的多项式. 由上面定理可知,若一个方程对于数值 θ 成立,则 n 个方程

$$g(\theta_i)h(\theta_i) = r(\theta_i)$$

也成立,即

$$\alpha_i \beta_i = (\alpha\beta)_i \quad (i = 1, 2, \cdots, n)$$

3.3 代数数域的基底

迄今为止,我们已将 $Q(\theta)$ 的每一个数都表示成系数属于 Q 的 $1, \theta, \theta^2, \cdots,$ θ^{n-1} 的线性型.但在很多情况下,我们需要基元素的选取有更大的自由度.

若每一个 $Q(\theta)$ 的数 α 都可以表示成

$$\alpha = a_1\omega_1 + a_2\omega_2 + \cdots + a_n\omega_n$$

其中系数 a_i 属于 Q,则称这 n 个数 $\omega_1, \omega_2, \cdots, \omega_n$ 为 $Q(\theta)$ 的一个基底.

定理 3.3.1 数系

$$\omega_i = \sum_{k=1}^{n} c_{ik}\theta^{k-1} \quad (c_{ik} \in Q) \tag{2}$$

构成 $Q(\theta)$ 的基底的充要条件为行列式 $|c_{ik}| \neq 0$.

证明 充分性:如果式(2)中系数行列式 $|c_{ik}| \neq 0$,那么以 $1, \theta, \theta^2, \cdots, \theta^{n-1}$ 为未知量的 n 个方程是可解的,并且它们可以表示为 ω_i 的线性组合,其系数可以由 c_{ik} 的有理运算得到,从而属于 Q.这样一来,任何一个 $1, \theta, \theta^2, \cdots, \theta^{n-1}$ 的线性齐次表达式也可以表示为 $\omega_1, \omega_2, \cdots, \omega_n$ 的线性齐次表达式.数系 $\omega_1, \omega_2, \cdots,$ ω_n 构成 $Q(\theta)$ 的一个基底.

必要性:如果 $\omega_1, \omega_2, \cdots, \omega_n$ 是 $Q(\theta)$ 的一个基底,并且设 $1, \theta, \theta^2, \cdots, \theta^{n-1}$ 由 ω_i 的表示式为

$$\theta^{p-1} = \sum_{i=1}^{n} b_{pi}\omega_i \quad (p = 1, 2, \cdots, n, b_{pi} \in Q) \tag{3}$$

将 ω_i 的表达式(2)代入式(3)得

$$\theta^{p-1} = \sum_{i,k=1}^{n} b_{pi}c_{ik}\theta^{k-1} \quad (p = 1, 2, \cdots, n)$$

因为在 $1, \theta, \theta^2, \cdots, \theta^{n-1}$ 之间没有系数属于 Q 的线性齐次关系,除非系数全为 0,我们得

$$\delta_{kp} = \sum_{i=1}^{n} b_{ki}c_{ip} = \begin{cases} 0, & \text{当 } p \neq k \\ 1, & \text{当 } p = k \end{cases}$$

所以行列式 $|\delta_{kp}| = 1$.而另一方面,这一行列式等于 $|b_{ki}| \cdot |c_{ip}|$,因此行列式 $|c_{ip}| \neq 0$.

定理 3.3.2 $Q(\theta)$ 中的 n 个数 $\omega_1, \omega_2, \cdots, \omega_n$ 构成一个基底当且仅当没有

一个系数属于 Q 的线性关系

$$\sum_{i=1}^{n} u_i \omega_i = 0 \tag{4}$$

成立,除非所有 $u_i = 0$.

满足定理条件的那种类型的 n 个数 ω_i 称为线性无关的.

证明　用定理 3.3.1 的记号,并把式(2)代入式(4)可得

$$0 = \sum_{i=1}^{n} u_i \sum_{k=1}^{n} c_{ik} \theta^{k-1} \tag{5}$$

注意到 $1, \theta, \theta^2, \cdots, \theta^{n-1}$ 是线性无关的,也就是说,在式(5)中 $\theta^{k-1}(k=1, 2,\cdots,n)$ 的系数均为零,即

$$\sum_{i=1}^{n} u_i c_{ik} = 0 \quad (k=1,2,\cdots,n) \tag{6}$$

现在将式(6)视作以 $u_1, u_2, \cdots, u_n$ 为未知数的线性方程组.

如果 $\omega_1, \omega_2, \cdots, \omega_n$ 构成一个基底,那么 $|c_{ik}| \neq 0$(定理 3.3.1).这样一来,线性方程组(6)只有零解: $u_1 = u_2 = \cdots = u_n = 0$,也就是说,数系 ω_i 是线性无关的.

反之,如果各数 ω_i 线性无关,那么方程组(6)只有零解,这在系数行列式 $|c_{ik}| = 0$ 时为可能.按定理 3.3.1,ω_i 是一个基底.

在定理 3.3.2 后一半的证明中,易知在 $Q(\theta)$ 的 $n+1$ 个量 $\gamma_1, \gamma_2, \cdots, \gamma_{n+1}$ 中恒有一个线性关系

$$\sum_{i=1}^{n+1} u_i \gamma_i = 0$$

这里 u_i 表示基域 Q 的元素,它们不全为 0,因此 $Q(\theta)$ 的次数 n 也可以定义为 $Q(\theta)$ 中线性无关的最多元素个数.

定义 3.3.1　设 $\alpha_1, \alpha_2, \cdots, \alpha_n$ 是 $Q(\theta)$ 中任意 n 个数,称

$$\Delta(\alpha_1, \alpha_2, \cdots, \alpha_n) = \begin{vmatrix} \alpha_1^{(1)} & \alpha_2^{(1)} & \cdots & \alpha_n^{(1)} \\ \alpha_1^{(2)} & \alpha_2^{(2)} & \cdots & \alpha_n^{(2)} \\ \vdots & \vdots & & \vdots \\ \alpha_1^{(n)} & \alpha_2^{(n)} & \cdots & \alpha_n^{(n)} \end{vmatrix}^2$$

为 $\alpha_1, \alpha_2, \cdots, \alpha_n$ 的判别式,其中 $\alpha_i^{(1)}, \alpha_i^{(2)}, \cdots, \alpha_i^{(n)}$ 为 α_i 的 n 个共轭数.

判别式有以下基本性质:

(1) $\Delta(\alpha_1, \alpha_2, \cdots, \alpha_n)$ 为有理数;特别地,如果 $\alpha_1, \alpha_2, \cdots, \alpha_n$ 是代数整数,那么 $\Delta(\alpha_1, \alpha_2, \cdots, \alpha_n)$ 为有理整数.

事实上,因为 $\Delta(\alpha_1,\alpha_2,\cdots,\alpha_n)$ 可表示为 θ 的共轭数 $\theta^{(1)},\theta^{(2)},\cdots,\theta^{(n)}$ 的对称多项式,所以结果可由对称多项式基本定理推出.

（2）如果 $\alpha_1,\alpha_2,\cdots,\alpha_n$ 和 $\beta_1,\beta_2,\cdots,\beta_n$ 均为 $Q(\theta)$ 的基底,并且适合

$$\alpha_i = \sum_{k=1}^{n} a_{ik}\beta_k \quad (i=1,2,\cdots,n) \tag{7}$$

那么 $\Delta(\alpha_1,\alpha_2,\cdots,\alpha_n) = |a_{ik}|^2 \cdot \Delta(\beta_1,\beta_2,\cdots,\beta_n)$.

证明 按照定理 3.2.4,将式（7）中的 α_i 及 β_k 分别用其相应的共轭数代替

$$\alpha_i^{(h)} = \sum_{k=1}^{n} a_{ik}\alpha_k^{(h)} \quad (1 \leqslant i,h \leqslant n)$$

因此

$$\Delta(\alpha_1,\alpha_2,\cdots,\alpha_n) = |a_{ik}|^2 \cdot \begin{vmatrix} \beta_1^{(1)} & \beta_2^{(1)} & \cdots & \beta_n^{(1)} \\ \beta_1^{(2)} & \beta_2^{(2)} & \cdots & \beta_n^{(2)} \\ \vdots & \vdots & & \vdots \\ \beta_1^{(n)} & \beta_2^{(n)} & \cdots & \beta_n^{(n)} \end{vmatrix}^2$$

$$= |a_{ik}|^2 \cdot \Delta(\beta_1,\beta_2,\cdots,\beta_n)$$

定理 3.3.3 $\omega_1,\omega_2,\cdots,\omega_n$ 为 $Q(\theta)$ 的一组基底的充分必要条件是 $\Delta(\omega_1,\omega_2,\cdots,\omega_n) \neq 0$.

证明 因为

$$\Delta(1,\theta,\theta^2,\cdots,\theta^{n-1}) = \begin{vmatrix} 1 & \theta_1 & \theta_1^2 & \cdots & \theta_1^{n-1} \\ 1 & \theta_2 & \theta_2^2 & \cdots & \theta_2^{n-1} \\ 1 & \theta_3 & \theta_3^2 & \cdots & \theta_3^{n-1} \\ \vdots & \vdots & \vdots & & \vdots \\ 1 & \theta_n & \theta_n^2 & \cdots & \theta_n^{n-1} \end{vmatrix} = \prod_{1 \leqslant i < k \leqslant n} (\theta_i - \theta_j) \neq 0$$

由判别式的性质（2）即知 $Q(\theta)$ 的任一组基底 $\omega_1,\omega_2,\cdots,\omega_n$ 有 $\Delta(\omega_1,\omega_2,\cdots,\omega_n) \neq 0$.

反之,若 $\Delta(\omega_1,\omega_2,\cdots,\omega_n) \neq 0$,设

$$\omega_i = \sum_{k=1}^{n} c_{ik}\theta^{k-1} \quad (i=1,2,\cdots,n)$$

则

$$\Delta(\omega_1,\omega_2,\cdots,\omega_n) = |c_{ik}|^2 \cdot \Delta(1,\theta,\theta^2,\cdots,\theta^{n-1})$$

所以 $|c_{ik}| \neq 0$,由定理 3.3.1,$\omega_1,\omega_2,\cdots,\omega_n$ 是 $Q(\theta)$ 的基底.

设 $Q(\theta)$ 是一次数为 n 的代数数域,根据定理 3.1.4 的推论,我们可以假设

θ 为一个代数整数来进行讨论,每一个 $Q(\theta)$ 中的元素都可以唯一地写成
$\sum_{i=0}^{n-1} a_i\theta^i (a_i \in Q)$.

定义 3.3.2 设 $\omega_1,\omega_2,\cdots,\omega_s$ 是 $Q(\theta)$ 中的 m 个代数整数,如果每一个 $Q(\theta)$ 中的代数整数 α 都能唯一地表示为如下形式

$$\alpha = b_1\omega_1 + b_2\omega_2 + \cdots + b_s\omega_s$$

其中 $b_1,b_2,\cdots,b_s$ 是有理整数,则称 $\omega_1,\omega_2,\cdots,\omega_s$ 为 $Q(\theta)$ 的一个整基底.

下面的定理说明了 $Q(\theta)$ 中整基底的存在.

定理 3.3.4 $Q(\theta)$ 的基底 $\omega_1,\omega_2,\cdots,\omega_n$ 中,使 $\omega_j(1\leqslant j\leqslant n)$ 均为代数整数,且 $\Delta(\omega_1,\omega_2,\cdots,\omega_n)$ 之值最小的那组,是一组整基底.

证明 由定理 3.1.4 的推论,存在有理整数 $q(q\neq 0)$,使 $q\theta$ 为代数整数,则 $1,q\theta,(q\theta)^2,\cdots,(q\theta)^{n-1}$ 全为代数整数,由 $\Delta(1,q\theta,(q\theta)^2,\cdots,(q\theta)^{n-1})\neq 0$,故知有全为代数整数的基底存在. 今证使 $\Delta(\omega_1,\omega_2,\cdots,\omega_n)$ 之值最小的基底 $\omega_1,\omega_2,\cdots,\omega_n$ 为 $Q(\theta)$ 的整基底. 否则,有代数整数 ω 存在,使

$$\omega = a_1\omega_1 + a_2\omega_2 + \cdots + a_n\omega_n$$

其中 a_j 不全为有理整数. 不妨设 a_1 为非有理整数,设 $a_1=s+t,s$ 为有理整数,而 $0<t<1$,则

$$\omega'_1 = \omega - s\omega_1 = t\omega_1 + a_2\omega_2 + \cdots + a_n\omega_n$$

也为代数整数,且

$$\Delta(\omega'_1,\omega_2,\cdots,\omega_n) = t^2\Delta(\omega_1,\omega_2,\cdots,\omega_n)\neq 0$$

故 $\omega'_1,\omega_2,\cdots,\omega_n$ 也是 $Q(\theta)$ 的一组由代数整数构成的基底,但

$$\Delta(\omega'_1,\omega_2,\cdots,\omega_n) < \Delta(\omega_1,\omega_2,\cdots,\omega_n)$$

这与 $\Delta(\omega_1,\omega_2,\cdots,\omega_n)$ 取最小值矛盾. 证毕.

由此定理可知整基底也是基底,故整基底中所含元素的个数也为 n.

定理 3.3.5 设 $\eta_1,\eta_2,\cdots,\eta_n$ 是 $Q(\theta)$ 在 Q 上的一组基底,且 $\eta_1,\eta_2,\cdots,\eta_n$ 都是代数整数,则 $Q(\theta)$ 中任一个代数整数 α 可写成如下的形式

$$\alpha = \sum_{i=1}^n \frac{x_i\eta_i}{\Delta(\eta_1,\eta_2,\cdots,\eta_n)}$$

这里 $x_i(i=1,2,\cdots,n)$ 是有理整数.

证明 因为 $\eta_1,\eta_2,\cdots,\eta_n$ 是一组基底,我们有

$$\alpha = \sum_{k=1}^n y_i\eta_i, y_i \in Q \quad (i=1,2,\cdots,n)$$

以及(α,η 用相应的共轭数代替)

$$\alpha^{(k)} = \sum_{k=1}^{n} y_i \eta_i^{(k)} \quad (i=1,2,\cdots,n)$$

故

$$y_i = \pm \frac{\begin{vmatrix} \eta_1^{(1)} & \cdots & \eta_{i-1}^{(1)} & \alpha^{(1)} & \eta_{i+1}^{(1)} & \cdots & \eta_n^{(1)} \\ \eta_1^{(2)} & \cdots & \eta_{i-1}^{(2)} & \alpha^{(2)} & \eta_{i+1}^{(2)} & \cdots & \eta_n^{(2)} \\ \vdots & & \vdots & \vdots & \vdots & & \vdots \\ \eta_1^{(n)} & \cdots & \eta_{i-1}^{(n)} & \alpha^{(n)} & \eta_{i+1}^{(n)} & \cdots & \eta_n^{(n)} \end{vmatrix}}{\sqrt{\Delta(\eta_1,\eta_2,\cdots,\eta_n)}} \qquad (8)$$

由式(8)和判别式的性质(1)知 $y_i{}^2 \Delta(\eta_1,\eta_2,\cdots,\eta_n)$ 是一个代数整数,故必是有理整数,而设 $x_i = y_i \Delta(\eta_1,\eta_2,\cdots,\eta_n)$,则由 $y_i{}^2 \Delta(\eta_1,\eta_2,\cdots,\eta_n)$ 是有理整数知 x_i 也是有理整数. 证毕.

3.4　代数整数环中的算术

有理数域 Q 有一个重要的子环,即整数环 Z. 类似地,代数数域 $Q(\theta)$ 也有一个重要的子环.

定理 3.4.1　$Q(\theta)$ 中所有代数整数构成一个整环.

这个定理的证明可以完全参照定理 3.1.1 进行. 下面的证明是借助对称多项式基本定理的另一个证明.

证明　设 α,β 是 $Q(\theta)$ 中任两代数整数,并且 $\alpha_1,\alpha_2,\cdots,\alpha_n$; $\beta_1,\beta_2,\cdots,\beta_k$ 分别是 $\alpha_1 = \alpha, \beta_1 = \beta$ 的共轭数.

设 $f(x)$ 是代数整数 α 的极小多项式,定义 $g(x)$ 如下

$$g(x) = \prod_{j=1}^{k} f(x - \beta_j)$$

因为 $f(x)$ 的系数是有理整数,并且 $g(x)$ 的系数为 $\beta_1,\beta_2,\cdots,\beta_k$ 的有理整系数的对称多项式,所以 $g(x)$ 的系数也为有理整数. 又多项式 $f(x)$ 是首一的,故 $g(x)$ 亦然,于是因 $f(\alpha_1) = 0$,我们有

$$g(\alpha+\beta) = g(\alpha_1+\beta_1) = f(\alpha_1+\beta_1-\beta_1)\prod_{j=2}^{k} f(\alpha_1+\beta_1-\beta_j) = 0$$

按定理 3.1.1,$\alpha+\beta$ 是代数整数. 又 $\alpha \in Q(\theta), \beta \in Q(\theta)$,故 $\alpha+\beta \in Q(\theta)$. 对 $\alpha-\beta, \alpha\beta$ 同理可证.

仿有理整数以及高斯整数的情况,自然想到可以在 $Q(\theta)$ 的子整环中定义整除的概念.

定义 3.4.1　设 $\alpha,\beta(\alpha,\beta \neq 0)$ 为两代数整数,若存在一代数整数 γ 使 $\alpha =$

$\beta\gamma$,则称 β 可整除 α,记为 $\beta\mid\alpha$,否则称 β 不能整除 α,记为 $\beta\nmid\alpha$.

当 $\beta\mid\alpha$ 时,称 α 是 β 的倍数,β 是 α 的因子.特别地,数 1 的因子称为单位.例如,$(2+\sqrt{3})(2-\sqrt{3})=1$,故 $2+\sqrt{3}$,$2-\sqrt{3}$ 均为单位.

关于整除的一些基本性质,在代数整数环中仍然成立,我们不再验证.

现在来考虑代数整数的因子分解问题,但是在全体代数整数中讨论因子分解是没有意义的,因为一个代数整数可能表示为无限多个代数整数的乘积,如

$$2=2^{\frac{1}{2}}2^{\frac{1}{4}}2^{\frac{1}{8}}\cdots$$

这一点提示我们必须限定因子的范围.下面我们只讨论某一代数数域 $Q(\theta)$ 内的代数整数分解问题.顺便指出,所有代数数的集合 A 是 Q 的无限次扩域,直接讨论 A 是不方便的,因此我们只讨论 A 的一部分,讨论有限扩域的范围并不小且这样的讨论更方便.因为很多情况下有限扩域都是单代数扩域,而数域的特征是 ∞ 这个事实当然成立.

同高斯整数环一样,因在 $Q(\theta)$ 中单位 ε 是不唯一的(甚至可能有无穷多个),例如在 $Q(\sqrt{3})$ 中,$(2-\sqrt{3})^n(n=0,\pm1,\pm2,\cdots)$ 都是单位.这样,任一代数整数 α 可表示为 $\alpha=\varepsilon\varepsilon^{-1}\alpha$,故其分解法就有无穷多种,为了除去这种平凡的因子分解,我们引进相伴的概念.

定义 3.4.2 若两个代数整数 α,β 仅相差一个单位数因子,则称 α 与 β 为相伴的.

显然有:①α 与 α 相伴;② 若 α 与 β 相伴,则 β 与 α 相伴;③ 若 α 与 β 相伴,β 与 γ 相伴,则 α 与 γ 相伴.

定义 3.4.3 对于非单位数的代数整数 α,若有 $Q(\theta)$ 中的均非单位数的代数整数 β,γ,使 $\alpha=\beta\gamma$,则称 α 在 $Q(\theta)$ 中可分解,否则称 α 为 $Q(\theta)$ 中的不可分数或代数素数.

在代数整数的算术中,引入范数的概念是必要的.设 α 是 $Q(\theta)$ 的任一数,$\alpha_1,\alpha_2,\cdots,\alpha_n$ 是它的共轭数,令

$$\alpha\text{ 的范数}=N(\alpha)=\alpha_1\alpha_2\cdots\alpha_n$$

范数这个概念,有如下的基本性质:

性质 1 代数整数的范数是有理整数.

设代数数 α 的极小多项式为 $f(x)=a_0+a_1x+\cdots+a_{n-1}x^{n-1}+x^n$,那么

$$N(\alpha)=\alpha_1\alpha_2\cdots\alpha_n=(-1)^na_0$$

是一个有理整数.

性质 2 $N(\alpha\beta)=N(\alpha)N(\beta)$.

事实上,设 $\alpha_1,\alpha_2,\cdots,\alpha_n;\beta_1,\beta_2,\cdots,\beta_n$ 分别为 α,β 的共轭数,于是 $\alpha_1\beta_1,\alpha_2\beta_2,\cdots,\alpha_n\beta_n$ 为 $\alpha\beta$ 的共轭数(参看定理3.2.4后面的那段话),由此性质2得证.

这个定理将域中代数整数的任意分解 $\alpha=\beta\gamma$ 转换成有理整数 $N(\alpha)$ 的分解 $N(\alpha)=N(\beta)N(\gamma)$.

性质3 当且仅当 α 是单位时,$N(\alpha)=\pm1$.

证明 若 α 是单位,由定义 α^{-1} 是代数数,所以 $N(1)=N(\alpha\alpha^{-1})=N(\alpha)N(\alpha^{-1})=1$,因为 $N(\alpha)$ 是有理整数,所以 $N(\alpha)=\pm1$;反之,若 $N(\alpha)=\pm1$,即 $\alpha_1\alpha_2\cdots\alpha_n=\pm1$,因此 $\alpha=\alpha_1$ 是1的因子,即 α 是单位.

定理3.4.2 若 $N(\alpha)$ 为一个有理素数,则 α 在 $Q(\theta)$ 中为代数素数.

证明 如果 $\alpha=\beta\gamma$,那么 $N(\alpha)=N(\beta)N(\gamma)$.因为 $N(\alpha)$ 是有理素数,所以 $N(\beta)$ 或 $N(\gamma)$ 等于 ±1.于是按照性质3,β 或 γ 为一单位,故 α 在 $Q(\theta)$ 中为代数素数.

定理3.4.3 $Q(\theta)$ 中任一非单位数的代数整数可分解为代数素数的乘积.

证明 若 α 是不可分数,自然不需证明.如果 $\alpha=\beta\gamma$,而 β,γ 均为非单位数,那么

$$|N(\alpha)|=|N(\beta)|\cdot|N(\gamma)|$$

由于 β,γ 均为非单位数,故自然数 $|N(\beta)|$ 和 $|N(\gamma)|$ 均为 $|N(\alpha)|$ 的真因数,即

$$|N(\alpha)|>|N(\beta)|>1,\ |N(\alpha)|>|N(\gamma)|>1$$

故可以对 $N(\alpha)$ 用归纳法证明.证毕.

推论 $Q(\theta)$ 中有无穷多个代数素数.

证明 存在性:$Q(\theta)$ 中包含数2,由定理3.4.3知,2必含有一个代数素数因子,这样 $Q(\theta)$ 中至少存在一个代数素数.无穷性用反证法:今设 $Q(\theta)$ 中只有有限个代数素数为 $\beta_1,\beta_2,\cdots,\beta_k$,则数 $\beta=\beta_1\beta_2\cdots\beta_n+1$ 是有别于 $\beta_1,\beta_2,\cdots,\beta_k$ 的代数素数,于是产生矛盾.证毕.

如果相伴的因数看成相同的,那么代数整数的分解是否唯一呢?下一小节的例子将告诉我们,即使在二次域里,唯一分解定理也不能普遍成立.

3.5 二次代数整数的因子分解

为了说明代数整数因子分解理论,我们更详细地考虑最简单的情形,即二次代数整数的因子分解.

设 Q 表示有理数域,d 表示一个整数,并且假设 $d\neq0,1$,而且不含平方因

300

子. 在复数域 C 中所有形如 $r+s\sqrt{d}$，$r,s\in Q$ 的数组成的子集记作 $Q(\sqrt{d})$. 如上一小节所证，$Q(\sqrt{d})$ 构成复数域的一个子域，称为有理数域 Q 上的一个二次域.

在二次域中，有些数虽然看起来不像代数整数，但实际上可能是代数整数，例如，$u=\dfrac{1+\sqrt{5}}{2}$ 看起来像一个分数，但它满足方程

$$(x-\frac{1+\sqrt{5}}{2})(x-\frac{1-\sqrt{5}}{2})=x^2-x-1=0$$

这个方程是首一整系数方程. 这就暗示我们系统地找出在二次域中是代数整数的那些数.

定理 3.5.1　如果 $d\neq 1$ 是无平方因子的整数，那么在 $d\equiv 2(\bmod\ 4)$ 或 $d\equiv 3(\bmod\ 4)$ 的情况下，$Q(\sqrt{d})$ 中的代数整数是形如 $a+b\sqrt{d}$（其中系数 a 和 b 是有理整数）的数. 但是当 $d\equiv 1(\bmod\ 4)$ 时，$Q(\sqrt{d})$ 中的代数整数是形如 $a+b\dfrac{1+\sqrt{d}}{2}$（其中 a 和 b 为有理整数）的数.

证明　作为预备知识，我们注意到 $a\equiv 1(\bmod\ 2)$ 意味着 $a=1+2r$，因此 $a^2=1+4r+4r^2\equiv 1(\bmod\ 4)$. 换句话说

$$a\equiv 1(\bmod\ 2)\text{ 可推出 }a^2\equiv 1(\bmod\ 4)\tag{9}$$

$$a\equiv 0(\bmod\ 2)\text{ 可推出 }a^2\equiv 0(\bmod\ 4)\tag{10}$$

所以一个平方数总同余于 0 或 $1(\bmod\ 4)$.

$Q(\sqrt{d})$ 中任意数 u 可表示成 $u=\dfrac{a+b\sqrt{d}}{c}$，这里整数 a,b,c 无公因数. 为了排除有理数的平凡情形，我们假定 $b\neq 0$，那么 u 所满足的二次首一不可约方程是

$$(x-\frac{a+b\sqrt{d}}{c})(x-\frac{a-b\sqrt{d}}{c})=x^2-\frac{2a}{c}x-\frac{a^2-db^2}{c^2}=0\tag{11}$$

如果 u 是代数整数，那么这些系数 $\dfrac{2a}{c}$ 和 $\dfrac{a^2-db^2}{c^2}$ 也一定是整数. 所以 $\dfrac{4a^2}{c^2}$，$\dfrac{4a^2-4db^2}{c^2}$ 和 $\dfrac{4db^2}{c^2}$ 都必是整数，所以 $c\mid 2a$，$c^2\mid 4db^2$. 因为已假定 d 不含平方因子，所以包含在 c 中的任意素数 $p\neq 2$ 一定同时整除 a 和 b^2，这与 a,b,c 无公因数（± 1 除外）的假定相矛盾. 由于类似的理由，$4\mid c$ 是不可能的，所以只能选取 $c=1$ 和 $c=2$.

现在考虑 $d \equiv 2 \pmod 4$ 或 $d \equiv 3 \pmod 4$ 的情形,取 $c=2$,在这种情形下,式(11)最后的系数 $\dfrac{a^2-db^2}{4}$ 一定是整数,于是 $a^2 \equiv db^2 \pmod 4$. 如果 $b \equiv 1 \pmod 2$,则 $b^2 \equiv 1 \pmod 4$,并且 $a^2 \equiv db^2 \equiv 2$ 或 $3 \pmod 4$.

这与法则(9)和(10)相矛盾.如果 $b \equiv 0 \pmod 2$,则 $a^2 \equiv 0 \pmod 4$,因而 $a \equiv 0 \pmod 2$,所以 a,b,c 有公因数 2.无论哪一种情形,我们都得出 $c=1$,所以 $Q(\sqrt{d})$ 的所有代数整数是形如 $a+b\sqrt{d}$ 的数.反之,这种形式的数所满足的首一方程(11)具有整系数.

剩下的情形 $d \equiv 1 \pmod 4$ 可以类似处理,除了可能出现 $a \equiv b \equiv 1 \pmod 2$ 的情形以外,其余都类似.

把范数的性质 3 和定理 3.5.1 结合起来,我们可以确定任意复二次域 $Q(\sqrt{-d})$($d>0$,无平方因子的整数)的全部单位,事实上,$Q(\sqrt{-d})$ 的代数整数具有形式 $u=m+n\alpha$($m,n \in \mathbf{Z}$),这里

$$\alpha=\sqrt{-d},\ \text{当}\ d \not\equiv 3 \pmod 4 \ \text{时}$$

$$\alpha=\frac{1+\sqrt{-d}}{2},\ \text{当}\ d \equiv 3 \pmod 4 \ \text{时}$$

相应地,u 的范数满足

$$N(u)=m^2+n^2d,\ \text{当}\ d \not\equiv 3 \pmod 4 \ \text{时}$$

$$N(u)=(m+\frac{n}{2})^2+\frac{n^2d}{4},\ \text{当}\ d \equiv 3 \pmod 4 \ \text{时}$$

当 $d \not\equiv 3 \pmod 4$ 且 $d>1$ 时,$m^2+n^2d \leqslant 1$ 只有当 $m=\pm 1,n=0$ 时才有可能.同样地,如果 $d \equiv 3 \pmod 4$ 且 $d>3$,那么 $d \geqslant 7$,并且 $N(u) \geqslant \dfrac{7n^2}{4}>1$,除非 $n=0$.因此又一次说明 $Q(\sqrt{-d})$ 的单位只能是 ± 1.这就证明了:

定理 3.5.2 存在不同于 ± 1 的单位的复二次域只能是 $Q(\sqrt{-1})$ 和 $Q(\sqrt{-3})$.

$Q(\sqrt{-1})$ 的单位是 ± 1 和 $\pm i$;$Q(\sqrt{-3})$ 的单位是 $\omega=\dfrac{1+\sqrt{-3}}{2}$ 的各次幂,ω 是六次本原单位根.

实二次域有无穷多个单位.例如,$1+\sqrt{2}$ 是 $Q(\sqrt{2})$ 的单位,因为 $N(1+\sqrt{2})=-1$. 因此 $1+\sqrt{2}$ 的所有次幂 $(1+\sqrt{2})^{\pm k}$ 都是单位.

虽然对于很多二次代数整数的环,分解成素因子的因子分解是唯一的,但在 $Q(\sqrt{-5})$ 中情况并非如此.例如,考虑数 6 的因子分解

代数学教程

(第三卷·数论原理)

$$6 = 2 \cdot 3 = (1 + \sqrt{-5})(1 - \sqrt{-5}) \tag{12}$$

如果 $Q(\sqrt{-5})$ 的两个代数整数 u 和 v 满足 $uv = 6$,那么 $N(u)N(v) = N(6) = 36$. 于是 6 的真因子 u 的范数将是 $2^2 \cdot 3^2$ 的真因子,所以只有 $N(u) = 2,3,4,6,9,12,18$ 几种情况需要研究. 因为在这些情况中,$N(v)$ 分别为 $18,12,9,6,4,3,2$,所以只需考虑 $u = 2,3,4,6$ 等情形. 由 $N(m+n\sqrt{-5}) = m^2 + 5n^2$ 容易看出,所有可能的因子都已列在式(12)中.

上面的例子告诉我们,整数环 Z 的算术基本定理不能推广到二次数域的代数整数上去.

发现数环中唯一性分解定理不成立,是 19 世纪的趣事之一,并由此产生了丰富的代数数论. 当时库默尔[①]试图证明世界难题费马问题 —— 不定方程 $x^n + y^n = z^n$ 当 $n \geqslant 3$ 时无正整数解,他考虑了形如

$$a_0 + a_1 \zeta + a_2 \zeta^2 + \cdots + a_n \zeta^{n-1} \quad (a_i \in \mathbf{Z})[②]$$

的数(其中 ζ 是 $x^n - 1 = 0$ 的根). 容易看出,上述形式的所有数做成一个整环(现在称为分圆整数环),库默尔最初把分圆整数环中数的唯一性分解视为显然,在此基础上证明了费马问题. 但在进一步检查时发现,在上述整环中唯一性分解定理并不成立. 库默尔被迫转而研究分圆整数环中的分解问题,为了在分圆整数中重建唯一因子分解定理,库默尔引入了一个全新的概念 —— 理想数. 以此为基础,他一下就证明了 $n \leqslant 100$(个别情况 $n = 37,59,67$ 除外)时的费马大问题.

§4 理想数的唯一分解定理

4.1 理想数的概念与乘法

为了弥补一般代数数域中代数整数的唯一分解不成立,一种方法是扩大因子的范围. 例如在前一节 $Q(\sqrt{-5})$ 中的例子,如能定义某些"素数" A,B,C,D,使 $2 = AB$,$3 = CD$,$1 + \sqrt{-5} = AC$,$1 - \sqrt{-5} = BD$,则 $6 = (AB)(CD) =$

---

① 库默尔(Kummer,Ernst Eduard,1810—1893),德国数学家.

② 在费马问题的研究过程中,数学家们发现,如果将 n 次单位根 ζ(即 $\zeta^n = 1$)看作"整数",那么 $x^n + y^n = z^n (n \geqslant 3)$ 就可以分解为 $z^n = x^n + y^n = (x+y)(x+y\zeta)(x+y\zeta^2)\cdots(x+y\zeta^n)$.

$(AC)(BD) = ABCD$. 为此, 库默尔引入了理想数的概念.

定义 4.1.1 设 $Q(\theta)$ 为一 n 次代数数域, $\alpha_1, \alpha_2, \cdots, \alpha_q$ 为 $Q(\theta)$ 内任意给定的 q 个代数整数, 称所有形如 $\eta_1\alpha_1 + \eta_2\alpha_2 + \cdots + \eta_q\alpha_q$ ($\eta_1, \eta_2, \cdots, \eta_q$ 为 $Q(\theta)$ 中的代数整数) 的代数整数所成的集合为由 $\alpha_1, \alpha_2, \cdots, \alpha_q$ 生成的理想数, 记为 $[\alpha_1, \alpha_2, \cdots, \alpha_q]$.

由一个代数整数 α 所生成的理想数 $[\alpha]$, 称之为主理想数. 由 0 生成的理想数 $[0]$ 叫作零理想数, 以后讨论的理想数都假定是非零理想数. 主理想数 $[1]$ 实际上就是 $Q(\theta)$ 中全体代数整数的集合, 称为单位理想数. 若一个理想含有 1, 则它含有所有代数整数, 从而它等于 $[1]$.

以后常用大写字母 $A, B, C, \cdots$ 表示理想数.

在这一节中, 我们将依次引入有关理想数的相等、相乘、因子、素理想数等种种定义, 并给出类似有理整数情形的若干定理, 最后得到重要的理想数的唯一分解定理.

定义 4.1.2 $A = [\alpha_1, \alpha_2, \cdots, \alpha_q]$ 及 $B = [\beta_1, \beta_2, \cdots, \beta_r]$ 为 $Q(\theta)$ 上的两理想数, 如果 A 中每一代数整数均在 B 中, 而 B 中每一代数整数也均在 A 中时, 则称它们相等, 并记为 $A = B$.

定义 4.1.3 设 $A = [\alpha_1, \alpha_2, \cdots, \alpha_q]$, $B = [\beta_1, \beta_2, \cdots, \beta_r]$, 我们称理想数 $[\alpha_1\beta_1, \cdots, \alpha_1\beta_r, \alpha_2\beta_1, \cdots, \alpha_2\beta_r, \cdots, \alpha_q\beta_1, \cdots, \alpha_q\beta_r]$ 为 A 和 B 的乘积, 记为 AB.

容易验证, 乘积 AB 不依赖于 A 和 B 的表示法, 即如果

$$A = [\alpha_1, \alpha_2, \cdots, \alpha_q] = [\alpha'_1, \alpha'_2, \cdots, \alpha'_s]$$
$$B = [\beta_1, \beta_2, \cdots, \beta_r] = [\beta'_1, \beta'_2, \cdots, \beta'_t]$$

则有

$$[\alpha_1\beta_1, \cdots, \alpha_1\beta_r, \alpha_2\beta_1, \cdots, \alpha_2\beta_r, \cdots, \alpha_q\beta_1, \cdots, \alpha_q\beta_r]$$
$$= [\alpha'_1\beta'_1, \cdots, \alpha'_1\beta'_t, \alpha'_2\beta'_1, \cdots, \alpha'_2\beta'_t, \cdots, \alpha'_s\beta'_1, \cdots, \alpha'_s\beta'_t]$$

理想数的乘法满足交换律和结合律也不难验证.

我们令 $A^1 = A$ 及对于每一个正有理整数 m, 令 $A^{m+1} = A^m A$, 所以如同普通幂一样, 我们有 $A^{p+q} = A^p A^q$.

定义 4.1.4 设 A, B 是两个理想数, 如果存在理想数 C, 使得 $A = BC$, 则称 B 整除 A, 记为 $B \mid A$, 并称 B 为 A 的因子.

对于每一个理想数 $A \neq [0]$, 我们有

$$A = [1]A = A[1], A \mid A, [1] \mid A, A \mid [0]$$

从第一个等式看出，单位理想数[1]有着类似有理整数 1 的作用.

每一个理想数 A 有平凡的因子 A 与[1].

定义 4.1.5 如果一个理想数的因子只有[1]和本身，则称为素理想数.

我们还不知道是否存在素理想数.

数与理想数的可除性关系为下面这一事实：主理想数$[\alpha]$可以被主理想数$[\gamma]([\gamma] \neq [0])$整除当且仅当数 α 可以被 γ 整除.

事实上，由$[\alpha] = [\gamma][\beta_1, \beta_2, \cdots, \beta_r] = [\gamma\beta_1, \gamma\beta_2, \cdots, \gamma\beta_r]$，可知

$$\alpha = \sum_{i=1}^{r} \eta_i \gamma \beta_i = \gamma \sum_{i=1}^{r} \eta_i \beta_i$$

这里 η_i 为代数整数，所以 $\alpha \mid \gamma$. 反之，如果 $\alpha \mid \gamma$，则有某个代数整数 β，使得 $\alpha = \gamma\beta$. 我们也有

$$[\alpha] = [\gamma][\beta], [\gamma] \mid [\alpha]$$

理想数的可除性可以归结为数的可除性这一事实，不仅其逆为真，而且由下面的定理显示了它对于理想数理论基础的基本重要性.

定理 4.1.1 对于 $Q(\theta)$ 上任一个理想数 A，一定能找到 $Q(\theta)$ 上一个理想数 B，使 $AB = [a]$，这里 a 是一个正有理整数.

这一定理的不同证明区分出理想数理论的基础建立的不同途径. 在这里我们将使用胡尔维茨[①]的一个方法. 这个方法被施坦尼茨[②]做过巨大简化，它基于高斯关于多项式定理的推广，此多项式是以代数整数为系数的.

定理 4.1.2 设

$$A(x) = \alpha_h x^h + \cdots + \alpha_1 x + \alpha_0, B(x) = \beta_m x^m + \cdots + \beta_1 x + \beta_0$$

为有代数整数系数的多项式，并且 $\alpha_h \beta_m \neq 0$. 若代数整数 δ 整除

$$C(x) = A(x)B(x) = \gamma_{h+m} x^{h+m} + \cdots + \gamma_1 x + \gamma_0$$

的所有系数 γ，则 δ 也整除所有乘积 $\alpha_i \beta_k (i = 0, 1, \cdots, h; k = 0, 1, \cdots, m)$.

为了证明这一论断，我们需要两条引理：

引理 1 若

$$f(x) = \delta_m x^m + \cdots + \delta_1 x + \delta_0 \quad (\delta_m \neq 0)$$

的系数是代数整数及 ξ 是它的一个根，则多项式 $\dfrac{f(x)}{x - \xi}$ 的系数是代数整数.

证明 用归纳法证明. 当 $m = 1$ 时，$f(x) = \delta_1 x + \delta_0$ 且

---

① 胡尔维茨(Adolf Hurwitz, 1859—1919)，德国数学家.

② 施坦尼茨(E. Steinitz, 1871—1928)，德国数学家.

$$\frac{f(x)}{x-\xi}=\frac{\delta_1 x+\delta_0}{x-(-\frac{\delta_0}{\delta_1})}=\delta_1$$

是一个代数整数. 现设引理 1 对所有次数小于 m 的多项式为真, 则多项式

$$F(x)=f(x)-\delta_m x^{m-1}(x-\xi)$$

(由定理 3.1.4 知, $\delta_m \xi$ 是一个代数整数) 的次数小于 m, 且 $F(\xi)=0$, 由归纳假设, 知

$$\frac{F(x)}{x-\xi}=\frac{f(x)}{x-\xi}-\delta_m x^{m-1}$$

的系数是代数整数, 即知 $\frac{f(x)}{x-\xi}$ 的系数是代数整数, 这就完成了我们的证明.

引理 2 记号同引理 1, 若

$$f(x)=\delta_m(x-\xi_1)(x-\xi_2)\cdots(x-\xi_m)$$

则对每一个适合 $1\leqslant k\leqslant m$ 的 k, $\delta_m \zeta_1 \zeta_2 \cdots \zeta_m$ 是一个代数整数.

证明 不断地应用引理 1, 可知

$$\frac{f(x)}{(x-\xi_{k+1})(x-\xi_{k+2})\cdots(x-\xi_m)}=\delta_m(x-\xi_1)(x-\xi_2)\cdots(x-\xi_m)$$

是一个以代数整数为系数的多项式, 其常数项为 $\delta_m \zeta_1 \zeta_2 \cdots \zeta_m$.

定理 4.1.2 的证明 设 $A(x)$ 与 $B(x)$ 的分解线性因子如下

$$A(x)=\alpha_h(x-\rho_1)(x-\rho_2)\cdots(x-\rho_h)$$
$$B(x)=\beta_m(x-\sigma_1)(x-\sigma_2)\cdots(x-\sigma_m)$$

则由假定可知

$$\frac{C(x)}{\delta}=\frac{\alpha_h \beta_m}{\delta}(x-\rho_1)(x-\rho_2)\cdots(x-\rho_h)(x-\sigma_1)(x-\sigma_2)\cdots(x-\sigma_m)$$

有代数整数系数, 所以由引理 2 可知, 每一个乘积

$$\frac{\alpha_h \beta_m}{\delta}\cdot \rho_{j_1}\rho_{j_2}\cdots \rho_{j_p}\sigma_{k_1}\sigma_{k_2}\cdots \sigma_{k_q} \tag{1}$$

都是代数整数, 这里 $j_1,j_2,\cdots,j_p$ 与 $k_1,k_2,\cdots,k_q$ 是任意相异的指标 ($p\leqslant h,q\leqslant m$). 因为 $\frac{\alpha_j}{\alpha_h}$ 与 $\frac{\beta_k}{\beta_m}$ 分别为 ρ 与 σ 的初等对称函数, 所以 $\frac{\alpha_j \beta_k}{\delta}$ 为形如 (1) 的项之和, 从而为代数整数, 定理证毕.

现在可以证明关于理想数的定理 4.1.1 了. 如果 A 为一个主理想, 设为 $A=[\alpha]$, $0\neq \alpha \in Q(\theta)$, 则 B 可取主理想 $[\alpha_2,\alpha_3,\cdots,\alpha_n]$, 这里 $\alpha_2,\alpha_3,\cdots,\alpha_n$ 为 α 的共轭数, 且 $\alpha_2,\alpha_3,\cdots,\alpha_n \in Q(\theta)$. 于是取 $a=|N(\alpha)|$, 立即得到

$$AB=[\alpha\alpha_2\alpha_3\cdots\alpha_n]=[a]$$

如果 A 不是主理想数,设 $A=[\alpha_h,\alpha_{h-1},\cdots,\alpha_0],0\neq\alpha_j\in Q(\theta),j=0,1,\cdots,$ $h,f(x)=\alpha_h x^h+\cdots+\alpha_1 x+\alpha_0.$ 又设 α_j 的共轭数为 $\alpha_j^{(i)},i=2,3,\cdots,n.$ 定义

$$g(x)=\prod_{i=2}^{n}(\alpha_h^{(i)}x^m+\cdots+\alpha_1^{(i)}x+\alpha_0^{(i)})=\beta_m x^m+\cdots+\beta_1 x+\beta_0$$

$$f(x)g(x)=c_{h+m}x^{h+m}+\cdots+c_1 x+c_0$$

其中 $c_j(j=0,1,\cdots,h+m)$ 均为有理整数,又因为 $\beta_0,\beta_1\cdots,\beta_m$ 显然为代数整数, $\alpha_0\beta_0=c_0$,故 $\beta_0\in Q(\theta)$,而 $\alpha_0\beta_1+\alpha_1\beta_0=c_1$,故 $\beta_1\in Q(\theta)$,类似可证各 β 均为 $Q(\theta)$ 的代数整数.

设 $B=[\beta_m,\beta_{m-1},\cdots,\beta_0],(c_0,c_1,\cdots,c_{h+m})=a$,我们证明

$$AB=[a]$$

由 $a\mid c_j(j=0,1,\cdots,h+m)$ 和定理 4.1.2 知

$$a\mid\alpha_i\beta_k\quad(i=0,1,\cdots,h;k=0,1,\cdots,m)$$

所以 $AB\subseteq[a]$. 又因 $a=(c_0,c_1,\cdots,c_{h+m})$,故 a 能表示成 $c_0,c_1,\cdots,c_{h+m}$ 的有理整系数的线性组合,而各 $c_j\in AB(j=0,1,\cdots,h+m)$,所以 $a\in AB$,即知$[a]\subseteq AB$,于是等式 $AB=[a]$ 成立. 证明完毕

利用定理 4.1.1,我们可以证明理想除法的唯一性:

定理 4.1.3 若 $AC=BC$,则 $A=C$.

证明 设 D 是一个理想数,它使 $CD=[a]$,a 是一个正有理整数,则有 $ACD=BCD$,即

$$A[a]=B[a]$$

上式推出 $A=B.$

现在我们可以得出理想数整除性的另一个定义:

定理 4.1.4 一个理想数 A 为 C 的一个因子当且仅当 C 中每一个数都属于 A(即 $C\subseteq A$).

证明 设 $C=AB,A=[\alpha_h,\alpha_{h-1},\cdots,\alpha_0],B=[\beta_m,\beta_{m-1},\cdots,\beta_0]$,则

$$C=[\cdots,\alpha_i\beta_j,\cdots]$$

所以 C 的每一个数都在 A 中.

反之,设 $C\subseteq A$,取理想数 B 和正有理整数 a,使 $AB=[a]$. 设 $CB=[\sigma_1,$ $\sigma_2,\cdots,\sigma_p]$,而 $\sigma_j=\dfrac{\sigma_j}{a}(j=1,2,\cdots,p)$,则

$$CB=[a][\lambda_1,\lambda_2,\cdots,\lambda_p]=AB[\lambda_1,\lambda_2,\cdots,\lambda_p]$$

由定理 4.1.3 得

$$C=A[\lambda_1,\lambda_2,\cdots,\lambda_p]$$

这就证明了 $A \mid C$.

作为这个定理的直接推论,设 A 为一个理想数,$A \neq [0]$,则:

(1) 代数整数 α 属于 A 当且仅当 $A \mid [\alpha]$.

(2) 若 $A \mid [\alpha]$,$A \mid [\beta]$,则对于所有代数整数 λ, μ,有 $A \mid [\lambda \alpha + \mu \beta]$.

(3) 由 $AB = [1]$,可知 $A = [1]$ 及 $B = [1]$.

(4) 若两个理想数,每一个都是另一个的因子,则它们相等.

4.2　理想数的唯一分解定理及其应用

定理 4.2.1　对于每两个非全为 $[0]$ 的理想数 $A = [\alpha_1, \alpha_2, \cdots, \alpha_q]$ 及 $B = [\beta_1, \beta_2, \cdots, \beta_r]$,都存在唯一的理想数 D,具有性质:①D 是 A 与 B 的因子,即 $D \mid A$,$D \mid B$;② 若 $D_1 \mid A$,$D_1 \mid B$,则 $D_1 \mid D$.

证明　我们将证明 $D = [\alpha_1, \alpha_2, \cdots, \alpha_q, \beta_1, \beta_2, \cdots, \beta_r]$ 有所说的可除性性质. 由于每一个和"A 中的数 + B 中的数"显然属于 D,所以 A 中所有的数及 B 中所有的数都属于 D,从而由定理 4.1.4 可知 $D \mid A$,$D \mid B$.

进而言之,若 $D_1 \mid A$ 及 $D_2 \mid B$,则所有 A 的数及所有 B 的数都属于 D_1,从而每个和"A 中的数 + B 中的数"也属于 D_1,即每一个 D 的数都属于 D_1,故我们得到 $D_1 \mid D$.

再证 D 的唯一性. 若另有一理想数 D',满足性质 ① 和 ②,则有
$$D \mid D', \quad D' \mid D$$
即 $D' \subseteq D$,$D \subseteq D'$,所以 $D = D'$. 证毕.

定义 4.2.1　定理 4.2.1 中的 D 称为 A 和 B 的最大公因数,记为 $(A, B) = D$. 如果 $(A, B) = [1]$,那么称 A, B 互素.

一般地,还可定义 $(A_1, A_2, \cdots, A_m) = ((A_1, A_2, \cdots, A_{m-1}), A_m)$.

由定理 4.2.1 我们得出,每一个理想数 $A = [\alpha_1, \alpha_2, \cdots, \alpha_q]$ 都可以看作主理想数 $[\alpha_1], [\alpha_2], \cdots, [\alpha_q]$ 的最大公因数.

由最大公因数 D 的表达式,我们立即得到
$$C(A, B) = (CA, CB) \tag{2}$$
由此我们得到基本定理的一部分:

定理 4.2.2　如果 P 为一素理想数,且 $P \mid AB$,则 $P \mid A$ 或 $P \mid B$.

证明　若 P 除不尽 B,则因素理想 P 只有因子 $[1]$ 与 P,所以 $(P, B) = [1]$. 由 (2) 可知
$$A = A[1] = A(P, B) = (AP, AB)$$
因为 $P \mid AB$,所以 P 整除 A.

为了证明基本定理的另一部分,我们从证明下面的引理开始:

首先,我们来证明将理想分解为素理想之积是可能的.为此我们必须证明:

引理 1 每一个非[0]理想 A 只有有限多个因子.

为了证明第一个引理,利用定理 4.1.1 可知,存在一理想数 B 和正有理整数 a,使

$$AB = [a]$$

所以,A 的任一因子均包含 a.因此,只需证明包含一给定正有理整数的理想数只有有限个.设 $C = [\alpha_1, \alpha_2, \cdots, \alpha_h]$ 是一个包含给定正有理整数 a 的理想数,ω_1,$\omega_2, \cdots, \omega_n$ 为 $Q(\theta)$ 的一组整基底,因此,各 α_j 可以表示成

$$\alpha_j = h_{j1}\omega_1 + h_{j2}\omega_2 + \cdots + h_{jn}\omega_n \quad (j = 1, 2, \cdots, h)$$

这里 h_{jk} 均为有理整数.再设

$$h_{jk} = aq_{jk} + r_{jk}(0 \leqslant r_{jk} < a), \beta_j = \sum_{k=1}^{n} q_{jk}\omega_k, \gamma_j = \sum_{k=1}^{n} r_{jk}\omega_k$$

于是有 $\alpha_j = a\beta_j + \gamma_j$.

又因为 $\alpha \in C$,所以

$$
\begin{aligned}
C = [\alpha_1, \alpha_2, \cdots, \alpha_h] &= [\alpha_1, \alpha_2, \cdots, \alpha_h, a] \\
&= [a\beta_1 + \gamma_1, a\beta_2 + \gamma_2, \cdots, a\beta_h + \gamma_h, a] \\
&= [\gamma_1, \gamma_2, \cdots, \gamma_h, a]
\end{aligned}
$$

而 $\gamma_1, \gamma_2, \cdots, \gamma_h$ 只有有限组,这就证明了包含 a 的理想数只有有限多个.

引理 2 $A(A \neq [0])$ 的每一个真因子比 A 的因子要少.

为了证明引理 2,令 C 为 A 的一个真因子,则 C 的因子都是 A 的因子(按定义),并且可写 $A = BC$,此处 $B \neq [1]$,$C \neq A$.于是 C 不能以 A 为因子,从而 C 至少比 A 少一个因子.又理想数 A 的因子个数是有限的(引理 1),所以 A 的因子数目大于 C.

引理 3 每一个不为[0]与[1]的理想数 A 都有一个因子,它是素的.

证明 由引理 1,理想数 A 仅有有限个因子.在这有限个因子中,设 P 是不等于[1]且自身因子个数最少的因子,则 P 必为素理想数.若不是这样,那么 P 存在真因子 $P' \neq [1]$,按引理 2,P' 的因子个数较 P 少,但 P' 也是 A 的因子,这与 P 的选择矛盾.

定理 4.2.3(理想数的唯一分解定理) 每一个异于[0]与[1]的理想数 A 都可以分解为素理想数的乘积,如果不计其排列的次序,则分解法唯一.

证明 除非 A 等于[0],否则在 A 的有限多个(假定为 m)因子中至少有一个素理想(引理 3).所以我们可以从 A 中分离出一个素理想数 P_1,$A = P_1 A_1$,这

里 A_1 最多只有 $m-1$ 个不为$[1]$的因子. 若仍有 $A_1 \neq [1]$, 则我们也可以从 A_1 中分离出一个素理想数 P_2, 得出 $A = P_1 P_2 A_2$, 其中 A_2 最多只有 $m-2$ 个因子不等于$[1]$, 如此等等. 因为 $A_1, A_2, A_3, \cdots$ 总是具有递减的因子个数, 所以经过有限步骤之后, 这一过程必须停止, 最后达到 $A_k = [1]$, 则 $A = P_1 P_2 \cdots P_k$ 为素理想数乘积的表示.

现证分解的唯一性. 因为 A 的因子只有有限个, 所以可以对 A 的因子个数施行归纳法. 设

$$A = P_1 P_2 \cdots P_m = P_1' P_2' \cdots P_h' \quad (m \geqslant 1, h \geqslant 1) \tag{3}$$

其中各 P_i 与各 P_j' 均为素理想数. 若 A 为素理想数, 则 $m = h = 1$, 定理成立. 现设 $m > 1, h > 1$, 因为

$$P_1 \mid P_1' P_2' \cdots P_h'$$

所以有一个 $P_j'(1 \leqslant j \leqslant m)$ 使 $P_1 = P_j'$, 不妨设 $j = 1$, 于是(3)给出

$$P_2 \cdots P_m = P_2' \cdots P_h'$$

由归纳法假设, 定理得证.

关于"理想数的唯一分解定理"的应用, 首先可以看到用于代数整数的可除法性研究. 我们知道, 对于主理想数$[\alpha],[\beta]$, $[\alpha] \mid [\beta]$ 的充分必要条件是 $\alpha \mid \beta$. 用理想数的唯一分解定理可给出一个新方法来决定是否有 α 整除 β. 将 $[\alpha]$ 和 $[\beta]$ 分解为

$$[\alpha] = P_1^{k_1} P_2^{k_2} \cdots P_m^{k_m}, [\beta] = P_1^{h_1} P_2^{h_2} \cdots P_m^{h_m} \quad (k_i, h_i \geqslant 0; i = 1, 2, \cdots, m)$$

其中 $P_1, P_2, \cdots, P_m$ 是不同的素理想数, k_i, h_i 为有理整数. 由唯一分解定理, 显然有, $[\alpha] \mid [\beta]$ 的充分必要条件是 $h_i - k_i \geqslant 0, i = 1, 2, \cdots, m$.

最后, 我们用唯一分解定理证明两个定理.

定理 4.2.4 在 $Q(\theta)$ 上有无限多个素理想数.

证明 设有理素数 $p, q(p \neq q)$, 则在 $Q(\theta)$ 上理想数 $[p], [q]$ 适合 $([p], [q]) = [1]$. 因此, 由唯一分解定理, 存在 $[p]$ 的素因子 P_1 和 $[q]$ 的素因子 P_2, 适合 $P_1 \neq P_2$, 因为有无限多个有理素数, 它们生成的主理想的素因子皆不同, 所以有无限多个素理想数.

定理 4.2.5 若 A 和 B 是异于$[0]$的理想数, 则存在代数整数 α, 使得 $([\alpha], AB) = A$.

这个$[\alpha]$显然有分解$[\alpha] = AC$, 其中 $(C, B) = [1]$. 因此定理断言每一个理想数 A 可以乘以一个与已给理想数 B 互素的理想数 C 使之成为一个主理想.

证明 设 $P_1, P_2, \cdots, P_h$ 是整除 AB 的相异的素理想数, 同时令 $A = P_1^{t_1} P_2^{t_2} \cdots P_h^{t_h} (t_i \geqslant 0)$. 我们由等式

$$P_i^{t_i+1}B_i = AP_1P_2\cdots P_h \quad (i=1,2,\cdots,h)$$

定义 h 个理想数 $B_1,B_2,\cdots,B_h$，则 B_i 与 P_i 互素，但包含所有剩余素理想数 $P_j(j=1,2,\cdots,i-1,i+1,\cdots,h)$，且较 A 中 P_j 的幂大. 因为这些 B_i 的总体是互素的，所以有 B_i 中的数 δ_i 使

$$\delta_1 + \delta_2 + \cdots + \delta_n = 1$$

在此 $[\delta_i]$ 可被 B_i 整除，因此可以被所有 $P_k(k\neq i)$ 整除，从而由于 $[1]$ 不能被 P_i 整除，所以 $[\delta_i]$ 不能被 P_i 整除.

因为 $P_i^{t_i+1} \subset P_i^{t_i}$，所以存在整数 $\alpha_i \in P_i^{t_i}$，但 $\alpha_i \notin P_i^{t_i+1}$. 今设

$$\alpha = \alpha_1\delta_1 + \alpha_2\delta_2 + \cdots + \alpha_h\delta_h$$

显然 $P_i^{t_i} \mid [\alpha]$，但 $P_i^{t_i+1} \nmid [\alpha]$，$i=1,2,\cdots,h$，所以 $A \mid [\alpha]$，而

$$\left(\frac{[\alpha]}{A}, B\right) = [1]$$

于是得出 $([\alpha],AB)=A$. 证毕.

取 AB 本身为一个主理想 $[\beta]$，它被 A 整除，则得：

推论 每一个理想 A 可以被表示为域中两个元素的最大公因数：$A = ([\alpha],[\beta])$.

参考文献

[1] 勃罗斯库列亚柯夫. 数与多项式[M]. 吴品三, 译. 北京: 高等教育出版社, 1956.

[2] И. Г. 巴什玛柯娃, А. П. 尤什凯维奇, И. В. 普罗斯库李亚柯夫. 苏俄教育科学院初等数学全书, 第一卷, 算术, 第一分册[M]. 刘绍祖, 译. 北京: 高等教育出版社, 1959.

[3] KENNETH H. ROSEN. 初等数论及其应用[M]. 夏鸿刚, 译. 北京: 机械工业出版社, 2009.

[4] 田开璞. 现代科学数系论[M]. 济南: 山东科学技术出版社, 1998.

[5] 张奠宙, 邹一心. 现代数学与中学数学[M]. 上海: 上海教育出版社, 1990.

[6] Г. М. 菲赫金哥尔茨. 微积分学教程. 第一卷[M]. 杨弢亮, 叶彦谦, 译. 北京: 高等教育出版社, 2006.

[7] А. Я. 辛钦. 连分数[M]. 刘诗俊, 刘绍越, 译. 上海: 上海科学技术出版社, 1965.

[8] C. D. 奥尔德斯. 连分数[M]. 张顺燕, 译. 北京: 北京大学出版社, 1985.

[9] 约翰·塔巴克. 数学之旅丛书·数[M]. 王献芬, 王辉, 张红艳, 译. 北京: 商务印书馆, 2008.

[10] 田开璞. 初等代数的现代数学基础[M]. 济南: 山东教育出版社, 1996.

[11] J. 唐乃尔. 初等数学教程·理论和实用算术[M]. 朱德祥, 译. 上海: 上海科学技术出版社, 1982.

[12] 高建福. 无穷级数与连分数[M]. 合肥: 中国科学技术大学出版社, 2005.

[13] 潘承洞, 潘承彪. 代数数论[M]. 济南: 山东大学出版社, 2001.

[14] 柯召, 孙琦. 数论讲义. 上册[M]. 北京: 高等教育出版社, 2005.

[15] 迈克尔, 斯皮瓦克. 微积分[M]. 张毓贤, 译. 北京: 人民教育出版社, 1981.

[16] 孙熙椿. 从现代数学看中学数学[M]. 北京: 中国林业出版社, 1991.

[17] 乌瓦连柯夫, 马尔列尔. 分析引论[M]. 李荣涑, 梁永富, 译. 北京: 商务印书馆, 1956.

[18] 项武义. 从算术到代数[M]. 北京: 科学出版社, 1981.

[19] JOSEPH H. SILVERMAN. 数论概论[M]. 孙智伟,译. 北京:机械工业出版社,2004.

[20] E. 赫克. 代数数理论讲义[M]. 王元,译. 北京:科学出版社,2005.

[21] 潘承洞,潘承彪. 初等数论. 第二版[M]. 北京:北京大学出版社,2004.

[22] HARRY POLLARD. 代数数论[M]. 叶哲志,陈弘毅,译. 台湾:徐氏基金会,1979.

书　　名	出版时间	定　价	编号
新编中学数学解题方法全书(高中版)上卷(第2版)	2018—08	58.00	951
新编中学数学解题方法全书(高中版)中卷(第2版)	2018—08	68.00	952
新编中学数学解题方法全书(高中版)下卷(一)(第2版)	2018—08	58.00	953
新编中学数学解题方法全书(高中版)下卷(二)(第2版)	2018—08	58.00	954
新编中学数学解题方法全书(高中版)下卷(三)(第2版)	2018—08	68.00	955
新编中学数学解题方法全书(初中版)上卷	2008—01	28.00	29
新编中学数学解题方法全书(初中版)中卷	2010—07	38.00	75
新编中学数学解题方法全书(高考复习卷)	2010—01	48.00	67
新编中学数学解题方法全书(高考真题卷)	2010—01	38.00	62
新编中学数学解题方法全书(高考精华卷)	2011—03	68.00	118
新编平面解析几何解题方法全书(专题讲座卷)	2010—01	18.00	61
新编中学数学解题方法全书(自主招生卷)	2013—08	88.00	261
数学奥林匹克与数学文化(第一辑)	2006—05	48.00	4
数学奥林匹克与数学文化(第二辑)(竞赛卷)	2008—01	48.00	19
数学奥林匹克与数学文化(第二辑)(文化卷)	2008—07	58.00	36′
数学奥林匹克与数学文化(第三辑)(竞赛卷)	2010—01	48.00	59
数学奥林匹克与数学文化(第四辑)(竞赛卷)	2011—08	58.00	87
数学奥林匹克与数学文化(第五辑)	2015—06	98.00	370
世界著名平面几何经典著作钩沉——几何作图专题卷(共3卷)	2022—01	198.00	1460
世界著名平面几何经典著作钩沉(民国平面几何老课本)	2011—03	38.00	113
世界著名平面几何经典著作钩沉(建国初期平面三角老课本)	2015—08	38.00	507
世界著名解析几何经典著作钩沉——平面解析几何卷	2014—01	38.00	264
世界著名数论经典著作钩沉(算术卷)	2012—01	28.00	125
世界著名数学经典著作钩沉——立体几何卷	2011—02	28.00	88
世界著名三角学经典著作钩沉(平面三角卷Ⅰ)	2010—06	28.00	69
世界著名三角学经典著作钩沉(平面三角卷Ⅱ)	2011—01	38.00	78
世界著名初等数论经典著作钩沉(理论和实用算术卷)	2011—07	38.00	126
世界著名几何经典著作钩沉(解析几何卷)	2022—10	68.00	1564
发展你的空间想象力(第3版)	2021—01	98.00	1464
空间想象力进阶	2019—05	68.00	1062
走向国际数学奥林匹克的平面几何试题诠释.第1卷	2019—07	88.00	1043
走向国际数学奥林匹克的平面几何试题诠释.第2卷	2019—09	78.00	1044
走向国际数学奥林匹克的平面几何试题诠释.第3卷	2019—03	78.00	1045
走向国际数学奥林匹克的平面几何试题诠释.第4卷	2019—09	98.00	1046
平面几何证明方法全书	2007—08	48.00	1
平面几何证明方法全书习题解答(第2版)	2006—12	18.00	10
平面几何天天练上卷·基础篇(直线型)	2013—01	58.00	208
平面几何天天练中卷·基础篇(涉及圆)	2013—01	28.00	234
平面几何天天练下卷·提高篇	2013—01	58.00	237
平面几何专题研究	2013—07	98.00	258
平面几何解题之道.第1卷	2022—05	38.00	1494
几何学习题集	2020—10	48.00	1217
通过解题学习代数几何	2021—04	88.00	1301
圆锥曲线的奥秘	2022—06	88.00	1541

刘培杰数学工作室
已出版(即将出版)图书目录——初等数学

书　名	出版时间	定　价	编号
最新世界各国数学奥林匹克中的平面几何试题	2007—09	38.00	14
数学竞赛平面几何典型题及新颖解	2010—07	48.00	74
初等数学复习及研究(平面几何)	2008—09	68.00	38
初等数学复习及研究(立体几何)	2010—06	38.00	71
初等数学复习及研究(平面几何)习题解答	2009—01	58.00	42
几何学教程(平面几何卷)	2011—03	68.00	90
几何学教程(立体几何卷)	2011—07	68.00	130
几何变换与几何证题	2010—06	88.00	70
计算方法与几何证题	2011—06	28.00	129
立体几何技巧与方法(第2版)	2022—10	168.00	1572
几何瑰宝——平面几何500名题暨1500条定理(上、下)	2021—07	168.00	1358
三角形的解法与应用	2012—07	18.00	183
近代的三角形几何学	2012—07	48.00	184
一般折线几何学	2015—08	48.00	503
三角形的五心	2009—06	28.00	51
三角形的六心及其应用	2015—10	68.00	542
三角形趣谈	2012—08	28.00	212
解三角形	2014—01	28.00	265
探秘三角形:一次数学旅行	2021—10	68.00	1387
三角学专门教程	2014—09	28.00	387
图天下几何新题试卷.初中(第2版)	2017—11	58.00	855
圆锥曲线习题集(上册)	2013—06	68.00	255
圆锥曲线习题集(中册)	2015—01	78.00	434
圆锥曲线习题集(下册·第1卷)	2016—10	78.00	683
圆锥曲线习题集(下册·第2卷)	2018—01	98.00	853
圆锥曲线习题集(下册·第3卷)	2019—10	128.00	1113
圆锥曲线的思想方法	2021—08	48.00	1379
圆锥曲线的八个主要问题	2021—10	48.00	1415
论九点圆	2015—05	88.00	645
论圆的几何学	2024—06	48.00	1736
近代欧氏几何学	2012—03	48.00	162
罗巴切夫斯基几何学及几何基础概要	2012—07	28.00	188
罗巴切夫斯基几何学初步	2015—06	28.00	474
用三角、解析几何、复数、向量计算解数学竞赛几何题	2015—03	48.00	455
用解析法研究圆锥曲线的几何理论	2022—05	48.00	1495
美国中学几何教程	2015—04	88.00	458
三线坐标与三角形特征点	2015—04	98.00	460
坐标几何学基础.第1卷,笛卡儿坐标	2021—08	48.00	1398
坐标几何学基础.第2卷,三线坐标	2021—09	28.00	1399
平面解析几何方法与研究(第1卷)	2015—05	28.00	471
平面解析几何方法与研究(第2卷)	2015—06	38.00	472
平面解析几何方法与研究(第3卷)	2015—07	28.00	473
解析几何研究	2015—01	38.00	425
解析几何学教程.上	2016—01	38.00	574
解析几何学教程.下	2016—01	38.00	575
几何学基础	2016—01	58.00	581
初等几何研究	2015—02	58.00	444
十九和二十世纪欧氏几何学中的片段	2017—01	58.00	696
平面几何中考.高考.奥数一本通	2017—07	28.00	820
几何学简史	2017—08	28.00	833
四面体	2018—01	48.00	880
平面几何证明方法思路	2018—12	68.00	913
折纸中的几何练习	2022—09	48.00	1559
中学新几何学(英文)	2022—10	98.00	1562
线性代数与几何	2023—04	68.00	1633

书　名	出版时间	定　价	编号
四面体几何学引论	2023—06	68.00	1648
平面几何图形特性新析.上篇	2019—01	68.00	911
平面几何图形特性新析.下篇	2018—06	88.00	912
平面几何范例多解探究.上篇	2018—04	48.00	910
平面几何范例多解探究.下篇	2018—12	68.00	914
从分析解题过程学解题:竞赛中的几何问题研究	2018—07	68.00	946
从分析解题过程学解题:竞赛中的向量几何与不等式研究(全2册)	2019—06	138.00	1090
从分析解题过程学解题:竞赛中的不等式问题	2021—01	48.00	1249
二维、三维欧氏几何的对偶原理	2018—12	38.00	990
星形大观及闭折线论	2019—03	68.00	1020
立体几何的问题和方法	2019—11	58.00	1127
三角代换论	2021—05	58.00	1313
俄罗斯平面几何问题集	2009—08	88.00	55
俄罗斯立体几何问题集	2014—03	58.00	283
俄罗斯几何大师——沙雷金论数学及其他	2014—01	48.00	271
来自俄罗斯的5000道几何习题及解答	2011—03	58.00	89
俄罗斯初等数学问题集	2012—05	38.00	177
俄罗斯函数问题集	2011—03	38.00	103
俄罗斯组合分析问题集	2011—01	48.00	79
俄罗斯初等数学万题选——三角卷	2012—11	38.00	222
俄罗斯初等数学万题选——代数卷	2013—08	68.00	225
俄罗斯初等数学万题选——几何卷	2014—01	68.00	226
俄罗斯《量子》杂志数学征解问题100题选	2018—08	48.00	969
俄罗斯《量子》杂志数学征解问题又100题选	2018—08	48.00	970
俄罗斯《量子》杂志数学征解问题	2020—05	48.00	1138
463个俄罗斯几何老问题	2012—01	28.00	152
《量子》数学短文精粹	2018—09	38.00	972
用三角、解析几何等计算解来自俄罗斯的几何题	2019—11	88.00	1119
基谢廖夫平面几何	2022—01	48.00	1461
基谢廖夫立体几何	2023—04	48.00	1599
数学:代数、数学分析和几何(10—11年级)	2021—01	48.00	1250
直观几何学:5—6年级	2022—04	58.00	1508
几何学:第2版.7—9年级	2023—08	68.00	1684
平面几何:9—11年级	2022—10	48.00	1571
立体几何.10—11年级	2022—01	58.00	1472
几何快递	2024—05	48.00	1697

书　名	出版时间	定　价	编号
谈谈素数	2011—03	18.00	91
平方和	2011—03	18.00	92
整数论	2011—05	38.00	120
从整数谈起	2015—10	28.00	538
数与多项式	2016—01	38.00	558
谈谈不定方程	2011—05	28.00	119
质数漫谈	2022—07	68.00	1529

书　名	出版时间	定　价	编号
解析不等式新论	2009—06	68.00	48
建立不等式的方法	2011—03	98.00	104
数学奥林匹克不等式研究(第2版)	2020—07	68.00	1181
不等式研究(第三辑)	2023—08	198.00	1673
不等式的秘密(第一卷)(第2版)	2014—02	38.00	286
不等式的秘密(第二卷)	2014—01	38.00	268
初等不等式的证明方法	2010—06	38.00	123
初等不等式的证明方法(第二版)	2014—11	38.00	407
不等式·理论·方法(基础卷)	2015—07	38.00	496
不等式·理论·方法(经典不等式卷)	2015—07	38.00	497
不等式·理论·方法(特殊类型不等式卷)	2015—07	48.00	498
不等式探究	2016—03	38.00	582
不等式探秘	2017—01	88.00	689

刘培杰数学工作室
已出版(即将出版)图书目录——初等数学

书 名	出版时间	定价	编号
四面体不等式	2017—01	68.00	715
数学奥林匹克中常见重要不等式	2017—09	38.00	845
三正弦不等式	2018—09	98.00	974
函数方程与不等式:解法与稳定性结果	2019—04	68.00	1058
数学不等式.第1卷,对称多项式不等式	2022—05	78.00	1455
数学不等式.第2卷,对称有理不等式与对称无理不等式	2022—05	88.00	1456
数学不等式.第3卷,循环不等式与非循环不等式	2022—05	88.00	1457
数学不等式.第4卷,Jensen不等式的扩展与加细	2022—05	88.00	1458
数学不等式.第5卷,创建不等式与解不等式的其他方法	2022—05	88.00	1459
不定方程及其应用.上	2018—12	58.00	992
不定方程及其应用.中	2019—01	78.00	993
不定方程及其应用.下	2019—02	98.00	994
Nesbitt 不等式加强式的研究	2022—06	128.00	1527
最值定理与分析不等式	2023—02	78.00	1567
一类积分不等式	2023—02	88.00	1579
邦费罗尼不等式及概率应用	2023—05	58.00	1637
同余理论	2012—05	38.00	163
[x]与{x}	2015—04	48.00	476
极值与最值.上卷	2015—06	28.00	486
极值与最值.中卷	2015—06	38.00	487
极值与最值.下卷	2015—06	28.00	488
整数的性质	2012—11	38.00	192
完全平方数及其应用	2015—08	78.00	506
多项式理论	2015—10	88.00	541
奇数、偶数、奇偶分析法	2018—01	98.00	876
历届美国中学生数学竞赛试题及解答(第一卷)1950—1954	2014—07	18.00	277
历届美国中学生数学竞赛试题及解答(第二卷)1955—1959	2014—04	18.00	278
历届美国中学生数学竞赛试题及解答(第三卷)1960—1964	2014—06	18.00	279
历届美国中学生数学竞赛试题及解答(第四卷)1965—1969	2014—04	28.00	280
历届美国中学生数学竞赛试题及解答(第五卷)1970—1972	2014—06	18.00	281
历届美国中学生数学竞赛试题及解答(第六卷)1973—1980	2017—07	18.00	768
历届美国中学生数学竞赛试题及解答(第七卷)1981—1986	2015—01	18.00	424
历届美国中学生数学竞赛试题及解答(第八卷)1987—1990	2017—05	18.00	769
历届国际数学奥林匹克试题集	2023—09	158.00	1701
历届中国数学奥林匹克试题集(第3版)	2021—10	58.00	1440
历届加拿大数学奥林匹克试题集	2012—08	38.00	215
历届美国数学奥林匹克试题集	2023—08	98.00	1681
历届波兰数学竞赛试题集.第1卷,1949~1963	2015—03	18.00	453
历届波兰数学竞赛试题集.第2卷,1964~1976	2015—03	18.00	454
历届巴尔干数学奥林匹克试题集	2015—05	38.00	466
历届CGMO试题及解答	2024—03	48.00	1717
保加利亚数学奥林匹克	2014—10	38.00	393
圣彼得堡数学奥林匹克试题集	2015—01	38.00	429
匈牙利奥林匹克数学竞赛题解.第1卷	2016—05	28.00	593
匈牙利奥林匹克数学竞赛题解.第2卷	2016—05	28.00	594
历届美国数学邀请赛试题集(第2版)	2017—10	78.00	851
全美高中数学竞赛:纽约州数学竞赛(1989—1994)	2024—08	48.00	1740
普林斯顿大学数学竞赛	2016—06	38.00	669
亚太地区数学奥林匹克竞赛题	2015—07	18.00	492
日本历届(初级)广中杯数学竞赛试题及解答.第1卷(2000~2007)	2016—05	28.00	641
日本历届(初级)广中杯数学竞赛试题及解答.第2卷(2008~2015)	2016—05	38.00	642
越南数学奥林匹克题选:1962—2009	2021—07	48.00	1370
欧洲女子数学奥林匹克	2024—04	48.00	1723
360个数学竞赛问题	2016—08	58.00	677

书　名	出版时间	定价	编号
奥数最佳实战题.上卷	2017—06	38.00	760
奥数最佳实战题.下卷	2017—05	58.00	761
解决问题的策略	2024—08	48.00	1742
哈尔滨市早期中学数学竞赛试题汇编	2016—07	28.00	672
全国高中数学联赛试题及解答:1981—2019(第4版)	2020—07	138.00	1176
2024年全国高中数学联合竞赛模拟题集	2024—01	38.00	1702
20世纪50年代全国部分城市数学竞赛试题汇编	2017—07	28.00	797
国内外数学竞赛题及精解:2018~2019	2020—08	45.00	1192
国内外数学竞赛题及精解:2019~2020	2021—11	58.00	1439
许康华竞赛优学精选集.第一辑	2018—08	68.00	949
天问叶班数学问题征解100题.Ⅰ,2016—2018	2019—05	88.00	1075
天问叶班数学问题征解100题.Ⅱ,2017—2019	2020—07	98.00	1177
美国初中数学竞赛:AMC8准备(共6卷)	2019—07	138.00	1089
美国高中数学竞赛:AMC10准备(共6卷)	2019—08	158.00	1105
王连笑教你怎样学数学:高考选择题解题策略与客观题实用训练	2014—01	48.00	262
王连笑教你怎样学数学:高考数学高层次讲座	2015—02	48.00	432
高考数学的理论与实践	2009—08	38.00	53
高考数学核心题型解题方法与技巧	2010—01	28.00	86
高考思维新平台	2014—03	38.00	259
高考数学压轴题解题诀窍(上)(第2版)	2018—01	58.00	874
高考数学压轴题解题诀窍(下)(第2版)	2018—01	48.00	875
突破高考数学新定义创新压轴题	2024—08	88.00	1741
北京市五区文科数学三年高考模拟题详解:2013~2015	2015—08	48.00	500
北京市五区理科数学三年高考模拟题详解:2013~2015	2015—09	68.00	505
向量法巧解数学高考题	2009—08	28.00	54
高中数学课堂教学的实践与反思	2021—11	48.00	791
数学高考参考	2016—01	78.00	589
新课程标准高考数学解答题各种题型解法指导	2020—08	78.00	1196
全国及各省市高考数学试题审题要津与解法研究	2015—02	48.00	450
高中数学章节起始课的教学研究与案例设计	2019—05	28.00	1064
新课标高考数学——五年试题分章详解(2007~2011)(上、下)	2011—10	78.00	140,141
全国中考数学压轴题审题要津与解法研究	2013—04	78.00	248
新编全国及各省市中考数学压轴题审题要津与解法研究	2014—05	58.00	342
全国及各省市5年中考数学压轴题审题要津与解法研究(2015版)	2015—04	58.00	462
中考数学专题总复习	2007—04	28.00	6
中考数学较难题常考题型解题方法与技巧	2016—09	48.00	681
中考数学难题常考题型解题方法与技巧	2016—09	48.00	682
中考数学中档题常考题型解题方法与技巧	2017—08	68.00	835
中考数学选择填空压轴好题妙解365	2024—01	80.00	1698
中考数学:三类重点考题的解法例析与习题	2020—04	48.00	1140
中小学数学的历史文化	2019—11	48.00	1124
小升初衔接数学	2024—06	68.00	1734
赢在小升初——数学	2024—08	78.00	1739
初中平面几何百题多思创新解	2020—01	58.00	1125
初中数学中考备考	2020—01	58.00	1126
高考数学之九章演义	2019—08	68.00	1044
高考数学之难题谈笑间	2022—06	68.00	1519
化学可以这样学:高中化学知识方法智慧感悟疑难辨析	2019—07	58.00	1103
如何成为学习高手	2019—09	58.00	1107
高考数学:经典真题分类解析	2020—04	78.00	1134
高考数学解答题破解策略	2020—11	58.00	1221
从分析解题过程学解题:高考压轴题与竞赛题之关系探究	2020—08	88.00	1179
从分析解题过程学解题:数学高考与竞赛的互联互通探究	2024—06	88.00	1735
教学新思考:单元整体视角下的初中数学教学设计	2021—03	58.00	1278
思维再拓展:2020年经典几何题的多解探究与思考	即将出版		1279
中考数学小压轴汇编初讲	2017—07	48.00	788
中考数学大压轴专题微言	2017—09	48.00	846

书　名	出版时间	定　价	编号
怎么解中考平面几何探索题	2019—06	48.00	1093
北京中考数学压轴题解题方法突破(第9版)	2024—01	78.00	1645
助你高考成功的数学解题智慧:知识是智慧的基础	2016—01	58.00	596
助你高考成功的数学解题智慧:错误是智慧的试金石	2016—04	58.00	643
助你高考成功的数学解题智慧:方法是智慧的推手	2016—04	68.00	657
高考数学奇思妙解	2016—04	38.00	610
高考数学解题策略	2016—05	48.00	670
数学解题泄天机(第2版)	2017—10	48.00	850
高中物理教学讲义	2018—01	48.00	871
高中物理教学讲义:全模块	2022—03	98.00	1492
高中物理答疑解惑65篇	2021—11	48.00	1462
中学物理基础问题解析	2020—08	48.00	1183
初中数学、高中数学脱节知识补缺教材	2017—06	48.00	766
高考数学客观题解题方法和技巧	2017—10	38.00	847
十年高考数学精品试题审题要津与解法研究	2021—10	98.00	1427
中国历届高考数学试题及解答.1949—1979	2018—01	38.00	877
历届中国高考数学试题及解答.第二卷,1980—1989	2018—10	28.00	975
历届中国高考数学试题及解答.第三卷,1990—1999	2018—10	48.00	976
跟我学解高中数学题	2018—07	58.00	926
中学数学研究的方法及案例	2018—05	58.00	869
高考数学抢分技能	2018—07	68.00	934
高一新生常用数学方法和重要数学思想提升教材	2018—06	38.00	921
高考数学全国卷六道解答题常考题型解题诀窍:理科(全2册)	2019—07	78.00	1101
高考数学全国卷16道选择、填空题常考题型解题诀窍.理科	2018—09	88.00	971
高考数学全国卷16道选择、填空题常考题型解题诀窍.文科	2020—01	88.00	1123
高中数学一题多解	2019—06	58.00	1087
历届中国高考数学试题及解答:1917—1999	2021—08	98.00	1371
2000~2003年全国及各省市高考数学试题及解答	2022—05	88.00	1499
2004年全国及各省市高考数学试题及解答	2023—08	78.00	1500
2005年全国及各省市高考数学试题及解答	2023—08	78.00	1501
2006年全国及各省市高考数学试题及解答	2023—08	88.00	1502
2007年全国及各省市高考数学试题及解答	2023—08	98.00	1503
2008年全国及各省市高考数学试题及解答	2023—08	88.00	1504
2009年全国及各省市高考数学试题及解答	2023—08	88.00	1505
2010年全国及各省市高考数学试题及解答	2023—08	98.00	1506
2011~2017年全国及各省市高考数学试题及解答	2024—01	78.00	1507
2018~2023年全国及各省市高考数学试题及解答	2024—03	78.00	1709
突破高原:高中数学解题思维探究	2021—08	48.00	1375
高考数学中的"取值范围"	2021—10	48.00	1429
新课程标准高中数学各种题型解法大全.必修一分册	2021—06	58.00	1315
新课程标准高中数学各种题型解法大全.必修二分册	2022—01	68.00	1471
高中数学各种题型解法大全.选择性必修一分册	2022—06	68.00	1525
高中数学各种题型解法大全.选择性必修二分册	2023—01	58.00	1600
高中数学各种题型解法大全.选择性必修三分册	2023—04	48.00	1643
高中数学专题研究	2024—05	88.00	1722
历届全国初中数学竞赛经典试题详解	2023—04	88.00	1624
孟祥礼高考数学精刷精解	2023—06	98.00	1663
新编640个世界著名数学智力趣题	2014—01	88.00	242
500个最新世界著名数学智力趣题	2008—06	48.00	3
400个最新世界著名数学最值问题	2008—09	48.00	36
500个世界著名数学征解问题	2009—06	48.00	52
400个中国最佳初等数学征解老问题	2010—01	48.00	60
500个俄罗斯数学经典老题	2011—01	28.00	81
1000个国外中学物理好题	2012—04	48.00	174
300个日本高考数学题	2012—05	38.00	142
700个早期日本高考数学试题	2017—02	88.00	752

刘培杰数学工作室
已出版(即将出版)图书目录——初等数学

书　　名	出版时间	定　价	编号
500个前苏联早期高考数学试题及解答	2012－05	28.00	185
546个早期俄罗斯大学生数学竞赛题	2014－03	38.00	285
548个来自美苏的数学好问题	2014－11	28.00	396
20所苏联著名大学早期入学试题	2015－02	18.00	452
161道德国工科大学生必做的微分方程习题	2015－05	28.00	469
500个德国工科大学生必做的高数习题	2015－06	28.00	478
360个数学竞赛问题	2016－08	58.00	677
200个趣味数学故事	2018－02	48.00	857
470个数学奥林匹克中的最值问题	2018－10	88.00	985
德国讲义日本考题.微积分卷	2015－04	48.00	456
德国讲义日本考题.微分方程卷	2015－04	38.00	457
二十世纪中叶中、英、美、日、法、俄高考数学试题精选	2017－06	38.00	783
中国初等数学研究　2009卷(第1辑)	2009－05	20.00	45
中国初等数学研究　2010卷(第2辑)	2010－05	30.00	68
中国初等数学研究　2011卷(第3辑)	2011－07	60.00	127
中国初等数学研究　2012卷(第4辑)	2012－07	48.00	190
中国初等数学研究　2014卷(第5辑)	2014－02	48.00	288
中国初等数学研究　2015卷(第6辑)	2015－06	68.00	493
中国初等数学研究　2016卷(第7辑)	2016－04	68.00	609
中国初等数学研究　2017卷(第8辑)	2017－01	98.00	712
初等数学研究在中国.第1辑	2019－03	158.00	1024
初等数学研究在中国.第2辑	2019－10	158.00	1116
初等数学研究在中国.第3辑	2021－05	158.00	1306
初等数学研究在中国.第4辑	2022－06	158.00	1520
初等数学研究在中国.第5辑	2023－07	158.00	1635
几何变换(Ⅰ)	2014－07	28.00	353
几何变换(Ⅱ)	2015－06	28.00	354
几何变换(Ⅲ)	2015－01	38.00	355
几何变换(Ⅳ)	2015－12	38.00	356
初等数论难题集(第一卷)	2009－05	68.00	44
初等数论难题集(第二卷)(上、下)	2011－02	128.00	82,83
数论概貌	2011－03	18.00	93
代数数论(第二版)	2013－08	58.00	94
代数多项式	2014－06	38.00	289
初等数论的知识与问题	2011－02	28.00	95
超越数论基础	2011－03	28.00	96
数论初等教程	2011－03	28.00	97
数论基础	2011－03	18.00	98
数论基础与维诺格拉多夫	2014－03	18.00	292
解析数论基础	2012－08	28.00	216
解析数论基础(第二版)	2014－01	48.00	287
解析数论问题集(第二版)(原版引进)	2014－05	88.00	343
解析数论问题集(第二版)(中译本)	2016－04	88.00	607
解析数论基础(潘承洞,潘承彪著)	2016－07	98.00	673
解析数论导引	2016－07	58.00	674
数论入门	2011－03	38.00	99
代数数论入门	2015－03	38.00	448

刘培杰数学工作室
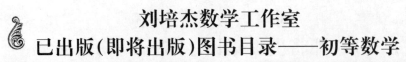# 已出版(即将出版)图书目录——初等数学

书　名	出版时间	定　价	编号
数论开篇	2012—07	28.00	194
解析数论引论	2011—03	48.00	100
Barban Davenport Halberstam 均值和	2009—01	40.00	33
基础数论	2011—03	28.00	101
初等数论100例	2011—05	18.00	122
初等数论经典例题	2012—07	18.00	204
最新世界各国数学奥林匹克中的初等数论试题(上、下)	2012—01	138.00	144,145
初等数论(Ⅰ)	2012—01	18.00	156
初等数论(Ⅱ)	2012—01	18.00	157
初等数论(Ⅲ)	2012—01	28.00	158
平面几何与数论中未解决的新老问题	2013—01	68.00	229
代数数论简史	2014—11	28.00	408
代数数论	2015—09	88.00	532
代数、数论及分析习题集	2016—11	98.00	695
数论导引提要及习题解答	2016—01	48.00	559
素数定理的初等证明.第2版	2016—09	48.00	686
数论中的模函数与狄利克雷级数(第二版)	2017—11	78.00	837
数论:数学导引	2018—01	68.00	849
范氏大代数	2019—02	98.00	1016
解析数学讲义.第一卷,导来式及微分、积分、级数	2019—04	88.00	1021
解析数学讲义.第二卷,关于几何的应用	2019—04	68.00	1022
解析数学讲义.第三卷,解析函数论	2019—04	78.00	1023
分析·组合·数论纵横谈	2019—04	58.00	1039
Hall 代数:民国时期的中学数学课本:英文	2019—08	88.00	1106
基谢廖夫初等代数	2022—07	38.00	1531
基谢廖夫算术	2024—05	48.00	1725
数学精神巡礼	2019—01	58.00	731
数学眼光透视(第2版)	2017—06	78.00	732
数学思想领悟(第2版)	2018—01	68.00	733
数学方法溯源(第2版)	2018—08	68.00	734
数学解题引论	2017—05	58.00	735
数学史话览胜(第2版)	2017—01	48.00	736
数学应用展观(第2版)	2017—08	68.00	737
数学建模尝试	2018—04	48.00	738
数学竞赛采风	2018—01	68.00	739
数学测评探营	2019—05	58.00	740
数学技能操握	2018—03	48.00	741
数学欣赏拾趣	2018—02	48.00	742
从毕达哥拉斯到怀尔斯	2007—10	48.00	9
从迪利克雷到维斯卡尔迪	2008—01	48.00	21
从哥德巴赫到陈景润	2008—05	98.00	35
从庞加莱到佩雷尔曼	2011—08	138.00	136
博弈论精粹	2008—03	58.00	30
博弈论精粹.第二版(精装)	2015—01	88.00	461
数学 我爱你	2008—01	28.00	20
精神的圣徒 别样的人生——60位中国数学家成长的历程	2008—09	48.00	39
数学史概论	2009—06	78.00	50

刘培杰数学工作室
已出版(即将出版)图书目录——初等数学

书　名	出版时间	定价	编号
数学史概论(精装)	2013—03	158.00	272
数学史选讲	2016—01	48.00	544
斐波那契数列	2010—02	28.00	65
数学拼盘和斐波那契魔方	2010—07	38.00	72
斐波那契数列欣赏(第2版)	2018—08	58.00	948
Fibonacci 数列中的明珠	2018—06	58.00	928
数学的创造	2011—02	48.00	85
数学美与创造力	2016—01	48.00	595
数海拾贝	2016—01	48.00	590
数学中的美(第2版)	2019—04	68.00	1057
数论中的美学	2014—12	38.00	351
数学王者　科学巨人——高斯	2015—01	28.00	428
振兴祖国数学的圆梦之旅:中国初等数学研究史话	2015—06	98.00	490
二十世纪中国数学史料研究	2015—10	48.00	536
《九章算法比类大全》校注	2024—06	198.00	1695
数字谜、数阵图与棋盘覆盖	2016—01	58.00	298
数学概念的进化:一个初步的研究	2023—07	68.00	1683
数学发现的艺术:数学探索中的合情推理	2016—07	58.00	671
活跃在数学中的参数	2016—07	48.00	675
数海趣史	2021—05	98.00	1314
玩转幻中之幻	2023—08	88.00	1682
数学艺术品	2023—09	98.00	1685
数学博弈与游戏	2023—10	68.00	1692
数学解题——靠数学思想给力(上)	2011—07	38.00	131
数学解题——靠数学思想给力(中)	2011—07	48.00	132
数学解题——靠数学思想给力(下)	2011—07	38.00	133
我怎样解题	2013—01	48.00	227
数学解题中的物理方法	2011—06	28.00	114
数学解题的特殊方法	2011—06	48.00	115
中学数学计算技巧(第2版)	2020—10	48.00	1220
中学数学证明方法	2012—01	58.00	117
数学趣题巧解	2012—03	28.00	128
高中数学教学通鉴	2015—05	58.00	479
和高中生漫谈:数学与哲学的故事	2014—08	28.00	369
算术问题集	2017—03	38.00	789
张教授讲数学	2018—07	38.00	933
陈永明实话实说数学教学	2020—04	68.00	1132
中学数学学科知识与教学能力	2020—06	58.00	1155
怎样把课讲好:大罕数学教学随笔	2022—03	58.00	1484
中国高考评价体系下高考数学探秘	2022—03	48.00	1487
数苑漫步	2024—01	58.00	1670
自主招生考试中的参数方程问题	2015—01	28.00	435
自主招生考试中的极坐标问题	2015—04	28.00	463
近年全国重点大学自主招生数学试题全解及研究.华约卷	2015—02	38.00	441
近年全国重点大学自主招生数学试题全解及研究.北约卷	2016—05	38.00	619
自主招生数学解证宝典	2015—09	48.00	535
中国科学技术大学创新班数学真题解析	2022—03	48.00	1488
中国科学技术大学创新班物理真题解析	2022—03	58.00	1489
格点和面积	2012—07	18.00	191
射影几何趣谈	2012—04	28.00	175
斯潘纳尔引理——从一道加拿大数学奥林匹克试题谈起	2014—01	28.00	228
李普希兹条件——从几道近年高考数学试题谈起	2012—10	18.00	221
拉格朗日中值定理——从一道北京高考试题的解法谈起	2015—10	18.00	197

刘培杰数学工作室
已出版(即将出版)图书目录——初等数学

书　　名	出版时间	定　价	编号
闵科夫斯基定理——从一道清华大学自主招生试题谈起	2014-01	28.00	198
哈尔测度——从一道冬令营试题的背景谈起	2012-08	28.00	202
切比雪夫逼近问题——从一道中国台北数学奥林匹克试题谈起	2013-04	38.00	238
伯恩斯坦多项式与贝齐尔曲面——从一道全国高中数学联赛试题谈起	2013-03	38.00	236
卡塔兰猜想——从一道普特南竞赛试题谈起	2013-06	18.00	256
麦卡锡函数和阿克曼函数——从一道前南斯拉夫数学奥林匹克试题谈起	2012-08	18.00	201
贝蒂定理与拉姆贝克莫斯尔定理——从一个拣石子游戏谈起	2012-08	18.00	217
皮亚诺曲线和豪斯道夫分球定理——从无限集谈起	2012-08	18.00	211
平面凸图形与凸多面体	2012-10	28.00	218
斯坦因豪斯问题——从一道二十五省市自治区中学数学竞赛试题谈起	2012-07	18.00	196
纽结理论中的亚历山大多项式与琼斯多项式——从一道北京市高一数学竞赛试题谈起	2012-07	28.00	195
原则与策略——从波利亚"解题表"谈起	2013-04	38.00	244
转化与化归——从三大尺规作图不能问题谈起	2012-08	28.00	214
代数几何中的贝祖定理(第一版)——从一道IMO试题的解法谈起	2013-08	18.00	193
成功连贯理论与约当块理论——从一道比利时数学竞赛试题谈起	2012-04	18.00	180
素数判定与大数分解	2014-08	18.00	199
置换多项式及其应用	2012-10	18.00	220
椭圆函数与模函数——从一道美国加州大学洛杉矶分校(UCLA)博士资格考题谈起	2012-10	28.00	219
差分方程的拉格朗日方法——从一道2011年全国高考理科试题的解法谈起	2012-08	28.00	200
力学在几何中的一些应用	2013-01	38.00	240
从根式解到伽罗华理论	2020-01	48.00	1121
康托洛维奇不等式——从一道全国高中联赛试题谈起	2013-03	28.00	337
西格尔引理——从一道第18届IMO试题的解法谈起	即将出版		
罗斯定理——从一道前苏联数学竞赛试题谈起	即将出版		
拉克斯定理和阿廷定理——从一道IMO试题的解法谈起	2014-01	58.00	246
毕卡大定理——从一道美国大学数学竞赛试题谈起	2014-07	18.00	350
贝格尔曲线——从一道全国高中联赛试题谈起	即将出版		
拉格朗日乘子定理——从一道2005年全国高中联赛试题的高等数学解法谈起	2015-05	28.00	480
雅可比定理——从一道日本数学奥林匹克试题谈起	2013-04	48.00	249
李天岩—约克定理——从一道波兰数学竞赛试题谈起	2014-06	28.00	349
受控理论与初等不等式:从一道IMO试题的解法谈起	2023-03	48.00	1601
布劳维不动点定理——从一道前苏联数学奥林匹克试题谈起	2014-01	38.00	273
伯恩赛德定理——从一道英国数学奥林匹克试题谈起	即将出版		
布查特—莫斯特定理——从一道上海市初中竞赛试题谈起	即将出版		
数论中的同余数问题——从一道普特南竞赛试题谈起	即将出版		
范·德蒙行列式——从一道美国数学奥林匹克试题谈起	即将出版		
中国剩余定理:总数法构建中国历史年表	2015-01	28.00	430
牛顿程序与方程求根——从一道全国高考试题解法谈起	即将出版		
库默尔定理——从一道IMO预选试题谈起	即将出版		
卢丁定理——从一道冬令营试题的解法谈起	即将出版		
沃斯滕霍姆定理——从一道IMO预选试题谈起	即将出版		
卡尔松不等式——从一道莫斯科数学奥林匹克试题谈起	即将出版		
信息论中的香农熵——从一道近年高考压轴题谈起	即将出版		

刘培杰数学工作室
已出版(即将出版)图书目录——初等数学

书　名	出版时间	定　价	编号
约当不等式——从一道希望杯竞赛试题谈起	即将出版		
拉比诺维奇定理	即将出版		
刘维尔定理——从一道《美国数学月刊》征解问题的解法谈起	即将出版		
卡塔兰恒等式与级数求和——从一道IMO试题的解法谈起	即将出版		
勒让德猜想与素数分布——从一道爱尔兰竞赛试题谈起	即将出版		
天平称重与信息论——从一道基辅市数学奥林匹克试题谈起	即将出版		
哈密尔顿-凯莱定理:从一道高中数学联赛试题的解法谈起	2014—09	18.00	376
艾思特曼定理——从一道CMO试题的解法谈起	即将出版		
阿贝尔恒等式与经典不等式及应用	2018—06	98.00	923
迪利克雷除数问题	2018—07	48.00	930
幻方、幻立方与拉丁方	2019—08	48.00	1092
帕斯卡三角形	2014—03	18.00	294
蒲丰投针问题——从2009年清华大学的一道自主招生试题谈起	2014—01	38.00	295
斯图姆定理——从一道"华约"自主招生试题的解法谈起	2014—01	18.00	296
许瓦兹引理——从一道加利福尼亚大学伯克利分校数学系博士生试题谈起	2014—08	18.00	297
拉姆塞定理——从王诗宬院士的一个问题谈起	2016—04	48.00	299
坐标法	2013—12	28.00	332
数论三角形	2014—04	38.00	341
毕克定理	2014—07	18.00	352
数林掠影	2014—09	48.00	389
我们周围的概率	2014—10	38.00	390
凸函数最值定理:从一道华约自主招生题的解法谈起	2014—10	28.00	391
易学与数学奥林匹克	2014—10	38.00	392
生物数学趣谈	2015—01	18.00	409
反演	2015—01	28.00	420
因式分解与圆锥曲线	2015—01	18.00	426
轨迹	2015—01	28.00	427
面积原理:从常庚哲命的一道CMO试题的积分解法谈起	2015—01	48.00	431
形形色色的不动点定理:从一道28届IMO试题谈起	2015—01	38.00	439
柯西函数方程:从一道上海交大自主招生的试题谈起	2015—02	28.00	440
三角恒等式	2015—02	28.00	442
无理性判定:从一道2014年"北约"自主招生试题谈起	2015—01	38.00	443
数学归纳法	2015—03	18.00	451
极端原理与解题	2015—04	28.00	464
法雷级数	2014—08	18.00	367
摆线族	2015—01	38.00	438
函数方程及其解法	2015—05	38.00	470
含参数的方程和不等式	2012—09	28.00	213
希尔伯特第十问题	2016—01	38.00	543
无穷小量的求和	2016—01	28.00	545
切比雪夫多项式:从一道清华大学金秋营试题谈起	2016—01	38.00	583
泽肯多夫定理	2016—03	38.00	599
代数等式证题法	2016—01	28.00	600
三角等式证题法	2016—01	28.00	601
吴大任教授藏书中的一个因式分解公式:从一道美国数学邀请赛试题的解法谈起	2016—06	28.00	656
易卦——类万物的数学模型	2017—08	68.00	838
"不可思议"的数与数系可持续发展	2018—01	38.00	878
最短线	2018—01	38.00	879
数学在天文、地理、光学、机械力学中的一些应用	2023—03	88.00	1576
从阿基米德三角形谈起	2023—01	28.00	1578

刘培杰数学工作室
已出版(即将出版)图书目录——初等数学

书 名	出版时间	定 价	编号
幻方和魔方(第一卷)	2012—05	68.00	173
尘封的经典——初等数学经典文献选读(第一卷)	2012—07	48.00	205
尘封的经典——初等数学经典文献选读(第二卷)	2012—07	38.00	206
初级方程式论	2011—03	28.00	106
初等数学研究(Ⅰ)	2008—09	68.00	37
初等数学研究(Ⅱ)(上、下)	2009—05	118.00	46,47
初等数学专题研究	2022—10	68.00	1568
趣味初等方程妙题集锦	2014—09	48.00	388
趣味初等数论选美与欣赏	2015—02	48.00	445
耕读笔记(上卷):一位农民数学爱好者的初数探索	2015—04	28.00	459
耕读笔记(中卷):一位农民数学爱好者的初数探索	2015—05	28.00	483
耕读笔记(下卷):一位农民数学爱好者的初数探索	2015—05	28.00	484
几何不等式研究与欣赏.上卷	2016—01	88.00	547
几何不等式研究与欣赏.下卷	2016—01	48.00	552
初等数列研究与欣赏·上	2016—01	48.00	570
初等数列研究与欣赏·下	2016—01	48.00	571
趣味初等函数研究与欣赏.上	2016—09	48.00	684
趣味初等函数研究与欣赏.下	2018—09	48.00	685
三角不等式研究与欣赏	2020—10	68.00	1197
新编平面解析几何解题方法研究与欣赏	2021—10	78.00	1426
火柴游戏(第2版)	2022—05	38.00	1493
智力解谜.第1卷	2017—07	38.00	613
智力解谜.第2卷	2017—07	38.00	614
故事智力	2016—07	48.00	615
名人们喜欢的智力问题	2020—01	48.00	616
数学大师的发现、创造与失误	2018—01	48.00	617
异曲同工	2018—09	48.00	618
数学的味道(第2版)	2023—10	68.00	1686
数学千字文	2018—10	68.00	977
数贝偶拾——高考数学题研究	2014—04	28.00	274
数贝偶拾——初等数学研究	2014—04	38.00	275
数贝偶拾——奥数题研究	2014—04	48.00	276
钱昌本教你快乐学数学(上)	2011—12	48.00	155
钱昌本教你快乐学数学(下)	2012—03	58.00	171
集合、函数与方程	2014—01	28.00	300
数列与不等式	2014—01	38.00	301
三角与平面向量	2014—01	28.00	302
平面解析几何	2014—01	38.00	303
立体几何与组合	2014—01	28.00	304
极限与导数、数学归纳法	2014—01	38.00	305
趣味数学	2014—03	28.00	306
教材教法	2014—04	68.00	307
自主招生	2014—05	58.00	308
高考压轴题(上)	2015—01	48.00	309
高考压轴题(下)	2014—10	68.00	310

刘培杰数学工作室

已出版(即将出版)图书目录——初等数学

书　　名	出版时间	定　价	编号
从费马到怀尔斯——费马大定理的历史	2013—10	198.00	Ⅰ
从庞加莱到佩雷尔曼——庞加莱猜想的历史	2013—10	298.00	Ⅱ
从切比雪夫到爱尔特希(上)——素数定理的初等证明	2013—07	48.00	Ⅲ
从切比雪夫到爱尔特希(下)——素数定理100年	2012—12	98.00	Ⅲ
从高斯到盖尔方特——二次域的高斯猜想	2013—10	198.00	Ⅳ
从库默尔到朗兰兹——朗兰兹猜想的历史	2014—01	98.00	Ⅴ
从比勃巴赫到德布朗斯——比勃巴赫猜想的历史	2014—02	298.00	Ⅵ
从麦比乌斯到陈省身——麦比乌斯变换与麦比乌斯带	2014—02	298.00	Ⅶ
从布尔到豪斯道夫——布尔方程与格论漫谈	2013—10	198.00	Ⅷ
从开普勒到阿诺德——三体问题的历史	2014—05	298.00	Ⅸ
从华林到华罗庚——华林问题的历史	2013—10	298.00	Ⅹ
美国高中数学竞赛五十讲.第1卷(英文)	2014—08	28.00	357
美国高中数学竞赛五十讲.第2卷(英文)	2014—08	28.00	358
美国高中数学竞赛五十讲.第3卷(英文)	2014—09	28.00	359
美国高中数学竞赛五十讲.第4卷(英文)	2014—09	28.00	360
美国高中数学竞赛五十讲.第5卷(英文)	2014—10	28.00	361
美国高中数学竞赛五十讲.第6卷(英文)	2014—11	28.00	362
美国高中数学竞赛五十讲.第7卷(英文)	2014—12	28.00	363
美国高中数学竞赛五十讲.第8卷(英文)	2015—01	28.00	364
美国高中数学竞赛五十讲.第9卷(英文)	2015—01	28.00	365
美国高中数学竞赛五十讲.第10卷(英文)	2015—02	38.00	366
三角函数(第2版)	2017—04	38.00	626
不等式	2014—01	38.00	312
数列	2014—01	38.00	313
方程(第2版)	2017—04	38.00	624
排列和组合	2014—01	28.00	315
极限与导数(第2版)	2016—04	38.00	635
向量(第2版)	2018—08	58.00	627
复数及其应用	2014—08	28.00	318
函数	2014—01	38.00	319
集合	2020—01	48.00	320
直线与平面	2014—01	28.00	321
立体几何(第2版)	2016—04	38.00	629
解三角形	即将出版		323
直线与圆(第2版)	2016—11	38.00	631
圆锥曲线(第2版)	2016—09	48.00	632
解题通法(一)	2014—07	38.00	326
解题通法(二)	2014—07	38.00	327
解题通法(三)	2014—05	38.00	328
概率与统计	2014—01	28.00	329
信息迁移与算法	即将出版		330

刘培杰数学工作室
已出版(即将出版)图书目录——初等数学

书　名	出版时间	定　价	编号
IMO 50 年.第 1 卷(1959—1963)	2014—11	28.00	377
IMO 50 年.第 2 卷(1964—1968)	2014—11	28.00	378
IMO 50 年.第 3 卷(1969—1973)	2014—09	28.00	379
IMO 50 年.第 4 卷(1974—1978)	2016—04	38.00	380
IMO 50 年.第 5 卷(1979—1984)	2015—04	38.00	381
IMO 50 年.第 6 卷(1985—1989)	2015—04	58.00	382
IMO 50 年.第 7 卷(1990—1994)	2016—01	48.00	383
IMO 50 年.第 8 卷(1995—1999)	2016—06	38.00	384
IMO 50 年.第 9 卷(2000—2004)	2015—04	58.00	385
IMO 50 年.第 10 卷(2005—2009)	2016—01	48.00	386
IMO 50 年.第 11 卷(2010—2015)	2017—03	48.00	646
数学反思(2006—2007)	2020—09	88.00	915
数学反思(2008—2009)	2019—01	68.00	917
数学反思(2010—2011)	2018—05	58.00	916
数学反思(2012—2013)	2019—01	58.00	918
数学反思(2014—2015)	2019—03	78.00	919
数学反思(2016—2017)	2021—03	58.00	1286
数学反思(2018—2019)	2023—01	88.00	1593
历届美国大学生数学竞赛试题集.第一卷(1938—1949)	2015—01	28.00	397
历届美国大学生数学竞赛试题集.第二卷(1950—1959)	2015—01	28.00	398
历届美国大学生数学竞赛试题集.第三卷(1960—1969)	2015—01	28.00	399
历届美国大学生数学竞赛试题集.第四卷(1970—1979)	2015—01	18.00	400
历届美国大学生数学竞赛试题集.第五卷(1980—1989)	2015—01	28.00	401
历届美国大学生数学竞赛试题集.第六卷(1990—1999)	2015—01	28.00	402
历届美国大学生数学竞赛试题集.第七卷(2000—2009)	2015—08	18.00	403
历届美国大学生数学竞赛试题集.第八卷(2010—2012)	2015—01	18.00	404
新课标高考数学创新题解题诀窍:总论	2014—09	28.00	372
新课标高考数学创新题解题诀窍:必修 1~5 分册	2014—08	38.00	373
新课标高考数学创新题解题诀窍:选修 2—1,2—2,1—1,1—2分册	2014—09	38.00	374
新课标高考数学创新题解题诀窍:选修 2—3,4—4,4—5 分册	2014—09	18.00	375
全国重点大学自主招生英文数学试题全攻略:词汇卷	2015—07	48.00	410
全国重点大学自主招生英文数学试题全攻略:概念卷	2015—01	28.00	411
全国重点大学自主招生英文数学试题全攻略:文章选读卷(上)	2016—09	38.00	412
全国重点大学自主招生英文数学试题全攻略:文章选读卷(下)	2017—01	58.00	413
全国重点大学自主招生英文数学试题全攻略:试题卷	2015—07	38.00	414
全国重点大学自主招生英文数学试题全攻略:名著欣赏卷	2017—03	48.00	415
劳埃德数学趣题大全.题目卷.1:英文	2016—01	18.00	516
劳埃德数学趣题大全.题目卷.2:英文	2016—01	18.00	517
劳埃德数学趣题大全.题目卷.3:英文	2016—01	18.00	518
劳埃德数学趣题大全.题目卷.4:英文	2016—01	18.00	519
劳埃德数学趣题大全.题目卷.5:英文	2016—01	18.00	520
劳埃德数学趣题大全.答案卷:英文	2016—01	18.00	521

刘培杰数学工作室
已出版（即将出版）图书目录——初等数学

书　名	出版时间	定　价	编号
李成章教练奥数笔记.第1卷	2016—01	48.00	522
李成章教练奥数笔记.第2卷	2016—01	48.00	523
李成章教练奥数笔记.第3卷	2016—01	38.00	524
李成章教练奥数笔记.第4卷	2016—01	38.00	525
李成章教练奥数笔记.第5卷	2016—01	38.00	526
李成章教练奥数笔记.第6卷	2016—01	38.00	527
李成章教练奥数笔记.第7卷	2016—01	38.00	528
李成章教练奥数笔记.第8卷	2016—01	48.00	529
李成章教练奥数笔记.第9卷	2016—01	28.00	530
第19～23届"希望杯"全国数学邀请赛试题审题要津详细评注(初一版)	2014—03	28.00	333
第19～23届"希望杯"全国数学邀请赛试题审题要津详细评注(初二、初三版)	2014—03	38.00	334
第19～23届"希望杯"全国数学邀请赛试题审题要津详细评注(高一版)	2014—03	28.00	335
第19～23届"希望杯"全国数学邀请赛试题审题要津详细评注(高二版)	2014—03	38.00	336
第19～25届"希望杯"全国数学邀请赛试题审题要津详细评注(初一版)	2015—01	38.00	416
第19～25届"希望杯"全国数学邀请赛试题审题要津详细评注(初二、初三版)	2015—01	58.00	417
第19～25届"希望杯"全国数学邀请赛试题审题要津详细评注(高一版)	2015—01	48.00	418
第19～25届"希望杯"全国数学邀请赛试题审题要津详细评注(高二版)	2015—01	48.00	419
物理奥林匹克竞赛大题典——力学卷	2014—11	48.00	405
物理奥林匹克竞赛大题典——热学卷	2014—04	28.00	339
物理奥林匹克竞赛大题典——电磁学卷	2015—07	48.00	406
物理奥林匹克竞赛大题典——光学与近代物理卷	2014—06	28.00	345
历届中国东南地区数学奥林匹克试题及解答	2024—06	68.00	1724
历届中国西部地区数学奥林匹克试题集(2001～2012)	2014—07	18.00	347
历届中国女子数学奥林匹克试题集(2002～2012)	2014—08	18.00	348
数学奥林匹克在中国	2014—06	98.00	344
数学奥林匹克问题集	2014—01	38.00	267
数学奥林匹克不等式散论	2010—06	38.00	124
数学奥林匹克不等式欣赏	2011—09	38.00	138
数学奥林匹克超级题库(初中卷上)	2010—01	58.00	66
数学奥林匹克不等式证明方法和技巧(上、下)	2011—08	158.00	134,135
他们学什么:原民主德国中学数学课本	2016—09	38.00	658
他们学什么:英国中学数学课本	2016—09	38.00	659
他们学什么:法国中学数学课本.1	2016—09	38.00	660
他们学什么:法国中学数学课本.2	2016—09	28.00	661
他们学什么:法国中学数学课本.3	2016—09	38.00	662
他们学什么:苏联中学数学课本	2016—09	28.00	679

书　名	出版时间	定　价	编号
高中数学题典——集合与简易逻辑·函数	2016－07	48.00	647
高中数学题典——导数	2016－07	48.00	648
高中数学题典——三角函数·平面向量	2016－07	48.00	649
高中数学题典——数列	2016－07	58.00	650
高中数学题典——不等式·推理与证明	2016－07	38.00	651
高中数学题典——立体几何	2016－07	48.00	652
高中数学题典——平面解析几何	2016－07	78.00	653
高中数学题典——计数原理·统计·概率·复数	2016－07	48.00	654
高中数学题典——算法·平面几何·初等数论·组合数学·其他	2016－07	68.00	655
台湾地区奥林匹克数学竞赛试题.小学一年级	2017－03	38.00	722
台湾地区奥林匹克数学竞赛试题.小学二年级	2017－03	38.00	723
台湾地区奥林匹克数学竞赛试题.小学三年级	2017－03	38.00	724
台湾地区奥林匹克数学竞赛试题.小学四年级	2017－03	38.00	725
台湾地区奥林匹克数学竞赛试题.小学五年级	2017－03	38.00	726
台湾地区奥林匹克数学竞赛试题.小学六年级	2017－03	38.00	727
台湾地区奥林匹克数学竞赛试题.初中一年级	2017－03	38.00	728
台湾地区奥林匹克数学竞赛试题.初中二年级	2017－03	38.00	729
台湾地区奥林匹克数学竞赛试题.初中三年级	2017－03	28.00	730
不等式证题法	2017－04	28.00	747
平面几何培优教程	2019－08	88.00	748
奥数鼎级培优教程.高一分册	2018－09	88.00	749
奥数鼎级培优教程.高二分册.上	2018－04	68.00	750
奥数鼎级培优教程.高二分册.下	2018－04	68.00	751
高中数学竞赛冲刺宝典	2019－04	68.00	883
初中尖子生数学超级题典.实数	2017－07	58.00	792
初中尖子生数学超级题典.式、方程与不等式	2017－08	58.00	793
初中尖子生数学超级题典.圆、面积	2017－08	38.00	794
初中尖子生数学超级题典.函数、逻辑推理	2017－08	48.00	795
初中尖子生数学超级题典.角、线段、三角形与多边形	2017－07	58.00	796
数学王子——高斯	2018－01	48.00	858
坎坷奇星——阿贝尔	2018－01	48.00	859
闪烁奇星——伽罗瓦	2018－01	58.00	860
无穷统帅——康托尔	2018－01	48.00	861
科学公主——柯瓦列夫斯卡娅	2018－01	48.00	862
抽象代数之母——埃米·诺特	2018－01	48.00	863
电脑先驱——图灵	2018－01	58.00	864
昔日神童——维纳	2018－01	48.00	865
数坛怪侠——爱尔特希	2018－01	68.00	866
传奇数学家徐利治	2019－09	88.00	1110

刘培杰数学工作室
已出版(即将出版)图书目录——初等数学

书　名	出版时间	定　价	编号
当代世界中的数学.数学思想与数学基础	2019—01	38.00	892
当代世界中的数学.数学问题	2019—01	38.00	893
当代世界中的数学.应用数学与数学应用	2019—01	38.00	894
当代世界中的数学.数学王国的新疆域(一)	2019—01	38.00	895
当代世界中的数学.数学王国的新疆域(二)	2019—01	38.00	896
当代世界中的数学.数林撷英(一)	2019—01	38.00	897
当代世界中的数学.数林撷英(二)	2019—01	48.00	898
当代世界中的数学.数学之路	2019—01	38.00	899
105 个代数问题:来自 AwesomeMath 夏季课程	2019—02	58.00	956
106 个几何问题:来自 AwesomeMath 夏季课程	2020—07	58.00	957
107 个几何问题:来自 AwesomeMath 全年课程	2020—07	58.00	958
108 个代数问题:来自 AwesomeMath 全年课程	2019—01	68.00	959
109 个不等式:来自 AwesomeMath 夏季课程	2019—04	58.00	960
110 个几何问题:选自各国数学奥林匹克竞赛	2024—04	58.00	961
111 个代数和数论问题	2019—05	58.00	962
112 个组合问题:来自 AwesomeMath 夏季课程	2019—05	58.00	963
113 个几何不等式:来自 AwesomeMath 夏季课程	2020—08	58.00	964
114 个指数和对数问题:来自 AwesomeMath 夏季课程	2019—09	48.00	965
115 个三角问题:来自 AwesomeMath 夏季课程	2019—09	58.00	966
116 个代数不等式:来自 AwesomeMath 全年课程	2019—04	58.00	967
117 个多项式问题:来自 AwesomeMath 夏季课程	2021—09	58.00	1409
118 个数学竞赛不等式	2022—08	78.00	1526
119 个三角问题	2024—05	58.00	1726
紫色彗星国际数学竞赛试题	2019—02	58.00	999
数学竞赛中的数学:为数学爱好者、父母、教师和教练准备的丰富资源.第一部	2020—04	58.00	1141
数学竞赛中的数学:为数学爱好者、父母、教师和教练准备的丰富资源.第二部	2020—07	48.00	1142
和与积	2020—10	38.00	1219
数论:概念和问题	2020—12	68.00	1257
初等数学问题研究	2021—03	48.00	1270
数学奥林匹克中的欧几里得几何	2021—10	68.00	1413
数学奥林匹克题解新编	2022—01	58.00	1430
图论入门	2022—09	58.00	1554
新的、更新的、最新的不等式	2023—07	58.00	1650
几何不等式相关问题	2024—04	58.00	1721
数学归纳法——一种高效而简捷的证明方法	2024—06	48.00	1738
数学竞赛中奇妙的多项式	2024—01	78.00	1646
120 个奇妙的代数问题及 20 个奖励问题	2024—04	48.00	1647

刘培杰数学工作室
已出版(即将出版)图书目录——初等数学

书　名	出版时间	定　价	编号
澳大利亚中学数学竞赛试题及解答(初级卷)1978～1984	2019－02	28.00	1002
澳大利亚中学数学竞赛试题及解答(初级卷)1985～1991	2019－02	28.00	1003
澳大利亚中学数学竞赛试题及解答(初级卷)1992～1998	2019－02	28.00	1004
澳大利亚中学数学竞赛试题及解答(初级卷)1999～2005	2019－02	28.00	1005
澳大利亚中学数学竞赛试题及解答(中级卷)1978～1984	2019－03	28.00	1006
澳大利亚中学数学竞赛试题及解答(中级卷)1985～1991	2019－03	28.00	1007
澳大利亚中学数学竞赛试题及解答(中级卷)1992～1998	2019－03	28.00	1008
澳大利亚中学数学竞赛试题及解答(中级卷)1999～2005	2019－03	28.00	1009
澳大利亚中学数学竞赛试题及解答(高级卷)1978～1984	2019－05	28.00	1010
澳大利亚中学数学竞赛试题及解答(高级卷)1985～1991	2019－05	28.00	1011
澳大利亚中学数学竞赛试题及解答(高级卷)1992～1998	2019－05	28.00	1012
澳大利亚中学数学竞赛试题及解答(高级卷)1999～2005	2019－05	28.00	1013
天才中小学生智力测验题.第一卷	2019－03	38.00	1026
天才中小学生智力测验题.第二卷	2019－03	38.00	1027
天才中小学生智力测验题.第三卷	2019－03	38.00	1028
天才中小学生智力测验题.第四卷	2019－03	38.00	1029
天才中小学生智力测验题.第五卷	2019－03	38.00	1030
天才中小学生智力测验题.第六卷	2019－03	38.00	1031
天才中小学生智力测验题.第七卷	2019－03	38.00	1032
天才中小学生智力测验题.第八卷	2019－03	38.00	1033
天才中小学生智力测验题.第九卷	2019－03	38.00	1034
天才中小学生智力测验题.第十卷	2019－03	38.00	1035
天才中小学生智力测验题.第十一卷	2019－03	38.00	1036
天才中小学生智力测验题.第十二卷	2019－03	38.00	1037
天才中小学生智力测验题.第十三卷	2019－03	38.00	1038
重点大学自主招生数学备考全书:函数	2020－05	48.00	1047
重点大学自主招生数学备考全书:导数	2020－08	48.00	1048
重点大学自主招生数学备考全书:数列与不等式	2019－10	78.00	1049
重点大学自主招生数学备考全书:三角函数与平面向量	2020－08	68.00	1050
重点大学自主招生数学备考全书:平面解析几何	2020－07	58.00	1051
重点大学自主招生数学备考全书:立体几何与平面几何	2019－08	48.00	1052
重点大学自主招生数学备考全书:排列组合·概率统计·复数	2019－09	48.00	1053
重点大学自主招生数学备考全书:初等数论与组合数学	2019－08	48.00	1054
重点大学自主招生数学备考全书:重点大学自主招生真题.上	2019－04	68.00	1055
重点大学自主招生数学备考全书:重点大学自主招生真题.下	2019－04	58.00	1056
高中数学竞赛培训教程:平面几何问题的求解方法与策略.上	2018－05	68.00	906
高中数学竞赛培训教程:平面几何问题的求解方法与策略.下	2018－06	78.00	907
高中数学竞赛培训教程:整除与同余以及不定方程	2018－01	88.00	908
高中数学竞赛培训教程:组合计数与组合极值	2018－04	48.00	909
高中数学竞赛培训教程:初等代数	2019－04	78.00	1042
高中数学讲座:数学竞赛基础教程(第一册)	2019－06	48.00	1094
高中数学讲座:数学竞赛基础教程(第二册)	即将出版		1095
高中数学讲座:数学竞赛基础教程(第三册)	即将出版		1096
高中数学讲座:数学竞赛基础教程(第四册)	即将出版		1097

刘培杰数学工作室

已出版(即将出版)图书目录——初等数学

书　名	出版时间	定　价	编号
新编中学数学解题方法1000招丛书.实数(初中版)	2022-05	58.00	1291
新编中学数学解题方法1000招丛书.式(初中版)	2022-05	48.00	1292
新编中学数学解题方法1000招丛书.方程与不等式(初中版)	2021-04	58.00	1293
新编中学数学解题方法1000招丛书.函数(初中版)	2022-05	38.00	1294
新编中学数学解题方法1000招丛书.角(初中版)	2022-05	48.00	1295
新编中学数学解题方法1000招丛书.线段(初中版)	2022-05	48.00	1296
新编中学数学解题方法1000招丛书.三角形与多边形(初中版)	2021-04	48.00	1297
新编中学数学解题方法1000招丛书.圆(初中版)	2022-05	48.00	1298
新编中学数学解题方法1000招丛书.面积(初中版)	2021-07	28.00	1299
新编中学数学解题方法1000招丛书.逻辑推理(初中版)	2022-06	48.00	1300
高中数学题典精编.第一辑.函数	2022-01	58.00	1444
高中数学题典精编.第一辑.导数	2022-01	68.00	1445
高中数学题典精编.第一辑.三角函数·平面向量	2022-01	68.00	1446
高中数学题典精编.第一辑.数列	2022-01	58.00	1447
高中数学题典精编.第一辑.不等式·推理与证明	2022-01	58.00	1448
高中数学题典精编.第一辑.立体几何	2022-01	58.00	1449
高中数学题典精编.第一辑.平面解析几何	2022-01	68.00	1450
高中数学题典精编.第一辑.统计·概率·平面几何	2022-01	58.00	1451
高中数学题典精编.第一辑.初等数论·组合数学·数学文化·解题方法	2022-01	58.00	1452
历届全国初中数学竞赛试题分类解析.初等代数	2022-09	98.00	1555
历届全国初中数学竞赛试题分类解析.初等数论	2022-09	48.00	1556
历届全国初中数学竞赛试题分类解析.平面几何	2022-09	38.00	1557
历届全国初中数学竞赛试题分类解析.组合	2022-09	38.00	1558
从三道高三数学模拟题的背景谈起:兼谈傅里叶三角级数	2023-03	48.00	1651
从一道日本东京大学的入学试题谈起:兼谈π的方方面面	即将出版		1652
从两道2021年福建高三数学测试题谈起:兼谈球面几何学与球面三角学	即将出版		1653
从一道湖南高考数学试题谈起:兼谈有界变差数列	2024-01	48.00	1654
从一道高校自主招生试题谈起:兼谈詹森函数方程	即将出版		1655
从一道上海高考数学试题谈起:兼谈有界变差函数	即将出版		1656
从一道北京大学金秋营数学试题的解法谈起:兼谈伽罗瓦理论	即将出版		1657
从一道北京高考数学试题的解法谈起:兼谈毕克定理	即将出版		1658
从一道北京大学金秋营数学试题的解法谈起:兼谈帕塞瓦尔恒等式	即将出版		1659
从一道高三数学模拟测试题的背景谈起:兼谈等周问题与等周不等式	即将出版		1660
从一道2020年全国高考数学试题的解法谈起:兼谈斐波那契数列和纳卡穆拉定理及奥斯图达定理	即将出版		1661
从一道高考数学附加题谈起:兼谈广义斐波那契数列	即将出版		1662

刘培杰数学工作室
已出版(即将出版)图书目录——初等数学

书 名	出版时间	定 价	编号
代数学教程.第一卷,集合论	2023—08	58.00	1664
代数学教程.第二卷,抽象代数基础	2023—08	68.00	1665
代数学教程.第三卷,数论原理	2023—08	58.00	1666
代数学教程.第四卷,代数方程式论	2023—08	48.00	1667
代数学教程.第五卷,多项式理论	2023—08	58.00	1668
代数学教程.第六卷,线性代数原理	2024—06	98.00	1669
中考数学培优教程——二次函数卷	2024—05	78.00	1718
中考数学培优教程——平面几何最值卷	2024—05	58.00	1719
中考数学培优教程——专题讲座卷	2024—05	58.00	1720

联系地址:哈尔滨市南岗区复华四道街 10 号 哈尔滨工业大学出版社刘培杰数学工作室
邮   编:150006
联系电话:0451—86281378   13904613167
E-mail:lpj1378@163.com